“十二五”职业教育国家规划教材
经全国职业教育教材审定委员会审定

| 现代安全技术管理系列丛书 |

现代企业安全管理方法与实务（修订本）

苗金明　韩如冰　编著

清华大学出版社
北京

内 容 简 介

本教材以国家现行有关安全生产的法律、法规、规章、标准为依据，全面讲解了现代企业安全管理的基本要求、基本内容、基本方法，包括安全管理基本知识、现代安全管理基本理论、生产经营单位安全生产保障、安全生产风险管理、职业危害预防和职业卫生、事故应急救援管理、事故报告及调查处理和统计分析等内容；并结合国内外大型企业安全管理实践，介绍和讲解了现代企业安全管理的具体方法和模式，包括职业健康安全管理体系、企业安全生产标准化、企业安全文化建设、现代企业安全管理模式等内容。本书在每节内容展开之前，首先导入实际案例，每章之后设计了实训项目，提供了思考和练习。

本教材可作为高职院校安全类专业及有关工程类专业的安全管理课程教材，同时也可作为生产经营单位从业人员的安全教育培训教材、高等院校本科及研究生的安全课程教材。

图书在版编目 CIP 数据

现代企业安全管理方法与实务/苗金明，韩如冰编著.--修订本.--北京：清华大学出版社，2014（2022.7重印）

（现代安全技术管理系列丛书）

ISBN 978-7-302-35147-4

Ⅰ.①现… Ⅱ.①苗… ②韩… Ⅲ.①企业管理－安全管理－中国 Ⅳ.①X931

中国版本图书馆 CIP 数据核字(2014)第 012414 号

责任编辑：田 梅
封面设计：傅瑞学
责任校对：刘 静
责任印制：宋 林

出版发行：清华大学出版社
网 址：http://www.tup.com.cn，http://www.wqbook.com
地 址：北京清华大学学研大厦 A 座　　**邮 编**：100084
社 总 机：010-83470000　　**邮 购**：010-62786544
投稿与读者服务：010-62776969，c-service@tup.tsinghua.edu.cn
质量反馈：010-62772015，zhiliang@tup.tsinghua.edu.cn
课件下载：http://www.tup.com.cn，010-62795764
印 装 者：三河市金元印装有限公司
经 销：全国新华书店
开 本：185mm×260mm　　**印 张**：26.5　　**字 数**：608 千字
版 次：2011 年 10 月第 1 版　　2014 年 8 月第 2 版　　**印 次**：2022 年 7 月第 7 次印刷
定 价：69.00 元

产品编号：058024-04

FOREWORD

修订本前言

本书按照教育部高职高专十二五立项规划教材编写要求，结合最新《注册安全工程师执业资格考试大纲》（2011 版）和近几年我国最新的安全生产法律、法规、规章、标准及政策措施，并针对 2011 版在使用过程中发现的问题和不足，做了全面的大幅度修改和完善。本书在修订过程中，仅仅围绕高等职业教育的目标和特点，引入了大量的事故案例，增加了实训项目，对内容进行了优化组合，侧重于实际技能的训练，减少理论讲解，凸显高职教育教材特色。

本书在修订后，全书共分十一章，第一章至第七章分别是安全管理基础知识、现代安全管理基本理论、生产经营单位安全生产保障、安全生产风险管理、职业危害预防与职业卫生、事故应急救援管理、事故报告及调查处理与统计分析，涵盖了现代企业安全管理的基本要求、基本内容、基本方法；第八章至第十一章分别是职业健康安全管理体系、企业安全生产标准化、企业安全文化建设、现代企业安全管理模式，全面介绍和讲解作为现代企业应当推行或实施的安全管理方法。每节内容展开之前，首先导入实际案例；每章之后设计了实训项目，提供了思考和练习。此次修订使本书更适合高职教育工程类专业的安全管理课程教材之用，同时也适合作为生产经营单位从业人员的安全教育培训教材、高等院校本科及研究生的安全课程教材。

本书在修订过程中，参考并吸收了许多专家、学者的研究成果，参阅和使用了许多文献资料（见本书的参考文献），编者在此由衷地表示感谢。

由于编者水平有限，书中难免有不妥之处，敬请广大读者批评指正。

编　者

2014 年 6 月

FOREWORD

第一版前言

中国政府历来重视安全生产工作。2002年11月1日，我国颁布实施《安全生产法》，确立了有中国特色的安全生产法律制度。在中国共产党第十七次全国代表大会上，胡锦涛总书记强调安全生产关系到群众的切身利益，要站在推进以改善民生为重点的社会建设的高度，坚持安全发展，强化安全生产管理和监督，有效遏制重特大事故，保障人民生命财产安全。安全生产是现代企业生存和发展中不可或缺的重要前提条件之一；同时也是其应当承担的社会责任。安全生产管理是现代企业管理的重要组成部分。

搞好安全生产管理，不仅是各类生产经营单位应当履行的法律义务，同时也是其自身生存发展的内在需求。所以，学习和掌握安全生产管理知识、方法及工作技能，对于大学生未来的就业和职业发展具有重要的意义。

本书作为主要面向高等职业教育安全技术管理类专业学生的专业课程教材，在编写过程中，从生产经营单位安全生产管理岗位的要求出发，参照《注册安全工程师执业资格考试大纲》，以现行的法律法规、国家（或行业）标准为依据，注重科学性和实用性，结合实际范例，详细介绍和讲解现代企业的最新安全生产管理内容和方法。因此，本书也可作为各类生产经营单位从事安全生产管理工作的人员及其他管理人员在安全管理工作中的实用参考工具书。同时，本教材也适用于高等院校其他专业的安全管理课程的教学用书。

在本书的编写过程中，参考并吸收了许多专家、学者的研究成果，参阅和使用了许多文献资料（见本书的参考文献），编者在此由衷地表示感谢。

由于编者水平有限，书中难免有不妥之处，敬请广大读者批评指正。

编　者

2011年8月

CONTENTS

目录

CHAPTER 1

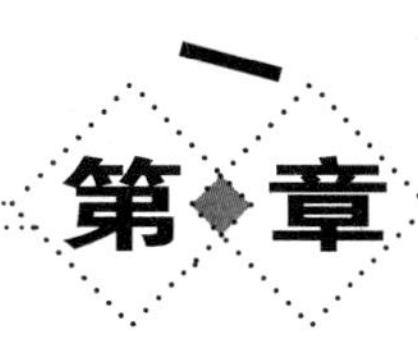

安全管理基础知识

职业能力目标	知识要求
1. 会使用所学基本概念确认现场的事故隐患、安全状态。 2. 具备提出企业安全管理要求的基本能力。	1. 掌握：事故、安全、本质安全、风险、危险、事故隐患、危险有害因素、重大危险源等基本概念。 2. 掌握安全管理的重要作用。 3. 掌握我国安全生产方针、安全发展内涵。 4. 了解我国安全生产现状。

第一节　安全管理基本概念

案例导入

【案例 1-1】 某工人在地板上滑倒，跌坏膝盖骨，造成重伤。调查表明，该工人经常弄湿地板而不擦干，且达 6 年之久。他在湿滑的地板上行走时经常滑倒，无伤害、轻微伤害及严重伤害的比例为 1800∶0∶1。

【案例 1-2】 某机械师企图用手把皮带挂到正在旋转的皮带轮上，由于他站在摇晃的梯子上，徒手不用工具，又穿了一件袖口宽大的衣服，结果被皮带轮卷入而死亡。事故调查表明，他用这种方法挂皮带已达数年之久，手下的工人均佩服他技艺高超。查阅 4 年来的就诊记录，发现他曾被擦伤手臂 33 次，估计无伤害、轻微伤害与严重伤害的比例为 1200∶3∶1。

一、事故的定义与基本特性

1. 事故的定义

对于事故(Accident)，人们从不同的角度出发对其会有不同的理解。在《辞海》中给事故下的定义是“意外的变故或灾祸”。会计师算错了账是工作事故，产品出了质量问题是质量事故。而在安全科学中所研究的事故则与其他方面所谓的事故又有所不同，其关于事故的定义如下。

定义 1：事故是可能涉及伤害的、非预谋性的事件。

定义 2：事故是造成伤亡、职业病、设备或财产的损坏或损失或环境危害的一个或一系列事件。

定义 3：事故是违背人的意志而发生的意外事件。

定义 4：事故是人（个人或集体）在为实现某种意图而进行的活动过程中，突然发生的、违反人的意志的、迫使活动暂时或永久停止的事件。

国务院令第 493 号《生产安全事故报告和调查处理条例》，将“生产安全事故”定义为：生产经营活动中发生的造成人身伤亡或直接经济损失的事件。

在上述定义中，定义 2 出自美军标 882C，其发展过程充分体现了人类对于事故的认识过程，即从仅仅将事故定义为意外伤害，扩展到职业病、财产和设备的损坏、损失，直至对环境的破坏；而由伯克霍夫（Berckhoff）所给出的定义 4，则对事故做了较为全面地描述。

结合上述诸定义，我们可以总结出事故具有如下特点。

① 事故是一种发生在人类生产、生活活动中的特殊事件，人类的任何生产、生活活动过程中都可能发生事故。因此，人们若想把活动按自己的意图进行下去，就必须努力采取措施来防止事故。

② 事故是一种突然发生的、出乎人们意料的意外事件。这是由于导致事故发生的原因非常复杂，往往是由许多偶然因素引起的，因而事故的发生具有随机性质。在一起事故发生之前，人们无法准确地预测什么时候、什么地方、发生什么样的事故。由于事故发生的随机性，使得认识事故、弄清事故发生的规律及防止事故发生成为一件非常困难的事情。

③ 事故是一种迫使进行着的生产、生活活动暂时或永久停止的事件。事故中断、终止活动的进行，必然给人们的生产、生活带来某种形式的影响。因此，事故是一种违背人们意志的事件，是人们不希望发生的事件。

④ 事故这种意外事件除了影响人们的生产、生活活动顺利进行之外，往往还可能造成人员伤害、财物损坏或环境污染等其他形式的后果。

但值得指出的是，事故是一种动态事件，它开始于危险的激化，并以一系列原因事件按一定的逻辑顺序流经系统而造成损失，事故和事故后果（Consequence）是具有因果关系的两件事情：由于事故的发生产生了某种事故后果。但是在日常生产、生活中，人们往往把事故和事故后果看作一件事件，这是不正确的。之所以产生这种认识，是因为事故的后果，特别是给人们带来严重伤害或损失的后果，给人的印象非常深刻，相应地使人们注意带来这种后果的事故；相反地，当事故带来的后果非常轻微，没有引起人们注意的时候，相应地使人们也就忽略了这种事故。

作为安全科学研究对象的事故，主要是那些可能带来人员伤亡、财产损失或环境污染的事故。于是，可以对事故做如下的定义：

事故是在人们生产、生活活动过程中突然发生的、违反人们意志的、迫使活动暂时或永久停止，可能造成人员伤害、财产损失或环境污染的意外事件。

2. 未遂事故、二次事故、非工作事故与海因里希法则

在事故研究中，有几类事故容易被人们所忽略，但又十分值得关注，这就是未遂事故、二次事故、非工作事故。

（1）未遂事故

未遂事故是指有可能造成严重后果，但由于其偶然因素，实际上没有造成严重后果的意外事件。

也就是说，未遂事故的发生原因及其发生、发展过程与某个特定的会造成严重后果的事故是完全相同的，只是由于某个偶然因素，没有造成该类严重后果。

（2）二次事故

二次事故是指由外部事件或事故引发的事故。

所谓外部事件，是指包括自然灾害在内的与本系统无直接关联的事件。

二次事故可以说是造成重大损失的根源，绝大多数重、特大事故主要是由于事故引发了二次事故造成的。

（3）非工作事故

此外，对于企业安全管理者来说，另一类值得关注的事故为非工作事故，即员工在非工作环境中，如旅游、娱乐、体育活动及家庭生活等诸方面活动中发生的人身伤害事故。虽然这类事故不在工伤范围之内，但由于这类事故引起的员工缺工，对于企业的劳动生产率是有很大影响的，因失去关键岗位的员工所需的再培训对于企业的损失将会更大。对于这类事故，一个最值得关注的因素就是员工在企业的安全管理制度约束下，有较好的安全意识；但在非工作环境中，会产生某种“放纵”，加上对某些环境的不熟悉，操作的不熟练，都成了事故滋生的土壤。

（4）海因里希法则

美国人海因里希（W. H. Heinrich）对未遂事故进行过较为深入的研究。海因里希统计了 55 万件机械事故，其中死亡、重伤事故 1666 件，轻伤 48334 件，其余则为无伤害事故。从而得出一个重要结论，即在机械事故中，伤亡、轻伤、不安全行为的比例为 1∶29∶300，国际上把这一法则叫事故法则，如图 1-1 所示。这个法则说明，在机械生产过程中，每发生 330 起意外事件，有 300 件未产生人员伤害，29 件造成人员轻伤，1 件导致重伤或死亡。

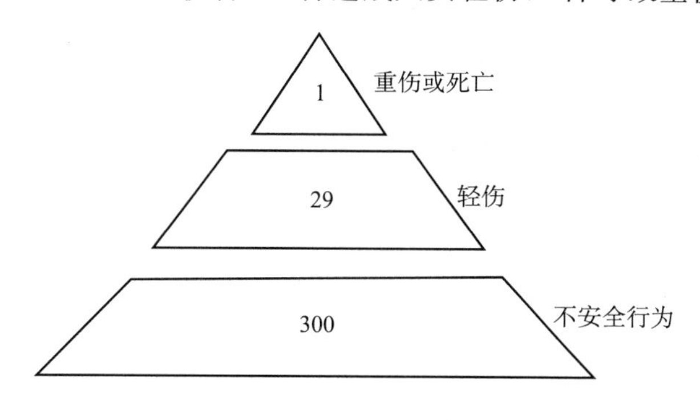

图 1-1　海因里希法则

海因里希法则是根据同类事故的统计资料得到的结果，实际上不同种类的事故这个比例是不相同的。日本学者青岛贤司的调查表明，日本重型机械和材料工业的重、轻伤之比为 1∶8，而轻工业则为 1∶32。另外，同一企业中不同的生产作业，这个比例也会有所差异。因此，对于不同的生产过程，不同类型的事故，上述比例关系不一定完全相同，但这个统计规律说明了在进行同一项活动中，无数次意外事件，必然导致重大伤亡事故的发生。

事故法则说明，要防止重大事故的发生必须减少和消除无伤害事故，要重视事故的苗头和未遂事故，否则终会酿成大祸。

海因里希法则反映了事故发生频率与事故后果严重度之间的一般规律，即一般情况下，事故发生后造成严重伤害的可能性是很小的，大量发生的是轻微伤害或者无伤害。这也是人们容易忽略安全问题的主要原因之一。而且它说明事故发生后其后果的严重程度具有随机性质或者说其后果的严重度取决于机会因素。因此，一旦发生事故，控制事故后果的严重程度是一件非常困难的工作。为了防止严重伤害的发生，应该全力以赴地防止事故的发生。

在另一方面，海因里希法则也指出，未遂事故虽然没有造成人身伤害和经济损失，但由于其发生的原因和发展的过程极可能造成严重伤害或重大事故，因而我们必须对其进行深入研究，探讨其发生原因和发展规律，从而采取相应措施，消除事故原因或斩断事故发展过程，达到控制和预防事故的目的。也就是说，根据海因里希法则，在同类事故中，未遂事故和轻伤事故发生的可能性要比严重伤害事故大得多，只要我们关注未遂事故，研究未遂事故，就有可能控制严重事故的发生，这也是事故预防与控制的重要手段之一。对于一些未知因素较多的系统，如采用新技术、新设备、新工艺、新材料、新产品等的系统更是如此。

3. 事故的基本特性

大量的事故调查、统计、分析表明，事故有其自身特有的属性。掌握和研究这些特性，对于指导人们认识事故、了解事故和预防事故具有重要意义。

（1）普遍性

自然界中充满着各种各样的危险，人类的生产、生活过程中也总是伴随着危险。所以，发生事故的可能性普遍存在。危险是客观存在的，在不同的生产、生活过程中，危险性各不相同，事故发生的可能性也就存在着差异。

（2）随机性

事故发生的时间、地点、形式、规模和事故后果的严重程度都是不确定的。何时、何地、发生何种事故，其后果如何，都很难预测，从而给事故的预防带来一定困难。但是，在一定的范围内，事故的随机性遵循数理统计规律，亦即在大量事故统计资料的基础上，可以找出事故发生的规律，预测事故发生概率的大小。因此，事故统计分析对制定正确的预防措施具有重要作用。

（3）必然性

危险是客观存在的，而且是绝对的。因此，人们在生产、生活过程中必然会发生事故，只不过是事故发生的概率大小、人员伤亡的多少和财产损失的严重程度不同而已。人们采取措施预防事故，只能延长事故发生的时间间隔，降低事故发生的概率，而不能完全杜绝事故。

(4) 因果相关性

事故是系统中相互联系、相互制约的多种因素共同作用的结果。导致事故的原因多种多样。从总体上，事故原因可分为人的不安全行为、物的不安全状态、环境的不良刺激作用。从逻辑上又可分为直接原因和间接原因等。这些原因在系统中相互作用、相互影响，在一定的条件下发生突变，即酿成事故。通过事故调查分析，探求事故发生的因果关系，搞清事故发生的直接原因、间接原因和主要原因，对于预防事故发生具有积极作用。

(5) 突变性

系统由安全状态转化为事故状态实际上是一种突变现象。事故一旦发生，往往十分突然，令人措手不及。因此，制定事故预案，加强应急救援训练，提高作业人员的应急反应能力和应急救援水平，对于减少人员伤亡和财产损失尤为重要。

(6) 潜伏性

事故的发生具有突变性，但在事故发生之前存在一个量变过程，亦即系统内部相关参数的渐变过程。所以事故具有潜伏性。一个系统，可能长时间没有发生事故，但这并非就意味着该系统是安全的，因为它可能潜伏着事故隐患。这种系统在事故发生之前所处的状态不稳定，为了达到系统的稳定态，系统要素在不断发生变化。当某一触发因素出现，即可导致事故。事故的潜伏性往往会引起人们的麻痹思想，从而酿成重大恶性事故。

(7) 危害性

事故往往造成一定的财产损失或人员伤亡。严重者会制约企业的发展，给社会稳定带来不良影响。因此，人们面对危险，能全力抗争而追求安全。

(8) 可预防性

尽管事故的发生是必然的，但我们可以通过采取控制措施来预防事故发生或者延缓事故发生的时间间隔。充分认识事故的这一特性，对于防上事故发生有促进作用。通过事故调查，探求事故发生的原因和规律，采取预防事故的措施，可降低事故发生的概率。

二、事故隐患与危险有害因素、危险源

1. 事故隐患

国家安全生产监督管理总局颁布的《安全生产事故隐患排查治理暂行规定》，将“安全生产事故隐患”定义为：生产经营单位违反安全生产法律、法规、规章、标准、规程和安全生产管理制度的规定，或者因其他因素在生产经营活动中存在可能导致事故发生的物的危险状态、人的不安全行为和管理上的缺陷。

事故隐患分为一般事故隐患和重大事故隐患。一般事故隐患是指危害和整改难度较小，发现后能够立即整改排除的隐患。重大事故隐患是指危害和整改难度较大，应当全部或者局部停产停业，并经过一段时间整改治理方能排除的隐患，或者因外部因素影响致使生产经营单位自身难以排除的隐患。

2. 危险有害因素

根据《生产过程危险和有害因素分类与代码》(GB/T 13861—1992)的定义,危险因素是指能对人造成伤亡或对物造成突发性损害的因素;有害因素是指能影响人的身体健康,导致疾病,或对物造成慢性损害的因素。

通常情况下,对危险因素和有害因素两者不加以区分,而统称为危险有害因素,主要指客观存在的危险、有害物质或能量超过临界值的设备、设施和场所等。对于危险、有害因素的定义,已经非常明确、清楚。危险因素在时间上比有害因素来得快、来得突然,造成的损害结果要比危害因素直接、直观、显见且惨烈。

根据最新标准《生产过程危险和有害因素分类与代码》(GB/T 13861—2009)的定义,危险和有害因素是指可对人造成伤亡、影响人的身体健康甚至导致疾病的因素。本书将在第四章对危险有害因素的类别进行详细介绍。

3. 危险源

(1) 危险源的定义

根据《职业健康安全管理体系规范》(GB/T 28001—2001)的定义,危险源是指可能造成人员伤害、疾病、财产损失、作业环境破坏或其他损失的根源或状态。

从安全生产角度解释,危险源是指一个系统中具有潜在能量和物质释放危险的、可造成人员伤害、在一定的触发因素作用下可转化为事故的部位、区域、场所、空间、岗位、设备及其位置。它的实质是具有潜在危险的源点或部位,是爆发事故的源头,是能量、危险物质集中的核心,是能量从那里传出来或爆发的地方。例如,从全国范围来说,对于危险行业(如石油、化工等)具体的一个企业(如炼油厂)就是一个危险源。而从一个企业系统来说,可能是某个车间、仓库就是危险源,一个车间系统可能是某台设备是危险源;因此,分析危险源应按系统的不同层次来进行。

(2) 两类危险源的划分

根据危险源在事故发生、发展中的作用,一般把危险源划分为两大类,即第一类危险源和第二类危险源。

第一类危险源是指生产过程中存在的可能发生意外释放的能量,包括生产过程中各种能量源、能量载体或危险物质。第一类危险源决定了事故后果的严重程度,它具有的能量越多,发生的事故后果越严重。

第二类危险源是指导致能量或危险物质约束或限制措施破坏或失效的各种因素,广义上包括物的故障、人的失误、环境不良以及管理缺陷等因素。第二类危险源决定了事故发生的可能性,它出现得越频繁,发生事故的可能性越大。

在企业安全管理工作中,第一类危险源客观上已经存在并且在设计、建设时已经采取了必要的控制措施,因此,企业安全工作重点是第二类危险源的控制问题。

(3) 危险源与事故隐患的关系

从系统安全的观点来考察,使能量或危险物质的约束、限制措施失效、破坏的因素,即第二类危险源,包括人、物、环境三个方面的问题。第二类危险源往往是一些围绕第一类危险源随机发生的现象,它们出现的情况决定事故发生的可能性,第二类危险源出现得越频繁，发生事故的可能性越大。当使能量或危险物质的约束、限制措施失效、破坏的因素在生产过程中实际出现或存在时，则是人们常说的“事故隐患”。

一般来说，危险源可能存在事故隐患，也可能不存在事故隐患，对于存在事故隐患的危险源一定要及时加以整改，否则随时都可能导致事故。实际中，对事故隐患的控制管理总是与一定的危险源联系在一起，因为没有危险的隐患也就谈不上要去控制它；而对危险源的控制，实际就是消除其存在的事故隐患或防止其出现事故隐患。所以，在实际中有时不加区别也使用这两个概念。

(4) 重大危险源的定义

《中华人民共和国安全生产法》第九十六条规定，重大危险源，是指长期地或者临时地生产、搬运、使用或者储存危险物品，且危险物品的数量等于或者超过临界量的单元(包括场所和设施)。

《危险化学品重大危险源辨识》(GB 18218—2009 代替 GB 18218—2000)规定，危险化学品重大危险源，是指长期地或临时地生产、加工、使用或储存危险化学品，且危险化学品的数量等于或超过临界量的单元。单元，是指一个(套)生产装置、设施或场所，或同属一个生产经营单位的且边缘距离小于 500m 的几个(套)生产装置、设施或场所。

重大危险源是一种法规设定的、特定类型的危险源。本书将在第四章对危险化学品重大危险源辨识和管理监控进行专门讲解。

三、什么是风险、危害、危险

1. 风险

风险是一个常用的基本词语，在字典中，一般对它的解释是：生命与财产损失或损伤的可能性。但是，学术界对风险的内涵没有统一的定义，由于对风险的理解和认识程度不同，或对风险的研究的角度不同，不同的学者对风险概念有着不同的解释，但可以归纳为以下几种代表性观点：观点一，风险是事件未来可能结果发生的不确定性。观点二，风险是损失发生的不确定性。观点三，风险是指可能发生损失的损害程度的大小。观点四，风险是指损失的大小和发生的可能性。观点五，风险是由风险构成要素相互作用的结果。

风险因素、风险事件和风险结果是风险的基本构成要素，风险因素是风险形成的必要条件，是风险产生和存在的前提。风险事件是外界环境变量发生预料未及的变动从而导致风险结果的事件，它是风险存在的充分条件，在整个风险中占据核心地位。风险事件是连接风险因素与风险结果的桥梁，是风险由可能性转化为现实性的媒介。

本书采用如下的风险概念定义：风险是指客观存在的，在特定情况下、特定期间内，某一事件导致的最终损失的不确定性。风险具有三个特性：客观性；损失性；不确定性。可采用数学的方式即风险量函数对风险进行定量描述。风险是对人们从事生产或社会活动时可能发生的有害后果的定量描述，即风险量是在一定时期产生有害事件的概率与有害事件后果的函数：

$$R = f(P, C) \tag{1-1}$$

式中：R——风险量；

P——出现该风险的概率；

C——风险损失的严重程度。

人们在考察风险时，始终关联三个维度，即风险与人们有目的的活动有关；风险同行动方案的选择有关；风险与世界的未来变化有关。风险的本质/要素是指构成风险特征，影响风险的产生、存在和发展的因素，可归结为三个要素/因素：风险因素、风险事故和风险损失。它们构成了风险存在与否的基本条件。

2. 危害、危险

要特别注意风险与危害（Harzard）、危险的区别。

危害是指危险灾害，使受破坏、伤害。

危险有两种解释，一种是危险是指存在导致发生不期望后果即损失的可能性，此时常用“危险性”来表达，以示其和后一种解释的区别；另一种解释是，根据系统安全工程的观点，危险是指系统中存在导致发生不期望后果的可能性超过了人们的承受程度。

当危险采用前一种解释时，其与危害是同义语。当危险采用后一种解释时，其表示了人们对客观事物（系统）存在的某种风险的主观认识和判断结果，即当客观事物（系统）存在的某种风险的量值达到了人们难以承受的程度时，人们对其所表现出的具体状态的一种心理感受。根据公式（1-1），危害（危险性）所造成的损失大小（风险损失）及其发生可能性的高低（风险事故）的综合度量即为该危害（危险性）风险量。

危害（危险性）的存在是一种客观现象，不随人的意志而改变，人们无法消灭。但风险是可以化解的。人们可以化解危害（危险性）的风险，即想办法采取措施消除或减低危害（危险性）可能造成的损失，和（或）降低事故发生的概率。

在安全管理中，生产系统存在着发生事故的风险，这种事故风险可以按照风险定量描述的方法，采用事故发生的可能性与后果严重性的综合度量来表示生产系统发生事故的危险程度，即危险度。

四、安全、安全性与本质安全

1. 安全一词的释源

在古代汉语中，并没有“安全”一词，但“安”字却在许多场合下表达着现代汉语中“安全”的意义，表达了人们通常理解的“安全”这一概念。例如，“是故君子安而不忘危，存而不忘亡，治而不忘乱，是以身安而国家，可保也。”《易·系辞下》这里的“安”是与“危”相对的，并且如同“危”表达了现代汉语的“危险”一样，“安”所表达的就是“安全”的概念。“无危则安，无缺则全”。即安全意味着没有危险且尽善尽美。这是与人们的传统的安全观念相吻合的。

“安全”作为现代汉语的一个基本语词，在各种现代汉语辞书有着基本相同的解释。《现代汉语词典》对“安”字的第4个释义是：“平安；安全（跟‘危险’相对）”，并举出“公安”、“治安”、“转危为安”作为例词。对“安全”的解释是：“没有危险；不受威胁；不出事故”。《辞海》对“安”字的第一个释义就是“安全”，并在与国家安全相关的含义上举了《国策·齐策六》的一句话作为例证：“今国已定，而社稷已安矣。”

当汉语的“安全”一词用英文表述时，可以与其对应的主要有 safety 和 security 两个单词，虽然这两个单词的含义及用法有所不同，但都可在不同意义上与中文“安全”相对应。在这里，与国家安全联系的“安全”一词是 security。按照英文词典解释，security 也有多种含义，其中经常被研究国家安全的专家学者提到的含义有两方面，一方面是指安全的状态，即免于危险，没有恐惧；另一方面是指对安全的维护，指安全措施和安全机构。

2. 现代安全科学对安全概念的界定

安全首先是指外界条件使人处于健康状况。具体地说，安全是指在外界不利因素作用下，使人的躯体及其生理功能免受损伤、毒害或威胁，以及使人的心理不感到惊恐、危机或害怕，并能使人健康、舒适和高效能地进行生产、生活、参与各种社会活动。而不仅仅是使人处于一种不死、不伤或不病的存在状态。另一方面，安全亦指使人的身心处于健康、舒适和高效能活动状态的客观保障条件，即物质的或者与物质相联系的客观保障因素。

所以，将人的存在状态和事物的保障条件有机地结合起来，就得出了整个安全的科学概念：“安全是人的身心免受外界（不利）因素影响的存在状态（包括健康状况）及其保障条件。”换句话说，人的身心存在的安全状态及其保障的安全条件构成安全的整体。人的身心安全程度及其事物保障的可靠程度构成安全度（即安全量）的概念。确立安全量的概念是确立安全的科学概念的具体表现，也是安全达到科学分析高度的必要前提。

按照安全系统工程的观点，世界上没有绝对安全的事物，任何事物中都包含不安全因素，具有一定的危险性。安全是相对的，是人们对事物的一种具体认识，是人们对客观事物实际状态的心理感受和认知。它是一种模糊数学的概念，危险性是对安全性的隶属度。当危险性低于某种程度时，人们就认为是安全的。安全性（S）与危险性（D）互为补数，即 $S=1-D$，安全工作贯穿于系统整个寿命期间。生产过程中的安全，即安全生产，可以认为是指生产系统所具有的人员免遭不可承受风险伤害的良好状态。因此，人们通常所说的“安全场所”，并不能保证这种场所绝对不发生事故，只是发生事故的可能很小，以至于认为不会发生超过人们所能承受风险的伤害。由于人们对生产系统关注的安全角度不同，表示生产系统安全度（S）所采用的具体参数也不同，如用系统稳定性表示系统受到各种因素的影响一直保持在良好状态，用系统可靠性表示系统是否容易不正常工作。而工程上的安全性是用概率表示的近似客观量来衡量安全的程度。

国际民航组织给安全下了这样一个的定义：安全是一种状态，即通过持续的危险识别和风险管理过程，将人员伤害或财产损失的风险降至并保持在可接受的水平或以下。截至 2009 年 12 月 31 日，中国民航连续安全飞行 61 个月、1825 万小时，创造了我国民航史上最好的安全纪录。截止当年 11 月底，我国航空运输百万飞行小时重大事故率为 0.21（国际为 0.29）。

本书采用如下的安全概念定义：安全是指在一定的保障条件下使人的身心免受外界（不利）因素影响的存在状态（包括健康状况）；利用风险的概念，可将安全这种状态进一步表述为，通过持续的危险识别和风险管理过程，人员伤害或财产损失的风险被降至并保持在人们可接受的水平或其以下的状态。

安全分为狭义安全与广义安全。狭义安全是指某一领域或系统中的安全，如生产安全、机械安全、矿业安全、交通安全、消防安全、航空安全、建筑安全、核工业安全等，狭义安全有技术安全的含义。即人们通常所说的某一领域或系统中的安全技术问题。广义安全，即大安全，是以某一领域或系统为主的技术安全扩展到生活安全与生存安全领域，形成生产、生活、生存领域的大安全，广义安全是全民、全社会的安全。从人所存在的外部客观世界而言，人的身心遭受外界（不利）因素的影响可能来自两个大的方面：一是人造系统因素，如化工厂的火灾爆炸、毒气泄漏等。二是自然环境条件因素，如地震、洪水、动物传染病疫情等自然灾害属于防灾减灾问题，可视为技术安全扩展的领域，是广义安全、大安全。两个方面的因素还会相互作用、影响和转化，造成新的危害危险，如人造化学物质对环境的污染引发环境安全问题、台风引起工厂系统的破坏进而引发工业事故灾难等，这属于技术安全问题。

3. 安全性

安全性是系统在可接受的最小事故损失条件下发挥其功能的一种品质。

也有的将安全性定义为“不发生事故的能力”。但无论怎样，人们都可以看出，安全与安全性的概念是有很大区别的，前者是系统的状态或条件，后者则是系统的一种性能，而安全工作者最主要的任务，就是结合管理和技术等各种手段和措施，努力提高系统的安全性，减少因事故造成的损失。

由于安全性是系统的重要品质之一，且与可靠性联系密切，在某些特定条件下，二者有时是一致的。因而，常有人将两个概念相混淆，错误地认为“系统可靠，就一定安全”，无须专门对安全性进行分析，这显然是错误的。

系统的可靠性(Reliability)与安全性是两个不同的概念。通常可靠性是指系统在规定的条件下，在使用期间内实现规定性能的可能程度。可靠性是针对系统的功能而言，可靠性技术的核心是失效分析；而安全性是针对系统损失而言，安全性技术的核心是危险分析。

危险与损失有关，而失效仅是某一项目的某些功能的丧失（或称非预期状态），可能不会造成损失。例如，室内裸露的电线，没有失效时是可靠的，但存在着人触电的危险，是不安全的。所以失效不等于危险，可靠不等于安全，可靠性与安全性不能等同。当然，失效或故障有时也会造成损失，甚至导致系统发生灾难性的事故，如飞机在空中飞行时，发动机因故障停止工作就可能导致发生飞机坠毁的严重事故，这时失效或故障就成为危险了。也就是说，当故障或失效的发生会导致事故时，提高系统的可靠性会同时提高系统的安全性。所以，系统安全性与可靠性有着极其密切的关系，在进行系统安全性分析时，也需要应用可靠性的数据，某些安全性分析方法也源于可靠性分析。

4. 本质安全

本质安全是通过设计等手段使生产设备或生产系统本身具有安全性，即使在误操作或发生故障的情况下也不会造成事故。具体包括两方面的内容。

(1) 失误——安全功能

指操作者即使操作失误，也不会发生事故或伤害，或者说设备、设施和技术工艺本身具有自动防止人的不安全行为的功能。

（2）故障——安全功能

指设备、设施或生产工艺发生故障或损坏时，还能暂时维持正常工作或自动转变为安全状态。

上述两种安全功能应该是设备、设施和技术工艺本身固有的，即在它们的规划设计阶段就被纳入其中，而不是事后补偿的。

本质安全是生产中"预防为主"的根本体现，也是安全生产的最高境界。实际上，由于技术、资金和人们对事故的认识等原因，目前还很难做到本质安全，只能作为追求的目标。

5. 科学理性地认识风险和安全

（1）科学理性地认识风险

风险在人们的生活中无处不在。我们必须下定决心学会如何应对安全、健康和环境方面的风险，尤其是应当在处理面对风险丧失理智的恐慌方面取得进步。为什么人们会对一些风险产生不恰当的恐慌？主要的原因是某些危险容易被人们记住。有关危险的活生生的事例在实际生活中是能够为我们的思维所"有效"利用的信息，即使这些事例在实际生活中并不多见。而当危险并没有体现为生动的实例时，大脑就可能不会有效利用与之有关的信息，从而使人们对严重的风险疏忽大意。人们对风险认识存在着"有效连锁效应"，这是指人们对某种风险的恐惧在社会上如草原野火借助风势迅速蔓延般的快速传播的现象。"有效连锁效应"有时益处良多，因为它能使人们对以前被忽视的真正的问题产生警觉。但"有效连锁效应"有时却使人们过分担心，以至于杞人忧天。

正确认识风险是社会防范风险的第一道防线。让人们尽快了解关于风险的实际情况，是应对不适当恐慌的最简单的方法。

（2）科学理性地认识安全

我们应当以现代系统论和风险原理的基本观点对安全有一个科学理性的认识。如果承认安全一词描述的是一种状态，这种状态也绝非是一种事故为零的所谓"绝对安全"的概念。从科学的角度讲，"绝对安全"的状态在客观上是不存在的。平安也好，安全也好，其本身就带有很大的模糊性、不确定性和相对性，所以"安全状态"具有动态特征，就是说安全所描述的状态具有动态特征，它是随时间而变化的。

安全是有条件的，无条件的安全从来不存在；安全的本质是实现"人—物—环境"之间的相互匹配和协调运作。科学理性认识安全的本质，就要搞清楚安全的基本特征。安全具有必要性和普遍性、相对性和局限性、系统性和复杂性、随机性和潜隐性、经济性、社会性和道德性等特征。

在一定的生产力水平下，由于人们认识的局限和科技水平的制约，人们只能认识一定的危险危害，同时也只能对已经认识，并认为应该控制且可以控制的危害危险进行控制管理。随着人类科技水平和人们对安全与健康要求的提高，人们又发现了新的危险危害，同时生产过程中也可能出现新的危险状态，这时人们必须探索并采取新的技术、管理等措施来取得新的安全状态。人类总是在所认识的范围内，按照生产力水平，不断改善自身的安全状况，如图 1-2 所示。

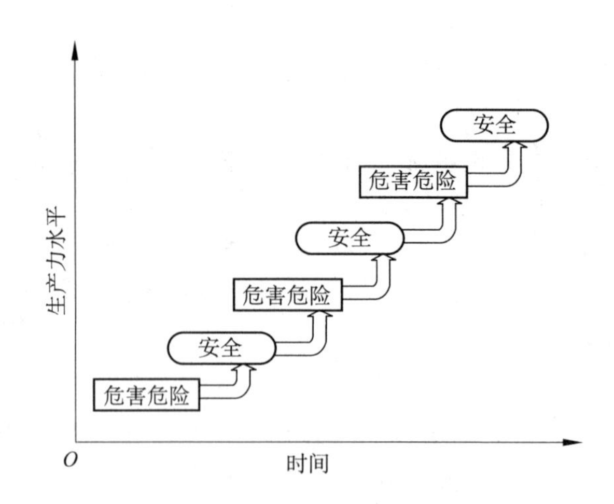

图 1-2 安全与危害危险的关系

五、职业安全卫生、劳动保护与安全生产

职业安全卫生(Occupational Safety & Health)是安全科学研究的主要领域之一，通常是指影响作业场所内员工、临时工、合同工，外来人员和其他人员安全与健康的条件和因素。美、日、英等国均采用这种说法并设有相应的管理机构和法规体系，如美国的职业安全卫生管理局(OSHA)和职业安全卫生法(OSHAct)等。

劳动保护(Labor Protection)或劳动安全卫生是前苏联、德国、奥地利和我国(主要是2000年前)等国家采用的说法，其定义为：为了保护劳动者在劳动、生产过程中的安全、健康，在改善劳动条件、预防工伤事故及职业病，实现劳逸结合和女职工、未成年工的特殊保护等方面所采取的各种组织措施和技术措施的总称。

可以看出，上述两个定义基本含义虽有所差异，但总体上基本一致，在各个国家实施时工作内容也基本相同，两者的主要区别就在一点：保护对象的范围不完全一样，前者包括作业场所内的所有人员，而后者仅强调工作场所的劳动者。但两者在结果上完全一致，即实现基本人身权利—安全和健康。鉴于此，一般情况下，它们可以被认为是同一概念的两种不同命名。

安全生产是指在社会生产活动中，通过人、机、物料、环境的和谐运作，使生产过程中潜在的各种事故风险和伤害因素始终处于有效控制状态，切实保护劳动者的生命安全和身体健康；或者，为了防止在生产过程中发生人身伤亡事故、疾病、财产损失(设备设施损坏等)、环境破坏等事故及灾害的发生，消除或有效控制事故风险、危险有害因素，保障劳动者的生命安全和身体健康，使生产过程在符合安全要求的物质条件和工作秩序下正常进行，所采取的各种专门措施和从事的专门活动的总称。

在安全生产中，消除危害人身安全和健康的因素，保障员工安全、健康、舒适地工作，称为人身安全；消除损坏设备、产品等的危险因素，保证生产正常进行，称为设备安全。总之，安全生产就是使生产过程在符合安全要求的物质条件和工作秩序下进行，以防止人身伤亡和设备事故及各种危险的发生，从而保障劳动者的安全和健康，以促进劳动生产率的提高。

安全生产与职业安全卫生、劳动保护(劳动安全卫生)相比,它们的基本内涵大致相同,基本宗旨和核心目标都是保护从业人员或劳动者在生产过程中的安全和健康。在边界和外延上,安全生产要比后两者宽泛,如图1-3所示。安全生产既包括对劳动者的保护,也包括对生产、财物、环境的保护,强调过程和措施手段,具有很强的经济性;而后两者主要是对员工或劳动者等人员的保护,强调为劳动者提供人身安全与身心健康的保障结果即实现基本人身权利—安全和健康,属于劳动者权益的范畴,具有很强的社会性。在我国,政府主要是从促进社会经济发展的角度,对企业以及全社会范围内的生产提出安全保障要求。因此,安全生产主要被政府和广大企业、安全科学学术领域所采用;而我国的法学、经济学等学术领域往往从劳动者的基本人身权益出发而主要采用职业安全卫生或劳动安全卫生。本书将这三个术语视为基本相同的概念。

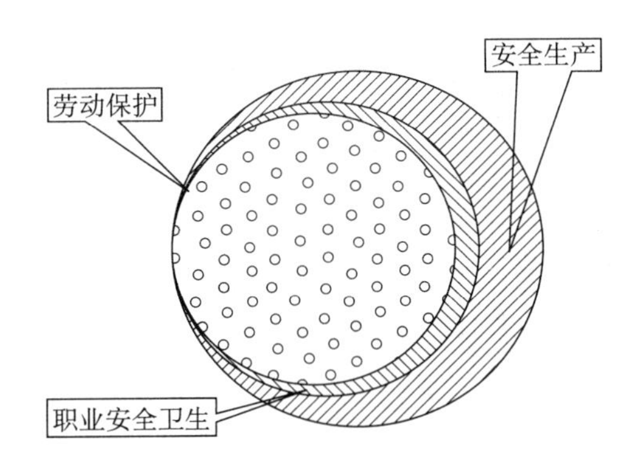

图1-3　安全生产与职业安全卫生、劳动保护的关系

第二节　安全管理及其发展历程

案例导入

【案例1-3】 某单位一员工在储藏室内登梯取物时因梯子断裂而受伤,经分析我们可以看出,其原因可能是由于没有要求对梯子进行常规检查(管理缺陷)、员工不知道该检查规则的存在(管理失误)、采购部门购买时未充分考虑梯子的用途和质量(管理失误)或财务部门没有提供足够的资金以购买合适的梯子(管理失误)等。上述任何一个原因都与管理者的疏忽、失误或管理系统的缺陷紧密相关。

一、安全管理的定义

管理是指一定组织中的管理者,通过实施计划、组织、人员配备、指导与领导、控制等职能来协调他人的活动,使别人同自己一起实现既定目标的活动过程。

安全管理,在我国也被称为安全生产管理,是管理的重要组成部分,是安全科学的一个分支。在企业管理系统中，含有多个具有某种特定功能的子系统，安全管理就是其中的一个。这个子系统是由企业中有关部门的相应人员组成的。该子系统的主要目的就是通过管理的手段，实现控制事故、消除隐患、减少损失，使整个企业达到最佳的安全水平，为劳动者创造一个安全舒适的工作环境。因而可以给安全管理（Safety Management）下这样一个定义，即：针对人们生产过程的安全问题，运用有效的资源，发挥人们的智慧，通过人们的努力，进行有关决策、计划、组织和控制等活动，实现生产过程中人与机器设备、物料、环境的和谐，达到安全生产的目标。

安全管理的总目标是，最大限度地减少和控制事故、减少和控制危害，尽量避免生产过程中由于事故所造成的人身伤害、财产损失、环境污染以及其他损失。

控制事故可以说是安全管理工作的核心，而控制事故最好的方式就是实施事故预防，即通过管理和技术手段的结合，消除事故隐患，控制不安全行为，保障劳动者的安全，这也是“预防为主”的本质所在。

但根据事故的特性可知，由于受技术水平、经济条件等各方面的限制，有些事故是不可能不发生的。因此，控制事故的第二种手段就是应急措施，即通过抢救、疏散、抑制等手段，在事故发生后控制事故的蔓延，把事故的损失减少到最小。

既然有事故发生，必然要有经济损失。对于一个企业来说，一个重大事故在经济上的打击是相当沉重的，有时甚至是致命的。因而在实施事故预防和应急措施的基础上，通过购买财产、工伤、责任等保险，以保险补偿的方式，保证企业的经济平衡和在发生事故后恢复生产的基本能力，也是控制事故的手段之一。

所以，我们也可以说，安全管理就是利用管理的活动，将事故预防、应急措施与保险补偿三种手段有机地结合在一起，以达到保障安全的目的。

从整个企业系统上看，安全管理包括如下一些重要环节：安全生产法制管理、行政管理、监督检查、工艺技术管理、设备设施管理、作业环境和条件管理等。

企业安全管理的基本对象是企业的员工，涉及企业中的所有人员、设备设施、物料、环境、财务、信息等各个方面。企业安全管理工作的基本内容包括：安全生产管理机构和安全生产管理人员、安全生产责任制、安全生产管理规章制度、安全生产策划、安全教育培训、安全生产档案等。

二、安全管理的重要作用

1. 安全管理的重要作用

安全管理在事故预防和控制中起着极其重要的作用，这主要体现在以下 3 个方面。

（1）据对事故的分析可知，绝大多数事故的发生都是由各种原因引起的，而这些原因中的 85%左右都与管理紧密相关。也就是说，如果改进安全管理，就可以有效地控制 85%左右的事故原因。

（2）当今，“安全第一”的口号几乎已经响遍了世界各个角落，但几乎所有人，包括安全工作者都承认，对于一个企业来说，安全并不是也不可能是第一位的。经济效益、企业的发展、完成生产任务等永远是第一位的。安全之所以放在特殊的位置，正是由于其与效益的关系就像水与舟的关系，亦即“水能载舟，亦能覆舟”。只有良好的安全管理才能保证良好的工作效率,只有减少事故的发生才有可能保证经济效益。

(3) 从控制事故的效果讲,安全管理也是举足轻重的。一方面控制事故所采取的手段,包括技术手段和管理手段,是由管理部门选择并确定的;另一方面在有限的资金投入及有限的技术水平的条件下,通过管理手段控制事故无疑是最有效最经济的一种方式。诚然,控制事故的最佳手段是通过技术手段解决问题,这在很大程度上可避免人为的失误,但经济条件和现有的技术水平使这类方法受到很大程度的制约。当今,大多数企业之间设备安全水平差异有限,而事故率却大小有异,主要的问题就是管理问题。

2. 事故重复发生的原因

事故统计表明,大多数事故为重复发生的且完全可以预防的,人们为什么会如此掉以轻心呢?究其根源主要在于以下3点。

(1) 按照美国心理学家马斯洛(Abrahan H. Maslow)的观点,人的需要可以归纳为5大类,即生理、安全、社交、尊重和自我实现等。生理需要是人类生存的最基本、最原始的需要,包括摄食、饮水、睡眠、求偶等;而安全需要则是在生理需要获得适当满足之后,对生命财产的安全、身体健康、生活条件稳定等方面的需要;社交需要是指感情与归属上的需要,包括人际交往、友谊、为群体和社会所接受和承认等;尊重需要包括自我尊重和受人尊重两种需要;自我实现需要则是最高层次的需要,指人有发挥自己能力与实现自身的理想和价值的需要。

上述5种需要,以层次形式依次从低到高排列,可表示成金字塔形。后来,马斯洛又补充了求知和审美两种需要,组成7个层次,如图1-4所示。一般来说,只有当某低层次的需要得到满足之后,其上一级需要才能转为强势需要。这种观点也被称为需要层次论。

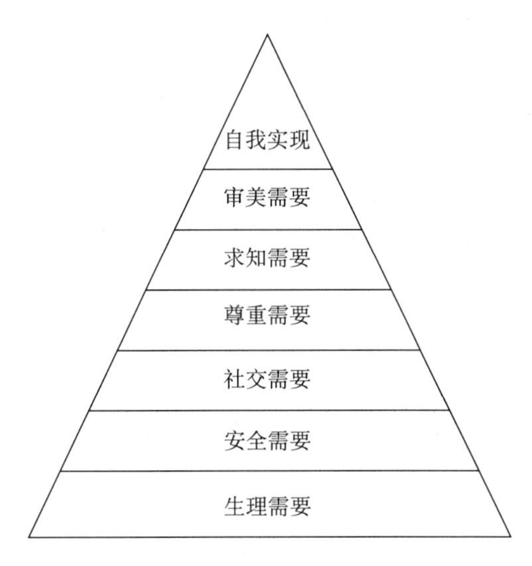

图1-4　马斯洛需要层次论

由于安全需要在第二层次,所以可以看出,当人们的生理需要没有得到适当满足的时候,是不会很好地关注安全的。

(2) 在人类面临的物质世界中，感受的主要是正面形态的正效应、正能量的积累，而容易无视负效应、负能量的现象和过程，从而容易在感受上产生错误和偏差。事故本身是一个小概率事件，因而这种负效应、负能量更易为人们所忽视或置之不理。

(3) 增加正效应、正能量，包括经济效益、规模、产量等是显而易见的，而减少负效应、负能量则较难观察得到，从而容易使人忽略减少负效应、负能量的重要性。而且人本身也容易并愿意理解、接受正效应、正能量，不容易并不愿意理解、接受负效应、负能量。

三、安全管理发展历程

安全管理伴随着社会生产中不断涌现的安全问题而出现，又随着生产技术水平和企业管理水平的提高而不断发展。

人类的发展历史一直伴随着人为或意外事故和自然灾难的挑战。从被动承受到学会“亡羊补牢”，凭经验应付，到近代人类有“预防事故发生”的意识，直至现代社会全新的安全理念、观点、知识、策略和行为，人们以安全系统工程、本质安全化的事故预防科学和技术，把对“事故忧患”的颓废认识变为自身对安全科学的缜密思索；把现实社会“事故高峰”和“生存危机”的自扰情绪变为抗争和实现平安康乐的动力，最终创造了人类安全生产和安全生活的安康世界。

总的说来，在人类历史进程中，人类安全管理活动的基本发展历程是：从宿命论到经验论，从经验论到系统论，从系统论到本质论；从无意识地被动承受到主动采取对策，从事后型的“亡羊补牢”到预防型的本质安全；从单因素的就事论事到安全系统工程；从事故致因理论到安全科学原理，工业安全科学的理论体系在不断发展和完善。

追溯安全科学技术发展历史，一般认为人类安全管理的发展经历了具有代表性的五个阶段。

(1) 远古至17世纪以前——宿命论与被动型的安全状态

在远古时期，人们对待事故及灾难只能听天由命，无能为力，认为命运是上天的安排，神灵是人类的主宰。因此，只能求上天保佑、神灵庇护。直至17世纪以前，农牧业及手工业得到了迅猛发展，但人们对于安全的认识仍然是落后和愚昧的，宿命论和被动承受是其显著特征，这是由人类古代安全文化决定的。

(2) 17世纪末至20世纪初——经验论与事后型的安全管理

随着生产方式的变更，人类从农牧业进入了早期的工业化社会——蒸汽机时代。在17世纪末至20世纪初，资本主义工业发展的早期，由于科学技术的发展，使人们的安全认识论提高到经验论水平；事故与灾害的复杂多样性，以及事故严重程度的增加，人类进入了局部安全的认识阶段，哲学上反映为建立在事故与灾难的经历上认识人类安全，有了与事故抗争的意识，学会了“亡羊补牢”的手段，在事故的策略上有了“事后弥补”的特征。尽管这是一种头痛医头、脚痛医脚的对策，但这种由被动变为主动，由无意识变为有意识的活动，在当时已经是极大的进步。这一时期，人们把事故管理等同于安全管理，仅仅围绕事故本身做文章。因此，安全管理的效果非常有限。该阶段主要发展了事故学理论，此时人类对自身的安全与否无能为力，仍处于经验阶段。

(3) 20 世纪初至 50 年代——系统论与预防型的安全管理

20 世纪初至 50 年代，随着工业社会的发展和科学技术的不断进步，人类对安全的认识进入了系统论阶段，认识到事故是可能预防的。方法论上强调生产系统的总体安全，通过各种技术手段来防止事故的发生。事故策略从"事后弥补"进入"预防为主"的阶段。特别是工业生产系统中，在设计、制造、加工、生产过程中都要考虑事故预防对策，由于强化了隐患的控制，安全管理的有效性得到提高。该阶段产生了一些安全生产管理原理、事故致因理论和事故预防原理等风险管理理论，以系统安全理论为核心的现代安全管理方法、模式、思想、理论基本形成；很多国家设立了安全生产管理的政府机构，发布了劳动安全卫生的法律法规，逐步建立了较完善的安全教育、管理、技术体系，呈现了现代安全生产管理雏形。

(4) 20 世纪 50 年代至 90 年代——本质论与综合型的安全管理

20 世纪 50 年代以来，由于人类对高科技的不断应用，如现代军事、宇航技术、核技术的利用，人类对安全的认识进入了本质论阶段。人们建立了事故系统的综合认识，意识到了人、机、环境、管理是事故的综合要素，主张工程技术硬手段与教育、管理软手段综合措施，从而在方法论上能够推行安全生产与安全生活的综合型对策，强调从人与机器和环境的本质安全入手，贯彻全面安全管理的思想、安全与生产技术统一的原则。安全管理进入了近代的安全哲学阶段。

(5) 20 世纪 90 年代以后——超前预防型的大安全观理念为基础的现代安全管理

20 世纪 90 年代以后，人类社会进入信息化时代，随着高技术的飞速发展及应用，人们更加重视生命与健康的价值，逐渐认识到，安全管理是人类预防事故三大对策之一。超前预防型的"大安全"综合安全管理模式逐步成为 21 世纪安全管理的发展趋势。这种高科技领域的安全思想和方法论大大推动了传统产业和技术领域安全手段的进步，推进了现代工业社会的安全科学技术发展，完善了人类征服意外事故的手段和方法。

现代安全管理的主要特征是：全面安全管理的思想；安全与生产技术统一的原则；讲求安全人—机设计；推行系统安全工程；方法论上讲求安全的超前、主动。

现代安全管理的内涵具体表现为：人的本质安全指人不但要具备知识素质、技能素质、意识素质，还要从人的观念、伦理、情感、态度、认知、品德等人文素质入手，从而提出安全文化建设的思路；物和环境的本质安全化就是要采用先进的安全科学技术，推广自组织、自适应、自动控制与闭锁的安全技术；研究人、物、能量、信息的安全系统论、安全控制论和安全信息论等现代工业安全原理；技术项目中要遵循安全措施与技术设施同时设计、同时施工、同时投产的"三同时"原则；企业在考虑经济发展、进行机制转换和技术改造时，安全生产方面要同步规划、同步发展、同步实施，即所谓"三同步"的原则；进行不伤害他人、不伤害自己、不被别人伤害的"三不伤害"活动，整理、整顿、清扫、清洁、态度"5S"活动，生产现场的工具、设备、材料、工件等物流与现场工人流动的定置管理，对生产现场的"危险点、危害点、事故多发点"的"三点"控制工程等超前预防型安全活动；推行安全目标管理、无隐患管理、安全经济分析、危险预知活动、事故判定技术等安全系统工程方法。

1949 年新中国成立以来，我国安全管理经历了以下 4 个发展阶段。

第一阶段：新中国成立初期至 20 世纪 70 年代末改革开放初期的劳动保护和工伤事

故理论阶段。主要借鉴前苏联的劳动保护管理体系，建立了初步的工业安全管理系统。

第二阶段：20 世纪 80 年代的事故致因与事故预防理论阶段。主要吸收了国外 20 世纪 50 年代的事故致因理论和安全系统工程理论，逐步将安全系统工程的理论方法引入我国的安全生产管理工作中。

第三阶段：20 世纪 90 年代的安全科学理论的初级阶段。安全科学的学科体系初步建立，以职业安全健康管理体系为代表的现代安全管理的理论和方法得到发展。

第四阶段：进入 21 世纪的安全科学发展新阶段。我国提出了企业安全生产风险管理的系统化理论雏形。该理论将现代风险管理原理与方法完全融入安全生产管理之中，认为企业安全生产管理是风险管理，管理的内容包括危险源辨识、风险评价、危险预警与监测管理、事故预防与风险控制管理以及应急管理。安全原理的理论体系得到发展，风险管理理论得到完善。

第三节　我国安全生产管理现状

案例导入

【案例 1-4】 2013 年的一个时期以来，全国多个地区接连发生多起重特大安全生产事故，造成重大人员伤亡和财产损失。2013 年 5 月 31 日至 6 月 8 日，发生的重大火灾爆炸事故有：5 月 31 日黑龙江中储粮大火、6 月 2 日大连石化大火（2 死）、6 月 3 日吉林禽业公司大火（121 死）、6 月 3 日江西新余化工厂爆炸（1 死）、6 月 5 日深圳横岗工厂大火、6 月 6 日陕西富平火药厂爆炸、6 月 7 日浙江萧山农药厂大火、6 月 7 日厦门公交车爆炸（47 死）、6 月 8 日武汉国际酒店失火、6 月 8 日济南润滑油厂大火……

一、我国安全生产方针

安全生产方针是指政府对安全生产工作总的要求，它是安全生产工作的方向和指针。

《安全生产法》在总结我国安全生产管理经验的基础上，将“安全第一，预防为主”规定为我国安全生产工作的基本方针。党和国家坚持以科学发展观为指导，从经济和社会发展的全局出发，不断深化对安全生产规律的认识。在中共中央十六届五中全会上，提出了“安全第一，预防为主，综合治理”的安全生产方针。

安全生产方针的含义包括：

“安全第一”，就是在生产经营活动中，在处理保证安全与生产经营活动的关系上，要始终把安全放在首要位置，优先考虑从业人员和其他人员的人身安全，实行“安全优先”原则。在确保安全的前提下，努力实现生产的其他目标。

“预防为主”，就是按照系统化、科学化的管理思想，按照事故发生的规律和特点，千方百计预防事故的发生，做到防患于未然，将事故消灭在萌芽状态。虽然人类在生产活动中还不可能完全杜绝事故的发生，但只要思想重视，预防措施得当，事故是可以大大减少的。

“综合治理”，就是标本兼治，重在治本。在采取断然措施遏制重特大事故，实现治标的同时，积极探索和实施治本之策，综合运用科技手段、法律手段、经济手段和必要的行政手段，从发展规划、行业管理、安全投入、科技进步、经济政策、教育培训、安全立法、激励约束、企业管理、监管体制、社会监督以及追究事故责任、查处违法违纪等方面着手，解决影响制约我国安全生产的历史性、深层次问题，做到思想认识上警钟长鸣，制度保证上严密有效，技术支撑上坚强有力，监督检查上严格细致，事故处理上严肃认真。

"安全第一、预防为主、综合治理"的安全生产方针是一个有机统一的整体。"安全第一"是"预防为主、综合治理"的统帅和灵魂，没有"安全第一"的思想，预防为主就失去了思想支撑，综合治理就失去了整治依据。"预防为主"是实现"安全第一"的根本途径。只有把安全生产的重点放在建立事故隐患预防体系上，超前防范，才能有效减少事故损失，实现"安全第一"。"综合治理"是落实"安全第一、预防为主"的手段和方法。只有不断健全和完善综合治理工作机制，才能有效贯彻安全生产方针，真正把"安全第一、预防为主"落到实处，不断开创安全生产工作的新局面。

二、以人为本、安全发展理念

胡锦涛总书记在中共中央政治局第三十次集体学习时强调，"各级党委和政府要牢固树立以人为本的观念，关注安全、关爱生命，进一步认识做好安全生产工作的极端重要性，坚持不懈地把安全生产工作抓细抓实抓好。人的生命是最宝贵的，我国是社会主义国家，我们的发展不能以牺牲精神文明为代价，不能以牺牲生态环境为代价，更不能以牺牲人的生命为代价。"这表明，"以人为本"是我们党的根本宗旨和执政理念，"安全发展"正是这一理念的集中体现。

中共中央十六届五中全会通过的《关于制定国民经济和社会发展第十一个五年计划的建议》确立了安全发展的指导原则，把"安全发展"作为一个重要理念纳入我国社会主义现代化建设的总体战略，提出"坚持节约发展、清洁发展、安全发展，实现可持续发展"。

《国务院关于进一步加强企业安全生产工作的通知》(国发[2010]23号)指出，深入贯彻落实科学发展观，坚持"以人为本"，牢固树立"安全发展"的理念，切实转变经济发展方式，调整产业结构，提高经济发展的质量和效益，把经济发展建立在安全生产有可靠保障的基础上。

"以人为本、安全发展"重点包含三层含义。

第一层，"以人为本"首先必须以人的生命为本。人的生命最宝贵，生命安全权益是最大的权益。发展不能以牺牲人的生命为代价，不能损害劳动者的安全和健康权益。

第二层，经济社会发展必须以安全为基础、前提和保障。国民经济和区域经济、各个行业和领域、各类生产经营单位的发展，要建立在安全保障能力不断增强、安全生产状况持续改善、劳动者生命安全和身体健康得到切实保障的基础上，做到安全生产与经济社会发展各项工作同步规划、同步部署、同步推进，实现可持续发展。

第三层，构建社会主义和谐社会必须解决安全生产问题。安全生产既是人民群众关注的热点、难点，也是和谐社会建设的切入点、着力点。只有搞好安全生产，实现"安全发展"，国家才能富强安宁、百姓才能平安幸福，社会才能和谐安定。

对企业来讲，"安全发展"是企业落实科学发展观，实现科学、持续、有效、较快和协调发展的必然要求和重要保证，是企业履行经济、政治和社会责任的重要体现，是企业增强市场竞争力的重要基础，坚持走“安全发展”道路应当成为企业的郑重选择和庄严承诺。对各级政府来讲，加快发展经济，提高效益是政绩；搞好安全生产，推动“安全发展”，维护好、实现好群众的安全健康权益也是政绩。

坚持“安全发展”，就是最大限度地提高发展效益，降低发展风险，实现社会又好又快地发展。实现“安全发展”的根本和落脚点是认真切实地贯彻落实好安全生产法规、制度和措施。2005 年 12 月 15 日，胡锦涛同志考察青海工作结束时指出，“要完善安全生产的法律法规，健全安全生产管理体制和机制，强化安全生产责任制，严格执行安全生产的各项规章制度，进一步提高安全生产的制度化、法制化水平”。制度建设是安全发展的基础工程。

三、安全生产法律法规体系

在我国，以《安全生产法》为龙头，以相关法律、行政法规、地方性法规、部门规章、地方行政规章和其他规范性文件以及安全生产国家标准、行业标准为主体的安全生产法律法规体系（如图 1-5 所示）已经初步形成，而且还在日趋健全和完善，促进了安全生产管理工作的规范化、制度化和科学化。

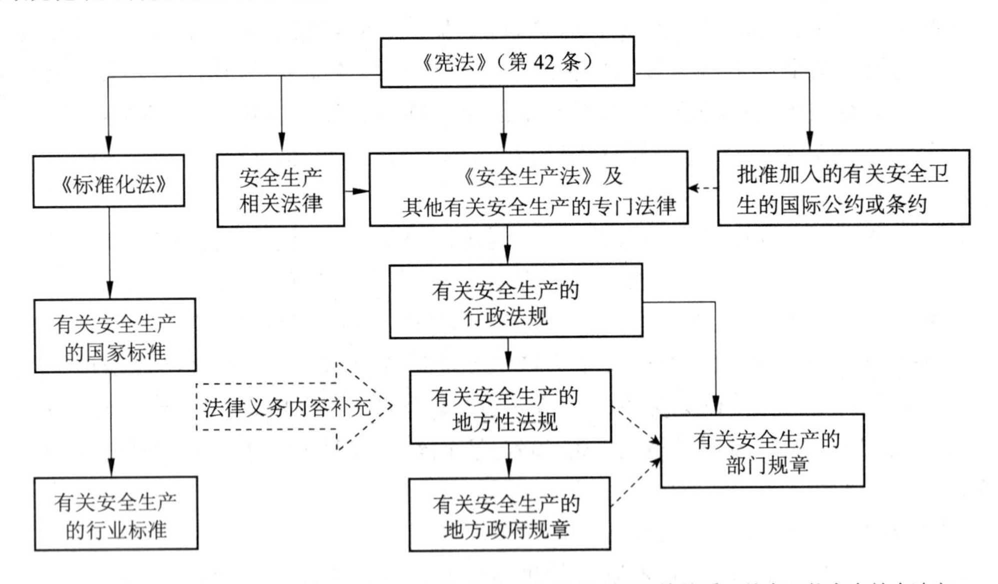

图 1-5　我国安全生产法律法规体系

加强安全生产法制建设，依法加强安全管理，是安全生产领域贯彻落实“依法治国”基本方略，建立依法、科学、长效的安全生产管理体制机制，推动实现安全生产根本好转的必然要求和根本举措。

据统计，目前，全国人大、国务院和相关主管部门已经颁布实施并仍然有效的有关安全生产主要法律法规约有 130 多部。其中包括以下几项。

（1）全国人大常委会制定的《安全生产法》、《劳动法》、《煤炭法》、《矿山安全法》、《突发事件应对法》、《职业病防治法》、《海上交通安全法》、《道路交通安全法》、《消防法》、《特种设备安全法》、《铁路法》、《民航法》、《电力法》、《建筑法》等 20 多部法律。

(2) 国务院制定的《国务院关于特大安全生产事故行政责任追究的规定》、《安全生产许可证条例》、《煤矿安全监察条例》、《国务院关于预防煤矿生产安全事故的特别规定》、《生产安全事故报告和调查处理条例》、《危险化学品安全管理条例》、《道路交通安全法实施条例》、《建设工程安全生产管理条例》等 20 多部行政法规。

(3) 国家安全生产监督管理总局、国家煤矿安全监察局、原国家经贸委、原煤炭部、交通运输部等部门和机构制定的《安全生产违法行为行政处罚办法》、《安全生产监督罚款管理暂行办法》、《安全生产领域违法违纪行为政纪处分暂行规定》、《煤矿矿用产品安全标志管理暂行办法》、《危险化学品登记管理办法》、《〈生产安全事故报告和调查处理条例〉罚款处罚暂行规定》等 80 多部部门规章，以及最高人民法院、最高人民检察院《关于办理危害矿山生产安全刑事案件具体应用法律若干问题的解释》。

(4) 各地人大和政府出台的地方性法规和地方政府规章。到目前为止，各省（区、市）都基本上制定出台了安全生产条例。

(5) 安全生产国家标准及行业标准。《安全生产法》有关条款明确要求生产经营单位必须执行安全生产国家标准或者行业标准，通过法律的规定赋予了国家标准和行业标准强制执行的效力。据不完全统计，国家及各行业颁布了涉及安全的国家标准上千项，各类行业标准几千项。我国安全生产方面的国家标准或者行业标准，均属于法定安全生产标准，或者说属于强制性安全生产标准。

四、安全生产政策措施

《国务院关于进一步加强安全生产工作的决定》(国发[2004]2 号)提出，要完善政策，大力推进安全生产各项工作：①加强产业政策的引导；②加大政府对安全生产的投入；③深化安全生产专项整治；④健全完善安全生产法制；⑤建立生产安全应急救援体系；⑥加强安全生产科研和技术开发。

针对安全生产领域存在的种种历史和现实问题，在国务院第 116 次常务会议专题会议上，确定了加强安全生产工作的 12 项治本之策：①制定安全生产发展规划，建立和完善安全生产指标及控制体系；②加强行业管理，修订行业安全标准和规程；③增加安全投入，扶持重点煤矿治理瓦斯等重大隐患；④推动安全科技进步，落实项目、资金；⑤研究出台经济政策，建立、完善经济调控手段；⑥加强培训教育，规范煤矿招工和劳动管理；⑦加快立法工作；⑧建立安全生产激励约束机制；⑨强化企业主体责任，严格企业安全生产业绩考核；⑩严肃查处责任事故，防范惩治失职渎职、官商勾结等腐败现象；⑪倡导安全文化，加强社会监督；⑫完善监管体制，加快应急救援体系建设。上述 12 项治本之策，涉及法律、经济、科技、管理、教育等多个方面，既有宏观层面的，也有具体操作层面的，涵盖了当前安全生产主要的政策措施。

2010 年 7 月 19 日，《国务院关于进一步加强企业安全生产工作的通知》(国发[2010] 23 号)(以下简称《通知》)，就如何从制度层面进一步遏制重特大安全生产事故频发以及如何加大对事故责任者的惩处力度等方面，提出了不少新的举措，具体可归纳为：三个坚持；九个重点；九个更加；十二大制度创新；十二大强化举措；十二大重申要求；落实企业安全生产主体责任的“五个应当”。《通知》强调了以下 8 各方面的事项：①严格企业安全管理；②建设坚实的技术保障体系；③实施更加有力的监督管理；④建设更加高效的应急救援体系；⑤严格行业安全准入；⑥加强政策引导；⑦更加注重经济发展方式转变；⑧实行更加严格的考核和责任追究。

《通知》强调严格企业安全管理，要求做到以下方面。

(1) 进一步规范企业生产经营行为。企业要健全完善严格的安全生产规章制度，坚持不安全不生产。加强对生产现场监督检查，严格查处违章指挥、违规作业、违反劳动纪律的“三违”行为。凡超能力、超强度、超定员组织生产的，要责令停产停工整顿，并对企业和企业主要负责人依法给予规定上限的经济处罚。对以整合、技改名义违规组织生产，以及规定期限内未实施改造或故意拖延工期的矿井，由地方政府依法予以关闭。要加强对境外中资企业安全生产工作的指导和管理，严格落实境内投资主体和派出企业的安全生产监督责任。

(2) 及时排查治理安全隐患。企业要经常性开展安全隐患排查，并切实做到整改措施、责任、资金、时限和预案“五到位”。建立以安全生产专业人员为主导的隐患整改效果评价制度，确保整改到位。对隐患整改不力造成事故的，要依法追究企业和企业相关负责人的责任。对停产整改逾期未完成的不得复产。

(3) 强化生产过程管理的领导责任。企业主要负责人和领导班子成员要轮流现场带班。煤矿、非煤矿山要有矿领导带班并与工人同时下井、同时升井，对无企业负责人带班下井或该带班而未带班的，对有关责任人按擅离职守处理，同时给予规定上限的经济处罚。发生事故而没有领导现场带班的，对企业给予规定上限的经济处罚，并依法从重追究企业主要负责人的责任。

(4) 强化职工安全培训。企业主要负责人和安全生产管理人员、特殊工种人员一律严格考核，按国家有关规定持职业资格证书上岗；职工必须全部经过培训合格后上岗。企业用工要严格依照劳动合同法与职工签订劳动合同。凡存在不经培训上岗、无证上岗的企业，依法停产整顿。没有对井下作业人员进行安全培训教育，或存在特种作业人员无证上岗的企业，情节严重的要依法予以关闭。

(5) 全面开展安全达标。深入开展以岗位达标、专业达标和企业达标为内容的安全生产标准化建设，凡在规定时间内未实现达标的企业要依法暂扣其生产许可证、安全生产许可证，责令停产整顿；对整改逾期未达标的，地方政府要依法予以关闭。

2011 年 11 月 26 日，国务院发布了《国务院关于坚持科学发展安全发展促进安全生产形势持续稳定好转的意见》（国发[2011]40 号）。此文件旨在深入贯彻落实科学发展观，实现安全发展，促进全国安全生产形势持续稳定好转，着重从政府层面加强安全生产工作的又一份纲领性文件，对于进一步做好当前和今后一段时间安全生产工作具有重要意义。该文件明确了实现科学发展安全发展的“指导思想和基本原则”，强调“以强化和落实企业主体责任为重点，以事故预防为主攻方向，以规范生产为保障，以科技进步为支撑，认真落实安全生产各项措施，标本兼治、综合治理，有效防范和坚决遏制重特大事故，促进安全生产与经济社会同步协调发展”；强调坚持“统筹兼顾，协调发展”、“依法治安，综合治理”、“突出预防，落实责任”、“依靠科技，创新管理”四项基本原则。同时，该文件提出了“进一步加强安全生产法制建设”、“全面落实安全生产责任”、“着力强化安全生产基础”、“深化重点行业领域安全专项整治”、“大力加强安全保障能力建设”、“建设更加高效的应急救援体系”、“积极推进安全文化建设”、“切实加强组织领导和监督”共计八个方面27项具体工作措施。

五、安全生产监管监察体系

目前，我国安全生产监管监察体系已经形成并逐步完善，可概括为以下几个方面。

(1) 三结合的监管体系。在国家与行政管理部门之间，实行的是综合监管和行业监管的结合；在中央政府与地方政府之间，实行的是国家监管与地方监管的结合；在政府与企业之间，实行的是政府监管与企业管理的结合。

(2) 国务院统筹协调，部门分工负责。在国务院领导下，国务院安全生产委员会负责全面统筹协调安全生产工作；国家安全生产监督管理总局对全国安全生产实施综合监管，并负责煤矿安全监察和非煤矿山、危险化学品、烟花爆竹等行业领域的安全生产监督管理工作；公安部、住房和城乡建设部、农业部、交通运输部、铁道部、能源局和国资委等部门，分别负责本系统、本领域的安全工作；国家质检总局负责锅炉压力容器等八类特种设备的安全监督检查；卫生部负责职业病诊治工作；人力资源和社会保障部负责工伤保险管理、未成年工以及女工的劳动保护。

(3) 安全生产工作格局。我国的安全生产工作格局是“政府统一领导，部门依法监督，企业全面负责，群众监督参与，社会广泛支持”。

(4) 煤矿安全生产工作体制。我国煤矿实行“国家监察、地方监管、企业负责”的安全生产工作体制。

六、安全生产目标指标体系

安全生产是工业化过程中必然遇到的问题，先进工业化国家普遍经历了从事故多发到逐步稳定、下降的发展周期。研究表明，安全状况相对于经济社会发展水平，呈非对称抛物线函数关系，可划分为4个阶段：一是工业化初级阶段，工业经济快速发展，生产安全事故多发；二是工业化中级阶段，生产安全事故达到高峰并逐步得到控制；三是工业化高级阶段，生产安全事故快速下降；四是后工业化时代，事故稳中有降，死亡人数很少。安全生产的这种阶段性特点，揭示了安全生产与经济社会发展水平之间的内在联系。当人均国内生产总值处于快速增长的特定区间时，生产安全事故也相应地较快上升，并在一个时期内处于高位波动状态，我们把这个阶段称为生产安全事故的“易发期”。但“易发”并不必然等于事故高发、频发。

《国务院关于进一步加强安全生产工作的决定》(国发[2004]2号)，明确了我国安全生产中长期奋斗目标。

第一阶段，到2007年即本届政府任期内，建立起较为完善的安全监管体系，全国安全生产状况稳定好转，重点行业和领域事故均有一定幅度的下降。

第二阶段，到2010年即“十一五”规划完成之际，初步形成规范完善的安全生产法治秩序，全国安全生产状况明显好转，重特大事故得到有效遏制，各类生产安全事故和死亡人数有较大幅度的下降。

第三阶段，到2020年即全面建成小康社会之时，实现全国安全生产状况的根本性好转，亿元国内生产总值事故死亡率、十万人事故死亡率等指标，达到或接近世界中等发达国家水平。

目前我国安全生产控制考核指标体系，由事故死亡人数总量控制指标、绝对指标、相对指标、重大和特大事故起数控制考核指标4类、27个具体指标构成：

① 总量控制指标是事故总死亡人数。

② 绝对指标包括工矿商贸企业（煤矿、矿山、危化品、烟花爆竹、建筑施工、民爆器材等）、道路交通、火灾、水上交通、铁路、农机和渔业7项。

③ 相对指标包括亿元GDP死亡率、工矿商贸10万从业人员死亡率、煤矿百万吨死亡率、道路交通万车死亡率、水上交通百万吨吞吐量死亡率、铁路交通百万公里死亡率、火灾10万人口死亡率、特种设备万台死亡率8项。

④ 重特大事故起数控制指标分为一次死亡3～9人和10人以上两项指标。

以上控制指标由国务院安委会每年分解下达到各省（区、市）和新疆生产建设兵团。各地逐级分解落实到基层政府和重点企业。《人民日报》每季度公布各地安全生产控制考核指标实施情况。通过实施安全生产控制考核指标，强化了“两个主体”的责任意识，有效地推动了安全生产。

为了实现经济和社会安全发展，下列四项指标已成为每年国家统计局国民经济和社会发展统计公报的重要统计指标之一：亿元国内生产总值生产安全事故死亡率；工矿商贸企业十万从业人员生产安全事故死亡率；道路交通万车死亡率；百万吨煤炭死亡率。其中亿元单位国内生产总值生产安全事故死亡率和工矿商贸企业十万从业人员生产安全事故死亡率两项指标纳入了《国民经济和社会发展第十一个五年规划纲要》，成为国民经济和社会发展的约束性指标。

实训活动

实训项目1-1

请结合下列事故案例，探讨事故的特性、危险与安全的关系，并给出你的结论。

【案例1-5】 2000年12月25日晚9时左右，王××等四名无证上岗的电焊工在洛阳东都商厦焊接分隔铁板时，电焊产生的熔渣点燃现场周围的可燃物引发火灾，王××等人扑救无效后未报警即逃离现场，致使309人死亡，数十人受伤，造成极其严重的后果。事故调查表明，受害者均系火灾产生的有害气体中毒或窒息而死。

【案例1-6】 广东某企业厂房发生火灾后，上百名职工清理火灾现场时，厂房因经大火烘烤加热后强度大大降低而坍塌，造成数十人丧生。

实训目的：帮助学习和理解事故、危险、安全的概念。

实训步骤：

第一步，认真阅读案例1-5和案例1-6；

第二步，写出事故发生的过程及死亡人数众多的原因；

第三步，小组之间交流。

实训建议：采用小组讨论的形式。

实训项目 1-2

请结合下列背景材料，探讨安全管理的内容和作用，并给出你的结论。

【案例 1-7】 一个维修工人在工作中使用梯子时，他或他的同事会进行相应的安全检查，因为这是制度，不做就可能受到处罚。可在家中使用梯子，他会感到没有制度的束缚；况且家中或邻家的梯子一般很少使用，更易发生事故。

【案例 1-8】 美国各类职业俱乐部在与球员签约时，就十分关注球员的个人业余运动嗜好，如喜欢进行危险较大的运动，如登山、赛车等，则要在合同中注明在合同期内不得从事该项活动，或者不予签约，因为这样才能保证球员有更大的可能性为球会服务。因而“高高兴兴上班，平平安安回家”应改成“高高兴兴上班，平平安安回家，在家也平平安安”。

实训目的：帮助学习和理解安全管理的内容和作用。

实训步骤：

第一步，认真阅读案例 1-7 和案例 1-8；

第二步，写出案例中所采取的安全管理方法以及所起到的作用；

第三步，小组之间交流。

实训建议：采用小组讨论的形式。

思考与练习

1. 试说明危险源、事故隐患、危险和有害因素之间的内在关系。
2. 事故有哪些特性？如何理解安全？进一步辨析事故和安全的关系。
3. 什么是风险？风险和危险是一回事吗？说明你的理由。
4. 辨析安全、风险、危险三者的关系。
5. 什么是海因里希事故法则？它对安全管理有哪些启示和指导意义？
6. 什么是安全管理？安全管理的作用是什么？
7. 我国安全生产方针是什么？其基本内涵是什么？
8. 简述我国安全生产法律法规体系。
9. 如何理解“安全发展”理念的内涵？“安全发展”与建设和谐社会之间是什么关系？
10. 简述我国的安全生产控制考核指标体系，并指出哪些指标已被列入国家统计局每年国民经济和社会发展统计指标公告之中。

第二章 CHAPTER 2

现代安全管理基本理论

职业能力目标	知识要求
1. 会使用安全管理原理和原则分析安全管理问题。 2. 会使用事故致因理论寻找导致事故的原因并提出相应对策。	1. 掌握安全管理5个基本原理、PDCA原理、过程原理;熟悉全面管理原理。 2. 掌握海因里希因果连锁论、能量意外释放论、轨迹交叉理论、系统安全理论和事故因果类型;熟悉变化—失误理论。 3. 掌握事故致因因素模型和事故预防控制的基本原则。 4. 了解事故频发倾向论、瑟利模型。

第一节　安全管理原理与原则

案例导入

【案例2-1】 某年4月12日,施工队长王某发现升吊篮钢丝绳有断股,要求班长张某立即更换。次日,班长张某指派钟某更换钢丝绳,继续安排其他工人施工。钟某为追求速度,擅自决定先把7名工人送上6楼施工,再换钢丝绳。当吊篮接近4层时钢丝绳断裂,造成3人死亡。

【案例2-2】 2001年7月17日上午8时许,在沪东中华造船(集团)有限公司船坞工地,由上海电力建筑工程公司等单位承担安装的600t×170m龙门起重机在吊装主梁过程中发生倒塌事故,造成36人死亡,3人受伤,直接经济损失达8000多万元。事故的直接原因是:刚性腿在缆风绳调整过程中受力失衡。事故的主要原因是:施工作业中违规指挥。事故的重要原因是:吊装工程方案不完善、审批把关不严。事故伤亡扩大的原因是施工现场缺乏统一严格的管理,安全措施不落实。

安全管理作为管理的主要组成部分,遵循管理的普遍规律,既服从管理的基本原理与原则,又有其特殊的原理与原则。

原理是对客观事物实质内容及其基本运动规律的表述。原则是根据对客观事物基本规律的认识引发出来的，需要人们共同遵循的行为规范和准则。原理与原则之间存在内在的、逻辑对应的关系。

安全管理原理是从生产管理的共性出发，对生产管理中安全工作的实质内容进行科学分析、综合、抽象与概括所得出的安全生产管理规律。安全管理原则是指在管理原理的基础上，指导安全生产活动的通用规则。如“谁主管、谁负责”和“管生产必须管安全”是安全生产的重要基本原则。

一、安全管理基本原理

（一）系统原理

1. 系统原理的概念

所谓系统，就是由若干相互作用又相互依赖的部分组合而成，具有特定的功能，并处于一定环境中的有机整体。

任何管理对象都可以作为一个系统。系统可以分为若干个子系统，子系统可以分为若干个要素，即系统是由要素组成的。按照系统的观点，管理系统具有 6 个特征，即集合性、相关性、目的性、整体性、层次性和适应性。

系统原理则是指人们在从事管理工作时，运用系统的观点、理论和方法对管理活动进行充分的分析，以达到管理的优化目标，即从系统论的角度来认识和处理管理中出现的问题。系统原理是现代管理科学中的一个最基本的原理。

安全管理系统是企业管理系统的一个子系统，包括各级安全管理人员、安全防护设备与设施、安全管理规章制度、安全生产操作规范和规程以及安全生产管理信息等。安全贯穿于生产活动的方方面面，安全管理是全方位、全天候和涉及全体人员的管理。

2. 运用系统原理的原则

为了充分发挥系统原理的作用，还必须运用好以下几个基本原则（也称为二级基本原理）。

（1）动态相关性原则

构成系统的各个要素是运动和发展的，而且是相互关联的，它们之间相互联系又相互制约，这就是动态相关性原则。

该原则是指任何企业管理系统的正常运转，不仅要受到系统本身条件的限制和制约，还要受到其他有关系统的影响和制约，并随着时间、地点以及人们的不同努力程度而发生变化。企业管理系统内部各部分的动态相关性是管理系统向前发展的根本原因。所以，要提高管理的效果，必须掌握各管理对象要素之间的动态相关特征，充分利用相关因素的作用。

（2）整分合原则

现代高效率的管理必须在整体规划下明确分工，在分工基础上进行有效的综合，这就是整分合原则。

整体规划就是在对系统进行深入、全面分析的基础上，把握系统的全貌及其运动规律，确定整体目标，制定规划与计划及各种具体规范。

明确分工就是确定系统的构成，明确各个局部的功能，对整体目标分解，确定各个局部的目标以及相应的责、权、利，使各局部都明确自己在整体中的地位和作用，从而为实现最佳的整体效应发挥最大作用。

有效综合就是对各个局部必须进行强有力的组织管理。在各纵向分工之间建立起紧密的横向联系，使各个局部协调配合，综合平衡地发展，从而保证最佳整体效应的圆满实现。

整体把握，科学分解，组织综合，这就是整分合原则的主要含义。

在企业安全管理系统中，“整”就是企业领导在制定整体目标，进行宏观决策时，必须把安全纳入，作为一项重要内容加以考虑；“分”就是安全管理必须做到明确分工，层层落实，建立健全安全组织体系和安全生产责任制度；“合”就是要强化安全管理部门的职能，保证强有力的协调控制，实现有效综合。

（3）反馈原则

成功的高效管理，离不开灵敏、准确、有力、迅速的反馈，这就是反馈原则。

反馈是控制论和系统论的基本概念之一，它是指被控制过程对控制机构的反作用。反馈大量存在于各种系统之中，也是管理中的一种普遍现象，是管理系统达到预期目标的主要条件。由于负反馈是抵消外界因素的干扰，维持系统的稳定性，因此，为了使系统做合乎目的的运动，一般均采用负反馈。

现代企业管理是一项复杂的系统工程，其内部条件和外部环境都在不断变化。所以，管理系统要实现目标，必须根据反馈及时了解这些变化，从而调整系统的状态，保证目标的实现。

（4）封闭原则

任何一个系统的管理手段、管理过程等必须构成一个连续封闭的回路，才能形成有效的管理运动，这就是封闭原则。

封闭，就是把管理手段、管理过程等加以分割，使各部、各环节相对独立，各行其是，充分发挥自己的功能；然而又互相衔接，互相制约并且首尾相连，形成一条封闭的管理链。

对于企业管理，首先，其管理系统的组织结构体系必须是封闭的。

任何一个管理系统，仅具备决策指挥中心和执行机构是不足以实施有效的管理的，必须设置监督机构和反馈机构，监督机构对执行机构进行监督，反馈机构感受执行效果的信息，并对信息进行处理，再返送回决策指挥中心。决策指挥中心据此发出新的指令，这样就形成了一个连续封闭的回路（如图 2-1 所示）。

其次，管理法规的建立和实施也必须封闭。不仅要建立尽可能全面的执行法，还应建立对执行的监督法，还必须有反馈法，这样才能发挥法的威力。

当然，管理封闭是相对的，封闭系统不是孤立系统。从空间上看，它要受到系统管理的作用，与环境之间存在着输入输出关系，有着物质、能量、资金、人员、信息等的交换。只能与它们协调平衡地发展；从时间上讲，事物是不断发展的，依靠预测做出的决策不可能完全符合未来的发展。因此，必须根据事物发展的客观需要，不断以新的封闭代替旧的封闭，求得动态的发展，在变化中不断前进。

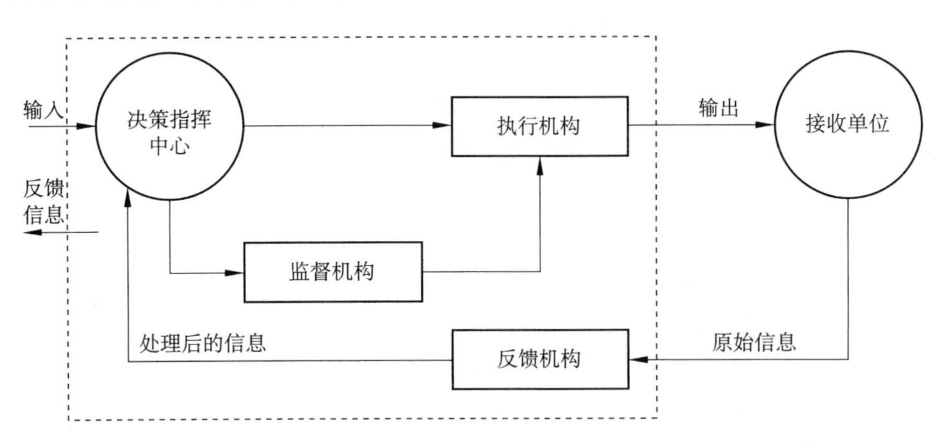

图 2-1　管理系统的基本封闭回路图

（二）人本原理

人本原理就是在管理活动中必须把人的因素放在首位，体现以人为本的指导思想。

所谓以人为本，一是指一切管理活动均是以人为本体展开的。人既是管理的主体（管理者），也是管理的客体（被管理者），每个人都处在一定的管理层次上。离开人，就无所谓管理。因此，人是管理活动的主要对象和重要资源；二是在管理活动中，作为管理对象的诸要素和管理过程的诸环节（组织机构、规章制度等），都是需要人去掌管、动作、推动和实施的。因此，应该根据人的思想和行为规律，运用各种激励手段，充分发挥人的积极性和创造性，挖掘人的内在潜力。

为了发挥人本原理的作用，充分调动人的积极性，就必须贯彻实施以下几条原则。

（1）动力原则

所谓动力原则，是指管理必须有强大的动力，而且要正确地运用动力，才能使管理活动持续而有效地进行下去，即管理必须有能够激发人的工作能力的动力。

基本动力有三类：物质动力，以适当的物质利益刺激人的行为动机；精神动力，运用理想、信念、鼓励等精神力量刺激人的行为动机；信息动力，通过信息的获取与交流产生奋起直追或领先他人的动机。

动力原则的运用首先要注意综合协调地运用三种动力；其次要正确认识和处理个体动力与集体动力的辩证关系；再次要处理好暂时动力与持久动力之间的关系；最后则应掌握好各种刺激量的阈值。只有这样，管理才能产生良好的效果。

（2）能级原则

一个稳定而高效的管理系统必须是由若干分别具有不同能级的不同层次有规律地组合而成的，这就是能级原则。

能级原则确定了系统建立组织结构和安排使用人才的原则。稳定的管理能级结构如图 2-2 所示。该管理三角形一般分为四个层次，即经营决策层、管理层、执行层、操作层。四个层次能级不同，使命各异，必须划分清楚，不可混淆。

在运用能级原则时应该做到三点：一是能级的确定必须保证管理结构具有最大的稳定性，即管理三角形的顶角大小必须适当；二是人才的配备必须能级对应，使人尽其才，各尽所能；三是责、权、利应做到能级对等，在赋予责任的同时授予权力和给予利益，才能使其能量得到相应能级的发挥。

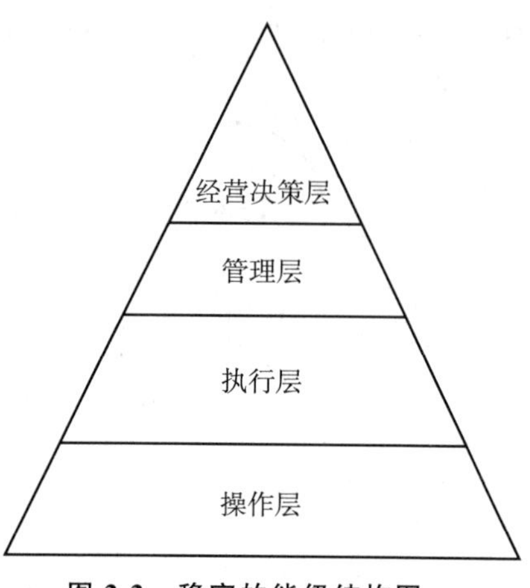

图 2-2　稳定的能级结构图

（3）激励原则

所谓激励原则就是以科学的手段，激发人的内在潜力，充分发挥出积极性和创造性。在管理中即利用某种外部诱因的刺激调动人的积极性和创造性。

人发挥其积极性的动力主要来自三个方面：一是内在动力，指人本身具有的奋斗精神；二是外在压力，指外部施加于人的某种力量；三是吸引力，指那些能够使人产生兴趣和爱好的某种力量。因而运用激励原则，要采用符合人的心理活动和行为活动规律的各种有效的激励措施和手段，并且要因人而异。科学合理地采取各种激励方法和激励强度，从而最大程度地发挥出人的内在潜力。

（4）行为原则

需要与动机是人的行为的基础。人类的行为规律是需要决定动机，动机产生行为，行为指向目标，目标完成，需要得到满足，于是又产生新的需要、动机、行为，以实现新的目标。安全生产工作重点是防治人的不安全行为。

（三）预防原理

1. 预防原理的概念

安全生产管理工作应该做到预防为主，通过有效的管理和技术手段，减少和防止人的不安全行为和物的不安全状态，这就是预防原理。

2. 运用预防原理的原则

为了充分发挥预防原理的作用，还必须运用好以下几个基本原则（也称为二级基本原理）。

（1）偶然损失原则

事故后果以及后果的严重程度，都是随机的、难以预测的。反复发生的同类事故，并不一定产生完全相同的后果，这就是事故损失的偶然性。偶然损失原则告诉人们，无论事故损失是大是小，都必须做好预防工作。

（2）因果关系原则

事故的发生是许多因素互为因果连续发生的最终结果，只要诱发事故的因素存在，发生事故是必然的，只是时间或迟或早而已，这就是因果关系原则。

（3）3E 原则

造成人的不安全行为和物的不安全状态的原因可归结为 4 个方面，技术原因、教育原因、身体和态度原因以及管理原因。针对这 4 方面的原因，可以采取 3 种防止对策，即工程技术（Engineering）对策、教育（Education）对策和法制（Enforcement）对策，即所谓 3E 原则。

（4）本质安全化原则

本质安全化原则是指从一开始和从本质上实现安全化，从根本上消除事故发生的可能性，从而达到预防事故发生的目的。本质安全化原则不仅可以应用于设备、设施，还可以应用于建设项目。

（四）强制原理

1. 强制原理的概念

采取强制管理的手段控制人的意愿和行为，使个人的活动、行为等受到安全生产管理要求的约束，从而实现有效的安全生产管理，这就是强制原理。

所谓强制就是绝对服从，不必经被管理者同意便可采取控制行动。

2. 运用强制原理的原则

为了充分发挥强制原理的作用，还必须运用好以下几个基本原则（也称为二级基本原理）。

（1）安全第一原则

安全第一就是要求在进行生产和其他工作时把安全工作放在首要位置。当生产和其他工作与安全发生矛盾时，要以安全为主，生产和其他工作要服从于安全，这就是安全第一原则。

（2）监督原则

监督原则是指在安全工作中，为了使安全生产法律法规得到落实，必须设立安全生产监督管理部门，对企业生产中的守法和执法情况进行监督。

（五）弹性原理

所谓弹性原理，是指管理是在系统外部环境和内部条件千变万化的形势下进行的，管理必须有很强的适应性和灵活性，才能有效地实现动态管理。

管理需要弹性是由于企业所处的外部环境、内部条件以及企业管理运动的特性所造成的。

在应用弹性原理时，第一要正确处理好整体弹性与局部弹性的关系，即处理问题必须在考虑整体弹性的前提下进行。在此前提下方可解决、协调或调整局部弹性问题。第二要严格分清积极弹性和消极弹性的界限，倡导积极弹性，切忌消极保留。第三要合理地在有限的范围内运用弹性原理，不能绝对地，无限制地伸缩张弛。恰到好处地运用弹性原理，才能在较大的程度上充分发挥现代化管理的作用。

二、PDCA 戴明循环原理

职业健康安全管理体系和安全生产标准化的运行模式和管理程序均采用了 PDCA 戴明循环原理。

PDCA 循环最早由美国质量统计控制之父 Shewhat（休哈特）提出的 PDS（Plan Do See）

演化而来，由美国质量管理专家戴明博士改进成为PDCA模式，所以又称为“戴明环”。它是全面质量管理所应遵循的科学程序。全面质量管理活动的全部过程，就是质量计划的制订和组织实现的过程，这个过程就是按照PDCA循环，不停顿地周而复始地运转的。

1. PDCA循环

PDCA的含义如下：P(Plan)—计划；D(Do)—执行；C(Check)—检查；A(Act)—纠正，对总结检查的结果进行处理，成功的经验加以肯定并适当推广、标准化；失败的教训加以总结，未解决的问题放到下一个PDCA循环里。PDCA循环就是按照这样的顺序进行管理，并且循环不止地进行下去的科学程序。

PDCA循环作为全面质量管理体系运转的基本方法，其实施需要搜集大量数据资料，并综合运用各种管理技术和方法。

以上四个过程不是运行一次就结束，而是周而复始地进行，一个循环完了，解决一些问题，未解决的问题进入下一个循环，这样阶梯式上升的。

PDCA循环实际上是有效进行任何一项工作的合乎逻辑的工作程序。因此，在质量管理中，有人称其为质量管理的基本方法。

2. PDCA循环的特点

PDCA戴明循环的特点可归纳为：

① 各级管理都有一个PDCA循环，形成一个大环套小环，一环扣一环，互相制约，互为补充的有机整体，如图2-3所示。在PDCA循环中，一般来说，上一级的循环是下一级循环的依据，下一级的循环是上一级循环的落实和具体化。可以说P—D—C—A为一动态管理过程，每一阶段均由局部的P—D—C—A动态循环所控制。

② 每个PDCA循环，都不是在原地周而复始运转，而是像爬楼梯那样，每一循环都有新的目标和内容，这意味着管理，经过一次循环，解决了一批问题，管理水平有了新的提高，如图2-4所示。PDCA是一个不断提升和不断完善，永远向前，与时俱进的发展，即原水平—新水平—高水平—更高水平，不断提升、不断改进……

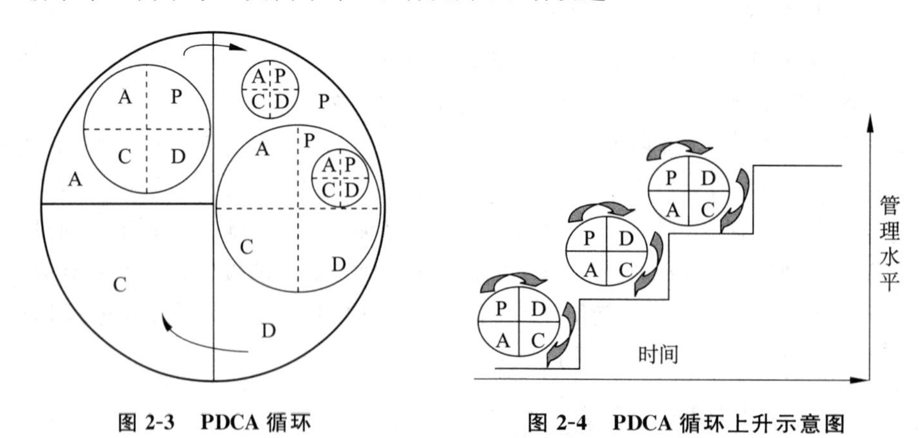

图2-3 PDCA循环　　图2-4 PDCA循环上升示意图

③ 形成了一个“目标—实施—绩效—评审”的循环。PDCA循环是一个科学管理方法的形象化。

④ 在PDCA循环中，A是一个循环的关键。

3. PDCA 循环的作用和八个步骤

(1) PDCA 循环的作用

PDCA 循环是能使任何一项活动有效进行的一种合乎逻辑的工作程序，特别是在质量管理中得到了广泛的应用。

① PDCA 循环是开展所有质量活动的科学方法。

② 全面质量管理活动的运转，离不开管理循环的转动，这就是说，改进与解决质量问题，赶超先进水平的各项工作，都要运用 PDCA 循环的科学程序。

③ 不论提高产品质量，还是减少不合格品，都要先提出目标，即质量提高到什么程度，不合格品率降低多少，就要有个计划；这个计划不仅包括目标，而且也包括实现这个目标需要采取的措施；计划制订之后，就要按照计划进行检查，看是否实现了预期效果，有没有达到预期的目标；通过检查找出问题和原因；最后就要进行处理，将经验和教训制定成标准、形成制度。

(2) PDCA 的八个步骤

步骤一：分析现状，找出题目。强调的是对现状的把握和发现题目的意识、能力，发现题目是解决题目的第一步，是分析题目的条件。

步骤二：分析产生题目的原因。找准题目后分析产生题目的原因至关重要，运用头脑风暴法等多种集思广益的科学方法，把导致题目产生的所有原因找出来。

步骤三：要因确认。区分主因和次因是最有效解决题目的关键。

步骤四：拟定措施、制订计划。(5W1H)，即为什么制定该措施(Why)？达到什么目标(What)？在何处执行(Where)？由谁负责完成(Who)？什么时间完成(When)？如何(How)完成的措施和计划是执行力的基础，尽可能使其具有可操性。

步骤五：执行措施、执行计划。高效的执行力是组织完成目标的重要一环。

步骤六：检查验证、评估效果。“下属只做你检查的工作，不做你希望的工作”，IBM 前 CEO 郭士纳的这句话将检查验证、评估效果的重要性一语道破。

步骤七：标准化，固定成绩。标准化是维持企业治理现状不下滑，积累、沉淀经验的最好方法，也是企业治理水平不断提升的基础。可以这样说，标准化是企业治理系统的动力，没有标准化，企业就不会进步，甚至下滑。

步骤八：处理遗留题目。所有题目不可能在一个 PDCA 循环中全部解决，遗留的题目会自动转进下一个 PDCA 循环，如此，周而复始，螺旋上升。

三、过程方法

过程是质量管理体系的基本要素，过程方法是质量管理活动中的基本方法。在现代安全管理中，通过引入过程方法来提高安全管理的效果。

1. “过程”的概念

GB/T 19000—2008/ISO 9000：2005 的 3.4.1 条款将“过程”定义为：一组将输入转化为输出的相互关联或相互作用的活动。如图 2-5 和图 2-6 所示。该条款的注 1 指出，一个过程的输入通常是其他过程的输出；注 2 指出，为了增值通常对过程进行策划并使其在受控条件下运行；注 3 指出，对形成的产品(3.4.2)是否合格(3.6.1)不易或不能经济地进行验证的过程，通常称为“特殊过程”。

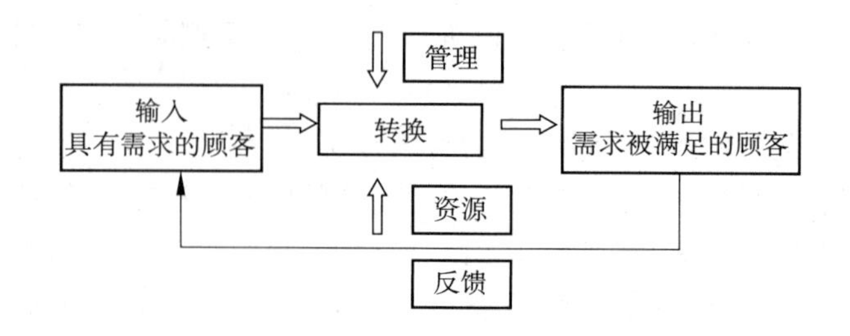

图 2-5　过程示意图

过程包括输入、输出和活动三个要素。过程可能是通过多个步骤来完成的，这些步骤可称为子过程，其中，一个过程的输出，是下一个过程的输入。过程是质量管理的单元和要求的基础。产品质量是通过过程形成的，产品是通过过程实现的。所以，应重视过程和对过程的管理。为使组织有效运行，必须识别和管理许多相互关联和相互作用的过程。

GB/T 19000—2008/ISO 9000：2005 的 2.4 条款将“过程”定义为：使用资源将输入转化为输出的任何一项或一组活动均可视为一个过程。

根据以上定义，可以看出对过程的控制就是控制过程的输入、转换和输出，以及过程所需要的资源，如图 2-6 所示。

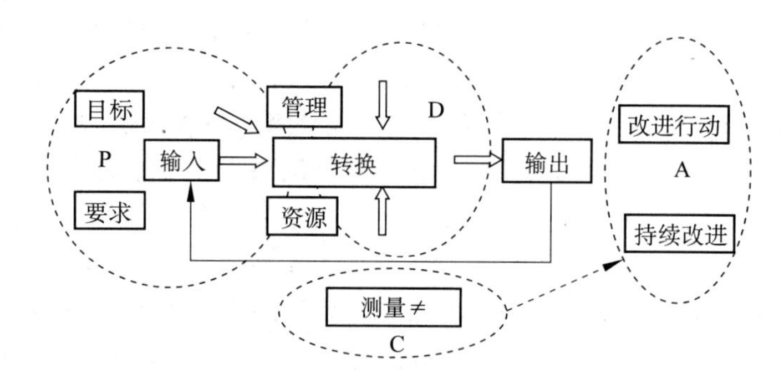

图 2-6　典型的过程模型

2．控制过程的输入、转换和输出

过程的输入就是过程操作的依据和要求，包括通过过程策划所确定的过程目标，如产品的质量目标、环境和职业健康安全的目标、指标。过程的输入还包括对本过程其他相关的要求和对过程控制提供的相关依据，如过程操作中需执行的工艺文件、岗位操作法、设备操作规程和施工组织设计，以及环境和职业健康安全管理方案等作业文件。

过程的转换则应使用通过策划所配备的资源，实施本过程需开展的活动。这种转换活动主要是按照策划的结果实施，如按作业指导书和工艺文件的要求进行操作。环境管理体系和职业健康安全管理体系则按操作要求对环境因素和危险源实施控制，包括按环境管理方案以及职业健康安全管理方案的要求，对重要环境因素和危险源实施控制，进而实现确定的环境和职业健康安全目标、指标。

过程的输出则是过程实施的结果。依据上述“过程”术语定义“注 2”的要求，过程的输出应通过对过程的控制达到增值的目的。ISO/TC176/SC2/N544R2 提出，所有过程都应与组织的目标一致，对过程都应与组织的目标相一致，对过程的设计应确保所有过程都带来增值，并与组织的规模和复杂程度相适应。这就足以说明，如果组织已识别的过程都能达到增值的目的，否则会影响管理体系的整体效果。环境管理体系、职业健康安全管理体系的增值，应体现在环境因素和危险源已得到控制，环境和职业健康安全治理技术的应用和实施，可以达到预期效果，可以预防环境污染和安全事故的发生，从而实现环境和职业健康安全的目标、指标。

3. 过程方法

GB/T 19000—2008/ISO 9000：2005 的 2.4 条款将“过程方法”定义为：为使组织有效运行，必须识别和管理许多相互关联和相互作用的过程。通常，一个过程的输出将直接成为下一个过程的输入。系统地识别和管理组织所应用的过程，特别是这些过程之间的相互作用，称为“过程方法”。本标准鼓励采用过程方法管理组织。图 2-7 为过程化管理的基本结构。

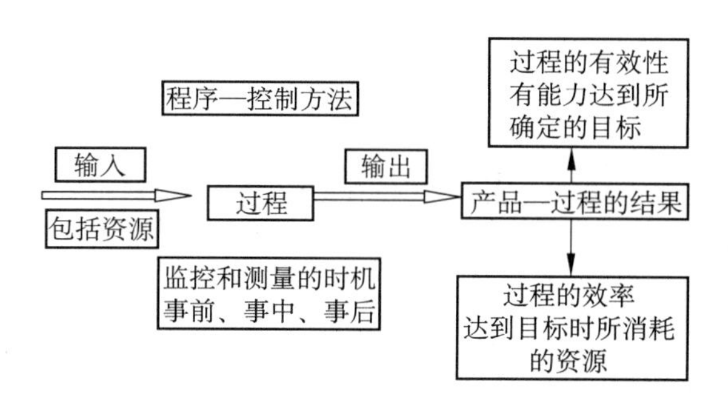

图 2-7　过程化管理模型

四、全面管理原理

全面管理原理是从全面质量管理发展而来。现代企业安全管理中，全面管理原理已经得到了充分的贯彻实施。

1. 全面质量管理

全面质量管理，即 Total Quality Management（TQM），是指在社会全面推动下，企业中所有部门，所有组织，所有人员都以产品质量为核心，把专业技术，管理技术，数理统计技术集合在一起，建立起一套科学严密高效的质量保证体系，控制生产过程中影响质量的因素，以优质的工作最经济的办法提供满足用户需要的产品的全部活动。或者简单解释为，一个组织以质量为中心，以全员参与为基础，目的在于通过顾客满意和本组织所有成员及社会受益而达到长期成功的管理途径。在全面质量管理中，质量这个概念和全部管理目标的实现有关。

全面质量管理的特点是：①它具有全面性，控制产品质量的各个环节，各个阶段；②是全过程的质量管理；③是全员参与的质量管理；④是全社会参与的质量管理。其主要缺点是：宣传、培训、管理成本较高。

2. 全面管理原理

全面管理原理是指对安全生产涉及的各个环节、过程、人员、财物等均进行控制与管理，概括起来，可表述为三个大的方面：①全员参与管理；②全过程管理；③全方位管理。

在全面管理原理中，特别强调要坚持以下几个原则：

① 系统性原则：强调人—机—环境因素的综合管理。

② 动态性原则：建立空间—时间相联系的动态管理体系。

③ 效果性原则：强调闭环的管理，要讲求最终的效果和业绩。

④ 阶梯性原则：不断改进、不断完善，建立持续发展的机制。

⑤ 闭环原则：要求安全管理要讲究目的性和效果性，要有评价。

⑥ 分层原则：管理目标结合实际，针对条件和可行性确定，不能不切实际地贪高，也不能无所追求。

⑦ 分级原则：管理和控制要有主次，要讲求抓住重点、单项解决。

⑧ 等同原则：无论从人的角度还是物的角度，必须是管理因素的功能大于和高于被管理因素的功能。

⑨ 反馈原则：对于计划或系统的输入要有自检、评价、修正的功能。

第二节　事故致因理论

案例导入

【案例 2-3】 2003 年 3 月 29 日 2 时 10 分，由中铁一局市政环保工程总公司承建的甘肃省平凉市城区污水处理示范工程，在管道沟槽开挖施工中，给水管网破裂涌水，1 名施工人员在打开给水管网阀门井盖下井关闭给水阀门时晕倒；随后，又有 2 名施工人员在未采取有效防护措施的情况下先后下井施救也倒在井内，共造成 3 人窒息死亡。

【案例 2-4】 在工业生产中，一般都以 36V 为安全电压。在正常情况下，当人与电源接触时，由于 36V 在人体所承受的阈值之内，就不会造成任何伤害或伤害极其轻微；而由于 220V 电压大大超过人体的阈值，与其接触，轻则灼伤或某些功能暂时性损伤，重则造成终身伤残甚至死亡。

事故致因理论是从大量典型事故的本质原因的分析中所提炼出的事故机理和事故模型，这些机理和模型反映了事故发生的规律性，能够为事故的定性定量分析，为事故的预测预防，为改进安全管理工作，从理论上提供科学的、完整的依据。

事故致因理论是一定生产力发展水平的产物。在生产力发展的不同阶段，生产过程中存在安全问题有所不同，特别是随着生产形式的变化，人在工业生产过程中所处地位的变化、引起人的安全观念的变化，使事故致因理论不断发展完善。

目前，世界上有代表性的事故致因理论有十几种，对我国产生影响的主要有如下几种。

一、事故频发倾向理论

1939 年法默(Farmer)和查姆勃(Chamber)等人提出了事故频发倾向理论。

事故频发倾向是指个别容易发生事故的稳定的个人内在倾向。事故频发倾向者的存在是工业事故发生的主要原因,即少数具有事故频发倾向的工人是事故频发倾向者,他们的存在是工业事故发生的原因。如果企业中减少了事故频发倾向者,就可以减少工业事故。

许多研究结果表明,事故频发倾向者并不存在。

除了对人员适用某个工种的考选外,事故频发倾向理论已被排除在事故致因理论之外,只能说明前段的研究历史而已。

二、事故因果连锁理论

(一) 事故因果类型

有各种类型的事故因果类型。

① 连锁型(单链型)。一个因素促成下一因素发生,下一因素又促成再下一个因素发生,彼此互为因果、互相连锁导致事故发生,这种事故模型称为连锁型,如图 2-8 所示。

② 多因致果型(集中型)。多种各自独立的原因在同一时间共同导致事故的发生,称为多因致果型,如图 2-9 所示。

图 2-8　连锁型　　图 2-9　集中型

③ 复合型。某些因素连锁,某些因素集中,互相交叉、复合,造成事故,这种事故模型称为复合型,如图 2-10 所示。

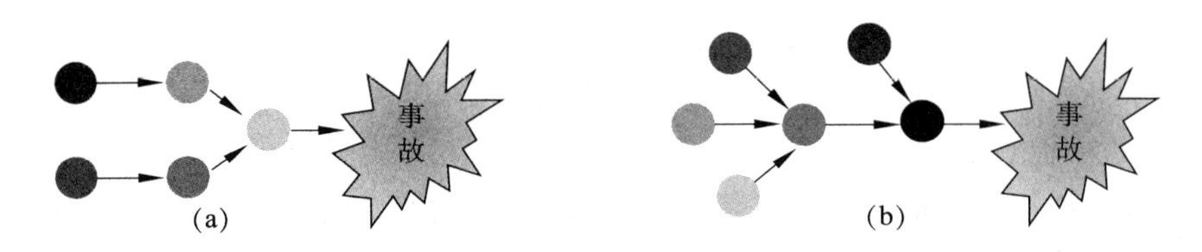

图 2-10　复合型

单纯集中型或单纯连锁型较少，事故的发生多为复合型。

因果有继承性，是多层次的。一次原因是二次原因的结果，二次原因又是三次原因的结果，一起事故的发生经常是多层次、多线性原因的复杂组合。

（二）海因里希因果连锁论

海因里希因果连锁论又称海因里希模型或多米诺骨牌理论。在该理论中，海因里希借助于多米诺骨牌形象地描述了事故的因果连锁关系，即事故的发生是一连串事件按一定顺序互为因果依次发生的结果。如一块骨牌倒下，则将发生连锁反应，使后面的骨牌依次倒下（如图 2-11 所示）。

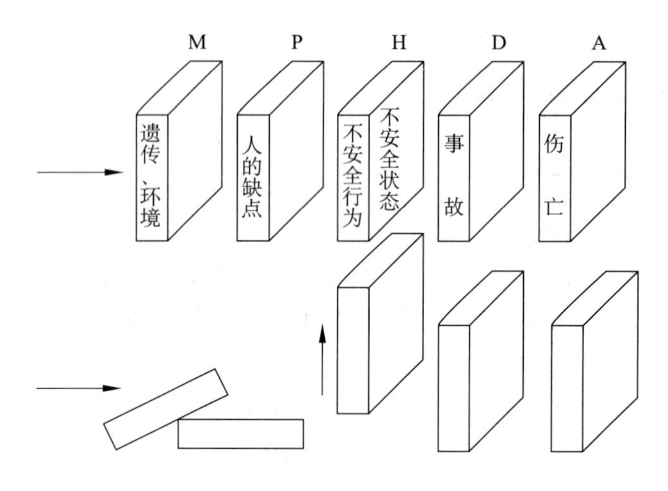

图 2-11　海因里希连锁论

海因里希模型这 5 块骨牌依次是：

① 遗传及社会环境（M）。遗传及社会环境是造成人的缺点的原因。遗传因素可能使人具有鲁莽、固执、粗心等不良性格；社会环境可能妨碍教育，助长不良性格的发展。这是事故因果链上最基本的因素。

② 人的缺点（P）。人的缺点是由遗传和社会环境因素所造成的，是使人产生不安全行为或使物产生不安全状态的主要原因。这些缺点既包括各类不良性格，也包括缺乏安全生产知识和技能等后天的不足。

③ 人的不安全行为和物的不安全状态（H）。即造成事故的直接原因。

④ 事故（D）。即由物体、物质或放射线等对人体发生作用，使人员受到伤害或可能受到伤害的、出乎意料的、失去控制的事件。

⑤ 伤害（A）。直接由于事故而产生的人身伤害。

该理论的积极意义在于，如果移去因果连锁中的任一块骨牌，则连锁被破坏，事故过程即被中止，达到控制事故的目的。海因里希还强调指出，企业安全工作的中心就是要移去中间的骨牌，即防止人的不安全行为和物的不安全状态，从而中断事故的进程，避免伤害的发生。当然，通过改善社会环境，使人具有更为良好的安全意识，加强培训，使人具有较好的安全技能，或者加强应急抢救措施，也能在不同程度上移去事故连锁中的某一骨牌或增加该骨牌的稳定性，使事故得到预防和控制。

当然，海因里希理论也有明显的不足，它对事故致因连锁关系描述过于简单化、绝对化，也过多地考虑了人的因素。但尽管如此，由于其的形象化和其在事故致因研究中的先导作用，使其有着重要的历史地位。后来，博德(Frank Bird)、亚当斯(Edward Adarns)等人都在此基础上进行了进一步的修改和完善，使因果连锁的思想得以进一步发扬光大，收到了较好的效果。

三、系统理论

系统理论把人、机和环境作为一个系统(整体)，研究人、机、环境之间的相互作用、反馈和调整，从中发现事故的致因，揭示出预防事故的途径。

系统理论着眼于下列问题的研究，即机械的运行情况和环境的状况如何，是否正常；人的特性(生理、心理、知识技能)如何，是否正常；人对系统中危险信号的感知、认识理解和行为响应如何；机械的特性与人的特性是否相容配；人的行为响应时间与系统允许的响应时间是否相容等。在这些问题中，系统理论特别关注对人的特性的研究，这包括：人对机械和环境状态变化信息的感觉和察觉怎样；对这些信息的认识怎样；对其理解怎样；采取适当响应行动的知识怎样；面临危险时的决策怎样；响应行动的速度和准确性怎样等。系统理论认为事故的发生是来自人的行为与机械特性间的失配或不协调，是多种因素互相作用的结果。

系统理论有多种事故致因模型，它们的形式虽然不同，然而涉及的内容大体一致。其中具有代表性的系统理论是瑟利模型和安德森模型。

1. 瑟利模型

瑟利模型是在 1969 年由美国人瑟利(J. Surry)提出的，是一个典型的根据人的认知过程分析事故致因的理论。

该模型把事故的发生过程分为危险出现和危险释放两个阶段，这两个阶段各自包括一组类似的人的信息处理过程，即感觉、认识和行为响应。在危险出现阶段，如果人的信息处理的每个环节都正确，危险就能被消除或得到控制；反之，就会使操作者直接面临危险。在危险释放阶段，如果人的信息处理过程的各个环节都是正确的，则虽然面临着已经显现出来的危险，但仍然可以避免危险释放出来，不会带来伤害或损害；反之，危险就会转化成伤害或损害。瑟利模型如图 2-12 所示。

由图中可以看出，两个阶段具有相类似的信息处理过程，即 3 个部分。6 个问题则分别是对这 3 个部分的进一步阐述，它们分别是：

① 危险的出现(或释放)有警告吗？这里警告的意思是指工作环境中对安全状态与危险状态之间的差异的指示。任何危险的出现或释放都伴随着某种变化，只是有些变化易于察觉，有些则不然。而只有使人感觉到这种变化或差异，才有避免或控制事故的可能。

② 感觉到这个警告吗？这包括两个方面：一是人的感觉能力问题，包括操作者本身的感觉能力，如视力、听力等较差，或过度集中注意力于工作或其他方面；二是工作环境对人的感觉能力的影响问题。

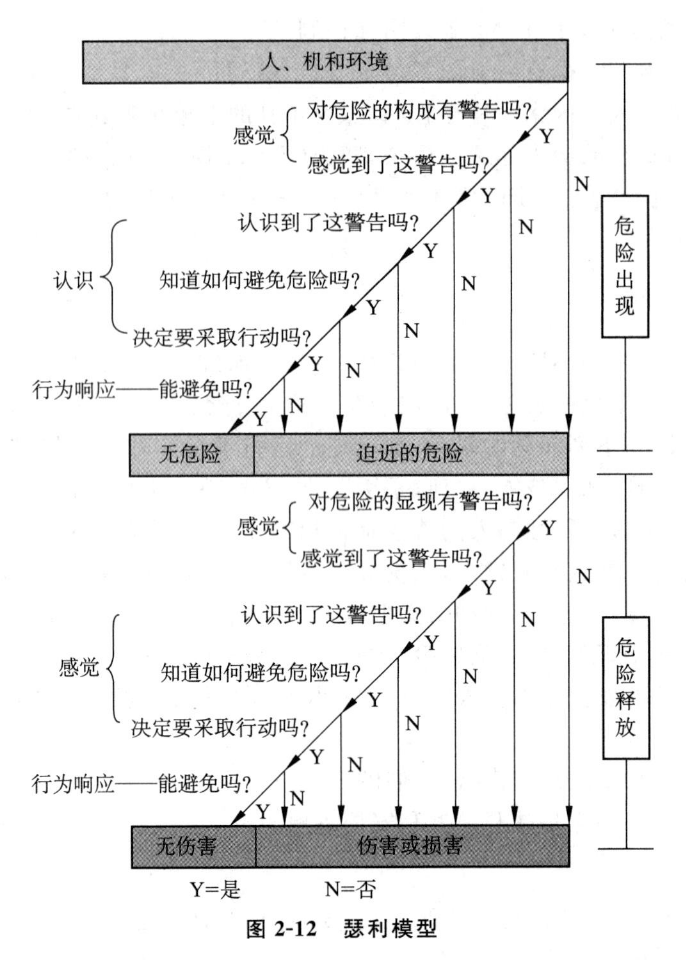

图 2-12　瑟利模型

③ 认识到了这个警告吗?这主要是指操作者在感觉到警告信息之后,是否正确理解了该警告所包含的意义,进而较为准确地判断出危险的可能的后果及其发生的可能性。

④ 知道如何避免危险吗?主要指操作者是否具备为避免危险或控制危险,做出正确的行为响应所需要的知识和技能。

⑤ 决定要采取行动吗?无论是危险的出现或释放,其是否会对人或系统造成伤害或破坏是不确定的。而且在有些情况下,采取行动固然可以消除危险,却要付出相当大的代价。特别是对于冶金、化工等企业中连续运转的系统更是如此。究竟是否采取立即的行动,应主要考虑两个方面的问题:一是该危险立即造成损失的可能性;二是现有的措施和条件控制该危险的可能性,包括操作者本人避免和控制危险的技能。当然,这种决策也与经济效益、工作效率紧密相关。

⑥ 能够避免危险吗?在操作者决定采取行动的情况下,能否避免危险则取决于人采取行动的迅速、正确、敏捷与否和是否有足够的时间等其他条件使人能做出行为响应。

上述 6 个问题中,前两个问题都是与人对信息的感觉有关的,第③~⑤ 个问题是与人的认识有关的,最后一个问题与人的行为响应有关。这 6 个问题涵盖了人的信息处理全过程,并且反映了在此过程中有很多发生失误进而导致事故的机会。

瑟利模型不仅分析了危险出现、释放直至导致事故的原因，而且还为事故预防提供了一个良好的思路。即要想预防和控制事故，首先应采用技术的手段使危险状态充分地显现出来，使操作者能够有更好的机会感觉到危险的出现或释放，这样才有预防或控制事故的条件和可能；其次应通过培训和教育的手段，提高人感觉危险信号的敏感性，包括抗干扰能力等，同时也应采用相应的技术手段帮助操作者正确地感觉危险状态信息，如采用能避开干扰的警告方式或加大警告信号的强度等；再次应通过教育和培训的手段使操作者在感觉到警告之后，准确地理解其含义，并知道应采取何种措施避免危险发生或控制其后果。同时，在此基础上，结合各方面的因素做出正确的决策；最后，则应通过系统及其辅助设施的设计使人在做出正确的决策后，有足够的时间和条件做出行为响应，并通过培训的手段使人能够迅速、敏捷、正确地做出行为响应。这样，事故就会在相当大的程度上得到控制，取得良好的预防效果。

2. 安德森模型

瑟利模型实际上研究的是在客观已经存在潜在危险（存在于机械的运行和环境中）的情况下，人与危险之间的相互关系、反馈和调整控制的问题。然而，瑟利模型没有探究何以会产生潜在危险，没有涉及机械及其周围环境的运行过程。安德森等人曾在分析 60 起工业事故中应用瑟利模型，发现了上述问题。

安德森等人对瑟利模型进行了进一步的扩展，形成了安德森模型，该模型是在瑟利模型之上增加了一组问题，所涉及的是：危险线索的来源及可察觉性，运行系统内的波动（机械运行过程及环境状况的不稳定性），以及控制或减少这些波动使之与人（操作者）的行为的波动相一致，如图 2-13 所示。安德森模型在一定程度上提高了瑟利模型的理论性和实用性。

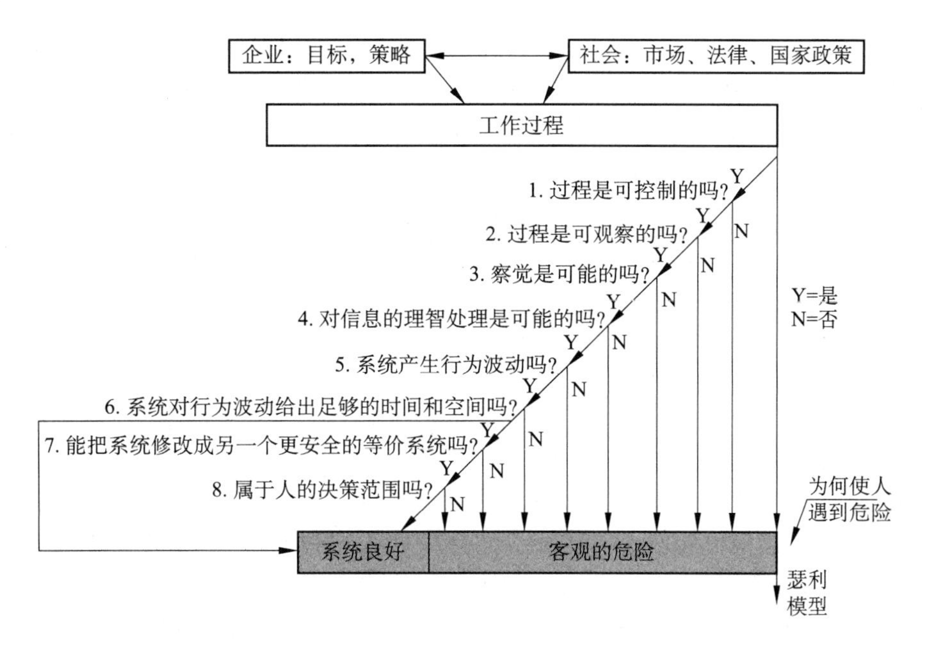

图 2-13　安德森模型

四、能量意外释放理论

能量意外释放理论揭示了事故发生的物理本质，为人们设计及采取安全技术措施提供了理论依据。

1. 能量意外释放论的基本观点

能量是物体做功的本领，人类社会的发展就是不断地开发和利用能量的过程。但能量也是对人体造成伤害的根源，没有能量就没有事故，没有能量就没有伤害。20 世纪 60 年代，美国人吉布森、哈登等人根据这一概念，提出了能量意外释放论。其基本观点是：不希望或异常的能量转移是伤亡事故的致因。即人受伤害的原因只能是某种能量向人体的转移，而事故则是一种能量的不正常或不期望的释放。

在能量意外释放论中，把能量引起的伤害分为两大类：

第一类伤害是由于施加了超过局部或全身性的损伤阈值的能量而产生的。人体各部分对每一种能量都有一个损伤阈值。当施加于人体的能量超过该阈值时，就会对人体造成损伤。大多数伤害均属于此类伤害。

第二类伤害则是由于影响局部或全身性能量交换引起的。例如，因机械因素或化学因素引起的窒息（如溺水、一氧化碳中毒等）。

能量意外释放论的另一个重要概念是：在一定条件下，某种形式的能量能否造成伤害及事故，主要取决于：人所接触的能量的大小，接触的时间长短和频率，力的集中程度，受伤害的部位及屏障设置的早晚等。

2. 事故致因及表现

（1）事故致因

能量在生产过程中是不可缺少的，人类利用能量做功以实现生产目的。人类为了利用能量做功，必须控制能量。在正常生产过程中，能量受到种种约束和限制，按照人们的意志流动、转换和做功。如果由于某种原因，能量失去了控制，超越了人们设置的约束或限制而意外地逸出或释放，必然造成事故，如图 2-14 所示。

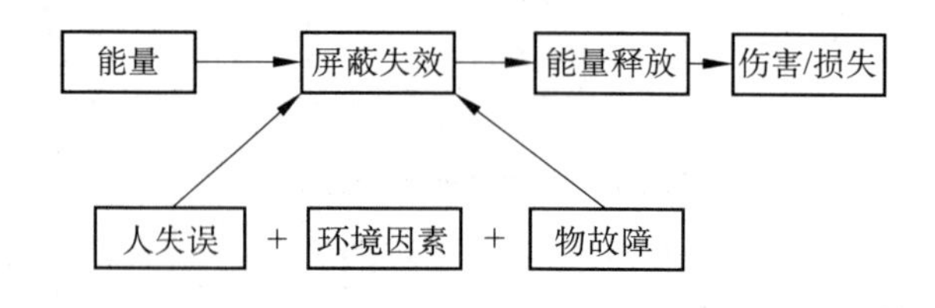

图 2-14 能量意外释放论示意图

用能量转移和意外释放的观点分析事故致因的基本方法是：首先确认某个系统内的所有能量源，然后确定可能遭受该能量伤害的人员及伤害的可能严重程度；进而确定控制该类能量不正常或不期望转移的方法。用能量转移和意外释放的观点分析事故致因的方法，可应用于各种类型的包含、利用、储存任何形式能量的系统，也可以与其他的分析方法综合使用，用来分析、控制系统中能量的利用、贮存或流动。但该方法不适用于研究、发现和分析不与能量相关的事故致因，如人失误等。

如果失去控制的、意外释放的能量达及人体，并且能量的作用超过了人体的承受能力，人体必将受到伤害。根据能量意外释放理论，伤害事故的原因是：

① 接触了超过机体组织（或结构）抵抗力的某种形式的过量的能量。

② 有机体与周围环境的正常能量交换受到了干扰（如窒息、淹溺等）。

因而，各种形式的能量是构成伤害的直接原因。同时，也常常通过控制能量，或控制达及人体媒介的能量载体来预防伤害事故。

(2) 能量转移造成事故的表现

机械能、电能、热能、化学能、电离及非电离辐射、声能和生物能等形式的能量，都可能导致人员伤害。其中前四种形式的能量引起的伤害最为常见。

意外释放的机械能是造成工业伤害事故的主要能量形式。处于高处的人员或物体具有较高的势能，当人具有的势能意外释放时，发生坠落或跌落事故。当物体具有的势能意外释放时，将发生物体打击等事故。除了势能外，动能是另一种形式的机械能，各种运输车辆和各种机械设备的运动部分都具有较大的动能，工作人员一旦与之接触，将发生车辆伤害或机械伤害事故。

现代化工业生产中广泛利用电能，当人们意外地接近或接触带电体时，可能发生触电事故而受到伤害。

工业生产中广泛利用热能，生产中利用的电能、机械能或化学能可以转变为热能，可燃物燃烧时释放出大量的热能，人体在热能的作用下，可能遭受烧灼或发生烫伤。

有毒有害的化学物质使人员中毒，是化学能引起的典型伤害事故。

研究表明，人体对每一种形式能量的作用都有一定的抵抗能力，或者说有一定的伤害阈值。当人体与某种形式的能量接触时，能否产生伤害及伤害的严重程度如何，主要取决于作用于人体的量的大小。作用于人体的能量越大，造成严重伤害的可能性越大。例如，球形弹丸以 4.9N 的冲击力打击人体时，只能轻微地擦伤皮肤；重物以 68.6N 的冲击力打击人的头部时，会造成头骨骨折。此外，人体接触能量的时间长短和频率、能量的集中程度以及身体接触能量的部位等，也影响人员伤害程度。

3. 事故预防措施

从能量意外释放理论出发，预防伤害事故就是防止能量或危险物质的意外释放，防止人体与过量的能量或危险物质接触。

哈登认为，预防能量转移于人体的安全措施可用屏蔽防护系统。约束限制能量，防止人体与能量接触的措施称为屏蔽，这是一种广义的屏蔽。同时，他指出，屏蔽设置得越早，效果越好。按能量大小可建立单一屏蔽或多重的冗余屏蔽。

在工业生产中，经常采用的防止能量意外释放的屏蔽措施主要有下列 11 种。

① 用安全的能源代替不安全的能源。有时被利用的能源危险性较高，这时可以考虑用较安全的能源取代。例如，在容易发生触电的作业场所，用压缩空气动力代替电力，可以防止发生触电事故，还有用水力采煤代替火药爆破等。但是应该看到，绝对安全的事物是没有的，以压缩空气做动力虽然避免了触电事故，压缩空气管路破裂、脱落的软管抽打等都带来了新的危害。

② 限制能量。即限制能量的大小和速度，规定安全极限量，在生产工艺中尽量采用低能量的工艺或设备，这样，即使发生了意外的能量释放，也不致发生严重伤害。例如，利用低电压设备防止电击，限制设备运转速度以防止机械伤害，限制露天爆破装药量以防止个别飞石伤人等。

③ 防止能量蓄积。能量的大量蓄积会导致能量突然释放，因此，要及时泄放多余能量，防止能量蓄积。例如，应用低高度位能，控制爆炸性气体浓度，通过接地消除静电蓄积，利用避雷针放电保护重要设施等。

④ 控制能量释放。如建立水闸墙防止高势能地下水突然涌出。

⑤ 延缓释放能量。缓慢地释放能量可以降低单位时间内释放的能量，减轻能量对人体的作用。例如，采用安全阀、逸出阀控制高压气体；采用全面崩落法管理煤巷顶板，控制地压；用各种减振装置吸收冲击能量，防止人员受到伤害等。

⑥ 开辟释放能量的渠道。如安全接地可以防止触电；在矿山探放水可以防止透水；抽放煤体内瓦斯可以防止瓦斯蓄积爆炸等。

⑦ 设置屏蔽设施。屏蔽设施是一些防止人员与能量接触的物理实体，即狭义的屏蔽。屏蔽设施可以被设置在能源上，例如安装在机械转动部分外面的防护罩；也可以被设置在人员与能源之间，例如安全围栏等。人员佩戴的个体防护用品，可被看作是设置在人员身上的屏蔽设施。

⑧ 在人、物与能源之间设置屏障，在时间或空间上把能量与人隔离。在生产过程中有两种或两种以上的能量相互作用引起事故的情况，例如，一台吊车移动的机械能作用于化工装置，使化工装置破裂而有毒物质泄漏，引起人员中毒。针对两种能量相互作用的情况，我们应该考虑设置两组屏蔽设施：一组设置于两种能量之间，防止能量间的相互作用；一组设置于能量与人之间，防止能量达及人体，如防火门、防火密闭等。

⑨ 提高防护标准。如采用双重绝缘工具防止高压电能触电事故；对瓦斯连续监测和遥控遥测以及增强对伤害的抵抗能力，如用耐高温、耐高寒、高强度材料制作的个体防护用具等。

⑩ 改变工艺流程。如改变不安全流程为安全流程，用无毒少毒物质代替剧毒有害物质等。

⑪ 修复或急救。治疗、矫正以减轻伤害程度或恢复原有功能；搞好紧急救护，进行自救教育；限制灾害范围，防止事态扩大等。

五、变化—失误理论

变化—失误理论又称变化分析方法、变更分析法，是由约翰逊在对管理疏忽与危险树(MORT)的研究中提出并贯彻其理论之中的。其主要观点是：运行系统中与能量和失误相对应的变化是事故发生的根本原因。没有变化就没有事故。人们能感觉到变化的存在，也能采用一些基本的反馈方法去探测那些有可能引起事故的变化。对变化的敏感程度，也是衡量各级企业领导和专业安全人员的安全管理水平的重要标志。

当然，必须指出的是，并非所有的变化均能导致事故。在众多的变化中，只有极少数的变化会引起失误，而其中又只有极少数的一部分失误会导致事故的发生。其模型如图2-15所示；而另一方面，并非所有主观上有着良好动机而人为造成的变化都会产生较好的效果。如果不断地调整管理体制和机构，使人难以适应新的变化进而产生失误，必将事与愿违，事倍功半，甚至造成重大损失。在变化—失误理论的基础上，约翰逊提出了变化分析的方法。即以现有的、已知的系统为基础，研究所有计划中和实际存在的变化的性质，分析每个变化单独地，和若干个变化结合地对系统产生的影响，并据此提出相应的防止不良变化的措施。

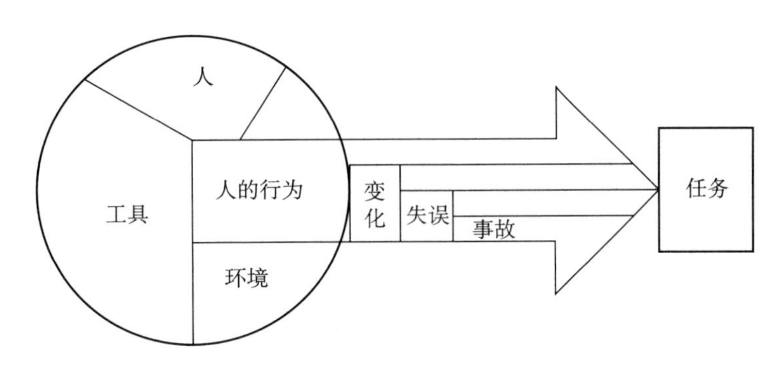

图 2-15　变化—失误—事故的关系

例如，我们可对某化工厂压力容器爆炸事故进行如下变化分析。变化前，该厂已正常运转若干年，事故率相对稳定。

变化 1：引进了一套更大、效率更高的设备。

变化 2：老设备停用，部分被拆除。

变化 3：新设备运转及效率起初达不到要求。

变化 4：对该厂产品的需求量与日俱增。

变化 5：重新启用老设备。

变化 6：要求尽可能快地恢复老设备的操作控制并投产。

变化 7：没有做全面的危险分析和充分的准备工作。

变化 8：某些冗余安全控制装置没有马上启用。

结果：设备爆炸，6 人死亡。

应用变化分析方法主要有两种情况：一是当观察到系统发生的变化时，探求这种变化是否会产生不良后果。如果是，则寻找产生这种变化的原因，进而采取相应的措施，如图 2-16 所示。另一种情况则是当观察到某些不良后果后，先探求是哪些变化导致了这种后果的产生，进而寻找产生这种变化的原因，采取相应的措施，如图 2-17 所示。

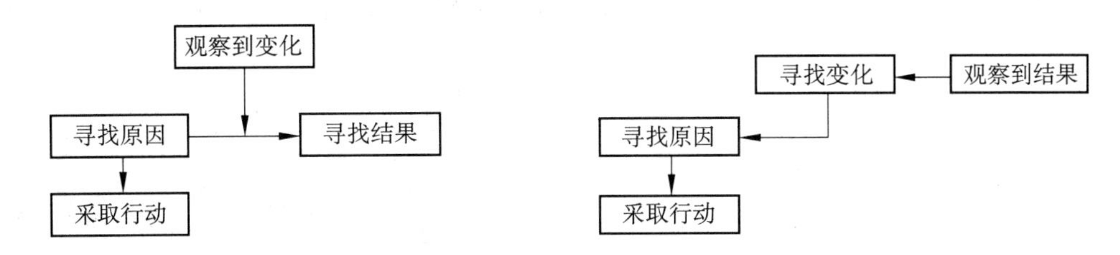

图 2-16　观察到变化时的变化分析过程　　图 2-17　观察到后果时的变化分析过程

应用变化分析方法中，最大的困难是如何在数量庞大的各类变化中，找出那类有可能导致严重事故后果的变化并能够采取相应的措施。这需要调查分析人员有较高的理论水平和实际经验，这也是一门在某种程度上依赖于直觉的艺术。

在变化（变更）分析中，应考虑的变化（变更）类型很多，常见的变化有以下9类。

① 计划的变化和未在计划中的变化。前者是预料之中的，后者则需要采用某种手段进行探测和分析。

② 实际的变化和潜在的变化。实际的变化是观察或探测得到的，而潜在的变化则要通过分析才能发现。

③ 时间的变化。这是指某些过程，如化学反应因超时或少时而可能产生的变化。

④ 技术的变化。新设备、新工艺的引进，特别是那些复杂或危险性大的工艺、设备、产品或原材料等引起的变化。

⑤ 人的变化。这种变化包括许多方面，但主要影响人执行工作的能力。

⑥ 社会的变化。这个包括的范围很广，主要指那些与人紧密相关的变化。

⑦ 组织的变化。由于人员调动，机构改变引起的变化。

⑧ 操作的变化。在生产过程、操作方式方面的变化。

⑨ 宏观的变化和微观的变化。前者指系统整体的某些变化，如企业招收新工人等；后者指某一特殊事件的变化。

六、轨迹交叉论

1. 轨迹交叉理论基本观点

轨迹交叉理论主要观点是：在事故发展进程中，人的因素运动轨迹与物的因素运动轨迹的交点就是事故发生的时间和空间，即人的不安全行为和物的不安全状态发生于同一时间、同一空间，或者说人的不安全行为与物的不安全状态相通，则将在此时间、空间发生事故。

轨迹交叉理论作为一种事故致因理论，强调人的因素和物的因素在事故致因中占有同样重要的地位。按照该理论，可以通过避免人与物两种因素运动轨迹交叉即避免人的不安全行为和物的不安全状态同时、同地出现，来预防事故的发生。

2. 轨迹交叉理论作用原理

轨迹交叉理论将事故的发生发展过程描述为：基本原因→间接原因→直接原因→事故→伤害。从事故发展运动的角度，这样的过程被形容为事故致因因素导致事故的运动轨迹，具体包括人的因素运动轨迹和物的因素运动轨迹，如图2-18所示。

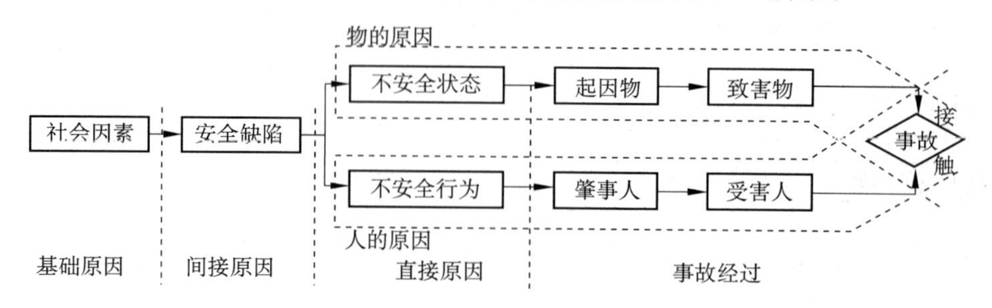

图 2-18 轨迹交叉论作用原理

(1) 人的因素运动轨迹

人的不安全行为基于生理、心理、环境、行为等方面而产生。

① 生理、先天身心缺陷。

② 社会环境、企业管理上的缺陷。

③ 后天的心理缺陷。

④ 视、听、嗅、味、触等感官能量分配上的差异。

⑤ 行为失误。

(2) 物的因素运动轨迹

在物的因素运动轨迹中,在生产过程各阶段都可能产生不安全状态。

① 设计上的缺陷,如用材不当、强度计算错误、结构完整性差、采矿方法不适应矿床围岩性质等。

② 制造、工艺流程上的缺陷。

③ 维修保养上的缺陷,降低了可靠性。

④ 使用的缺陷。

⑤ 作业场所环境上的缺陷。

在生产过程中,人的因素运动轨迹按①→②→③→④→⑤的方向顺序进行;物的因素运动轨迹按①→②→③→④→⑤的方向进行。人、物两轨迹相交的时间与地点,就是发生事故的"时空",也就导致了伤害的发生。

(3) 人因与物因的相互作用

值得注意的是,许多情况下人因与物因又互为因果。例如,有时物的不安全状态诱发了人的不安全行为;而人的不安全行为又促进了物的不安全状态的发展,或导致新的不安全状态出现。因而,实际的事故并非简单地按照上述的人、物两条轨迹进行,而是呈现非常复杂的因果关系。

3. 轨迹交叉理论对事故预防的启示

轨迹交叉理论突出强调的是截断物的事件链,提倡采用可靠性高、结构完整性强的系统和设备,大力推广保险系统、防护系统和信号系统及高度自动化和遥控装置。这样,即使人为失误,构成①→⑤系列,也会因安全闭锁等可靠性高的安全系统的作用,控制住①→⑤的系列的发展,可完全避免伤亡事故的发生。

若是排除了机械设备或危险物质的隐患,消除了人为疏忽,则两个连锁系列进行的方向转变,事故系列的连锁中断,两系列运动轨迹则不能相交,危险就不会出现,即可达到安全生产。

对人的系列而言,若加强安全培训教育和技术训练,进行科学的安全管理,从生理、心理和操作技能上控制不安全行为的产生,就是砍断了导致伤亡事故发生的人因方面的事件链。

加强设备管理,提高机械设备的可靠性,增设安全装置、保险装置和信号装置以及自控安全闭锁设施,就是控制设备的不安全状态,砍断了物因的事件链。关于物质的安全放置、安全储运、机动车的安全行驶等亦是控制物的不安全状态。

一些领导和管理人员总是错误地把一切伤亡事故归咎于操作人员“违章作业”。实际上，人的不安全行为也是由于培训教育不足等管理欠缺造成的。管理的重点应放在控制物的不安全状态上，即消除“起因物”，这样就不会出现“施害物”，“砍断”物的因素运动轨迹，使人与物的轨迹不相交叉，事故即可避免。

七、系统安全理论

在 20 世纪 50 年代到 60 年代美国研制洲际导弹的过程中，系统安全理论应运而生。系统科学的产生及其在安全生产管理中的应用使人们用全新的观念来思考和解决生产中的安全问题，为安全管理提供了一个既能对事故发生的可能性进行预测，又可以对安全性进行定性、定量评价的方法，从而为决策提供了依据。

1. 系统安全的概念

所谓系统安全(System Safaty)，是指在系统寿命周期内应用系统安全管理及系统安全工程原理，识别危险源并使其危险性减至最小，从而使系统在规定的性能、时间和成本范围内达到最佳的安全程度。

也有人将系统安全定义为，在系统寿命周期的所有阶段，以使用效能、时间和成本为约束条件，应用工程和管理的原理、准则和技术，使系统获得最佳的安全性。

从以上定义我们可以看出，系统安全是指为保证系统的全寿命周期的安全性所做的工作。这里主要有三点应该强调。

其一，系统安全强调的是系统全寿命周期的安全性，而绝非仅仅是某个阶段的安全性。所谓全寿命周期，是指系统的设计、试验、生产、使用、维护直至报废各个阶段的总称。作为系统的设计者，应当在设计阶段就对系统寿命周期各阶段的危险风险进行全面的分析评价，并通过设计或管理手段保证系统总体风险的最小化，这也是系统安全管理的最主要目的所在。

其二，我们应当使系统在符合性能、时间及成本要求的条件下达到最佳安全水平，而非一味追求安全，忽视经济效益，使安全与效益相脱节。

其三，我们应使系统总体安全效果最佳，即使系统的总体危险风险最小化，而非仅仅消除系统局部的危险。

系统安全的基本原则是在一个新系统的构思阶段就必须考虑其安全性的问题，制定并开始执行安全工作规划——系统安全活动，并且把系统安全活动贯穿于系统寿命周期，直到系统报废为止。

2. 系统安全理论创新概念

系统安全理论包括很多区别于传统安全理论的创新概念。

① 在事故致因理论方面，改变了人们只注重操作人员的不安全行为，而忽略硬件故障在事故致因中的作用的传统观念，开始考虑如何通过改善物的系统可靠性来提高复杂系统的安全性，从而避免事故。

② 没有任何一种事物是绝对安全的，任何事物中都潜伏着危险因素。通常所说的安全或危险只不过是一种主观的判断。

③ 不可能根除一切危险源，可以减少来自现有危险源的危害或危险性，宁可减少总的风险，而不是只彻底去消除几种选定的风险。

④ 由于人的认识能力有限，有时不能完全认识危险源及其风险，即使认识了现有的危险源，随着生产技术的发展，新技术、新工艺、新材料和新能源的出现，又会产生新的危险源。

八、事故预防与控制的基本原则

1. 引发事故的基本要素

根据上述事故致因理论的基本观点，可以形成这样的认识：事故的发生是由物的不安全状态（物的因素）、环境的不安全条件（环境因素）、人的不安全行为及管理缺陷（人的因素）等基本要素共同综合作用的结果，如图 2-19 所示。

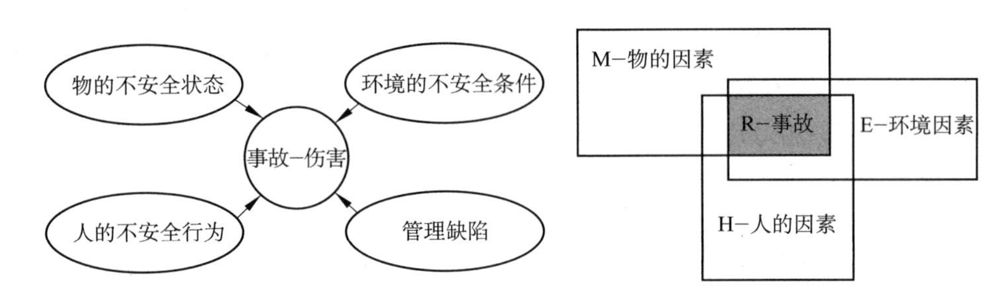

图 2-19　引发事故的基本要素

2. 事故预防与控制的基本原则

事故预防与控制包括事故预防和事故控制。前者是指通过采用技术和管理手段使事故不发生；后者是通过采取技术和管理手段，使事故发生后不造成严重后果或使后果尽可能减小。

从引发事故的基本要素出发，对于事故的预防与控制，应从安全技术、安全教育和安全管理等方面入手，采取相应对策。

安全技术对策着重解决物的不安全状态、环境的不安全条件问题。安全教育对策和安全管理对策主要着眼于人的不安全行为、管理缺陷问题。安全教育对策主要是使人知道哪里存在危险源，如何导致事故，事故的可能性和严重程度如何，对于可能的危险应该怎么做。安全管理措施则是要求必须怎么做。

实训活动

实训项目 2-1

结合参加过的军训，分析军训中的管理方法与所学的哪个安全管理原理相符。

实训目的：帮助学习和理解安全管理原理。

实训步骤：

第一步，对军训活动进行回忆，分析军训活动采取的具体管理方法；

第二步，写出军训活动采取的具体管理方法，然后展开分析，并写出你分析的结果；

第三步，小组之间交流。

实训建议：采用小组讨论的形式。

实训项目 2-2

利用能量意外释放论，分析下列企业使用的能量形式、可能发生的事故以及防止事故可采取的屏蔽措施。

某热力发电厂主要生产工艺单元有：储煤场、煤粉制备与输煤系统、燃烧系统、汽水系统、凝结水系统、化学水系统、循环水系统、除灰渣与除尘脱硫系统、制氢系统、配电与送电系统、车库等，大型设备主要有：锅炉、汽轮机、发电机、磨煤机、制氢装置、水处理装置、除尘装置等。发电用燃煤，由汽车直接运往储煤场，在储煤场用滚轴筛将煤破碎后送进燃煤锅炉。

制氢系统包括制氢装置和氢气储罐。制氢装置为配套电解制氢设备及其管路等。运行时装置中存有一定量的氢气，另有 6 个卧式氢气储罐。锅炉点火助燃为柴油。厂内有两个固定柴油储罐，另有两卧式汽油储罐。

实训目的：帮助学习和理解能量意外释放论。

实训步骤：

第一步，认真阅读背景材料，并展开分析。

第二步，写出能量形式、可能发生的事故以及防止事故可采取的屏蔽措施。

第三步，小组之间交流。

实训建议：采用小组讨论的形式。

实训项目 2-3

选用一个生产安全事故案例，结合事故致因理论，系统阐述说明事故是可以预防的或避免的。字数 500 字以上。

实训目的：帮助学习和理解事故致因理论。

实训步骤：

第一步，通过网络或查阅相关文献，收集一起生产安全事故的材料。

第二步，写出你所选的生产安全事故，然后展开分析，并写出你分析的结果。

第三步，小组之间交流。

实训建议：采用小组讨论的形式。

思考与练习

1. 分析系统原理对企业安全管理的指导意义。
2. 举例说明人本原理对企业安全管理的指导作用。
3. 海因里希的事故因果连锁理论的主要内容有哪些？并说明它对事故预防的启示？
4. 根据能量意外释放理论，请分析如何进行你宿舍的安全管理？
5. 根据轨迹交叉理论，请分析如何进行燃气调压站的安全管理？
6. 瑟利模型是怎样进行事故控制的？试举例说明。
7. 结合事故致因理论及事故法则谈谈如何防止事故？

CHAPTER 3

生产经营单位安全生产保障

职业能力目标	知识要求
1. 会起草和编制安全生产规章制度。 2. 会制订安全教育培训计划。 3. 会制订安全技术措施计划。 4. 会制订建设项目安全设施"三同时"审查方案。 5. 会实施安全检查、制订安全检查计划和隐患排查方案和治理方案。 6. 会正确使用劳动防护用品。 7. 会提出现场安全管理要求并指导监督现场安全管理。 8. 会申请工伤认定。	1. 掌握安全生产规章制度的内容和编制方法。 2. 掌握安全责任制度、安全组织保障的要求。 3. 掌握安全教育培训和安全资格的要求。 4. 熟悉安全投入、安全费用要求及安措计划的编制方法。 5. 熟悉建设项目"三同时"主要工作内容。 6. 掌握劳动防护用品管理、作业安全管理要求。 7. 掌握安全检查的内容和方法、事故隐患排查治理的要求。 8. 掌握工伤范围和工伤待遇。 9. 了解安全监管的内容和安全生产档案要求。

《安全生产法》第四条规定:"生产经营单位必须遵守本法和其他有关安全生产的法律法规,加强安全生产管理,建立健全安全生产责任制度,完善安全生产条件,确保安全生产。"生产经营单位必须加强安全生产管理,认真履行保障安全生产的法定责任和义务。

第一节　安全生产规章制度建设

案例导入

【案例 3-1】 2013 年 6 月 3 日清晨,吉林宝源丰禽业公司发生火灾,共造成 120 人遇难,77 人受伤。本次事故系厂房氨气爆炸引发火灾。经初步调查,吉林德惠市宝源丰禽业有限公司存在安全生产管理上极其混乱、安全生产责任严重不落实、安全生产规章制度不健全、安全隐患排查治理不认真不扎实不彻底等问题，且没有开展应急演练和安全宣传教育。事故初期，该公司紧急疏散不力、车间安全出口不畅等问题也十分突出。

安全生产规章制度，是指生产经营单位依据安全生产法律、法规、规章、标准和方针政策，结合自身生产经营活动的实际情况，以本单位名义起草颁发的有关安全生产的规范性文件，一般包括制度、规程、标准、规定、措施、办法等。

一、安全规章制度建设的目的和意义

安全规章制度是生产经营单位贯彻国家有关安全生产法律法规、国家和行业标准，贯彻国家安全生产方针政策的行动指南，是生产经营单位有效防范生产安全事故，保障从业人员安全和健康，加强安全生产管理的重要措施。

（一）建立健全安全规章制度是生产经营单位的法定责任

生产经营单位是安全生产的责任主体，国家有关法律法规对生产经营单位加强安全规章制度建设有明确的要求。《劳动法》第五十二条规定“用人单位必须建立健全劳动安全卫生制度，严格执行国家劳动安全卫生规程和标准，对劳动者进行劳动安全卫生教育，防止劳动过程中的事故，减少职业危害。”《突发事件应对法》第二十二条“所有单位应当建立健全安全管理制度，定期检查本单位各项安全防范措施的落实情况，及时消除事故隐患……”所以，建立健全安全规章制度是国家有关安全生产法律法规明确的生产经营单位的法定责任。

（二）建立健全安全规章制度是生产经营单位安全生产的重要保障

生产经营的目的就是追求利润，但是，在追求利润的过程中，如果不能有效防范安全风险，生产经营单位的生产、经营秩序就不能保障，甚至还会引发社会的灾难。客观上需要生产经营单位对生产工艺过程、机械设备、人员操作进行系统分析、评价，制定出一系列的操作规程和安全控制措施，以保障生产、经营工作合法、有序、安全地运行，将安全风险降到最低。在长期的生产经营活动中，生产经营单位积累了大量的安全风险防范对策措施，这些措施只有形成安全规章制度，才能有效地得到继承和发扬。

（三）建立健全安全规章制度是生产经营单位保护劳动者安全健康的重要手段

安全生产的法律法规明确规定，生产经营单位必须采取切实可行的措施，保障从业人员的安全与健康。因此，只有通过安全规章制度的约束，才能防止生产经营单位安全管理的随意性，才能使从业人员进一步明确自己的权利和义务，有效地保障从业人员的合法权益。同时，也为从业人员在生产、经营过程中遵章守纪提供明确的标准和依据。

二、生产经营单位安全生产规章制度建设

（一）安全规章制度制定的依据

制定安全生产规章制度的主要依据如下。

(1) 以安全生产法律、法规、规章、标准和方针政策为依据。生产经营单位安全生产规章制度首先必须符合国家有关安全生产的法律、法规、规章、标准和方针政策。安全生产规章制度是安全生产法律法规在生产经营单位生产、经营过程中具体贯彻落实的体现。

(2) 以危险有害因素辨识为依据。危险有害因素的辨识，是建立安全生产规章制度的一项基础工作。生产经营单位通过对生产经营过程危险有害因素的充分辨识，才能有针对性地制定安全生产规章制度。

(3) 以本行业和本单位的事故教训为依据。安全生产事故的发生，必然暴露出生产经营单位在安全生产管理过程中的失误和缺陷。因此，生产经营单位要充分吸取本行业和本单位的相关事故教训，及时修订和完善规章制度，防范同类事故的重复发生。

(4) 以国际、国内先进的安全管理方法为依据。随着安全科学技术的迅猛发展，安全生产风险防范和控制的理论、方法不断完善。尤其是安全系统工程理论研究的不断深化，为生产经营单位的安全管理提供了丰富的工具，如职业健康安全管理体系、风险评价、安全性评价体系的建立等，都为生产经营单位安全规章制度的制定提供了宝贵的参考资料。

（二）安全生产规章制度建设的原则

(1) 主要负责人负责的原则。安全规章制度建设，涉及生产经营单位的各个环节和所有人员，只有生产经营单位主要负责人亲自组织，才能有效调动生产经营单位的所有资源，才能协调各个方面的关系。同时，我国安全生产的法律法规明确规定，如《安全生产法》规定“建立健全本单位安全生产责任制；组织制定本单位安全生产规章制度和操作规程，是生产经营单位的主要负责人的职责”。

(2) 安全第一的原则。“安全第一，预防为主，综合治理”是我国的安全生产方针，也是安全生产客观规律的具体要求。生产经营单位要实现安全生产，就必须采取综合治理的措施，在事先防范上下工夫。在生产经营过程中，必须把安全工作放在各项工作的首位，正确处理安全生产和工程进度、经济效益等的关系。只有通过安全规章制度建设，才能把这一安全生产客观要求，融入到生产经营单位的体制建设、机制建设、生产经营活动组织的各个环节，落实到生产、经营各项工作中去，才能保障安全生产。

(3) 系统性原则。风险来自生产、经营过程之中，只要生产、经营活动在进行，风险就客观存在。因而，要按照安全系统工程的原理，建立涵盖全员、全过程、全方位的安全规章制度。即涵盖生产经营单位每个环节、每个岗位、每个人；涵盖生产经营单位的规划设计、建设安装、生产调试、生产运行、技术改造的全过程；涵盖生产经营全过程的事故预防、应急处置、调查处理等全方位的安全规章制度。

(4) 规范化和标准化原则。生产经营单位安全规章制度的建设应实现规范化和标准化管理，以确保安全规章制度建设的严密、完整、有序。建立安全规章制度起草、审核、发

布、教育培训、修订的严密的组织管理程序，安全规章制度编制要做到目的明确，流程清晰，标准明确，具有可操作性，按照系统性原则的要求，建立完整的安全规章制度体系。

生产经营单位在制定安全生产规章制度时还应考虑满足以下要求。

① 针对性。生产经营单位制定的各类安全生产规章制度，要有针对性，要明确安全生产规章制度管理的对象是什么？管理的重点内容是什么？既要全面，又要抓住重点。把应该管理的都纳入制定管理的范围内，不要有遗漏。

② 实用性。生产经营单位制定的安全生产规章制度，必须符合国家有关安全生产的法律、法规、规章、标准和方针政策的要求，也要结合生产经营单位实际情况，符合生产经营单位安全生产管理工作的需要。如果脱离国家有关安全生产的法律法规，安全生产规章制度就不合法。如果脱离生产经营单位安全管理实际状况，安全生产规章制度也就无法实施，成了一纸空文。

③ 可操作性。安全生产规章制度应能够帮助和指导生产经营单位决策层、管理层和执行层开展工作，内容要明确具体，程序要简明严密。这样才能有利于决策层按制度做出决策，便于管理层按章管理，便于执行层按章行事，使他们了解自己的职责，知道应该做什么，应该怎么做。

④ 全面性。安全生产规章制度要涵盖生产经营单位安全管理的方方面面，不能有遗漏。制定本身也要全面细致，无论在实质内容上，还是在程序步骤上，都要明确具体，以适应安全管理工作的需要。因此，生产经营单位的安全生产规章制度要全面，各类安全生产规章制度要互相支持，形成体系。

（三）安全规章制度的编制和管理

安全规章制度的制定一般包括起草、会签、审核、签发、发布五个流程。在制定安全生产规章制度时，要注意以下事项：深入实际、调查研究；收集和研究有关安全生产的法律、法规、规章和标准；结合经验，制定条款；关键条文，应经过技术试验和技术鉴定；坚持先进，摒弃落后；不断更新和补充完善。

安全规章制度发布后，生产经营单位应组织有关部门和人员进行学习和培训，对安全操作规程类安全规章制度，还应对相关人员进行考试，考试合格后才能上岗作业。安全规章制度日常管理的重点是在执行过程中的动态检查，确保得到贯彻落实。

(1) 起草。根据生产经营单位安全生产责任制，由负有安全生产管理职能的部门负责起草。安全规章制度在起草前，应首先收集国家有关安全生产法律法规、国家行业标准、生产经营单位所在地地方政府的有关法规、标准等，作为制度起草的依据，同时结合生产经营单位安全生产的实际情况，进行起草。涉及安全技术标准、安全操作规程等的起草工作，还应查阅设备制造厂的说明书等。

安全规章制度起草要做到目的明确，文字表达条理清楚、结构严谨、用词准确、文字简明、标点符号正确。

技术规程规范，安全操作规程的编制应按照企业标准的格式进行起草。其他规章制度格式可根据内容多少，可采用章（节）、条、款、项、目等体例，内容单一的也可直接以条的方式表达。规章制度中的序号可用中文数字和阿拉伯数字依次表述。

规章制度的草案应对起草目的、适用范围、主管部门、具体规范、解释部门和施行日期等做出明确的规定。新的规章制度代替原有规章制度应在草案中写明白本规章制度生效后原规定废止的内容。

(2) 会签。责任部门起草的规章制度草案，应在送交相关领导签发前征求有关部门的意见，意见不一致时，一般由生产经营单位主要负责人或分管安全的负责人主持会议，取得一致意见。

(3) 审核。安全规章制度在签发前，应进行审核。一是由生产经营单位负责法律事务的部门，对规章制度与相关法律法规的符合性及与生产经营单位现行规章制度一致性进行审查；二是提交生产经营单位的职工代表大会或安全生产委员会会议进行讨论，对各方面工作的协调性、各方利益的统筹性进行审查。

(4) 签发。技术规程规范、安全操作规程等一般技术性安全规章制度由生产经营单位分管安全生产的负责人签发，涉及全局性的综合管理类安全规章制度应由生产经营单位主要负责人签发。签发后要进行编号，注明生效时间，如“自发布之日起执行”或“现予发布，自某年某月某日起施行”。

(5) 发布。生产经营单位的安全规章制度，应采用固定的发布方式，如通过红头文件形式，在生产经营单位内部办公网络发布等。发布的范围应覆盖与制度相关的部门及人员。

(6) 培训和考试。新颁布的安全规章制度应组织相关人员进行培训，对安全操作规程类制度，还应组织进行考试。

(7) 修订。生产经营单位应每年对安全规章制度进行一次修订，并公布现行有效的安全规章制度清单。对安全操作规程类安全规章制度，除每年进行一次修订外，3～5年应组织进行一次全面修订，并重新印刷。

三、安全生产规章制度体系及内容

目前我国还没有明确的安全规章制度体系建设标准。在长期的安全生产实践过程中，生产经营单位按照自身的习惯和传统，形成了各具特色的安全规章制度体系。

按照安全系统工程原理建立的安全规章制度体系，一般由综合安全管理、人员安全管理、设备设施安全管理、环境安全管理四类组成。

按照标准化体系建立的安全规章制度体系，一般把安全规章制度分为安全技术标准，安全管理标准和安全工作标准。

按职业安全健康管理体系建立的安全规章制度体系，一般分为手册、程序文件、作业指导书三大类。

为便于生产经营单位建立安全规章制度体系，按照《安全生产法》的基本要求，下面以安全系统工程原理，对一般性生产经营单位安全规章制度体系的建立进行说明，安全生产高危行业的生产经营单位还应根据相关法律法规的要求进行补充和完善。

(一) 综合安全管理制度

综合安全管理制度主要包括以下几点。

（1）安全生产管理目标、指标和总体原则

生产经营单位安全生产的具体目标、指标，明确安全生产的管理原则、责任，明确安全生产管理的体制、机制、组织机构，安全生产风险防范、控制的主要措施，日常安全生产监督管理的重点工作等内容。

（2）安全生产责任制

生产经营单位各级领导、各职能部门、管理人员及各生产岗位的安全生产责任权利和义务等内容。

（3）安全管理定期例行工作制度

生产经营单位定期安全分析会议，定期安全学习制度，定期安全活动，定期安全检查等内容。

（4）承包与发包工程安全管理制度

生产经营单位承包与发包工程的条件、相关资质审查、各方的安全责任、安全生产管理协议、施工安全的组织措施和技术措施、现场的安全检查与协调等内容。

（5）安全措施和费用管理制度

生产经营单位安全措施的日常维护、管理；明确安全生产费用保障；根据国家、行业新的安全生产管理要求或季节特点，以及生产、经营情况等发生变化后，生产经营单位临时采取的安全措施及费用来源等。

（6）重大危险源管理制度

重大危险源登记建档、进行定期检测、评估、监控，相应的应急预案管理；上报有关地方人民政府负责安全生产监督管理的部门和有关部门备案内容及管理。

（7）危险物品使用管理制度

生产经营单位存在的危险物品名称、种类、危险性；使用和管理的程序、手续；安全操作注意事项；存放的条件及日常监督检查；针对各类危险物品的性质，在相应的区域设置人员紧急救护、处置的设施等。

（8）隐患排查和治理制度

应排查的设备、设施、场所的名称，排查周期、人员、排查标准，发现问题的处置程序、跟踪管理等内容。

（9）事故调查报告处理制度

生产经营单位内部事故标准、报告程序、现场应急处置、现场保护、资料收集、相关当事人调查、技术分析、调查报告编制等，以及向上级主管部门报告事故的流程、内容等。

（10）消防安全管理制度

生产经营单位消防安全管理的原则、组织机构、日常管理、现场应急处置原则、程序；消防设施、器材的配置、维护保养、定期试验；定期防火检查、防火演练等内容。

（11）应急管理制度

生产经营单位的应急管理部门，预案的制定、发布、演练、修订和培训等；明确总体预案，专项预案，现场预案等内容。

（12）安全奖惩制度

生产经营单位安全奖惩的原则；奖励或处分的种类、额度等内容。

（二）人员安全管理制度

人员安全管理制度主要包括以下几点。

（1）安全教育培训制度

生产经营单位各级领导人员安全管理知识培训、新员工三级教育培训、转岗培训；新材料新工艺新设备使用培训；特种作业人员培训；岗位安全操作规程培训；应急培训等内容。还应明确各项培训的对象、内容、时间及考核标准等。

（2）劳动防护用品发放使用和管理制度

生产经营单位劳动防护用品的种类、适用范围、领取程序、使用前检查标准；用品寿命周期等内容。

（3）安全工器具的使用管理制度

生产经营单位安全工器具的种类、使用前检查标准、定期检验、用品寿命周期等内容。

（4）特种作业及特殊作业管理制度

生产经营单位特种作业的岗位、人员，作业的一般安全措施要求等。特殊作业是指危险性较大的作业，应包括作业的组织程序，保障安全的组织措施、技术措施的制定及执行等内容。

（5）岗位安全规范

生产经营单位除特种作业岗位外，其他作业岗位保障人身安全、健康，预防火灾、爆炸等事故的一般安全要求。

（6）职业健康检查制度

生产经营单位职业禁忌的岗位名称、职业禁忌症，定期健康检查的内容、标准等，女工保护，以及按照《职业病防治法》要求的相关内容等。

（7）现场作业安全管理制度

现场作业的组织管理制度，如工作联系单、工作票、操作票制度，以及作业的风险分析与控制制度、反违章管理制度等内容。

（三）设备设施安全管理制度

设备设施安全管理制度主要包括以下几点。

（1）“三同时”制度

生产经营单位新建、改建、扩建工程“三同时”的组织、执行程序；上报、备案的执行程序等。

（2）定期巡视检查制度

生产经营单位所有设备、设施的种类、名称、数量，以及日常检查的责任人员，检查的周期、标准、线路，发现问题的处置等内容。

（3）定期维护检修制度

生产经营单位所有设备、设施的维护周期、维护范围、维护标准等内容。

（4）定期检测、检验制度

生产经营单位须进行定期检测的设备种类、名称、数量；有权进行检测的部门或人员；检测的标准及检测结果管理；安全使用证或者安全标志的取得和管理等内容。

（5）安全操作规程

生产经营单位涉及的电气、起重设备、锅炉压力容器、厂（场）内机动车辆、建筑施工维护、机加工等对人身安全健康、生产工艺流程及周围环境有较大影响的设备、装置的安全操作规程。

（四）环境安全管理制度

环境安全管理制度主要包括以下几点。

(1) 安全标志管理制度

生产经营单位现场安全标志的种类、名称、数量；安全标志的定期检查、维护等内容。

(2) 作业环境管理制度

生产经营单位生产经营场所的通道、照明、通风等管理标准；以及人员紧急疏散方向、标志的管理等内容。

(3) 工业卫生管理制度

生产经营单位尘、毒、噪声、辐射等涉及职业健康因素的种类、场所；定期检查、检验及控制等管理内容。

当然，生产经营单位的所有制形式、组织形式、生产过程存在的危险有害因素各不相同，这里所指的安全规章制度是原则性和指导性的，其中每个制度又可以分解成若干个制度制定。但是，只要每个制度能够做到目的明确、流程清晰、责任明确、标准明确，就能够用于规范管理或作业行为，就是一个好的安全规章制度。

四、安全操作规程的编制

安全操作规程规定操作过程该干什么、不干什么，或设备应该处于什么样的状态，是操作人员正确操作的依据，是保证设备安全运行的规范，对提高设备可利用率、防止故障和事故发生、延长设备使用寿命等起着重要作用。

（一）安全操作规程编制原则和依据

安全操作规程的制定要贯彻“安全第一，预防为主”的方针，其内容要结合设备实际运行情况，突出重点，文字力求简练、易懂、易记。条目的先后顺序力求与操作顺序一致。根据设备使用说明书的操作维护要求，结合生产及工作环境进行编制。

安全操作规程的编制依据是国家有关法律、法规、规章及国家标准和行业标准。

（二）设备安全操作规程内容

设备安全操作规程内容一般包括以下几点。

(1) 设备安全管理规程

管理规程主要是对设备使用过程的维修保养、安全检查、安全检测、档案管理等的规定。

(2) 设备安全技术要求

安全技术要求是对设备应处于什么样的技术状态所做的规定。

(3) 设备操作过程规程

操作过程规程是对操作程序、过程安全要求的规定，它是岗位安全操作规程的核心。

如果安全操作规程的内容较多，一般将设备系统或工作系统划分为若干部分展开撰写。实际划分可根据机械设备组成情况、作业性质、操作特点等而定。划分方法可按设备系统划分，如将机械设备系统划分为动力、传动部件。执行部件和控制系统等；按操作程序划分，如操作准备、启动操作、运行操作、停机操作等。实际划分可根据机械设备组成情况、作业性质、操作特点等而定。

设备操作规程内容一般包括：作业环境要求的规定；对设备状态的规定；对人员状态的规定；对操作程序、顺序、方式的规定；对人与物交互作用过程的规定；对异常排除的规定等。一般通用内容如下：

(1) 开动设备接通电源以前应清理好工作现场，仔细检查各种手柄位置是否正确、灵活，安全装置是否齐全可靠。

(2) 劳动防护用品的穿戴要求，应该和禁止穿戴的防护用品种类以及如何穿戴等。

(3) 开动设备前首先检查油池、油箱中的油量是否充足，油路是否畅通，并按润滑图表卡片进行润滑工作。

(4) 变速时，各变速手柄必须转换到指定位置。

(5) 工件必须装卡牢固，以免松动甩出造成事故。已卡紧的工件，不得再行敲打校正，以免损伤设备精度。

(6) 要经常保持润滑工具及润滑系统的清洁，不得敞开油箱、油眼盖，以免灰尘、铁屑等异物进入。

(7) 开动设备时必须盖好电箱，不允许有污物、水、油进入电动机或电器装置内。

(8) 设备外露基准面或滑动堆放工具、产品等，以免碰伤影响设备精度。

(9) 严禁超性能超负荷使用设备。

(10) 采取自动控制时，首先要调整好限位装置，以免超越行程造成事故。

(11) 设备运转时操作不得离开工作岗位，并应经常注意各部位有无异常(异音、异味、发热、振动等)，发现故障应立即停止操作，及时排除。凡属操作者不能排除的故障，应及时通知维修工人排除。

(12) 操作者离开设备时，或装卸工件，对设备进行调整、清洗或润滑时，都应停止并切断电源。

(13) 不得拆除设备上的安全防护装置。

(14) 调整或维修设备时，要正确使用拆卸工具，严禁乱敲乱拆。

(15) 人员思想要集中，穿戴要符合安全要求，站立位置要安全。

(16) 特殊危险场所的安全等。

(三) 安全操作规程制定的步骤

安全操作规程的制定可按下列步骤进行。

(1) 调查、收集资料信息

安全操作规程应具有很强的针对性和可操作性，为了制定出合理的安全操作规程，必须对设备运行情况进行深入调查，并收集分析相关资料信息，包括：

① 该类设备现行的国家、行业安全技术标准，安全管理规程，有关的安全检测、检验技术标准规范。

② 该设备的使用操作说明书，设备工作原理资料及设计、制造资料。

③ 同类设备曾经出现的危险、事故及其原因情况。

④ 同类设备的安全检查表。

⑤ 作业环境条件、工作制度、安全生产责任制等。

（2）编写规程

规程内容确定后即可按一定的格式编写，安全操作规程的格式一般可分为“全式”和“简式”两种：全式一般由总则或适用范围、引用标准、定义或名词说明、操作安全要求构成，通常用于适用范围较广的规程，如行业性规程；简式的内容一般就由操作安全要求构成，其针对性很强，企业内部制定的安全操作规程通常采用简式。

第二节　安全生产责任制

【案例 3-2】 2007 年 10 月，某市某地的一家空调安装维修公司的一名空调安装工在安装空调期间不慎坠楼身亡。经调查发现，该安装工未按照规定系安全带；该公司负责安全工作的管理人对员工的安全教育均是口头教育，没有相关安全生产的教育记录和材料，没有对新职工上岗前的安全生产培训和考核合格记录，没有组织制定本单位安全生产规章制度，没有建立健全安全生产责任制。

一、安全生产责任制的概念和地位

安全生产责任制是经长期的安全生产、劳动保护管理实践证明的成功制度与措施。这一制度与措施最早见于国务院 1963 年 3 月 30 日颁布的《关于加强企业生产中安全工作的几项规定》(即《五项规定》)。《五项规定》中要求，企业的各级领导、职能部门、有关工程技术人员和生产工人，各自在生产过程中应负的安全责任，必须加以明确的规定。《五项规定》还要求：企业单位的各级领导人员在管理生产的同时，必须负责管理安全工作，认真贯彻执行国家关劳动保护的法令和制度，在计划、布置、检查、总结、评比生产的同时，计划、布置、检查、总结、评比安全工作(即“五同时”制度)；企业单位中的生产、技术、设计、供销、运输、财务等各有关专职机构，都应在各自的企业务范围内，对实现安全生产的要求负责。

安全生产责任制是根据我国的安全生产方针“安全第一，预防为主，综合治理”和安全生产法规建立的各级领导、职能部门、工程技术人员、岗位操作人员在生产劳动过程中对安全生产层层负责的制度，主要指企业的各级领导、职能部门和在一定岗位上的劳动者个人对安全生产工作应负责任的一种制度，也是企业的一项基本管理制度。

《安全生产法》把建立和健全安全生产责任制作为生产经营单位和企业安全管理必须实行的一项基本制度。安全生产责任制是企业岗位责任制的生产经营单位岗位责任制和经济责任制的不可缺少的重要组成部分，是企业中最基本的一项安全制度，也是企业安全生产、劳动保护管理制度的核心。

二、建立安全生产责任制的目的和重要性

安全不是离开生产而独立存在的，是贯穿于生产整个过程之中体现出来的。只有从上到下建立起严格的安全生产责任制，责任分明，各司其职，各负其责，将法规赋予生产经营单位和企业的安全生产责任由大家来共同承担，才能使安全工作形成一个整体，各类生产中的事故隐患无机可乘，从而避免或减少事故的发生。

1. 建立安全生产责任制的目的

① 增强生产经营单位各级负责人员、各职能部门及其工作人员和各岗位生产人员对安全生产的责任感。

② 明确生产经营单位中各级负责人员、各职能部门及其工作人员和各岗位生产人员在安全生产中应履行的职责和应承担的责任，以充分调动各级人员和各部门一生产方面的积极性和主观能动性，确保安全生产。

2. 安全生产责任制的重要性

安全生产责任制的重要性体现在以下四个方面。

① 安全生产责任制是安全生产的保证。

② 安全生产责任制是建立现代企业管理制度的必然要求。

③ 安全生产责任制是我国多年来安全生产实践的经验总结，是一项行之有效的制度。

④ 安全生产责任制是事故责任追究的客观要求。

三、建立安全生产责任制的要求

安全生产责任制应由生产经营单位的主要负责人组织建立。建立健全本单位的安全生产责任制是主要负责人的法定职责。

生产经营单位建立安全生产责任制必须坚持“管生产的同时必须管安全”、“谁主管(谁管理、谁审批)，谁负责”两项原则，并明确建立起包括“岗位安全职责、安全责任、责任追究”三方面基本内容的安全生产责任体系。建立安全生产责任制的总要求是“横向到边，纵向到底；安全生产，人人有责”，力求做到“有岗必有责，有责必量化，量化必考核，考核必兑现”。

“横向到边”，是指安全生产责任制应涵盖本单位所有职能部门(包括党、政、工、团)，可按照本单位职能部门的设置(如安全、计划、生产、设备动力、质监、行政、人事、财务、仓库、基建维修、环保、后勤等部门)建立，如果各职能部门设有下属部门，则也应纳入责任制的范围；“纵向到底”，是指安全生产责任制应包括从上到下所有类型的人员(如总经理、经理、主管、班组长到普通员工)。

建立安全生产责任制还需注意满足以下要求：

① 必须符合国家安全生产法律法规和政策、方针的要求。

② 与生产经营单位管理体制协调一致。

③ 要根据本单位、部门、班级、岗位的实际情况制定，既明确、具体，又具有可操作性，防止形式主义。

④ 有专门的人员与机构制定和落实，并应适时修订。

⑤ 应有配套的监督、检查等制度，以保证安全生产责任制得到真正落实。

四、安全生产责任制的编制

安全生产工作是渗透到企业各个部门和各层次的工作。只有明确分工，各尽其职，各负其责，协调一致，才可能实现安全生产的目标。只要建立健全和执行安全生产责任制度，就能将企业安全卫生工作纳入生产经营管理活动的各个环节，实现全员、全面、全过程的安全管理，保证企业实现安全生产。

1. 安全生产责任制度应当包含以下几个方面的内容

① 与岗位工作职责相匹配的岗位安全生产工作职责，在本岗位上如何有效地预防生产安全事故的发生即进行哪些常规检查和防范工作、安全生产培训要求、安全生产管理程序。

② 不履行岗位安全生产工作职责，应承担的明确、具体的安全生产责任，即对工作岗位安全生产方面存在的问题，具体由谁负责，负什么样的责任等。

③ 安全生产责任的监督检查落实，以及奖惩措施。

2. 生产经营单位在建立安全生产责任制时，在纵向方面至少应包括以下列几类人员

（1）生产经营单位主要负责人

生产经营单位的主要负责人是本单位安全生产的第一责任者，对安全生产工作全面负责。其职责为：

① 建立健全本单位安全生产责任制。

② 组织制定本单位安全生产规章制度和操作规程。

③ 保证本单位安全生产投入的有效实施。

④ 督促、检查本单位的安全生产工作，及时消除生产安全事故隐患。

⑤ 组织制定并实施本单位的生产安全事故应急救援预案。

⑥ 及时、如实报告生产安全事故。

（2）生产经营单位其他负责人

生产经营单位其他负责人在各自职责范围内，协助主要负责人搞好安全生产工作。

（3）生产经营单位职能管理机构负责人及其工作人员

职能管理机构负责人按照本机构的职责，组织有关工作人员做好安全生产责任制的落实，对本机构职责范围内的安全生产工作负责；职能管理机构工作人员在本人职责范围内做好有关安全生产工作。

（4）班组长

班组安全生产是搞好安全生产工作的关键，班组长全面负责本班组的安全生产，是安全生产法律法规和规章制度的直接执行者。贯彻执行本单位对安全生产的规定和要求，督促本班组的工人遵守有关安全生产规章制度和安全操作规程，切实做到不违章指挥，不违章作业，遵守劳动纪律。

（5）岗位工人

岗位工人对本岗位的安全生产负直接责任。岗位工人要接受安全生产教育和培训，遵守有关安全生产规章和安全操作规程，不违章作业，遵守劳动纪律。特种作业人员必须接受专门的培训，经考试合格取得操作资格证书的，方可上岗作业。

第三节　安全生产管理组织保障

案例导入

【案例 3-3】　某建筑企业，企业经理为法定代表人，没有现场安全生产管理负责人。该企业在其注册地的某项施工过程中，甲班队长在指挥组装塔吊时没有严格按规定把塔吊吊臂的防滑板装入燕尾槽中并用螺栓固定，而是用电焊机将防滑板点焊上。某日甲班作业过程中发生吊臂防滑板开焊、吊臂折断脱落事故，造成 3 人死亡、1 人重伤。这次事故造成的损失包括：医疗费用（含护理费用）45 万元，丧葬及抚恤等费用 60 万元，处理事故和现场抢救费用 28 万元，设备损失 200 万元，停产损失 150 万元。

生产经营单位的安全生产管理必须有组织上的保障，否则安全生产管理工作就无从谈起。所谓组织保障主要包括两个方面：一是安全生产管理机构保障；二是安全生产管理人员的保障。

一、安全管理机构和安全管理人员的地位和作用

安全生产管理机构是指生产经营单位中专门负责安全生产监督管理的内设机构。安全生产管理人员是指在生产经营单位从事安全管理工作的专职或兼职人员。在生产经营单位专门从事安全生产管理工作的人员则是专职安全生产管理人员。在生产经营单位既承担其他工作职责，又承担安全生产管理职责的人员则为兼职安全生产管理人员。

安全生产管理机构和安全生产管理人员的作用是落实国家有关安全生产的法律法规，组织生产经营单位内部各种安全检查活动，负责日常安全检查，及时整改各种事故隐患，监督安全生产责任制的落实等。从企业外部来看，站在企业整体的角度考察，安全生产管理机构和安全生产管理人员是企业各项安全工作的主要策划者和组织实施者；从企业内部来看，站在企业内部的各个职能角度考察，代表企业的管理层，对企业内部的各个部门的安全职责履行及安全工作情况进行监督。所以，安全生产管理机构和安全生产管理人员既是企业安全工作的管理者、推动者，同时也是代表领导对内进行监督的督察员。

《安全生产法》第十九条对生产经营单位安全生产管理机构的设置和安全生产管理人员的配备原则做出了明确规定：“矿山、建筑施工单位和危险物品的生产、经营、储存单位，应当设置安全生产管理机构或者配备专职安全生产管理人员。前款规定以外的其他生产经营单位，从业人员超过 300 人的，应当设置安全生产管理机构或者配备专职安全生产管理人员。从业人员在 300 人以下的，应当配备专职或兼职的安全生产管理人员，或者委托

具有国家规定的相关专业技术资格的工程技术人员提供安全生产管理服务。”

二、生产经营单位安全管理机构的设置要求

根据《安全生产法》第十九条规定，生产经营单位安全生产管理机构的设置应满足以下要求。

① 矿山、建筑施工单位和危险物品的生产、经营、储存单位，以及从业人员超过 300 人的其他生产经营单位，可以设置也可以不设置安全生产管理机构。具体是否设置安全生产管理机构，则应根据生产经营单位危险性的大小、从业人员的多少、生产经营规模的大小等因素确定。在国家安监总局发布的有关安全生产标准化规范中对此做出了更为具体的规定，可参照执行。

② 除上述三类高风险单位以外且从业人员在 300 人以下的生产经营单位，可以不设置安全生产管理机构。具体由生产经营单位根据实际情况自行确定。

三、生产经营单位安全管理人员的配备要求

根据《安全生产法》第十九条规定，生产经营单位安全生产管理人员的配备应满足以下要求。

① 矿山、建筑施工单位和危险物品的生产、经营、储存单位，以及从业人员超过 300 人的其他生产经营单位，必须配备专职的安全生产管理人员。

② 除上述三类高风险单位以外且从业人员在 300 人以下的生产经营单位，可以配备专职的安全生产管理人员，也可以只配备兼职的安全生产管理人员，还可以只委托具有国家规定的相关专业技术资格的工程技术人员提供安全生产管理服务。具体配备哪类安全生产管理人员由生产经营单位根据其危险性大小、从业人员多少、生产经营规模大小等因素确定。

③ 当生产经营单位依据法律规定和本单位实际情况，委托工程技术人员提供安全生产管理服务时，保证安全生产的责任仍由本单位负责。

第四节　安全生产投入与安全技术措施计划

案例导入

【案例 3-4】 2005 年 9 月 5 日 22 时 10 分左右，在北京市西城区西单地区西西工程 4 号地项目工地（建筑面积为 205 276 平方米），施工人员在浇筑混凝土时，模板支撑体系突然坍塌，造成 8 人死亡、21 人受伤。后经专家鉴定因计算错误造成模板支架承载力不够，导致浇筑混凝土后坍塌。

【案例 3-5】 某家具厂厂房是一座四层楼的钢筋混凝土建筑物。第一层楼的一端是车间，另一端为原材料库房，库房内存放了木材、海绵和油漆等物品。车间与原材料库房用铁栅栏和木板隔离。搭在铁栅栏上的电线没有采用绝缘管穿管绝缘，原材料库房电闸的保险丝用两根铁丝替代。第二层楼是包装、检验车间及办公室。第三层楼为成品库。

第四层楼为职工宿舍。由于原材料库房电线短路产生火花引燃库房内的易燃物，发生了火灾爆炸事故，导致17人死亡，20人受伤，直接经济损失80多万元。

一、安全生产投入的法律依据与责任主体

(1) 安全生产条件

各类生产经营单位必须具备法定的安全生产条件，这是实现安全生产的基本条件。《安全生产法》第十六条规定："生产经营单位应当具备本法和有关法律、行政法规和国家标准或者行业标准规定的安全生产条件；不具备安全生产条件的，不得从事生产经营活动。"

(2) 安全投入

为保证生产经营单位具备法定安全生产条件，《安全生产法》第十八条进一步做出了关于"生产经营单位应当具备的安全生产条件所必需的资金投入"的规定，明确生产经营单位必须进行安全投入以及安全投入的标准。

《安全生产法》明确规定的安全投入包括：具备法定安全生产条件所必需的资金投入；配备劳动防护用品的经费；安全生产培训经费。安全生产存在的主要问题之一，就是生产经营单位的安全投入普遍不足，"安全欠账"严重，尤以非公有制生产经营单位为甚。具备法定安全生产条件所必需的资金投入标准，应以安全生产法律、行政法规和国家标准或者行业标准规定生产经营单位应当具备的安全生产条件为基础进行计算。

(3) 安全投入的责任主体

为了解决谁投入、谁承担投入保证责任的问题，根据生产经营单位类型的不同，《安全生产法》第十八条分别规定了安全投入的不同决策主体。

第一，按照公司法成立的公司制生产经营单位，由其决策机构董事会决定安全投入的资金。

第二，非公司制生产经营单位，由其主要负责人决定安全投入的资金。

第三，个人投资并由他人管理的生产经营单位，由其投资人即股东决定安全投入的资金。

企业安全生产投入是一项长期性的工作，安全生产设施的投入必须有一个治本的总体规划，有计划、有步骤、有重点地进行，要克服盲目无序投入的现象。因此，企业切实加强安全生产投入资金的管理，要制定安全生产费用提取计划和使用计划和安全技术措施计划，并将其纳入企业全面预算。

二、企业安全生产费用

为了建立企业安全生产投入长效机制，加强安全生产费用管理，保障企业安全生产资金投入，维护企业、职工以及社会公共利益，根据《中华人民共和国安全生产法》等有关法律法规和《国务院关于加强安全生产工作的决定》(国发[2004]2号)和《国务院关于进一步加强企业安全生产工作的通知》(国发[2010]23号)，财政部、国家安全生产监督管理总局联合制定了《企业安全生产费用提取和使用管理办法》(以下简称《办法》)。该《办法》于2012年2月14日由财政部、安全监管总局以财企[2012]16号印发。

1. 安全生产费用提取和使用的适用范围

安全生产费用(以下简称安全费用)是指企业按照规定标准提取在成本中列支,专门用于完善和改进企业或者项目安全生产条件的资金。

在我国境内从事下列生产经营活动的企业及其他经济组织(以下简称企业)必须按本《办法》提取和使用安全生产费用。

① 煤炭生产。是指煤炭资源开采作业有关活动。

② 非煤矿山开采。是指石油和天然气、煤层气(地面开采)、金属矿、非金属矿及其他矿产资源的勘探作业和生产、选矿、闭坑及尾矿库运行、闭库等有关活动。

③ 建设工程施工。建设工程是指土木工程、建筑工程、井巷工程、线路管道和设备安装及装修工程的新建、扩建、改建以及矿山建设。

④ 危险品生产与储存。危险品是指列入国家标准《危险货物品名表》(GB 12268)和《危险化学品目录》的物品。

⑤ 交通运输。包括道路运输、水路运输、铁路运输、管道运输。道路运输是指以机动车为交通工具的旅客和货物运输;水路运输是指以运输船舶为工具的旅客和货物运输及港口装卸、堆存;铁路运输是指以火车为工具的旅客和货物运输(包括高铁和城际铁路);管道运输是指以管道为工具的液体和气体物资运输。

⑥ 烟花爆竹生产。烟花爆竹是指烟花爆竹制品和用于生产烟花爆竹的民用黑火药、烟火药、引火线等物品。

⑦ 冶金。是指金属矿物的冶炼以及压延加工有关活动,包括:黑色金属、有色金属、黄金等的冶炼生产和加工处理活动,以及炭素、耐火材料等与主工艺流程配套的辅助工艺环节的生产。

⑧ 机械制造。是指各种动力机械、冶金矿山机械、运输机械、农业机械、工具、仪器、仪表、特种设备、大中型船舶、石油炼化装备及其他机械设备的制造活动。

⑨ 武器装备研制生产与试验(含民用航空及核燃料)。包括武器装备和弹药的科研、生产、试验、储运、销毁、维修保障等。

上述范围以外的企业为达到应当具备的安全生产条件所需的资金投入,按原渠道列支。

2. 安全费用的提取标准

有关安全费用提取标准的具体规定是:

① 煤炭生产企业依据开采的原煤产量(单位吨)按月提取一定的金额。

② 非煤矿山开采企业依据开采的原矿产量按月提取。石油、金属矿山、核工业矿山、非金属矿山、小型露天采石场、尾矿库按照吨来计量,天然气、煤层气(地面开采)按照每千立方米原气来计量。地质勘探单位安全费用按地质勘察项目或者工程总费用的2%提取。原矿产量不含金属、非金属矿山尾矿库和废石场中用于综合利用的尾砂和低品位矿石。

③ 建设工程施工企业以建筑安装工程造价为计提依据。划分为三大类:矿山工程;房屋建筑工程、水利水电工程、电力工程、铁路工程、城市轨道交通工程;市政公用工程、冶

炼工程、机电安装工程、化工石油工程、港口与航道工程、公路工程、通信工程。建设工程施工企业提取的安全费用列入工程造价，在竞标时，不得删减，列入标外管理。国家对基本建设投资概算另有规定的，从其规定。总包单位应当将安全费用按比例直接支付分包单位并监督使用，分包单位不再重复提取。

④ 危险品生产与储存企业以上年度实际营业收入为计提依据，采取超额累退方式，分四个等级按照一定标准（0.2%～4%）平均逐月提取。

⑤ 交通运输企业以上年度实际营业收入为计提依据，普通货运业务按照1%提取；客运业务、管道运输、危险品等特殊货运业务按照1.5%提取。

⑥ 冶金企业以上年度实际营业收入为计提依据，采取超额累退方式，分六个等级按照一定标准（0.05%～3%）平均逐月提取。

⑦ 机械制造企业以上年度实际营业收入为计提依据，采取超额累退方式，分五个等级按照一定标准（0.05%～2%）平均逐月提取。

⑧ 烟花爆竹生产企业以上年度实际营业收入为计提依据，采取超额累退方式，分四个等级按照一定标准（2%～3.5%）平均逐月提取。

⑨ 武器装备研制生产与试验企业以上年度军品实际营业收入为计提依据，采取超额累退方式，按照一定标准平均逐月提取。其中：火炸药及其制品研制、生产与试验企业（包括：含能材料、炸药、火药、推进剂、发动机、弹箭、引信、火工品等）分四个等级，0.5%～5%；核装备及核燃料研制、生产与试验企业分五个等级，0.3%～3%；军用舰船（含修理）研制、生产与试验企业分四个等级，0.4%～2.5%；飞船、卫星、军用飞机、坦克车辆、火炮、轻武器、大型天线等产品的总体、部分和元器件研制、生产与试验企业分五个等级，0.1%～2%；其他军用危险品研制、生产与试验企业分四个等级，0.2%～4%。

3. 安全费用提取的例外规定

① 缓提或者少提原则。中小微型企业和大型企业上年末安全费用结余，分别达到本企业上年度营业收入的5%和1.5%时，经当地县级以上安全生产监督管理部门、煤矿安全监察机构商财政部门同意，企业本年度可以缓提或者少提安全费用。企业规模划分标准按照工业和信息化部、国家统计局、国家发展和改革委员会、财政部《关于印发中小企业划型标准规定的通知》（工信部联企业[2011]300号）规定执行。

② 新旧标准的就高原则。企业在规定标准的基础上，根据安全生产实际需要，可适当提高安全费用提取标准。本办法公布前，各省级政府已制定下发企业安全费用提取使用办法的，其提取标准如果低于本办法规定的标准，应当按照本办法进行调整；如果高于本办法规定的标准，按照原标准执行。

③ 新建企业和投产不足一年的企业以当年实际营业收入为提取依据，按月计提安全费用。混业经营企业，如能按业务类别分别核算，则以各业务营业收入为计提依据，按规定标准分别提取安全费用；如不能分别核算，则以全部业务收入为计提依据，按主营业务计提标准提取安全费用。

4. 安全费用的使用范围

安全费用的适用范围包括：

① 完善、改造和维护安全防护设施设备（不含“三同时”要求初期投入的安全设施）和重大安全隐患治理支出，安全监测监控支出，其他安全技术支出。

② 开展重大危险源和事故隐患评估、监控和整改支出。

③ 安全生产检查、评价（不包括新建、改建、扩建项目安全评价）、咨询、标准化建设支出。

④ 配备和更新现场作业人员安全防护用品支出。

⑤ 安全生产宣传、教育、培训支出。

⑥ 安全生产适用新技术、新标准、新工艺、新装备的推广应用支出。

⑦ 安全设施及特种设备检测检验支出。

⑧ 其他与安全生产直接相关的支出。

5. 企业安全费用使用的基本要求

① 安全达标优先使用原则。在本办法规定的使用范围内，企业应当将安全费用优先用于满足安全生产监督管理部门、煤矿安全监察机构以及行业主管部门对企业安全生产提出的整改措施或者达到安全生产标准所需的支出。

② 专户核算，不得挤占、挪用。企业提取的安全费用应当专户核算，按规定范围安排使用，不得挤占、挪用。年度结余资金结转下年度使用，当年计提安全费用不足的，超出部分按正常成本费用渠道列支。

③ 简单再生产费用安全用途排除。煤炭生产企业和非煤矿山企业已提取维持简单再生产费用的，应当继续提取维持简单再生产费用，但其使用范围不再包含安全生产方面的用途。

④ 企业经营状态改变和改制的安全费用处理。矿山企业转产、停产、停业或者解散的，应当将安全费用结余转入矿山闭坑安全保障基金，用于矿山闭坑、尾矿库闭库后可能的危害治理和损失赔偿。

危险品生产与储存企业转产、停产、停业或者解散的，应当将安全费用结余用于处理转产、停产、停业或者解散前的危险品生产或者储存设备、库存产品及生产原料支出。企业由于产权转让、公司制改建等变更股权结构或者组织形式的，其结余的安全费用应当继续按照本办法管理使用。

企业调整业务、终止经营或者依法清算，其结余的安全费用应当结转本期收益或者清算收益。

6. 安全费用提取和使用的监督管理

① 基本原则。安全费用按照“企业提取、政府监管、确保需要、规范使用”的原则进行管理（第三条）。

② 企业安全费用管理制度。企业应当建立健全内部安全费用管理制度，明确安全费用提取和使用的程序、职责及权限，按规定提取和使用安全费用。主要承担安全管理责任的集团公司经过履行内部决策程序，可以对所属企业提取的安全费用按照一定比例集中管理，统筹使用（第二十七条）。

③ 编制年度安全费用提取和使用计划。企业应当加强安全费用管理，编制年度安全

费用提取和使用计划，纳入企业财务预算。企业年度安全费用使用计划和上一年安全费用的提取、使用情况按照管理权限报同级财政部门、安全生产监督管理部门、煤矿安全监察机构和行业主管部门备案。

④ 符合国家会计制度。企业安全费用的会计处理，应当符合国家统一的会计制度的规定。

⑤ 禁止集中管理和使用。企业提取的安全费用属于企业自提自用资金，其他单位和部门不得采取收取、代管等形式对其进行集中管理和使用，国家法律法规另有规定的除外。

⑥ 有关部门的监督检查职权。各级财政部门、安全生产监督管理部门、煤矿安全监察机构和有关行业主管部门依法对企业安全费用提取、使用和管理进行监督检查。

三、安全生产风险抵押金

为了强化企业安全生产意识，落实安全生产责任，保证生产安全事故抢险、救灾工作的顺利进行，根据《国务院关于进一步加强安全生产工作的决定》(国发[2004]2号)，财政部、安全监管总局、人民银行联合制定了《企业安全生产风险抵押金管理暂行办法》，本办法自2006年8月1日起施行。

1. 安全生产风险抵押金适用范围

在下列行业或领域从事生产经营活动的企业应按照规定存储安全生产风险抵押金。

① 矿山(煤矿除外)。

② 交通运输。

③ 建筑施工。

④ 危险化学品。

⑤ 烟花爆竹。

煤矿企业按照《财政部、国家安全生产监督管理总局关于印发〈煤矿企业安全生产风险抵押金管理暂行办法〉的通知》(财建[2005]918号)相关规定执行。

安全生产风险抵押金(以下简称风险抵押金)，是指企业以其法人或合伙人名义将本企业资金专户存储，用于本企业生产安全事故抢险、救灾和善后处理的专项资金。

2. 风险抵押金存储标准

(1) 基本标准

各省、自治区、直辖市、计划单列市安全生产监督管理部门(以下简称省级安全生产监督管理部门)及同级财政部门按照以下标准，结合企业正常生产经营期间的规模大小和行业特点，综合考虑产量、从业人数、销售收入等因素，确定具体存储金额。

① 小型企业存储金额不低于人民币30万元(不含30万元)；

② 中型企业存储金额不低于人民币100万元(不含100万元)；

③ 大型企业存储金额不低于人民币150万元(不含150万元)；

④ 特大型企业存储金额不低于人民币200万元(不含200万元)。

其中，企业规模划分标准按照国家统一规定执行。

（2）封顶原则

风险抵押金存储原则上不超过500万元

（3）新旧标准的就高原则

本办法施行前，省级人民政府有关部门制定的风险抵押金存储标准高于本办法规定标准的，仍然按照原标准执行，并按照规定程序报有关部门备案。

3. 风险抵押金存储要求

① 风险抵押金由企业按时足额存储。企业不得因变更企业法定代表人或合伙人、停产整顿等情况迟（缓）存、少存或不存风险抵押金，也不得以任何形式向职工摊派风险抵押金。

② 风险抵押金存储数额核定。由省、市、县级安全生产监督管理部门及同级财政部门核定下达。

③ 风险抵押金实行专户管理。企业到经省级安全生产监督管理部门及同级财政部门指定的风险抵押金代理银行（以下简称代理银行）开设风险抵押金专户，并于核定通知送达后1个月内，将风险抵押金一次性存入代理银行风险抵押金专户；企业可以在本办法规定的风险抵押金使用范围内，按国家关于现金管理的规定通过该账户支取现金。

④ 风险抵押金专户资金的具体监管办法。由省级安全监管部门及同级财政部门共同制定。

⑤ 跨省经营企业的存储管理。跨省（自治区、直辖市、计划单列市）、市、县（区）经营的建筑施工企业和交通运输企业，在企业注册地已缴纳风险抵押金并能出示有效证明的，不再另外存储风险抵押金。

4. 企业风险抵押金的使用范围

① 为处理本企业生产安全事故而直接发生的抢险、救灾费用支出。

② 为处理本企业生产安全事故善后事宜而直接发生的费用支出。

5. 企业风险抵押金的使用程序

① 一般程序。企业发生生产安全事故后产生的抢险、救灾及善后处理费用，全部由企业负担，原则上应当由企业先行支付，确实需要动用风险抵押金专户资金的，经安全生产监督管理部门及同级财政部门批准，由代理银行具体办理有关手续（第八条）。

② 特殊程序。当企业负责人在生产安全事故发生后逃逸的，或者企业在生产安全事故发生后，未在规定时间内主动承担责任，支付抢险、救灾及善后处理费用的，省、市、县级安全生产监督管理部门及同级财政部门可以根据企业生产安全事故抢险、救灾及善后处理工作需要，将风险抵押金部分或者全部转作事故抢险、救灾和善后处理所需资金（第九条）。

6. 风险抵押金的管理

① 分级管理原则。风险抵押金实行分级管理，由省、市、县级安全生产监督管理部门及同级财政部门按照属地原则共同负责。中央管理企业的风险抵押金，由所在地省级安全生产监督管理部门及同级财政部门确定后报国家安全生产监督管理总局及财政部备案。

② 风险抵押金自然结转和动用重新核定。企业持续生产经营期间，当年未发生生产

安全事故、没有动用风险抵押金的，风险抵押金自然结转，下年不再增加存储。当年发生生产安全事故、动用风险抵押金的，省、市、县级安全生产监督管理部门及同级财政部门应当重新核定企业应存储的风险抵押金数额，并及时告知企业；企业在核定通知送达后1个月内按规定标准将风险抵押金补齐。

③ 风险抵押金存储数额调整。企业生产经营规模如发生较大变化，省、市、县级安全生产监督管理部门及同级财政部门应当于下年度第一季度结束前调整其风险抵押金存储数额，并按照调整后的差额通知企业补存（退还）风险抵押金。

④ 企业脱离原则。企业依法关闭、破产或者转入其他行业的，在企业提出申请，并经过省、市、县级安全生产监督管理部门及同级财政部门核准后，企业可以按照国家有关规定自主支配其风险抵押金专户结存资金。

⑤ 风险抵押金上报国家备案制度。每年年度终了后3个月内，省级安全生产监督管理部门及同级财政部门应当将上年度本地区风险抵押金存储、使用、管理有关情况报国家安全生产监督管理总局及财政部备案。

⑥ 风险抵押金应当专款专用，不得挪用。安全生产监督管理部门、同级财政部门及其工作人员有挪用风险抵押金等违反本办法及国家有关法律法规行为的，依照国家有关规定进行处理。

四、安全技术措施计划

为保证安全资金的有效投入，生产经营单位应编制安全技术措施计划。该计划的核心是安全技术措施。

（一）安全技术措施的类别

安全技术按照行业分可分为：矿山安全技术、煤矿安全技术、石油化工安全技术、冶金安全技术、建筑安全技术、水利水电安全技术、旅游安全技术等。

安全技术按照危险、有害因素的类别可分为：防火防爆安全技术、锅炉与压力容器安全技术、起重与机械安全技术、电气安全技术等。

安全技术按照导致事故的原因可分为：防止事故发生的安全技术和减少事故损失的安全技术等。

（1）防止事故发生的安全技术

防止事故发生的安全技术是指为了防止事故的发生，采取的约束、限制能量或危险物质，防止其意外释放的技术措施。常用的防止事故发生的安全技术有消除危险源、限制能量或危险物质、隔离、故障、减少故障和失误等。

（2）减少事故损失的安全技术

防止意外释放的能量引起人的伤害或物的损坏，或减轻其对人的伤害或对物的破坏的技术称为减少事故损失的安全技术。该项技术是在事故发生后，迅速控制局面，防止事故的扩大，避免引起二次事故的发生，从而减少事故造成的损失。常用的减少事故损失的安全技术有隔离、个体防护、设置薄弱环节、避难与救援等。

（二）编制安全技术措施计划的基本原则

安全技术措施计划是生产经营单位财务计划的一个组成部分，是改善生产经营单位生产条件，有效防止事故和职业病的重要保证制度。

编制安全生产措施计划应以安全生产方针为指导思想，以《安全生产法》等法律法规、国家或行业标准为依据。具体应遵循以下原则：

① 必要性和可行性原则。编制计划时，一方面要考虑安全生产的实际需要，如针对在安全生产检查中发现的隐患，可能引发伤亡事故和职业病的主要原因，新技术、新工艺、新设备等的应用，安全技术革新项目和职工提出的合理化建议等方面编制安全技术措施；另一方面还要考虑技术可行性与经济承受能力。

② 自力更生与勤俭节约的原则。编制计划时，要注意充分利用现有的设备和设施，挖掘潜力，讲求实效。

③ 轻重缓急与统筹安排的原则。对影响最大、危险性最大的项目应预先考虑，逐步有计划地解决。

④ 领导和群众相结合的原则。加强领导，依靠群众，使计划切实可行，以便顺利实施。

（三）安全技术措施计划的基本内容

（1）安全技术措施计划的项目范围

安全技术措施计划的项目范围，包括改善劳动条件、防止事故、预防职业病、提高职工安全素质等技术措施。大体可分以下 4 类。

① 安全技术措施。指以防止事故和减少事故损失为目的的一切技术措施。如安全防护装置、保险装置、信号装置、防火防爆装置等。

② 卫生技术措施。指发送对职工身体健康有害的生产环境条件、防止职业中毒与职业病的技术措施，如防尘、防毒、防噪声与振动、通风、降温、防寒、防辐射等装置或设施。

③ 辅助措施。指保证工业卫生方面所必需的房屋及一切卫生性保障措施，如尘毒作业人员的淋浴室、更衣室或存衣箱、消毒室、妇女卫生室、急救室等。

④ 安全宣传教育措施。指提高作业人员安全素质的有关宣传教育设备、仪器、教材和场所等，如安全教育培训室、安全卫生教材、挂图、宣传画、安全卫生展览等。

（2）安全技术措施计划的编制内容

安全技术措施计划中的每一项安全技术措施至少应包括以下内容。

① 措施应用的单位或工作场所。

② 措施名称。

③ 措施目的和内容。

④ 经费预算及来源。

⑤ 负责施工的单位或负责人。

⑥ 开工日期和竣工日期。

⑦ 措施预期效果及检查验收。

（四）安全技术措施计划的编制方法

1. 确定措施计划编制时间

年度安全技术措施计划应与同年度的生产、技术、财务、供销等计划同时编制。

2. 布置措施计划编制工作

企业领导应根据本单位具体情况向下属单位或职能部门提出编制措施计划具体要求，并就有关工作进行布置。

3. 确定措施计划项目和内容

下属单位确定本单位的安全技术措施计划项目，并编制具体的计划和方案，经群众讨论后，报上级安全部门。安全部门联合技术、计划部门对上报的措施计划进行审查、平衡、汇总后，确定措施计划项目，并报有关领导审批。

4. 编制措施计划

安全技术措施计划项目经审批后，由安全管理部门和下属单位的各相关人员，编制具体的措施计划和方案，经群众讨论后，送上级安全管理部门和有关部门审查。

5. 审批措施计划

上级安全、技术、计划部门对上报安全技术措施计划进行联合会审后，报有关领导审批。安全措施计划一般由总工程师审批。

6. 计划的下达

单位主要负责人根据总工程师的意见，召集有关部门和下属单位负责人审查、核定计划。根据审查、核定结果，与生产计划同时下达到有关部门贯彻执行。

7. 安全技术措施计划的实施验收

已完成的计划项目要按规定组织竣工验收。交工验收时一般应注意：所有材料、成品等必须经检验部门检验；外购设备必须有质量证明书；负责单位应向安全技术部门填报交工验收单，由安全技术部门组织有关单位验收；验收合格后，由负责单位持交工验收单向计划部门报完工，并办理财务结算手续；使用单位应建立台账，按《劳动保护设施管理制度》进行维护管理。

第五节　安全生产教育培训与安全资格

案例导入

【案例 3-6】 2000 年 12 月 25 日晚 21 时 35 分，河南省洛阳市老城区东都商厦发生特大火灾事故，造成 309 人中毒窒息死亡，7 人受伤，直接经济损失 275 万元。2000 年 12 月 24 日 20 时许，为封闭两个小方孔，东都分店负责人王某某（台商）指使该店员工王某某和宋某、丁某某将一小型电焊机从东都商厦四层抬到地下一层大厅，并安排王某某（无焊工资质证）进行电焊作业，未作任何安全防护方面的交代。王某某施焊中也没有采取任何防护措施。电焊火花从方孔溅入地下二层可燃物上，引燃地下二层的绒布、海绵床垫、沙发和木制家具等可燃物品。王某某等人发现后，用室内消火栓的水枪从方孔向地下二层射水灭火，在不能扑灭的情况下，既未报警也没有通知楼上人员便逃离现场，并订立攻守同盟。

一、安全生产教育培训的法律依据

《安全生产法》对安全生产教育培训做出了明确规定。第二十条规定："生产经营单位的主要负责人和安全生产管理人员必须具备与本单位所从事的生产经营活动相应的安全生产知识和管理能力。危险物品的生产、经营、储存单位以及矿山、建筑施工单位的主要负责人和安全生产管理人员，应当由有关主管部门对其安全生产知识和管理能力考核合格后方可任职。"第二十一条规定："生产经营单位应当对从业人员进行安全生产教育和培训，保证从业人员具备必要的安全生产知识，熟悉有关的安全生产规章制度和安全操作规程，掌握本岗位的安全操作技能。未经安全生产教育和培训合格的从业人员，不得上岗作业。"第二十二条规定："生产经营单位采用新工艺、新技术、新材料或者使用新设备，必须了解、掌握其安全技术特性，采取有效的安全防护措施，并对从业人员进行专门的安全教育和培训。"第二十三条规定："生产经营单位的特种作业人员必须按照国家有关规定经专门的安全作业培训，取得特种作业操作资格证书，方可上岗作业。特种作业人员的范围由国务院负责安全生产监督管理的部门会同国务院有关部门确定。"第三十六条规定："生产经营单位应当教育和督促从业人员严格执行本单位的安全生产规章制度和安全操作规程；并向从业人员如实告知作业场所和工作岗位存在的危险因素、防范措施以及事故应急措施。"第五十条规定："从业人员应当接受安全生产教育和培训，掌握本职工作所需的安全生产知识，提高安全生产技能，增强事故预防和应急处理能力。"

二、生产经营单位安全培训

为加强和规范生产经营单位安全培训工作，提高从业人员安全素质，防范伤亡事故，减轻职业危害，根据安全生产法和有关法律、行政法规，国家安全生产监督管理总局于2006年1月17日公布了《生产经营单位安全培训规定》（第3号令），自2006年3月1日起施行。

1. 适用范围

(1) 单位范围

工矿商贸生产经营单位（以下简称生产经营单位）从业人员的安全培训，适用本规定。

(2) 从业人员范围

生产经营单位应当进行安全培训的从业人员包括主要负责人、安全生产管理人员、特种作业人员和其他从业人员。

生产经营单位主要负责人是指有限责任公司或者股份有限公司的董事长、总经理，其他生产经营单位的厂长、经理、（矿务局）局长、矿长（含实际控制人）等。

生产经营单位安全生产管理人员是指生产经营单位分管安全生产的负责人、安全生产管理机构负责人及其管理人员，以及未设安全生产管理机构的生产经营单位专、兼职安全生产管理人员等。

生产经营单位其他从业人员是指除主要负责人、安全生产管理人员和特种作业人员以外，该单位从事生产经营活动的所有人员，包括其他负责人、其他管理人员、技术人员和各岗位的工人以及临时聘用的人员。

(3) 安全培训基本内容范围

生产经营单位从业人员应当接受安全培训，熟悉有关安全生产规章制度和安全操作规程，具备必要的安全生产知识，掌握本岗位的安全操作技能，增强预防事故、控制职业危害和应急处理的能力。

未经安全生产培训合格的从业人员，不得上岗作业。

2. 生产经营单位的职责

① 基本职责。生产经营单位负责本单位从业人员的安全培训工作。生产经营单位应当按照安全生产法和有关法律、行政法规和本规定，建立健全安全培训工作制度。

② 培训工作计划及资金保证。生产经营单位应当将安全培训工作纳入本单位年度工作计划，保证本单位安全培训工作所需资金。

③ 安全培训档案。生产经营单位应建立健全从业人员安全培训档案，详细、准确记录培训考核情况。

④ 培训期间待遇。生产经营单位安排从业人员进行安全培训期间，应当支付工资和必要的费用。

3. 安全培训的监管部门及职责

目前国家对安全培训实行的是“综合监管，专项监管”和“分级监管，属地监管”相结合的监管体制。具体内容包括：国家安全生产监督管理总局指导全国安全培训工作，依法对全国的安全培训工作实施监督管理。国务院有关主管部门按照各自职责指导监督本行业安全培训工作，并按照本规定制定实施办法。国家煤矿安全监察局指导监督检查全国煤矿安全培训工作。各级安全生产监督管理部门和煤矿安全监察机构（以下简称安全生产监管监察部门）按照各自的职责，依法对生产经营单位的安全培训工作实施监督管理。

4. 主要负责人、安全生产管理人员的安全培训

(1) 基本要求

生产经营单位主要负责人和安全生产管理人员应当接受安全培训，具备与所从事的生产经营活动相适应的安全生产知识和管理能力。

(2) 高危行业安全资质

煤矿、非煤矿山、危险化学品、烟花爆竹等生产经营单位主要负责人和安全生产管理人员，必须接受专门的安全培训，经安全生产监管监察部门对其安全生产知识和管理能力考核合格，取得安全资格证书后，方可任职。

(3) 培训学时

生产经营单位主要负责人和安全生产管理人员初次安全培训时间不得少于32学时，

每年再培训时间不得少于 12 学时。

煤矿、非煤矿山、危险化学品、烟花爆竹等生产经营单位主要负责人和安全生产管理人员安全资格培训时间不得少于 48 学时；每年再培训时间不得少于 16 学时。

(4) 培训内容

培训内容按照安全生产监管监察部门制定的安全培训大纲确定。高危行业安全培训大纲及考核标准由国家安全生产监督管理总局统一制定。煤矿主要负责人和安全生产管理人员的安全培训大纲及考核标准由国家煤矿安全监察局制定。其他生产经营单位主要负责人和安全管理人员的安全培训大纲及考核标准，由省、自治区、直辖市安全生产监督管理部门制定。

主要负责人安全培训的基本内容是：

① 国家安全生产方针、政策和有关安全生产的法律、法规、规章及标准。

② 安全生产管理基本知识、安全生产技术、安全生产专业知识。

③ 重大危险源管理、重大事故防范、应急管理和救援组织以及事故调查处理的有关规定。

④ 职业危害及其预防措施。

⑤ 国内外先进的安全生产管理经验。

⑥ 典型事故和应急救援案例分析。

⑦ 其他需要培训的内容。

安全生产管理人员安全培训在上述内容的基础上增加了另外两个内容：

① 伤亡事故统计、报告及职业危害的调查处理方法。

② 应急预案编制以及应急处置的内容和要求。

5. 安全培训的组织实施

(1) 高危行业主要负责人和安全生产管理人员安全培训的实施。煤矿、非煤矿山、危险化学品、烟花爆竹等生产经营单位主要负责人和安全生产管理人员安全资格培训，必须由安全生产监管监察部门认定的具备相应资质的安全培训机构实施；经安全资格培训考核合格，由安全生产监管监察部门发给安全资格证书。

(2) 其他单位主要负责人和安全生产管理人员安全培训的实施。其他生产经营单位主要负责人和安全生产管理人员经安全生产监管监察部门认定的具备相应资质的培训机构培训合格后，由培训机构发给相应的培训合格证书。

2009 年 12 月 10 日，国家安全监管总局发出《关于生产经营单位安全生产管理人员中注册安全工程师安全培训考核有关问题的通知》(安监总培训[2009]239 号)，对于生产经营单位安全生产管理人员中的注册安全工程师，实行注册安全工程师执业证和安全生产管理人员安全资格证或培训合格证管理制度。基本内容包括以下方面。

煤矿、非煤矿山以及危险物品的生产、经营、储存单位安全生产管理人员中的注册安全工程师，经所在单位审核，可以凭本人注册安全工程师执业证，向安全资格考核发证部门申请安全生产管理人员安全资格证。其他生产经营单位安全生产管理人员中的注册安全工程师，经所在单位审核，可以凭本人注册安全工程师执业证，向有关发证部门或机构申请安全生产管理人员安全培训合格证。

生产经营单位安全生产管理人员中的注册安全工程师，经初始注册的，视同已接受安全生产管理人员安全培训考核合格；经注册安全工程师继续教育并延续注册、重新注册的，视同已接受安全生产管理人员安全再培训考核合格；在本通知印发之日前，已接受安全资格培训的，其学时可以计算为注册安全工程师继续教育的学时。

(3) 主要负责人和安全生产管理人员、特种作业人员安全培训的分级组织管理。中央管理的生产经营单位的总公司(集团公司、总厂)的主要负责人和安全生产管理人员的安全培训工作由国家安全生产监督管理总局负责组织实施。中央管理的煤矿企业集团公司(总公司)的主要负责人和安全生产管理人员的安全培训工作由国家煤矿安全监察局负责组织实施。

省属生产经营单位及所辖区域内中央管理的工矿商贸生产经营单位的分公司、子公司主要负责人和安全生产管理人员、特种作业人员的培训工作由省级安全生产监督管理部门负责组织实施。所辖区域内煤矿企业的主要负责人、安全生产管理人员和特种作业人员(含煤矿矿井使用的特种设备作业人员)的安全培训工作由省级煤矿安全监察机构组织实施。

本行政区域内除中央企业、省属生产经营单位以外的其他生产经营单位的主要负责人和安全生产管理人员的安全培训工作由市级、县级安全生产监督管理部门组织实施。

(4) 生产经营单位其他从业人员安全培训的组织实施。生产经营单位除主要负责人、安全生产管理人员、特种作业人员以外的从业人员的安全培训工作，由生产经营单位组织实施。具备安全培训条件的生产经营单位，应当以自主培训为主，也可以委托具有相应资质的安全培训机构，对从业人员进行安全培训；不具备安全培训条件的生产经营单位，应当委托具有相应资质的安全培训机构，对从业人员进行安全培训。

6. 其他从业人员的安全培训

生产经营单位其他从业人员(简称从业人员)是指除主要负责人和安全生产管理人员以外，该单位从事生产经营活动的所有人员，包括其他负责人、管理人员、技术人员和各岗位的工人，以及临时聘用的人员。

① 高危行业新上岗人员强制性安全培训制度。煤矿、非煤矿山、危险化学品、烟花爆竹等生产经营单位必须对新上岗的临时工、合同工、劳务工、轮换工、协议工等进行强制性安全培训，保证其具备本岗位安全操作、自救互救以及应急处置所需的知识和技能后，方能安排上岗作业。煤矿、非煤矿山、危险化学品、烟花爆竹等生产经营单位新上岗的从业人员安全培训时间不得少于72学时，每年接受再培训的时间不得少于20学时。

② 其他行业生产单位新上岗人员三级安全培训教育制度。加工、制造业等生产单位的其他从业人员，在上岗前必须经过厂(矿)、车间(工段、区、队)、班组三级安全培训教育。生产经营单位新上岗的从业人员，岗前培训时间不得少于24学时。生产经营单位可以根据工作性质对其他从业人员进行安全培训，保证其具备本岗位安全操作、应急处置等知识和技能。

③ 厂(矿)级岗前安全培训内容。包括：本单位安全生产情况及安全生产基本知识；本单位安全生产规章制度和劳动纪律；从业人员安全生产权利和义务；有关事故案例等。

煤矿、非煤矿山、危险化学品、烟花爆竹等生产经营单位厂(矿)级安全培训除包括上述内容外，应当增加事故应急救援、事故应急预案演练及防范措施等内容。

④ 车间（工段、区、队）级岗前安全培训内容。包括：工作环境及危险因素；所从事工种可能遭受的职业伤害和伤亡事故；所从事工种的安全职责、操作技能及强制性标准；自救、互救、急救方法，疏散和现场紧急情况的处理；安全设备设施、个人防护用品的使用和维护；本车间（工段、区、队）安全生产状况及规章制度；预防事故和职业危害的措施及应注意的安全事项；有关事故案例；其他需要培训的内容。

⑤ 班组级岗前安全培训内容。包括：岗位安全操作规程；岗位之间工作衔接配合的安全与职业卫生事项；有关事故案例；其他需要培训的内容。

⑥ 调整工作岗位或离岗一年以上重新上岗的安全培训。从业人员在本生产经营单位内调整工作岗位或离岗一年以上重新上岗时，应当重新接受车间（工段、区、队）和班组级的安全培训。

⑦ “四新”的重新有针对性安全培训。生产经营单位实施新工艺、新技术，或者使用新设备、新材料时，应当对有关从业人员重新进行有针对性的安全培训。

7. 经常性的安全生产教育培训

单位要确立终身教育的观念和全员培训的目标，对在岗的从业人员应进行经常性的安全生产教育培训。其内容主要是：安全生产新知识、新技术，安全生产法律法规，作业场所和工作岗位存在的危险因素、防范措施及事故应急措施，事故案例等。

三、特种作业人员安全技术培训考核

为了规范特种作业人员的安全技术培训考核工作，提高特种作业人员的安全技术水平，防止和减少伤亡事故，根据《安全生产法》、《行政许可法》等有关法律、行政法规，国家安全生产监督管理总局于2010年5月24日发布《特种作业人员安全技术培训考核管理规定》（第30号令），自2010年7月1日起施行。

1. 适用范围

(1) 总体规定。生产经营单位特种作业人员的安全技术培训、考核、发证、复审及其监督管理工作，适用本规定。有关法律、行政法规和国务院对有关特种作业人员管理另有规定的，从其规定。

(2) 特种作业人员范围。本规定所称特种作业，是指容易发生事故，对操作者本人、他人的安全健康及设备、设施的安全可能造成重大危害的作业。特种作业的范围由特种作业目录规定。本规定所称特种作业人员，是指直接从事特种作业的从业人员。

本规定的附件《特种作业目录》界定了特种作业的范围。具体包括：

① 电工作业。指对电气设备进行运行、维护、安装、检修、改造、施工、调试等作业（不含电力系统进网作业）。包括：高压电工作业，指对1千伏（kV）及以上的高压电气设备进行运行、维护、安装、检修、改造、施工、调试、试验及绝缘工、器具进行试验的作业；低压电工作业，指对1kV以下的低压电器设备进行安装、调试、运行、操作、维护、检修、改造施工和试验的作业；防爆电气作业（除煤矿井下以外）。

② 焊接与热切割作业。指运用焊接或者热切割方法对材料进行加工的作业（不含《特种设备安全监察条例》规定的有关作业）。包括：熔化焊接与热切割作业、压力焊作业、

钎焊作业。

③ 高处作业。指专门或经常在坠落高度基准面2米及以上有可能坠落的高处进行的作业。包括：登高架设作业；高处安装、维护、拆除作业；适用于利用专用设备进行建筑物内外装饰、清洁、装修，电力、电信等线路架设，高处管道架设，小型空调高处安装、维修，各种设备设施与户外广告设施的安装、检修、维护以及在高处从事建筑物、设备设施拆除作业。

④ 制冷与空调作业。指对大中型制冷与空调设备运行操作、安装与修理的作业。包括：单位的大中型制冷与空调设备运行操作的作业、制冷与空调设备安装修理作业。

⑤ 煤矿安全作业。包括：煤矿井下电气作业、煤矿井下爆破作业、煤矿安全监测监控作业、煤矿瓦斯检查作业、煤矿安全检查作业、煤矿提升机操作作业、煤矿采煤机（掘进机）操作作业、煤矿瓦斯抽采作业、煤矿防突作业、煤矿探放水作业。

⑥ 金属非金属矿山安全作业。包括：金属非金属矿井通风作业、尾矿作业、金属非金属矿山安全检查作业、金属非金属矿山提升机操作作业、金属非金属矿山支柱作业、金属非金属矿山井下电气作业、金属非金属矿山排水作业、金属非金属矿山爆破作业。

⑦ 石油天然气安全作业。包括：司钻作业，指石油、天然气开采过程中操作钻机起升钻具的作业。适用于陆上石油、天然气司钻（含钻井司钻、作业司钻及勘探司钻）作业。

⑧ 冶金（有色）生产安全作业。包括：煤气作业，指冶金、有色企业内从事煤气生产、储存、输送、使用、维护检修的作业。

⑨ 危险化学品安全作业。指从事危险化工工艺过程操作及化工自动化控制仪表安装、维修、维护的作业。包括：光气及光气化工艺作业、氯碱电解工艺作业、氯化工艺作业、硝化工艺作业、合成氨工艺作业、裂解（裂化）工艺作业、氟化工艺作业、加氢工艺作业、重氮化工艺作业、氧化工艺作业、过氧化工艺作业、胺基化工艺作业、磺化工艺作业、聚合工艺作业、烷基化工艺作业、化工自动化控制仪表作业。

⑩ 烟花爆竹安全作业。指从事烟花爆竹生产、储存中的药物混合、造粒、筛选、装药、筑药、压药、搬运等危险工序的作业。包括：烟火药制造作业、黑火药制造作业、引火线制造作业、烟花爆竹产品涉药作业、烟花爆竹储存作业。

⑪ 安全监管总局认定的其他作业。

2. 特种作业人员条件

① 基本条件。特种作业人员应当符合下列条件：年满18周岁，且不超过国家法定退休年龄；经社区或者县级以上医疗机构体检健康合格，并无妨碍从事相应特种作业的器质性心脏病、癫痫病、美尼尔氏症、眩晕症、癔病、震颤麻痹症、精神病、痴呆症以及其他疾病和生理缺陷；具有初中及以上文化程度；具备必要的安全技术知识与技能；相应特种作业规定的其他条件。

对于危险化学品特种作业人员的文化程度要求是：应当具备高中或者相当于高中及以上文化程度。

② 特种作业操作证。特种作业人员必须经专门的安全技术培训并考核合格，取得《中华人民共和国特种作业操作证》（以下简称《特种作业操作证》）后，方可上岗作业。

特种作业操作证有效期为6年，在全国范围内有效。特种作业操作证由安全监管总局统一式样、标准及编号。

3. 特种作业人员的安全技术培训、考核、发证、复审的监管部门及职责

① 监管的基本原则。特种作业人员的安全技术培训、考核、发证、复审工作实行统一监管、分级实施、教考分离的原则。

② 监管部门及职责。国家安全生产监督管理总局（以下简称安全监管总局）指导、监督全国特种作业人员的安全技术培训、考核、发证、复审工作；省、自治区、直辖市人民政府安全生产监督管理部门负责本行政区域特种作业人员的安全技术培训、考核、发证、复审工作。

国家煤矿安全监察局（以下简称煤矿安监局）指导、监督全国煤矿特种作业人员（含煤矿矿井使用的特种设备作业人员）的安全技术培训、考核、发证、复审工作；省、自治区、直辖市人民政府负责煤矿特种作业人员考核发证工作的部门或者指定的机构负责本行政区域煤矿特种作业人员的安全技术培训、考核、发证、复审工作。

省、自治区、直辖市人民政府安全生产监督管理部门和负责煤矿特种作业人员考核发证工作的部门，或者指定的机构（以下统称考核发证机关），可以委托设区的市人民政府安全生产监督管理部门和负责煤矿特种作业人员考核发证工作的部门或者指定的机构，实施特种作业人员的安全技术培训、考核、发证、复审工作。

4. 特种作业人员培训

① 培训内容与培训大纲。特种作业人员应当接受与其所从事的特种作业相应的安全技术理论培训和实际操作培训。特种作业人员的安全技术培训应当按照安全监管总局、煤矿安监局制定的特种作业人员培训大纲和煤矿特种作业人员培训大纲进行。

② 免于安全技术培训。已经取得职业高中、技工学校及中专以上学历的毕业生从事与其所学专业相应的特种作业，持学历证明经考核发证机关同意，可以免予相关专业的培训。

③ 培训地点的选择。跨省、自治区、直辖市从业的特种作业人员，可以在户籍所在地或者从业所在地参加培训。

④ 特种作业人员安全技术培训机构。培训资质：从事特种作业人员安全技术培训的机构（以下统称培训机构），必须按照有关规定取得安全生产培训资质证书后，方可从事特种作业人员的安全技术培训。

培训计划及其备案、审查：培训机构开展特种作业人员的安全技术培训，应当制定相应的培训计划、教学安排，并报有关考核发证机关审查、备案。

5. 特种作业人员考核发证

（1）考核方式

特种作业人员的考核包括考试和审核两部分。考试由考核发证机关或其委托的单位负责；审核由考核发证机关负责。安全监管总局、煤矿安监局分别制定特种作业人员、煤矿特种作业人员的考核标准，并建立相应的考试题库；考核发证机关或其委托的单位应当按照考核标准进行考核。

（2）考试程序

参加特种作业操作资格考试的人员，应当填写考试申请表，由申请人或者申请人的单位持学历证明或者培训机构出具的培训证明向申请人户籍所在地或者从业所在地的考核发证机关或其委托的单位提出申请。

考核发证机关或其委托的单位收到申请后，应当在60日内组织考试。

特种作业操作资格考试包括安全技术理论考试和实际操作考试两部分。考试不及格的，允许补考1次。经补考仍不及格的，重新参加相应的安全技术培训。

考核发证机关或其委托承担特种作业操作资格考试的单位，应当在考试结束后10个工作日内公布考试成绩。

（3）发证程序

经考试合格的特种作业人员，应当向其户籍所在地或者从业所在地的考核发证机关申请办理特种作业操作证，并提交身份证复印件、学历证书复印件、体检证明、考试合格证明等材料。

收到申请的考核发证机关应当在5个工作日内完成对特种作业人员所提交申请材料的审查，做出受理或者不予受理的决定。

对已经受理的申请，考核发证机关应当在20个工作日内完成审核工作。符合条件的，颁发特种作业操作证；不符合条件的，应当说明理由。

（4）特种作业操作证的补发和更新

特种作业操作证遗失的，应当向原考核发证机关提出书面申请，经原考核发证机关审查同意后，予以补发。

特种作业操作证所记载的信息发生变化或者损毁的，应当向原考核发证机关提出书面申请，经原考核发证机关审查确认后，予以更换或者更新。

6. 特种作业操作证复审

（1）复审期限

特种作业操作证每3年复审1次。特种作业人员在特种作业操作证有效期内，连续从事本工种10年以上，严格遵守有关安全生产法律法规的，经原考核发证机关或者从业所在地考核发证机关同意，特种作业操作证的复审时间可以延长至每6年1次。

（2）复审程序

特种作业操作证需要复审的，应当在期满前60日内，由申请人或者申请人的单位向原考核发证机关或者从业所在地考核发证机关提出申请，并提交下列材料：社区或者县级以上医疗机构出具的健康证明；从事特种作业的情况；安全培训考试合格记录。

申请复审的，考核发证机关应当在收到申请之日起20个工作日内完成复审工作。复审合格的，由考核发证机关签章、登记，予以确认；不合格的，说明理由。

特种作业操作证有效期届满需要延期换证的，应当按照前款的规定申请延期复审。申请延期复审的，经复审合格后，由考核发证机关重新颁发特种作业操作证。

（3）复审培训

特种作业操作证申请复审或者延期复审前，特种作业人员应当参加必要的安全培训并考试合格。安全培训时间不少于8个学时，主要培训法律、法规、标准、事故案例和有关新工艺、新技术、新装备的知识。

（4）重新培训

由于违章操作造成严重后果或者有2次以上违章行为并经查证确实的，有安全生产违法行为并给予行政处罚的，拒绝、阻碍安全生产监管监察部门监督检查的，未按规定参加安全培训或者考试不合格的，特种作业操作证复审或者延期复审没有通过的，按照本规定经重新安全培训考试合格后，再办理复审或者延期复审手续。再次复审、延期复审仍不合格或者未按期复审的，特种作业操作证失效。

四、安全生产培训管理

为了加强安全生产培训管理，规范安全生产培训秩序，保证安全生产培训质量，促进安全生产培训工作健康发展，根据《中华人民共和国安全生产法》和有关法律、行政法规的规定，国家安全生产监督管理总局2012年1月19日公布了新修订的《安全生产培训管理办法》(第44号令)，自2012年3月1日起施行。

1. 适用范围

① 适用主体。安全培训机构、生产经营单位从事安全生产培训（以下简称安全培训）活动以及安全生产监督管理部门、煤矿安全监察机构、地方人民政府负责煤矿安全培训的部门对安全培训工作实施监督管理，适用本办法。

② 安全培训活动及有关人员。本办法所称安全培训是指以提高安全监管监察人员、生产经营单位从业人员和从事安全生产工作的相关人员的安全素质为目的的教育培训活动。前款所称安全监管监察人员是指县级以上各级人民政府安全生产监督管理部门、各级煤矿安全监察机构从事安全监管监察、行政执法的安全生产监管人员和煤矿安全监察人员；生产经营单位从业人员是指生产经营单位主要负责人、安全生产管理人员、特种作业人员及其他从业人员；从事安全生产工作的相关人员是指从事安全教育培训工作的教师、危险化学品登记机构的登记人员和承担安全评价、咨询、检测、检验的人员及注册安全工程师、安全生产应急救援人员等。

2. 安全培训工作基本原则

安全培训工作实行统一规划、归口管理、分级实施、分类指导、教考分离的原则。

3. 安全培训机构

① 安全培训机构资质证书。安全培训机构从事安全培训活动，必须取得相应的资质证书。资质证书分三个等级。一级资质证书，由国家安全监管总局审批、颁发；二级、三级资质证书，由省、自治区、直辖市人民政府安全生产监督管理部门（以下简称省级安全生产监督管理部门）审批、颁发。设立煤矿安全监察机构的省、自治区、直辖市，由省级煤矿安全监察机构负责所辖区域内从事煤矿安全培训活动的培训机构二级、三级资质证书的审批、颁发。

② 安全培训机构的业务范围。取得一级资质证书的安全培训机构，可以承担省级以上安全生产监督管理部门、煤矿安全监察机构的安全生产监管人员，煤矿安全监察人员，中央企业的总公司、总厂或者集团公司的主要负责人和安全生产管理人员，以及安全培训机构教师的培训工作。

取得二级资质证书的安全培训机构，可以承担设区的市、县级人民政府安全生产监督管理部门（以下简称市级、县级安全生产监督管理部门）的安全生产监管人员，省属生产经营单位和中央企业的分公司、子公司及其所属单位主要负责人和安全生产管理人员，危险物品的生产、经营、储存单位和矿山企业的主要负责人，危险化学品登记机构的登记人员，承担安全评价、咨询、检测、检验工作的人员，以及注册安全工程师和三级安全培训机构教师的培训工作。

取得三级资质证书的安全培训机构，可以承担除中央企业、省属生产经营单位的主要负责人、安全生产管理人员以及危险物品的生产、经营、储存单位和矿山企业的主要负责人以外的生产经营单位从业人员的培训工作。

上一级安全培训机构可以承担下一级安全培训机构的培训工作。安全培训机构具备本《办法》第十条规定条件的，可以承担相应作业类别特种作业人员的培训工作。

4. 有关安全培训的特殊规定

① 必须由具有相应资质的安全培训机构进行培训的人员范围。下列从业人员应当由取得相应资质的安全培训机构进行培训：依照有关法律法规应当取得安全资格证的生产经营单位主要负责人；安全生产管理人员；特种作业人员；井工矿山企业的生产、技术、通风、机电、运输、地测、调度等职能部门的负责人。

② 其他从业人员。上述人员范围以外的其他从业人员，由生产经营单位组织培训，或者委托安全培训机构进行培训。生产经营单位组织的从业人员的培训内容和培训时间，应当符合《生产经营单位安全培训规定》和有关标准的规定。

③ 发生死亡事故的重新培训。中央企业的分公司、子公司及其所属单位和其他生产经营单位，发生造成人员死亡的生产安全事故的，其主要负责人和安全生产管理人员应当重新参加安全培训。

特种作业人员对造成人员死亡的生产安全事故负有直接责任的，应当按照《特种作业人员安全技术培训考核管理规定》重新参加安全培训。

④ 师傅带徒弟制度。国家鼓励生产经营单位实行师傅带徒弟制度。矿山新招的井下作业人员和危险物品生产经营单位新招的危险工艺操作岗位人员，除按照规定进行安全培训外，还应当在有经验的职工带领下实习满 2 个月后，方可独立上岗作业。

⑤ 职业院校毕业生招录优惠制度。国家鼓励生产经营单位招录职业院校毕业生。职业院校毕业生从事与所学专业相关的作业，可以免予参加初次培训，实际操作培训除外。

⑥ 安全培训收费。安全培训机构从事安全培训工作的收费，应当符合法律法规的规定。法律法规没有规定的，应当按照行业自律标准或者指导性标准收费。

五、安全生产教育培训的形式和方法

安全教育培训的形式和方法与一般教学的形式和方法相同，多种多样，各有特点。在实际应用中，要根据培训内容和培训对象灵活选择。

安全教育培训的主要方法有：课堂讲授法、实操演练法、案例研讨法、读书指导法、宣传娱乐法等。

经常性安全教育培训的形式有：每天的班前班后会上说明安全注意事项；安全活动

日；安全生产会议；各类安全生产业务培训班；事故现场分析会；张贴安全生产招贴画、宣传标语及标志；安全文化知识竞赛等。

六、安全教育培训计划

由企业的安全部门与教育部门共同商定企业的安全教育培训计划。计划书通常分为综合计划和单项计划两种类型。年度安全教育培训计划或中、长期安全教育培训计划都属于综合性计划，而就某次或某主题的教育培训计划则为单项计划。

两种类型安全教育培训计划书的具体内容虽然不完全相同，但一般都应包括：安全教育培训的目的、培训的目标、培训的对象及人数、培训内容、培训组织、培训方法、培训时间、实施方案、实施地点、费用等内容。如果是单项培训计划，还应写明培训的主题。

在制定安全教育培训计划时，对安全教育培训进行需求分析，确定所要培训的对象和教育培训应达到的效果目标，确定安全教育培训的内容、方法、组织实施方案，明确所需培训经费、培训的教材、师资、地点及管理措施，明确各相关部门在安全教育中的职责和义务，安全教育计划的实施安排。编制出安全教育培训的计划应报主管领导审批。

七、安全教育培训组织与实施

根据制定、批准的培训计划，还应制定出具体的实施方案，包括具体培训人员姓名、单位、培训教材确定、讲课教师确定、讲课地点落实等。具体组织实施方案及所拟采取的管理措施是保证安全教育培训计划有效实施的重要保证。

① 落实各项培训措施。培训前应通知培训人员，使其能合理安排工作与培训时间，然后反馈到安全管理部门，进行最终培训人员、时间、地点的确定。

② 培训方式、教学方法的确定。如采用脱产培训还是非脱产培训？采用授课方式还是示范教学方式？主讲老师是外聘还是本单位选聘？培训时间与其本职工作的协调安排、培训内容的准备等。

③ 培训视听教具、设备的确定。使用的教材、授课教室或教学现场、教学投影设备、示范教学模型等。

④ 具体培训过程的管理。培训班开班后，要加强管理，确保教育培训的质量，管理责任人及具体职责，具体承办部门及协办部门，承办者或协办者的职责分工等。

⑤ 考核、存档管理。为考察培训效果，必须对培训对象进行考核，考核可采取面试、笔试、实际操作等形式。存档内容包括培训人员信息、培训时间、地点、考核结果等，应按安全档案的建档要求进行归档。

第六节　建设项目安全设施“三同时”管理

案例导入

【案例 3-7】 2007 年 8 月 19 日 20 时 10 分左右，位于山东省滨州市邹平县境内的山东魏桥创业集团下属的铝母线铸造分厂发生铝液外溢爆炸重大事故，造成 16 人死亡、59 人受伤（其中13人重伤），事故直接经济损失665万元。事故发生的原因有：一是该工程由无设计资质的山东魏桥铝电有限公司进行设计；二是设计图纸存在重大缺陷，铸造机循环水回水系统设计违反了排水而不存水的原则；三是工厂现场建设施工违反设计；四是现场应急处置不当；五是工厂制定的部分工艺技术和安全操作规程未履行审核和批准程序，也无发布和实施日期，且内容不明确、不具体。

一、建设项目安全设施“三同时”管理的主要法律依据

《安全生产法》第二十四条规定：“生产经营单位新建、改建、扩建工程项目（以下统称建设项目）的安全设施，必须与主体工程同时设计、同时施工、同时投入生产和使用。安全设施投资应当纳入建设项目概算。”

《职业病防治法》第十六条规定：“建设项目的职业病防护设施所需费用应当纳入建设项目工程预算，并与主体工程同时设计、同时施工、同时投入生产和使用。”

《劳动法》第六章第五十三条明确要求：“劳动安全卫生设施必须符合国家规定的标准。新建、改建、扩建工程的劳动安全卫生设施必须与主体工程同时设计、同时施工、同时投入生产和使用。”

国家安全生产监督管理总局于2010年12月14日公布《建设项目安全设施“三同时”监督管理暂行办法》（第36号令），自2011年2月1日起施行。该办法是目前开展建设项目安全设施“三同时”管理工作最为明确、具体的规范性文件。

二、建设项目“三同时”的含义

建设项目“三同时”是指建设项目（包括新建、改建、扩建及技术改造、技术引进项目）中的安全设施、职业病防护设施必须符合国家规定的标准，必须与主体工程同时设计、同时施工、同时投入生产和使用，以确保建设项目竣工投产后，符合国家规定的安全卫生标准，保障劳动者在生产过程中的安全与健康。

安全设施、职业病防护设施即安全卫生设施（以下简称安全设施）是指生产经营单位在生产经营活动中用于预防生产安全事故或将危险因素、有害因素控制在安全范围内的设备、设施、装置、构（建）筑物和其他技术措施的总称。一般包括3类设施：预防事故设施、控制事故设施、减少与消除事故影响设施。

对我国境内的新建、改建、扩建、技术改造项目和引进的建设项目，包括在我国境内的中外合资、中外合作和外商独资的建设项目，都必须执行建设项目“三同时”的要求。建设项目中引进的国外技术和设备应符合我国规定或认可的安全卫生标准，全部设计应符合我国有关规范和规定的要求。

建设项目“三同时”是生产经营单位安全生产的重要保障措施，是一种事前保障措施。它对贯彻落实“安全第一、预防为主、综合治理”方针，改善劳动者的劳动条件，防止发生工伤事故，促进社会主义经济的发展，具有重要意义。“三同时”是各级政府安全生产监督管理机构实施安全卫生监督管理的主要内容，是一项根本性的基础工作，也是有效消除和控制建设项目中危险、有害因素的根本措施。随着经济建设的迅速发展，“三同时”作为“事前预防”的途径，将不断深化并不断提出更高的要求。

三、建设项目“三同时”的主要内容

严格来讲，建设项目“三同时”制度因执行主体的不同，存在两种情况：一种是投资额达到一定规模或者本身具有较大危险性或危害性的项目，由政府有关部门介入执行“三同时”审查；另一种是不在政府有关部门“三同时”审查监管范围内的项目，这些项目的“三同时”审查当然必须做，执行的主体是建设单位自己。所以，当一个建设项目“三同时”政府不管时，建设单位自己应依法承担起该项目“三同时”审查的责任和义务，并制定配套的内部相应管理制度。

建设项目“三同时”制度的实施，要求与建设项目配套的安全卫生设施从项目的可行性研究、设计、施工、试生产、竣工验收到投产使用均应同步进行。

1. 建设项目安全设施“三同时”监管的职权划分

建设项目安全设施“三同时”监管原则是“统一监管，分级负责，属地为主”。

① 国家监管。国家安全生产监督管理总局对全国建设项目安全设施“三同时”实施综合监督管理，并在国务院规定的职责范围内承担国务院及其有关主管部门审批、核准或者备案的建设项目安全设施“三同时”的监督管理。

② 属地监管。县级以上地方各级安全生产监督管理部门对本行政区域内的建设项目安全设施“三同时”实施综合监督管理，并在本级人民政府规定的职责范围内承担本级人民政府及其有关主管部门审批、核准或者备案的建设项目安全设施“三同时”的监督管理。

③ 上级监管。跨两个及两个以上行政区域的建设项目安全设施“三同时”由其共同的上一级人民政府安全生产监督管理部门实施监督管理。

④ 委托监管。上一级人民政府安全生产监督管理部门根据工作需要，可以将其负责监督管理的建设项目安全设施“三同时”工作委托下一级人民政府安全生产监督管理部门实施监督管理。

⑤ 日常安全监管及行政许可。安全生产监督管理部门应当加强建设项目安全设施建设的日常安全监管，落实有关行政许可及其监管责任，督促生产经营单位落实安全设施建设责任。

2. 建设项目安全条件论证与安全预评价

（1）需做安全条件论证与安全预评价的建设项目范围

下列建设项目在进行可行性研究时，生产经营单位应当分别对其安全生产条件进行论证和安全预评价（前三类建设项目以下简称“高危项目”，后两类建设项目以下简称为“重点项目”）。

① 非煤矿矿山建设项目；

② 生产、储存危险化学品（包括使用长输管道输送危险化学品，下同）的建设项目；

③ 生产、储存烟花爆竹的建设项目；

④ 化工、冶金、有色、建材、机械、轻工、纺织、烟草、商贸、军工、公路、水运、轨道交通、电力等行业的国家和省级重点建设项目；

⑤ 法律、行政法规和国务院规定的其他建设项目。

(2) 安全条件论证报告

建设项目进行安全条件论证时，应当编制安全条件论证报告。安全条件论证报告应当包括下列内容。

① 建设项目内在的危险和有害因素及对安全生产的影响；

② 建设项目与周边设施(单位)生产、经营活动和居民生活在安全方面的相互影响；

③ 当地自然条件对建设项目安全生产的影响；

④ 其他需要论证的内容。

(3) 安全预评价

生产经营单位应当委托具有相应资质的安全评价机构，对其建设项目进行安全预评价，并编制安全预评价报告。建设项目安全预评价报告应当符合国家标准或者行业标准的规定。生产、储存危险化学品的建设项目安全预评价报告还应当符合《危险化学品建设项目安全许可管理规定》等有关危险化学品建设项目的规定。

3. 高危项目和重点项目以外其他建设项目的综合分析

高危项目和重点项目以外其他建设项目在可行性研究阶段，生产经营单位应当对其安全生产条件和设施进行综合分析，形成书面报告，并按照规定报有关安全生产监督管理部门备案。

4. 建设项目安全设施设计审查、备案

(1) 编制安全专篇

生产经营单位在建设项目初步设计时，应当委托有相应资质的设计单位对建设项目安全设施进行设计，编制安全专篇。建设项目安全专篇应当包括下列内容：设计依据；建设项目概述；建设项目涉及的危险、有害因素和危险、有害程度及周边环境安全分析；建筑及场地布置；重大危险源分析及检测监控；安全设施设计采取的防范措施；安全生产管理机构设置或者安全生产管理人员配备情况；从业人员教育培训情况；工艺、技术和设备、设施的先进性和可靠性分析；安全设施专项投资概算；安全预评价报告中的安全对策及建议采纳情况；预期效果以及存在的问题与建议；可能出现的事故预防及应急救援措施；法律、法规、规章、标准规定需要说明的其他事项。

(2) 高危项目安全设施设计审查

高危项目安全设施设计完成后，生产经营单位应当按照规定向有关安全生产监督管理部门提出审查申请，并提交下列文件资料：建设项目审批、核准或者备案的文件；建设项目安全设施设计审查申请；设计单位的设计资质证明文件；建设项目初步设计报告及安全专篇；建设项目安全预评价报告及相关文件资料；法律、行政法规、规章规定的其他文件资料。

(3) 重点项目安全设施设计备案

重点项目安全设施设计完成后，生产经营单位应当按照规定向有关安全生产监督管理部门备案，并提交下列文件资料：建设项目审批、核准或者备案的文件；建设项目初步设计报告及安全专篇；建设项目安全预评价报告及相关文件资料。

（4）其他建设项目安全设施设计自主审查及备案

高危项目和重点项目以外的其他建设项目安全设施设计，由生产经营单位组织审查，形成书面报告，并按照规定报有关安全生产监督管理部门备案。

（5）安全设施设计变更的审查

已经批准的建设项目及其安全设施设计有下列情形之一的，生产经营单位应当报原批准部门审查同意；未经审查同意的，不得开工建设。

① 建设项目的规模、生产工艺、原料、设备发生重大变更的；

② 改变安全设施设计且可能降低安全性能的；

③ 在施工期间重新设计的。

5. 建设项目安全设施施工和竣工验收、备案

① 建设项目安全设施建成后，生产经营单位应当对安全设施进行检查，对发现的问题及时整改。

② 高危项目和重点项目竣工后的试运行。根据规定建设项目需要试运行（包括生产、使用，下同）的，应当在正式投入生产或者使用前进行试运行。试运行时间应当不少于30日，最长不得超过180日，国家有关部门有规定或者特殊要求的行业除外。

生产、储存危险化学品的建设项目，应当在建设项目试运行前将试运行方案报负责建设项目安全许可的安全生产监督管理部门备案。

③ 高危项目和重点项目的安全验收评价。高危项目和重点项目的安全设施竣工或者试运行完成后，生产经营单位应当委托具有相应资质的安全评价机构对安全设施进行验收评价，并编制建设项目安全验收评价报告。建设项目安全验收评价报告应当符合国家标准或者行业标准的规定。生产、储存危险化学品的建设项目安全验收评价报告还应当符合《危险化学品建设项目安全许可管理规定》等有关危险化学品建设项目的规定。

④ 高危项目安全设施竣工验收。高危项目安全设施竣工投入生产或者使用前，生产经营单位应当按照规定向有关安全生产监督管理部门申请安全设施竣工验收，并提交下列文件资料：安全设施竣工验收申请；安全设施设计审查意见书（复印件）；施工单位的资质证明文件（复印件）；建设项目安全验收评价报告及其存在问题的整改确认材料；安全生产管理机构设置或者安全生产管理人员配备情况；从业人员安全培训教育及资格情况；法律、行政法规、规章规定的其他文件资料。

安全设施需要试运行（生产、使用）的，还应当提供自查报告。

⑤ 重点项目安全设施备案。重点项目安全设施竣工投入生产或者使用前，生产经营单位应当按照规定向有关安全生产监督管理部门备案，并提交下列文件资料：安全设施设计备案意见书（复印件）；施工单位的施工资质证明文件（复印件）；建设项目安全验收评价报告及其存在问题的整改确认材料；安全生产管理机构设置或者安全生产管理人员配备情况；从业人员安全教育培训及资格情况。

安全设施需要试运行（生产、使用）的，还应当提供自查报告。

⑥ 其他建设项目安全设施自主验收和备案。高危项目和重点项目以外的其他建设项目安全设施竣工验收，由生产经营单位组织实施，形成书面报告，并按照规定报有关安全生产监督管理部门备案。

第七节　劳动防护用品配备和使用管理

案例导入

【案例 3-8】 某啤酒厂灌装车间，有传送带、洗瓶机、烘干机、灌装机、装箱机、封箱机等设备。为减轻职业危害的影响，企业为职工配备了防水胶靴、耳塞等劳动保护用品。2007 年 7 月 8 日，维修工甲对洗瓶机进行维修时，将洗瓶机长轴上的一颗内六角螺栓丢失，为了省事，甲用 8 号铅丝插入孔中，缠绕固定。7 月 22 日，新到岗的洗瓶机操作女工乙在没有接受岗前安全培训的情况下就开始操作。乙没有扣好工作服纽扣，致使工作服内的棉衣角翘出，被随长轴旋转的 8 号铅丝卷绕在长轴上，情急之下乙用双手推长轴，致使乙整个人都随着旋转的长轴而倒立。由于乙未按规定佩戴工作帽，所以倒立时头发自然下垂，被旋转的长轴紧紧缠绕，导致乙头部严重受伤而当场死亡。

【案例 3-9】 某博士生在使用过氧乙酸的时候，没有戴防护眼镜，结果过氧乙酸溅到眼睛，致使双眼受伤，肿得到现在还不能睁开，还不知道以后会怎样。另一个博士生在使用三乙基铝的时候，不小心弄到了手上，由于没有戴防护手套，出事后也没有立刻用大量清水冲洗，结果左手皮肤受伤严重，需要植皮。

一、劳动防护用品配备和使用管理的法律依据

劳动防护用品是指由生产经营单位为从业人员配备的，使其在劳动过程中免遭或减轻事故伤害或职业危害的个人防护装备。配备和使用劳动防护用品是保障从业人员人身安全与健康的重要措施。

《安全生产法》第三十七条明确要求，生产经营单位必须为从业人员提供符合国家标准或者行业标准的劳动防护用品，并监督、教育从业人员按照使用规则佩戴、使用。

《职业病防治法》规定："用人单位必须为劳动者提供个人使用的职业病防护用品。"

为加强和规范劳动防护用品的监督管理，保障从业人员的安全与健康，2005 年 7 月 22 日国家安全生产监督管理总局公布《劳动防护用品监督管理规定》(第 1 号令)，自 2005 年 9 月 1 日起施行。该规定对劳动防护用品的生产、检验、经营和使用提出了明确具体的要求。

二、劳动防护用品分类

(一) 按劳动防护用品防护性能分类

按劳动防护用品防护性能划分，劳动防护用品分为特种劳动防护用品和一般劳动防护用品两大类。特种劳动防护用品目录由国家安全生产监督管理总局确定并公布；未列入目录的劳动防护用品为一般劳动防护用品。

1．特种劳动防护用品

在国家安监总局发布的《特种劳动防护用品安全标志实施细则》（安监总规划字[2005]149号）中，将特种劳动防护用品分为如下6大类21个小类。

（1）头部护具类：安全帽，如图3-1所示。

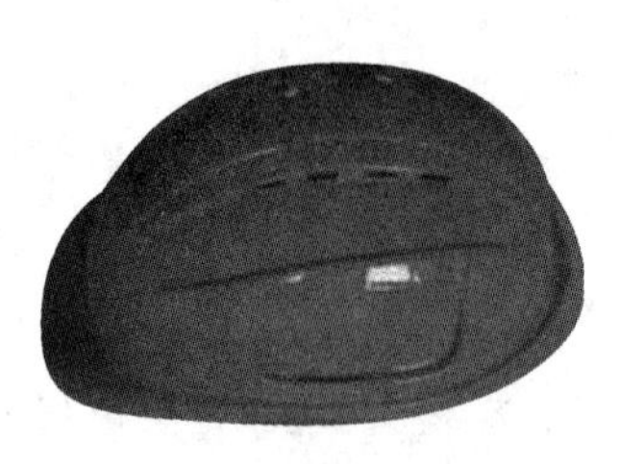

图3-1 安全帽

（2）呼吸护具类：防尘口罩；过滤式防毒面具；自给式空气呼吸器；长管呼吸器，如图3-2所示。

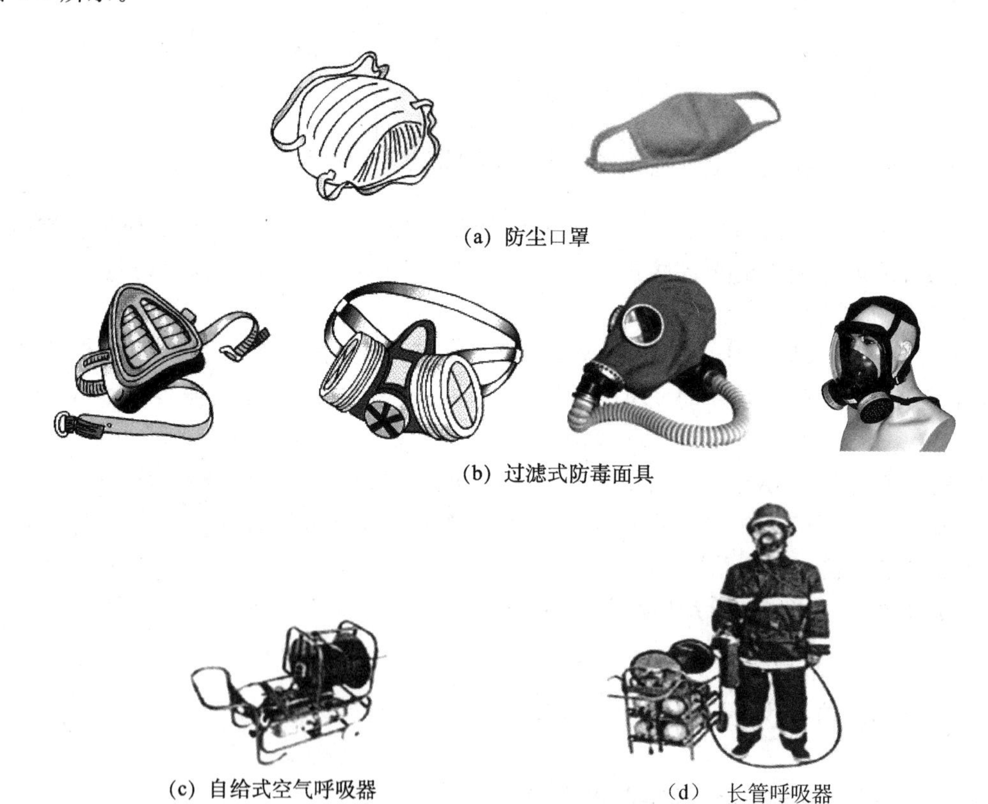

图3-2 呼吸护具类

（3）眼（面）护具类：焊接眼面防护具；防冲击眼护具，如图3-3所示。

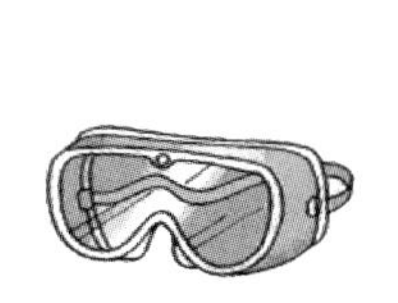

(a) 焊接眼面防护具

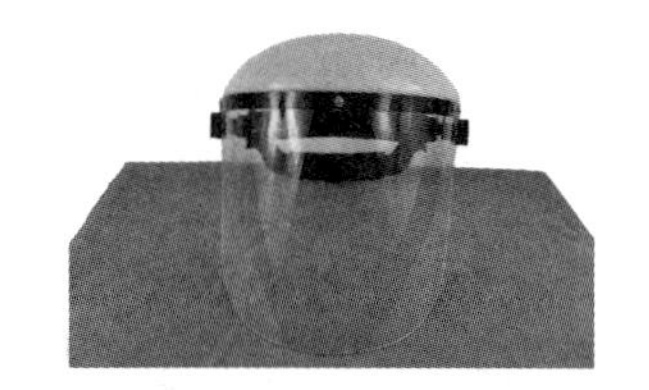

(b) 防冲击眼护具

图 3-3　眼(面)护具类

(4) 防护服类:阻燃防护服;防酸工作服;防静电工作服,如图 3-4 所示。

(a) 阻燃防护服

(b) 防酸工作服

(c) 防静电工作服

图 3-4　防护服类

(5) 防护鞋类:保护足趾安全鞋;防静电鞋;导电鞋;防刺穿鞋;胶面防砸安全靴;电绝缘鞋;耐酸碱皮鞋;耐酸碱胶靴;耐酸碱塑料模压靴,如图 3-5 所示。

图 3-5　防护鞋类

(6) 防坠落护具类:安全带;安全网;密目式安全立网,如图 3-6 所示。

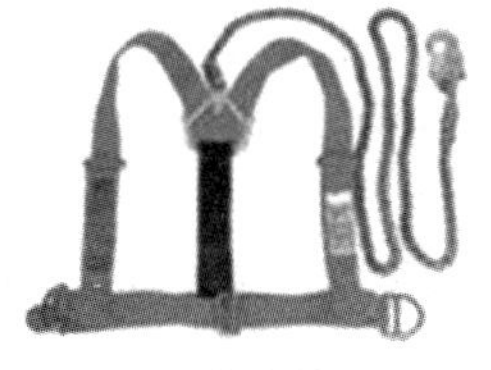

(a) 安全带

(b) 密目式安全立网

图 3-6　防坠落护具类

2. 一般劳动防护用品

未列入特种劳动防护用品目录的劳动防护用品为一般劳动防护用品，如听觉器官防护用品、各类防护手套等。

（二）按劳动防护用品防护部位分类

（1）头部防护用品

头部防护用品是为防御头部不受外来物体打击和其他因素危害而采用的个人防护用品。

根据防护功能要求，目前主要有普通工作帽、防尘帽、防水帽、防寒帽、安全帽、防静电帽、防高温帽、防电磁辐射帽、防昆虫帽9类产品。

（2）呼吸器官防护用品

呼吸器官防护用品是为防止有害气体、蒸气、粉尘、烟、雾等经呼吸道吸入或直接向配用者供氧或清净空气，保证在尘、毒污染或缺氧环境中作业人员正常呼吸的防护用具。

呼吸器官防护用品按功能主要分为防尘口罩和防毒口罩（面具），按形式又可分为过滤式和隔离式两类。

（3）眼面部防护用品

预防烟雾、尘粒、金属火花和飞屑、热、电磁辐射、激光、化学飞溅等伤害眼睛或面部的个人防护用品称为眼面部防护用品。

根据防护功能，大致可分为防尘、防水、防中击、防高温、防电磁辐射、防射线、防化学飞溅、防风沙、防强光9类。

目前我国生产和使用比较普遍的眼面部防护用品有3种类型。

① 焊接护目镜和面罩。预防非电离辐射、金属火花和烟尘等的危害。焊接护目镜分普通眼镜、前挂镜、防侧光镜3种；焊接面罩分手持面罩、头戴式面罩、安全帽面罩、安全帽前挂眼镜面罩等种类。

② 炉窑护目镜和面罩。预防炉、窑口辐射出的红外线和少量可见光、紫外线对人眼的危害。炉窑护目镜和面罩分为护目镜、眼罩和防护面罩3种。

③ 防冲击眼护具。预防铁屑、灰砂、碎石等外来物对眼睛的冲击伤害。防冲击眼护具分为防护眼镜、眼罩和面罩3种。防护眼镜又分为普通眼镜和带侧面护罩的眼镜。眼罩和面罩又分敞开式和密闭式两种。

（4）听觉器官防护用品

能够防止过量的声能侵入外耳道，使人耳避免噪声的过度刺激，减少听力损伤，预防噪声对人身引起的不良影响的个体防护用品。

听觉器官防护用品主要有耳塞、耳罩和防噪声头盔三大类。

（5）手部防护用品

具有保护手和手臂的功能，供作业者劳动时戴用的手套称为手部防护用品，通常被人们称作劳动防护手套。

劳动防护用品分类与代码标准按照防护功能将手部防护用品分为12类：普通防护

手套、防水手套、防寒手套、防毒手套、防静电手套、防高温手套、防X射线手套、防酸碱手套、防油手套、防震手套、防切割手套、绝缘手套。

(6) 足部防护用品

足部防护用品是防止生产过程中有害物质和能量损伤劳动者足部的护具,通常人们称劳动防护鞋。

国家标准按防护功能分为防尘鞋、防水鞋、防寒鞋、防冲击鞋、防静电鞋、防高温鞋、防酸碱鞋、防油鞋、防烫脚鞋、防滑鞋、防穿刺鞋、电绝缘鞋、防震鞋13类。

(7) 躯干防护用品

躯干防护用品就是我们通常讲的防护服。根据防护功能,防护服分为普通防护服、防水服、防寒服、防砸背服、防毒服、阻燃服、防静电服、防高温服、防电磁辐射服、耐酸碱服、防油服、水上救生衣、防昆虫服、防风沙服14类产品。

(8) 护肤用品

护肤用品用于防止皮肤(主要是面、手等外露部分)免受化学、物理等因素的危害;按照防护功能,护肤用品分为防毒、防射线、防油漆及其他类。

(9) 防坠落用品

防坠落用品是防止人体从高处坠落,通过绳带将高处作业者的身体系接于固定物体上或在作业场所的边沿下方张网,以防不慎坠落,这类用品主要有安全带和安全网两种。

(三) 按劳动防护用品用途分类

按防止伤亡事故的用途可分为:防坠落用品、防冲击用品、防触电用品、防机械外伤用品、需酸碱用品、耐油用品、防水用品、防寒用品。

按预防职业病的用途可分为:防尘用品、防毒用品、防噪声用品、防振动用品、防辐射用品、防高低温用品等。

三、劳动防护用品的配备

(一) 选用原则

《个体防护装备选用规范》(GB/T 11651—2008,代替GB 11651—1989《劳动防护用品选用的规则》)规定了个体防护装备选用的原则和要求。正确选用合适的、优质的劳动防护用品是保证劳动者安全与健康的前提。选用劳动防护用品的基本原则如下。

① 根据国家标准、行业标准或地方标准选用。

② 根据生产作业环境、劳动强度以及生产岗位接触危险有害因素的存在形式、性质、浓度(或强度)和防护用品的防护性能进行选用。

③ 穿戴要舒适方便,不影响工作。

(二) 劳动防护用品配备和发放要求

2000年,国家经贸委颁布了《劳动防护用品配备标准(试行)》(国经贸安全[2000]189号),规定了国家工种分类目录中的116个典型工种的劳动防护用品配备标准。用人单位应当按照有关标准，根据不同工种和劳动条件发给职工个人劳动防护用品。

用人单位的具体责任如下。

① 用人单位应根据工作场所中的职业危害因素及其危害程度，按照法律、法规、标准的规定，为从业人员免费提供符合国家规定的护品。不得以货币或其他物品替代应当配备的护品。

② 用人单位应到定点经营单位或生产企业购买特种劳动防护用品。护品必须具有“三证”和“一标志”，即生产许可证、产品合格证、安全鉴定证和安全标志。购买的特种劳动防护用品须经本单位安全管理部门验收，并应按照特种劳动防护用品的使用要求，在使用前对其防护功能进行必要的检查。

③ 用人单位应教育从业人员，按照护品的使用规则和防护要求正确使用护品。使职工做到“三会”：会检查护品的可靠性，会正确使用护品，会正确维护保养护品。用人单位应定期进行监督检查。

④ 用人单位应按照产品说明书的要求，及时更换、报废过期和失效的护品。

⑤ 用人单位应建立健全护品的购买、验收、保管、发放、使用、更换、报废等管理制度和使用档案，并进行必要的监督检查。

四、劳动防护用品的正确使用方法

1. 一般要求

正确使用劳动防护用品的一般要求。

① 劳动防护用品使用前应首先做一次外观检查。检查的目的是认定用品对有害因素防护效能的程度，用品外观有无缺陷或损坏，各部件组装是否严密，启动是否灵活等。

② 劳动防护用品的使用必须在其性能范围内，不得超极限使用；不得使用未经国家指定、经监测部门认可（国家标准）和检测还达不到标准的产品；不能随便代替，更不能以次充好。

③ 严格按照使用说明书正确使用劳动防护用品。

2. 常用特种劳动防护用品使用注意事项

（1）安全帽使用注意事项

① 安全帽要戴正，帽带要系结实，防止因其歪带或松动而降低抗冲击能力。

② 在高空作业现场、检修施工现场或交叉作业现场，工作人员进入装置区必须戴用安全帽。

③ 若帽壳、帽衬老化或损坏，降低了耐冲和耐穿透性能，不得继续使用，要更换新帽。

（2）防静电工作服的“三紧”要求

穿着防护服要做到“三紧”：工作服的领口紧；袖口紧；下摆紧。防止敞开的袖口或衣襟被机器夹卷。

（3）耳塞耳罩使用注意事项

① 各种耳塞在佩戴时，要先将耳廓向上提拉，使耳甲腔呈平直状态，然后手持耳塞柄，将耳塞帽体部分轻轻推向外耳道内，并尽可能地使耳塞体与耳甲腔相贴合。但不要用

劲过猛过急或插得太深，以自我感觉适度为宜。

② 戴后感到隔声不良时，可将耳塞稍事缓慢转动，调整到效果最佳位置为止。如果经反复调整仍然效果不佳时，应考虑改用其他型号规格的耳塞反复试用，以选择最佳者定型使用。

③ 佩戴泡沫塑料耳塞时，应将圆柱体旋成锥形体后再塞入耳道，让塞体自行回弹，充满耳道。

④ 佩戴硅橡胶自行成型的耳塞，应分清左右塞，不能弄错；插入耳道时，要稍事转动放正位置，使之紧贴耳甲腔内。

⑤ 使用耳罩时，应先检查罩壳有无裂纹和漏气现象，佩戴时应注意罩壳的方法，顺着耳廓的形状戴好。

⑥ 将连接弓架放在头顶适当位置，尽量使耳罩软垫圈与周围皮肤相互密合。如不合适时，应稍事移动耳罩或弓架，使调整到合适位置。

⑦ 无论戴用耳罩还是耳塞，均应在进入有噪声车间前戴好，工作中不得随意摘下，以免伤害鼓膜。如确需摘下，最好在休息时或离开车间以后，到安静处所再摘掉耳罩或耳塞。

⑧ 耳塞或耳罩软垫用后需用肥皂、清水清洗干净，晾干后再收藏备用。橡胶制品应防热变形，同时撒上滑石粉储存。

(4) 防护手套使用注意事项

① 防护手套的品种很多，根据防护功能来选用。首先应明确防护对象，然后再仔细选用。如耐酸碱手套，有耐强酸(碱)的、有耐低浓度酸(碱)，而耐低浓度酸(碱)手套不能用于接触高浓度酸(碱)。切记勿误用，以免发生意外。

② 防水、耐酸碱手套使用前应仔细检查，观察表面是否有破损，采取简易办法是向手套内吹口气，用手捏紧套口，观察是否漏气。漏气则不能使用。应避免过长指甲，以免戳穿手套。

③ 绝缘手套应定期检验电绝缘性能，不符合规定的不能使用。

④ 手套使用前后都必须洗手。橡胶、塑料等类防护手套用后应冲洗干净、晾干，保存时避免高温，并在制品上撒上滑石粉以防粘连。

⑤ 操作旋转机床禁止戴手套作业。

(5) 安全带使用注意事项

① 在使用安全带时，应检查安全带的部件是否完整，有无损伤，金属配件的各种环件不得是焊接件，边缘光滑，产品上应有“安鉴证”。

② 使用围杆式安全带时，围杆绳上有保护套，不允许在地面上随意拖着绳走，以免损伤绳套，影响主绳。

③ 悬挂安全带不得低挂高用，因为低挂高用在坠落时受到的冲击力大，对人体伤害也大。

④ 不准将绳打结使用。不准将绳系在活动物体上，应挂在牢固的建筑物构件上。

⑤ 安全带要防止日晒、雨淋，平时储藏在干燥、通风的仓库内。

(6) 防护鞋的使用注意事项

绝缘鞋(靴)的使用及注意事项。

① 应根据作业场所电压高低正确选用绝缘鞋，低压绝缘鞋禁止在高压电气设备上作为安全辅助用具使用，高压绝缘鞋（靴）可以作为高压和低压电气设备上辅助安全用具使用。但不论是穿低压或高压绝缘鞋（靴），均不得直接用手接触电气设备。

② 布面绝缘鞋只能在干燥环境下使用，避免布面潮湿。

③ 穿用绝缘靴时，应将裤管套入靴筒内。穿用绝缘鞋时，裤管不宜长及鞋底外沿条高度，更不能长及地面，保持布帮干燥。

④ 非耐酸碱油的橡胶底，不可与酸碱油类物物质接触，并应防止尖锐物刺伤。低压绝缘鞋若底花纹磨光，露出内部颜色时则不能作为绝缘鞋使用。

耐酸碱鞋（靴）的使用和注意事项。

① 耐酸碱皮鞋只能使用于一般浓度较低的酸碱作业场所，不能浸泡在酸碱液中进行较长时间作业，以防酸碱溶液渗入皮鞋内腐蚀足部造成伤害。

② 耐酸碱塑料靴和胶靴，应避免接触高温、锐器损伤靴面或靴底引起渗漏、影响防护功能。

③ 耐酸碱塑料靴和胶靴穿用后，应用清水冲洗靴上的酸碱液体然后晾干，避免日光直接照射，以防塑料和橡胶老化脆变，影响使用寿命。

(7) 防尘口罩的使用要点

① 防尘口罩要能有效地阻止粉尘进入呼吸道。

② 防尘口罩要和脸形相适应，最大限度地保证空气不会从口罩和面部的缝隙，不经过口罩的过滤进入呼吸道。

③ 防尘佩戴要舒适，主要是又要能有效阻止粉尘，又要使戴上口罩后呼吸不费力，重量要轻，佩戴卫生，保养方便。

(8) 防毒面具的使用注意事项

① 滤毒罐的防护性能针对性较强，不能乱用或混用，一定要根据环境中的有毒有害气体性质进行选用。

② 面罩佩戴气密性检查：用双手掌心堵住呼吸阀体进出气口，然后猛吸一口气，如果面罩紧贴面部，即说明无漏气。

③ 打开气瓶的阀门，确定胸前压力表指针在绿色格子之内。

五、特种劳动防护用品安全标志管理

1. 特种劳动防护用品安全标志管理制度

对特种劳动防护用品实行安全标志管理是我国一项新的劳动防护用品管理制度和要求。根据国家安全生产监督管理总局《劳动防护用品监督管理规定》，对特种劳动防护用品实行安全标志管理。

特种劳动防护用品安全标志管理工作由国家安全生产监督管理总局指定的特种劳动防护用品安全标志管理机构实施，受指定的特种劳动防护用品安全标志管理机构对其核发的安全标志负责。

生产劳动防护用品的企业生产的特种劳动防护用品，必须取得特种劳动防护用品安全标志。经营劳动防护用品的单位不得经营假冒伪劣劳动防护用品和无安全标志的特种劳动防护用品。生产经营单位不得采购和使用无安全标志的特种劳动防护用品；购买的特种劳动防护用品须经本单位的安全生产技术部门或者管理人员检查验收。

2. 特种劳动防护用品安全标志标识说明

特种劳动防护用品安全标志标识（图 3-7）由三个部分组成。

① 本标识采用古代盾牌之形状，取“防护”之意。

② 盾牌中间采用字母“LA”表示“劳动安全”之意。

③ “××-××-××××××”是标识的编号。编号采用三层数字和字母组合编号方法编制。

第一层的两位数字代表获得标识使用授权的年份。

第二层的两位数字代表获得标识使用授权的生产企业所属的省级行政地区的区划代码（进口产品，第二层的代码则以两位英文字母缩写表示该进口产品产地的国家代码）。

第三层代码的前三位数字代表产品的名称代码，后三位数字代表获得标识使用授权的顺序。

图 3-7　特种劳动防护用品安全标志标识

3. 进口劳动防护用品的管理

进口的一般劳动防护用品的安全防护性能不得低于我国相关标准，并向国家安全生产监督管理总局指定的特种劳动防护用品安全标志管理机构申请办理准用手续；进口的特种劳动防护用品应当按照规定取得安全标志。

第八节　生产作业现场安全管理

案例导入

【案例 3-10】 2010 年 5 月 10 日 8 时，B 工程公司职工甲、乙受公司指派到 C 炼油厂污水处理车间疏通堵塞的污水管道。两人未到 C 炼油厂办理任何作业手续就来到现场开始作业，甲下到 3m 多深的污水井内用水桶清理油泥，乙在井口用绳索向上提，清理过程中甲发现油泥下方有一水泥块并有气体冒出，随即爬出污水井并在井口用长钢管捣烂水泥块。11 时左右，当甲再次沿爬梯下到井庭时，突然倒地。乙发现后立即呼救。在附近作业的 B 工程公司职工丙等迅速赶到现场，丙在未采取任何防护措施的情况下下井救人，刚进入井底也突然倒地。乙再次大声呼救，C 炼油厂专业救援人员闻讯赶到现场，下井将甲、丙救出，甲、丙经抢救无效死亡。事故调查人员对污水井内气体进行了检测，测得氧气浓度 19.6%、甲烷含量 2.7%、硫化氢含量 850mg/m^3。

【案例 3-11】 2007 年 7 月 5 日 10 时，电工甲在维修车间进行电气维修。10 时 30 分，车工乙开完会，准备使用机床时发现没电，于是来到电气开关柜前，发现开关柜门开着，没有停电作业警示，就接通电源，造成电工甲触电死亡。

一、生产作业现场安全警示标志

（一）设置安全警示标志的依据

《安全生产法》第二十八条规定，生产经营单位应当在有较大危险因素的生产经营场所和有关设施、设备上，设置明显的安全警示标志。设置安全警示标志，及时提醒从业人员注意危险，防止从业人员发生事故，是一项重要的保障安全生产的现场技术措施。

国家标准《安全标志及其使用导则》(GB 2894—2008)规定了传递安全信息的标志及其设置、使用的原则。其适用于公共场所、工业企业、建筑工地和其他有必要提醒人们注意安全的场所。

（二）安全标志类型

《安全标志及其使用导则》(GB 2894—2008)规定，安全标志是用以表达特定安全信息的标志，由图形符号、安全色、几何形状(边框)或文字构成。

安全标志分禁止标志、警告标志、指令标志和提示标志四大类型，如图 3-8 所示。

① 禁止标志(prohibition sign)：禁止人们不安全行为的图形标志。其基本形式是带斜杠的圆边框。

② 警告标志(warning sign)：提醒人们对周围环境引起注意，以避免可能发生危险的图形标志。其基本形式是正三角形边框。

③ 指令标志(direction sign)：强制人们必须做出某种动作或采用防范措施的图形标志。其基本形式是圆形边框。

④ 提示标志(information sign)：向人们提供某种信息(如标明安全设施或场所等)的图形标志。其基本形式是正方形边框。

(a) 禁止标志　(b) 警告标志　(c) 指令标志　(d) 提示标志

图 3-8　安全标志类型示例

（三）安全警示标志的设置和管理

生产经营单位应严格按照《安全标志及其使用导则》(GB 2894—2008)确立的原则、规格和形式，在有较大危险因素的生产经营场所和有关设施、设备上，设置明显的安全警示标志。

警示标志应设置在醒目位置，如密闭设备应在设备上设置警示标志，地上有限空间应在入口 1m 范围内竖立专用标志牌，地下有限空间应在从事有限空间作业时在现场周围设置护栏和安全告知牌。安全告知牌内容包括警示标志、作业现场危险性、安全操作注意事项、危险有害因素浓度要求、应急电话等。

生产经营单位应按下列要求加强对生产作业现场安全警示标志的管理工作。

（1）高度重视，切实落实

在有较大危险因素的生产经营场所和有关设施、设备上设置明显的安全警示标志，是生产经营单位应履行的义务，是安全生产管理工作的重要内容，也是提高作业人员安全意识，防范事故发生的有效手段。各生产经营单位要高度重视，加强管理，保证资金投入，严格按照安全生产有关法律和国家标准的规定，切实落实在有限空间作业现场设置明显的安全警示标志的要求。

（2）认真核查，摸清底数

各生产经营单位要对本单位内存在较大危险因素的生产经营场所和有关设施、设备（如有毒有害、通风不良的有限空间等），认真识别，逐一排查，摸清底数，建立台账，切实做好警示标志设置工作。对长期废弃的死角如检查井、容器、窨池等，应及时采取措施，进行封堵或填埋，避免意外事故发生。

（3）加强管理，及时维护

各生产经营单位应加强警示标志使用、维护和管理工作，建立安全警示标志档案，并将其列入日常检查内容，如发现有变形、破损、褪色等不符合要求的标志应及时修整或更换。

（4）督促落实，强化监督

安全生产监管部门将生产经营单位生产作业现场设置警示标志情况作为日常安全监管的重要内容，对没有按规定设置警示标志的生产经营单位，应依据《安全生产法》等法律法规的有关规定给予从重（从严）行政处罚。

二、危险作业安全管理

《安全生产法》第三十五条规定："生产经营单位进行爆破、吊装等危险作业，应当安排专门人员进行现场安全管理，确保操作规程的遵守和安全措施的落实。"

（一）危险作业的特点

危险作业是指容易造成严重伤害事故和财产损失的作业。

危险作业的基本特点是临时性、不固定性和危险性。具体表现在：作业时间、地点不固定；临时组织作业人员，往往彼此不够熟悉，难以做到默契配合；作业程序不固定，不熟悉，甚至是完全生疏的；使用的设备、工具不固定，甚至不适合，缺乏安全保障；一般都较复杂、困难，技术要求高、危险性大。

（二）危险作业的范围

生产经营单位应根据实际情况来确定危险作业的范围，危险作业一般包括：动火作业、高处作业、缺氧危险作业场所作业、爆破作业、吊装作业、动土作业、拆除作业、检修作业、临时用电作业等。

1. 动火作业

动火作业是指在禁火区进行焊接与切割作业及在易燃易爆场所使用喷灯、电钻、砂轮等进行可能产生火焰、火花和赤热表面的临时性作业。动火作业根据作业区域的火灾危险性的大小分为特殊危险动火作业、一级动火作业和二级动火作业三类。

① 特殊危险动火作业。是指在生产运行状态下的易燃易爆物品生产装置、输送管道、储罐、容器等部位上及其他特殊危险场所的动火作业。所谓特殊危险是相对的，而不是绝对的。如果有绝对危险，必须坚决执行生产服从安全的原则，绝对不能动火。

② 一级动火作业。是指在甲、乙类火灾危险区域内动火的作业。甲、乙类火灾危险区域是指生产、储存、装卸、搬运、使用易燃易爆物或挥发、散发易燃气体、蒸气的场所。凡在甲、乙类生产厂房、生产装置区、储罐区、库房等与明火或散发火花地点的防火间距内的动火，均为为一级动火。其区域为30m半径的范围。所以，凡是在这30m范围内的动火，均应办理一级动火证。

③ 二级动火作业。是指除特殊危险动火作业和一级动火作业以外的动火作业。即指厂区内除一级和特殊危险动火区域外的动火和其他单位的丙类物质火灾危险场所范围内的动火。凡是在二级动火区域内的动火作业均应办理二级动火许可证。

以上分级方法只是一个原则，企业应根据本单位的实际情况确定。

2. 高处作业

高处作业是指作业点距坠落基准面高于2m的作业，共分为四级：一级高处作业指高度在2～5m时的作业；二级高处作业是指高度在5m以上15m时的作业；三级高处作业是指高度在15m以上至30m时的作业；特级高处作业是指高度在30m以上的作业。此外，还有在大风天气、高温或低温、降雨降雪等特殊环境下的高处作业。对这些不同类型的高处作业，必须全部纳入高处作业管理的范围。

3. 受限空间作业

受限空间作业往往存在缺氧危险，因此可称为缺氧危险作业，其作业场所分为以下三类。

① 密闭设备：指船舱、储罐、塔（釜）、烟道、沉箱及锅炉等。

② 地下有限空间：包括地下管道、地下室、地下仓库、地下工程、暗沟、隧道、涵洞、地坑、矿井、废井、地窖、污水池（井）、沼气池及化粪池等。

③ 地上有限空间：包括酒糟池、发酵池、垃圾站、温室、冷库、粮仓、料仓等封闭空间。

在缺氧危险作业场所的操作叫缺氧危险作业场所作业。缺氧危险作业场所由于空间小，空气不流通，容易引起中毒、火灾和爆炸、缺氧窒息、中暑、窒息性气体中毒等事故。

4. 临时用电作业

临时用电作业是指接临时电源，主要是生产装置、施工现场、罐区和具有火灾爆炸危险场所内接临时电源，容易发生人身触电、火灾爆炸及各类电气事故。

5. 动土作业

动土作业系指在生产厂区、地面、埋地电缆、电信及地下管道区域范围内，以及交通道路、消防通道上开挖、掘进、钻孔、打桩、爆破等各种破土作业。

（三）危险作业的安全管理要求

对危险作业管理一般实行申报审批制管理，以确保各类危险作业都纳入危险作业管理范围，这样，有利于落实各级管理人员和操作人员安全生产责任制，达到分级管理，分级负责，纵向到底，横向到边，不留死角的目的，实现安全作业。因此，要从人员、职责、措施、监督等方面对危险作业进行全面管理，以确保危险作业的安全。危险作业安全管理要求如下。

① 明确从事危险作业人员条件。包括操作人、监护人、安全责任人、审批人等应具备的条件。

② 明确操作人、监护人、安全责任人、审批人在作业过程中的职责。

③ 制定详尽、周全的安全防护措施。对危险作业要采取相应的防护措施。由于危险作业的范围和内容不同，作业工艺和环境的不同，其存在的危险和可能发生的后果不同，各类危险作业的防护措施也就不同。因此，制定防护措施要根据危险作业的具体情况来确定。

④ 作业前必须按规定办理安全许可审批手续。

⑤ 作业前，必须认真落实安全措施。经过检查确认，安全措施落实到位并符合要求的，才能开始作业。

三、交叉作业安全管理

（一）交叉作业安全管理的依据

交叉作业指两个以上生产经营单位在同一作业区域内进行生产经营活动。包括立体交叉作业和平面交叉作业。

在建筑施工工地，同一工程需要不同的专业队伍来完成，分部分项工程由各专业队伍来完成，将导致在同一作业区域、同一时间内有两个以上的单位（班组）同时进行作业；作业内容可能相互独立，又可能相互联系。从而出现了交叉作业的现象。

为保证双方或多方的施工安全，避免发生安全事故，《安全生产法》第四十条对交叉作业的安全管理提出了明确要求："两个以上生产经营单位在同一作业区域内进行生产经营活动，可能危及对方生产安全，应当签订安全生产管理协议，明确各自的安全生产管理职责和应当采取的安全措施，并指定专职安全生产管理人员进行安全检查与协调。"

（二）交叉作业的范围

在建筑施工过程中，在同一作业区域内进行施工活动，都可能危及对方生产安全和干扰施工的问题。主要表现在土石方开挖、爆破作业、设备（结构）安装、起重吊装、高处作业、模板安装、脚手架搭设拆除、焊接（动火）作业、施工用电、材料运输、其他可能危及对方生产安全的作业等。

（三）交叉作业的特点和危害

两个以上单位在同一作业区域内进行施工作业，因作业空间受限制，人员多，工序多，机械设备、物料（转移）存放不便；所以作业干扰多，需要配合、协调的作业多，现场的隐患多，造成的后果严重。可能发生高处坠落、物体打击、机械伤害，车辆伤害、触电，火灾等。

（四）交叉作业的管理方式

两个以上施工单位在同一作业区域内进行生产经营活动，可能危及对方生产安全的，应当进行安全生产方面的协作。协作的主要形式是签订并执行安全生产管理协议。

各单位应当通过安全生产管理协议互相告知本单位生产的特点、作业场所存在的危险因素、防范措施以及事故应急措施，以使各个单位对该作业区域的安全生产状况有一个整体上的把握。

同时，各单位还应当在安全生产管理协议中明确各自的安全职责和应当采取的安全措施，做到职责清楚，分工明确。

为了使安全生产管理协议真正得到贯彻，保证作业区域内的生产安全，施工各方还应当指定专职的安全生产管理人员对作业区域内的安全生产状况进行检查，对检查中发现的安全生产问题及时进行协调、解决。

（五）交叉作业安全管理工作内容

① 各方在同一区域内作业施工，应互相理解，互相配合，建立联系机制，及时解决可能发生的安全问题，并尽可能为对方创造安全施工条件、作业环境。

② 在同一作业区域内施工应尽量避免交叉作业，在无法避免交叉作业时，应尽量避免立体交叉作业。

③ 因施工需要进入他人作业场所，必须以书面形式（交叉作业通知单）向对方申请；说明作业性质、时间、人数、动用设备、作业区域范围、需要配合事项。其中必须进行告知的作业有：土石方开挖、爆破作业、设备（结构）安装、起重吊装、高处作业、模板安装、脚手架搭设拆除、焊接（动火）作业、施工用电、材料运输、其他作业等。

④ 双方应加强从业人员的安全教育和培训，提高从业人员作业的技能，自我保护意识，预防事故发生的应急措施和综合应变能力，做到“三不伤害”即不伤害自己、不伤害别人、不被别人伤害。

⑤ 双方在交叉作业施工前，应当互相通知或告知对方本班施工作业的内容、安全注意事项。当施工过程中发生冲突和影响施工作业时，各方要先停止作业，保护相关方财产、周边建筑物及水、电、气、管道等设施的安全；由各自的负责人或安全管理负责人进行协商处理。

四、承包、租赁安全管理

1. 承包、租赁安全管理依据

近年来，以包代管、层层转包、包而不管的现象比较普遍，发生的事故也很多。如前些年发生的河南洛阳东都商厦“12·25”特大火灾事故，就是由于这方面原因。

《安全生产法》第四十一条规定，生产经营单位不得将生产经营项目、场所、设备发包或者出租给不具备安全生产条件或者相应资质的单位或者个人。生产经营项目、场所有多个承包单位、承租单位的，生产经营单位应当与承包单位、承租单位签订专门的安全生产管理协议，或者在承包合同、租赁合同中约定各自的安全生产管理职责；生产经营单位对承包单位的安全生产工作统一协调、管理。

2. 对承包、租赁行为安全管理的内容

（1）生产经营单位不得将生产经营单位项目、场所、设备发包或者出租给不具备安全生产条件或者相应资质的单位或者个人。

法律允许生产经营单位将生产经营单位的项目、场所、设备发包或者出租给其他单位，这是市场经济条件下盘活资产、提高经济效益的重要手段。但为了安全生产，禁止生产经营单位将生产经营单位的项目、场所、设备承包或者出租给不具备安全生产条件或者相应资质的单位或者个人。这里讲的单位，包括各类企业，也包括个体工商户，但必须具备规定的安全生产条件或者相应资质，是否具备规定的安全生产条件或者相应资质，要根据有关法律法规来确定。这里讲的个人，是指具有国家规定的资质条件的人员。因此，严禁生产经营单位将项目、场所、设备承包或者出租给皮包公司、流动人员等。

（2）生产经营单位与承包单位、承租单位必须明确各自的安全生产管理责任。责任明确是搞好安全生产管理的重要原则。当有多个承包单位、承租单位时，如果彼此之间的安全生产管理职责不明确，往往会形成平时谁也不管或者相互扯皮，一旦事故发生，彼此推卸责任的局面。因此，生产经营单位与承包单位、承租单位必须签订安全生产管理协议，或者在承包合同、承租合同中约定各自的安全生产管理职责。安全生产管理协议必须是书面的，并由生产经营单位和承包方或承租方双方签字认可。安全生产管理职责必须具体、明确，并落实到人。如果承包方、承租方又将项目、场所、设备进行转包或者转租给其他单位的，承包方与再承包、承租方与再承租方也必须签订安全生产管理协议，或者在承包合同、承租合同中约定各自的安全生产管理协议，以此类推。

（3）生产经营单位对承包单位、承租单位的安全生产工作必须统一协调、管理。一个生产经营单位往往将项目、场所、设备承包、出租给多个不同的生产经营单位，各个承包单位、承租单位相互不通气，这两年发生的几起娱乐场所特大火灾事故都是由于这种原因造成的。有些安全生产问题，不是涉及某一承包单位、承租单位，而是整个生产经营单位。一旦事故发生，不仅事故发生单位受到损失，还要殃及其他单位。这些人命关天的问题，仅靠某一个承包单位或者承租单位来协调管理是不行的，必须由生产经营单位来进行统一协调管理。生产经营单位是生产经营项目、场所、设备的最终责任者，有责任和义务对承包、出租的生产经营项目、场所、设备的安全生产工作进行统一协调管理。

五、作业现场安全管理

作业现场实际上是生产过程中的人（操作者，管理者）、机（机器设备，工艺装备）、料（原材料，辅助材料，零部件）、能（水，电气，煤，汽）、法（操作方法，工艺制度，规章），环（环境）、信（信息）等要素进行合理配置和优化组合，所形成的一个“人—机—环”复杂系统。

其主要特点是：基础性、系统性、开放性、动态性、群众性。

现场管理是企业安全管理的重点和难点。加强现场安全管理，对消除不安全因素和行为，防止事故发生，推动安全文化建设，树立企业形象，发挥着非常重要的作用。

（一）现场管理对安全生产的现实意义

（1）现场是各种生产要素的集合，是各项管理功能的“聚焦点”，现场管理也是对现场各种生产要素的管理和各项管理功能的验证。

现场管理范围涉及企业的方方面面，也是一个庞大的系统工程，一个企业管理好不好关键是看现场管理好不好，在一个现场管理混乱的企业里，很难生产出高质量的产品。在市场经济条件下，现场就是市场，现场就是企业的形象。只有强化现场管理，提高工艺水平，才能生产出优质产品，不断提高经济效益。

（2）在实际意义方面，加强现场管理，能够减少事故发生。因为事故发生的最重要的间接因素就是现场管理因素（环境），由于现场管理存在缺陷，才造成人的行为失控和现场的隐患，从而导致人员伤害，设备、火灾事故发生。加强现场管理，就会促进各项基础管理工作的提高，避免或减少因管理不当或失误造成的事故，提高生产现场的本质安全，达到实现安全生产的目的。

（3）现场管理是实现安全文明生产的基本要求。现场管理是一种广泛的群众性活动，要求员工“从我做起”、“从身边做起”，通过对生产作业现场“脏、乱、差”的治理，对不安全、不文明的规劝，对各项基础管理工作的加强，不仅增强职工的责任感、荣辱感，也必然极大地优化企业安全生产的大环境，如保持安全通道是否畅通，工件材料是否摆放整齐可靠；设备设施保养是否完好，库房人员管理是否符合防火标准，通过现场管理对员工进行安全文明生产的再教育。

现场管理的牵涉面广，推广难度大，是企业管理中的“难点”问题。抓好现场管理是现代企业的内在需要，必须要有企业领导的正确认识、高度重视和大力支持，从而通过现场管理水平的提升来促进企业安全管理工作迈上新的台阶。

（二）作业现场管理的任务

① 要形成一支目标明确，团结向上，精神面貌好，技术素质高，遵章守纪，战斗力强，职责分明的职工队伍。

② 要营造一个良好的工作环境。

③ 严格执行操作规程，严明工艺纪律，认真做好生产控制与检验，保证产品生产合格，并使质量不断上新台阶。

④ 合理组织生产，科学地设置生产岗位，掌握生产节奏，减少生产波动，使生产均衡地进行。

⑤ 要研究物流规律，对各个环节任务明确，环环相扣，不脱节，以使物流顺畅地运行，保证生产的需要。

⑥ 要使设备正常运转，大力做好操作，维护，保养，检修等工作，绝不让设备问题拖生产后腿。

⑦ 做好生产过程中的原始记录,台账,报表的记录,整理,传输工作。

(三) 作业现场管理的内容

(1) 工序管理,工序是一个操作者在一个工作地对一个加工对象进行加工连续完成的那部分工作内容,它是生产与作业现场的基本单位,主要分工序要素(劳动力,设备,原材料)和产品要素管理(产品品种、质量、数量、交货期、成本的管理)。

(2) 物流管理,在物流管理中要强调解决好三方面的问题。

① 要在整个生产过程中,使物流路线短,只有物流路线短才能使产品生产周期变短,减少流动资金占用量。

② 使生产过程中在制品数量最少。

③ 使生产过程中搬运效率最高。

(3) 环境管理。治理现场环境,改变生产现场"脏、乱、差"的状况,确保安全生产、文明生产。

(四) 现场管理的方法

现场管理内容包括:安全管理、工艺管理、质量管理、物流管理、设备管理、动能管理、物资管理、计量管理、档案管理、环境管理,不是一个单位能搞好的,要充分体现"分级管理、分线负责"的体系才能完善现场管理工作,这里从安全文明生产角度主要介绍定置管理及"5S"活动。

(1) 定置管理

定置管理是研究和改善现场的科学方法,研究分析从生产现场中人、物、场所的结合状态和关系,做到"人定岗、物定位、危险工序定等级,危险品定存量,成品、半成品、材料定区域",寻找改善和加强现场管理的对策和措施,最大限度地消除影响产品质量、安全和生产效率的不良因素。定置管理工作的目的:一是提高产品质量;二要提高生产效率;三是减少事故发生。

(2) 推行"5S"活动

"5S"活动起源于日本,20世纪80年代传入我国。它是一种先进、科学的现场管理方法,很有借鉴和推广价值。

所谓"5S"活动是指对生产现场各生产要素(主要是物的要素)所处状态坚持不断地进行整理、整顿、清洁、清扫和提高素养的活动。上述这五个词日语罗马拼音的第一个字母都是"S",故简称"5S"。"5S"是现场管理的基础,其中最关键的是人的素养。通过"5S"活动,可以使企业生产环境清洁,纪律严明,设备完好,物流有序,信息准确,生产均衡,达到优质、低耗、高效之目的。

整理是"5S"活动的起点。其主要做法是对生产现场现实摆放和停滞的物品进行分类,区分要与不要。与现场无关的物品要坚持清除掉,经常使用的物品归类放在作业区,偶尔使用或不常使用的物品放在车间集中处或存入仓库。其目的在于改善和增大作业面积,提高职工工作情绪。整理的关键是要下狠心,对现场不需要的物品坚决消除掉。车间、班组、岗位的前后,通道左右、厂房上下,柜箱内外都要彻底搜寻和清理,消灭死角达到现场无不用之物。

整顿是“5S”活动的基本点。它是对整理后有用物品的整顿，也就是所谓的“定置管理”。其主要做法是对现场有用的物品进行科学设计，合理定置，每个物品都能固定摆放在相应的位置，并做到过目知数，用完物品及时归回原处。其目的在于减少寻物时间，提高工作效率。整顿的关键是将现场有用物品定置、定量。有物必有区，有区必挂牌，按区存放，按图定置，图物相符。

清扫是“5S”活动的立足点。主要做法是每个人把自己管辖的现场清扫干净，并对设备及工位器具进行维护保养，查处异常，消除跑、冒、滴、漏。其关键点是自己的范围自己打扫，不能靠增加清洁工来完成。目的在于保护清洁、明快、舒畅的工作环境。

清洁是“5S”活动的落脚点。它是对整理、整顿、清扫的坚持与深入，同时包括对现场工业卫生的根治。其要点是：坚持和保持。做到环境清洁，职工仪表整洁，文明操作，礼貌待人，使现场的人、物、环境达到最佳结合。

素养是“5S”活动的核心。没有良好的素养，再好的现场管理也难以保持。所以，提高人的素养关系到“5S”活动的成效。因此，在“5S”的全过程要贯彻自我管理的原则。要让职工都知道，创造良好的工作环境，不能单靠添置设备来改善，也不能指望别人来代办，而是靠自己动手为自己创建一个整齐、清洁、方便、安全的工作环境。在尊重自己创造成果的同时，养成勤快能干，认真负责的好作风；在维护自己劳动成果的同时，养成遵章守纪的好习惯，这样就容易保持和坚持下去。

第九节　安全生产检查与事故隐患治理

案例导入

【案例3-12】 2008年5月20日，油罐完成了清罐检修。该油罐为拱顶罐，容量200m³。油罐进油管从罐顶接入罐内，但未伸到罐底，罐内原有液位计，因失灵已拆除。6月6日8时，开始给油罐输油，汽油从罐顶输油时进油管内流速为2.3～2.5m/s，导致汽油在罐内发生了剧烈喷溅，随即着火爆炸。爆炸把整个罐顶抛离油罐。现场人员灭火时发现泡沫发生器不出泡沫，匆忙中用水枪灭火，导致火势扩大。消防队到达后，用泡沫扑灭了火灾。事故造成1人死亡、3人轻伤，直接经济损失420万元。事故调查分析，泡沫灭火系统正常，泡沫发生器不出泡沫的原因是现场操作人员操作不当，开错了阀门。

【案例3-13】 2005年1月4日上午，南京航空航天大学材料科学与技术学院一本科生在实验室进行三相电机反转、正转实验，发现总电源没有开，老师走到讲台打开总电源时，某同学触电（380V电压）倒下，经抢救无效死亡。

【案例3-14】 2009年10月23日下午，化工与环境学院一名老师、一名博士生与一名研二学生，观看两名技术人员在新5号教学楼901室调试新购设备时遭遇爆炸。教师右眼球破裂伤，经手术治疗，目前右眼视力为0.2，此外两名学生和两名厂方工作人员头面部多处裂伤。事故原因是，化工与环境学院购买的厌氧培养箱在厂房人员验收调试过程中，误将氢气通入厌氧培养箱而发生爆炸。

安全生产检查是指对生产过程及安全管理中可能存在的隐患、有害与危险因素、缺陷等进行查证，以确定隐患或有害与危险因素、缺陷的存在状态，以及它们转化为事故的条件，以便制定整改措施，消除隐患和危险有害因素。

一、企业常用安全检查的种类

安全检查的种类划分有很多不同标准，目前并没有统一的规定，通常可划分为6种类型：定期安全生产检查、经常性安全生产检查、季节性及节假日前安全生产检查、专业（项）安全生产检查、综合性安全生产检查、不定期的职工代表安全生产巡视。下面将我国大多数企业目前常用的安全检查的种类和频次列出，以供参考。

1. 综合性安全检查

综合性安全检查是企业组织的定期进行的全面安全检查，一般通过有制度、有计划、有组织、有目的的形式来实现。如次/年、次/季、次/月、次/周、次/日等。检查周期根据各单位实际情况确定。综合性检查的面广，有深度，能及时发现并解决问题，是企业最主要的安全检查类别。

综合性安全检查基本上是按照企业内部安全管理的层级实施的，依据安全检查制度的内容，规定了检查周期、日程、计划、检查主体、检查对象和内容，是由各级领导、安全管理人员及全体员工参与进行的综合性安全检查。这类检查具有频次高、时间长、范围广、内容多等特点，主要是为了全面、及时掌握和了解企业的安全管理和安全技术及工业卫生状况，为安全管理工作提供依据，保证企业安全生产工作的正常开展。主要有以下几个层级。

（1）厂级安全检查

对本单位的安全、消防、设备、工艺等进行的安全生产日常综合检查。一般可每半年或每季度检查一次，至少每年应进行一次。

由企业领导带队，企业规模较大的单位可由各主管领导带队，分为几个检查组，由各职能管理部门参加，对所属下级生产部门进行全面安全检查，事先有计划、有通知，通常还要求被检查单位先进行自查。

（2）车间级安全检查

重点放在员工操作、设备设施、作业环境等人的不安全行为和物的不安全状态方面。

一般为每月一次，频次较高的则每周一次，通常不固定具体实施日期。

由车间领导组织职能管理人员参加，对本车间范围内的安全生产情况进行全面检查，如果其他工作比较紧张时也会采取抽样检查的方式。

（3）班组级安全检查

重点是检查本班组作业活动范围内的设备设施、工艺运行、员工行为、联保互保、“三不伤害”、未遂事故等情况。

一般每周要进行一次全面检查，有些单位与班组安全活动相结合；每天还要有例行检查，如班前会提示、开工前准备工作的检查、工作中随时检查、工作完毕后检查、交接班前检查等。

由班组长领导、班组安全员实施并记录，全体员工参与。有的企业规定了“三三”制检查，即班组长或班组安全员每天进行三次、每次不少于30min的班组安全检查。

(4) 岗位安全检查

岗位员工进行的自检、互检，重点放在设备隐患和违章操作两个方面。

这种检查大部分随时进行，但固定的有班前、班中、班后岗位安全检查和巡视检查，巡视检查根据生产情况和特点确定检查频次。

经常性安全检查可以看作定期安全检查的同义词，是定期安全检查的口语化俗称。有时经常性检查被认为是专门指车间以下级别的定期安全检查，特别是指班组和岗位定期安全检查，因为这几种检查的频次比较多，达到了“经常”的水平。

2. 节假日安全检查

这是一种很有中国特色的安全检查，很多企业将这种检查与定期安全检查结合起来实施，即企业（厂、矿）级定期安全检查由节假日安全检查替代，这是我国企业级安全检查的主要形式。

由于节假日（特别是重大节日，如元旦、春节、劳动节、国庆节）前后容易发生事故，因而应进行有针对性的安全检查。主要是检查安全生产、消防、治安保卫和文明生产等工作。节前检查有利于保证节日安全生产，节后检查是为了防止有些职工纪律松懈，重点进行遵章守纪的检查和消除隐患工作的落实情况。我国企业在实际工作中大部分采取节前检查的方式，节后检查较少。

节假日安全检查主要有“元旦、春节”安全检查、“五・一”安全检查、“十・一”安全检查等。其中由于元旦和春节时间比较接近，所以很多企业将这两个节日检查合并进行，分为两个阶段开展，这样便于组织和提高管理效率。

检查时通常先由各被检查单位和部门进行自查，并上报检查结果，企业检查组根据上报的检查结果再进行有针对性的全面检查。

3. 季节性安全检查

各企业安全管理部门（还包括消防、电气、设备等部门）根据季节变化，按气候条件对安全生产的影响，对易发的潜在危险，突出重点进行季节性检查。这类检查也可以列入专项安全检查。

主要有冬季防冻保温、防火、防煤气中毒安全检查；夏季防暑降温、防汛、防雷、防触电检查等。

夏季安全检查一般在每年夏季来临前的5月份进行一次；冬季安全检查一般在每年冬季来临前的11月份进行一次。由于各地气候的不同，根据实际情况具体安排。

4. 专业(项)安全检查

专项检查主要是根据设备情况和安全管理重点环节及薄弱环节进行的。主要有危险性较大的在用设备、设施检查，作业场所环境条件检查，强制监督性检测检验等，均属专业性安全检查。专项检查具有较强的针对性和专业要求，技术性很强，用于检查难度较大的项目。通过检查，发现潜在问题，研究整改对策，及时消除隐患，进行技术改造。

国家对强制性检测检验周期有相应规定，企业应当在检查期限之前一段时间内向有关机构提出检查申请，以保证不超过国家规定的有效期限。其他专项安全检查则根据本企业具体情况和有关专业管理部门的工作安排进行。

专项安全检查的主体除安全管理部门外主要有设备部门、能源部门、生产技术部门等，检查对象多是特定的设施和设备的运行情况和操作情况。这类检查主要有特种设备安全检查、电气安全检查、设备安全检查等。

5. 全员性安全检查

(1) 由企业管理部门组织进行的全员性安全检查，其目的是全面发现和掌握安全生产工作中存在的各种问题，更是为了通过这样一种安全检查形式进行安全教育，提高全员安全素质和安全意识。这种检查往往根据企业安全生产工作的需要，不定期地举行，而且多与其他安全管理活动相结合，如每年的安全生产月活动中经常会开展此类检查。

(2) 由工会组织的全员性安全检查，其主要目的是通过检查来维护职工的安全生产合法权益，保证员工在安全和健康的生产条件下进行生产工作，更加强调对员工安全利益的保护。工会组织的安全检查重点是企业对安全生产的重视程度和提供的生产安全及职业病防护条件如何，因此其检查对象主要是各级领导和管理层，也可以认为这是一种自下而上的安全检查。员工是此种安全检查的主体，企业领导和管理层及其为员工提供的安全生产服务工作是接受检查的客体。检查方式除了一般性安全检查形式外，还有通过检查由职工提出合理化建议的方法，如果职工的合理化建议被采纳还会有相关的奖励措施，以调动员工参与的积极性。

检查的重点是查国家安全生产方针、法规的贯彻执行情况；查单位领导干部安全生产责任制的执行情况；查工人安全生产权利保证的执行情况；查企业安全生产条件状况和职业病防护情况；查人身伤害事故原因、隐患整改情况并对责任者提出处理意见。此类检查可进一步强化各级领导安全生产责任制的落实，促进职工劳动保护合法权利的维护。

检查的频次也是不确定的，通常与企业其他安全生产工作或工会的安全生产工作相结合。

6. 不定期安全检查

这是一种针对性很强、带有特殊目的的安全检查，它有可能在企业安全检查制度中给予明确，也可能根本没有相应规定，但它的确是我国很常见的检查形式。

对政府及其行政部门来说，这种检查的运用频次是比较高的，从国务院到地方政府组织的很多综合性安全大检查一般都属于此类。通常是当发生某种特大事故，后果和影响很大，而实际工作中仍然存在大量同类型的安全隐患时，临时性安全大检查就成为首选的方式。当然企业中也存在类似情况。还有就是根据当时的安全生产形势，有针对性地对某一方面或专项进行突击检查，如安全生产专项整治工作中进行的专项安全检查。

不定期安全检查的另一目的则是反映安全生产状况的真实水平，同时便于检查部门对检查对象的监督，事先不发出通知，或留给被检查单位的准备时间很短，使其完全来不及做“表面文章”。像一些部门经常对下属单位进行突击性检查，发现一般检查不易发现的问题，并及时地进行整改。

由于这类安全检查事先没有固定的检查计划，事先也不确定检查时间，所以具有较强的灵活性，由检查单位根据自身情况进行安排。此类检查的频次不宜过多，否则既会影响检查单位的正常工作也会给被检查单位造成工作上的被动，带有一定的负面作用。

不定期安全检查主要分为以下几种。

① 临时性安全大检查。

② 发生重大事故后的有针对性的安全大检查。

③ 甲方对乙方的临时性安全监督检查。

④ 检修、清理、拆除等临时性作业的安全检查。

二、安全生产检查的基本内容

1. 安全检查内容的概述

安全检查的内容包括软件系统和硬件系统。软件系统主要是查思想、查意识、查制度、查管理、查事故处理、查隐患、查整改。硬件系统主要是查生产设备、查辅助设施、查安全设施、查作业环境。

安全生产检查具体内容应本着突出重点的原则进行确定。对于危险性大、易发事故、事故危害大的生产系统、部位、装置、设备等应加强检查。

2. 安全检查的重点内容

安全检查中，一般应重点检查以下内容。

① 易造成重大损失的易燃易爆危险物品、剧毒品、锅炉、压力容器、起重设备、运输设备、冶炼设备、电气设备、冲压机械、高处作业和本企业易发生工伤、火灾、爆炸等事故的设备、工种、场所及其作业人员。

② 造成职业中毒或职业病的尘毒产生点及其作业人员。

③ 直接管理重要危险点和有害作业点的部门及其负责人。

④ 具有较大危险的作业现场，以及生产现场的要害部位和重点岗位。

三、安全生产检查的方法及工作程序

（一）检查方法

1. 常规检查

常规检查是常见的一种检查方法。通常是由安全管理人员作为检查工作的主体，到作业场所的现场，通过感观或辅助一定的简单工具、仪表等，对作业人员的行为、作业场所的环境条件、生产设备设施等进行的定性检查。安全检查人员通过这一手段，及时发现现场存在的安全隐患并采取措施予以消除，纠正作业人员的不安全行为。

常规检查完全依靠安全检查人员的经验和能力，检查的结果直接受安全检查人员个人素质的影响。因此，对安全检查人员个人素质的要求较高。

2. 安全检查表法

为使检查工作更加规范，将个人的行为对检查结果的影响减到最小，常采用安全检查表法（可参考第四章的有关内容）。安全检查表是进行安全检查，发现和查明各种危险和隐患，监督各项安全规章制度的实施，及时发现事故隐患并制止违章行为的一个有力工具。

安全检查表(SCL)是事先把系统加以剖析，列出各层次的不安全因素，确定检查项目，并把检查项目按系统的组成顺序编制成表，以便进行检查或评审，这种表就叫作安全检查表。

采用安全检查表法进行安全检查，必须提前将所需的安全检查表编制好。安全检查表应列举需查明的所有可能会导致事故的不安全因素。每个检查表均需注明检查时间、检查者、直接负责人等，以便分清责任。安全检查表的设计应做到系统、全面、检查项目明确。

3. 仪器检查法

机器、设备内部的缺陷及作业环境条件的真实信息或定量数据，只能通过仪器检查法来进行定量化的检验与测量，才能发现安全隐患，从而为后续整改提供信息。因此，必要时需要实施仪器检查。由于被检查的对象不同，检查所用的仪器和手段也不同。

（二）安全生产检查的工作程序

(1) 安全检查准备

① 确定检查对象、目的、任务。

② 查阅、掌握有关法规、标准、规程的要求。

③ 了解检查对象的工艺流程；生产情况；可能出现危险、危害的情况。

④ 制定检查计划，安排检查内容、方法、步骤。

⑤ 编写安全检查表或检查提纲。

⑥ 准备必要的检测工具、仪器、书写表格或记录本。

⑦ 挑选和训练检查人员并进行必要的分工等。

(2) 实施安全检查

实施安全检查就是通过访谈、查阅文件和记录、现场观察、仪器测量的方式获取信息的过程。

① 访谈。通过与有关人员谈话来查安全意识、查规章制度执行情况等。

② 查阅文件和记录。检查设计文件、作业规程、安全措施、责任制度、操作规程等是否齐全、有效；查阅相应记录，判断上述文件是否被执行。

③ 现场观察。对作业现场的生产设备、安全防护设施、作业环境、人员操作等进行观察，寻找不安全因素、事故隐患、事故征兆等。

④ 仪器测量。利用一定的检测检验仪器设备，对在用的设施、设备、器材状况及作业环境条件等进行测量，以发现隐患。

在实施安全检查的过程中，检查人员必须按要求认真做好检查记录，规范填写检查记录表和有关单据、凭证。

(3) 通过分析做出判断

掌握情况(获得信息)之后，要进行分析、判断和检验。可凭经验、技能进行分析、做出判断，必要时需对所做判断进行验证，以保证得出正确结论。

(4) 及时做出决定进行处理

做出判断后，应针对存在的问题做出采取措施的决定，即下达隐患整改意见和要求，包括要求进行信息的反馈。

(5) 整改落实

存在隐患的单位必须按照检查组(人员)提出的隐患整改意见和要求落实整改。检查组(人员)对整改落实情况进行复查，获得整改效果的信息，以实现安全检查工作形成闭环。

四、事故隐患排查与治理

(一) 事故隐患概述

1. 事故隐患排查治理的依据

《安全生产法》第十七条规定，生产经营单位主要负责人应当履行督促、检查本单位的安全生产工作，及时消除生产安全事故隐患的安全生产工作职责。

2007 年 12 月 28 日国家安全生产监督管理总局令第 16 号公布了《安全生产事故隐患排查治理暂行规定》，自 2008 年 2 月 1 日起施行。该暂行规定明确了生产经营单位的事故隐患排查治理职责及具体要求。

《国务院关于进一步加强企业安全生产工作的通知》(国发[2010]23 号)进一步要求，企业要经常性开展安全隐患排查，并切实做到整改措施、责任、资金、时限和预案"五到位"。建立以安全生产专业人员为主导的隐患整改效果评价制度，确保整改到位。对隐患整改不力造成事故的，要依法追究企业和企业相关负责人的责任。对停产整改逾期未完成的不得复产。

2. 事故隐患的定义与分类

安全生产事故隐患(以下简称事故隐患)，是指生产经营单位违反安全生产法律、法规、规章、标准、规程和安全生产管理制度的规定，或者因其他因素在生产经营活动中存在可能导致事故发生的物的危险状态、人的不安全行为和管理上的缺陷。

事故隐患分为一般事故隐患和重大事故隐患。一般事故隐患，是指危害和整改难度较小，发现后能够立即整改排除的隐患。重大事故隐患，是指危害和整改难度较大，应当全部或者局部停产停业，并经过一定时间整改治理方能排除的隐患，或者因外部因素影响致使生产经营单位自身难以排除的隐患。

3. 事故隐患与安全检查的关系

安全检查就是要发现问题，必然成为隐患排查的主要手段。找出事故隐患是安全检查的首要目的，隐患排查工作的第一步就是开展现场安全检查；安全检查发现的问题是不是隐患有时必须作进一步分析判断，需要借助其他手段加以确认；现场安全检查是隐患排查工作的开始，隐患排查是现场安全检查工作的延伸和深入；两者相互包容，不可割裂，本质和目的都是为了预防和控制事故。

（二）事故隐患排查治理内容

根据《国务院办公厅关于进一步开展安全生产隐患排查治理工作的通知》(国办发明电[2008]15号)等相关文件的规定，安全生产隐患排查治理内容主要是全面排查治理各生产经营单位及其工艺系统、基础设施、技术装备、作业环境、防控手段等方面存在的隐患，以及安全生产体制机制、制度建设、安全管理组织体系、责任落实、劳动纪律、现场管理、事故查处等方面存在的薄弱环节。

① 安全生产法律法规、规章制度、规程标准的贯彻执行情况。

② 安全生产责任制建立及落实情况。

③ 安全生产费用提取使用、安全生产风险抵押金交纳等经济政策的执行情况。

④ 企业安全生产重要设施、装备和关键设备、装置的完好状况及日常管理维护、保养情况，劳动防护用品的配备和使用情况。

⑤ 危险性较大的特种设备和危险物品的存储容器、运输工具的完好状况及检测检验情况。

⑥ 对存在较大危险因素的生产经营场所以及重点环节、部位重大危险源普查建档、风险辨识、监控预警制度的建设及措施落实情况。

⑦ 事故报告、处理及对有关责任人的责任追究情况。

⑧ 安全基础工作及教育培训情况，特别是企业主要负责人、安全管理人员和特种作业人员的持证上岗情况和生产一线职工(包括农民工)的教育培训情况，以及劳动组织、用工等情况。

⑨ 应急预案制定、演练和应急救援物资、设备配备及维护情况。

⑩ 新建、改建、扩建工程项目的安全“三同时”(安全设施与主体工程同时设计、同时施工、同时投产和使用)执行情况。

⑪ 道路设计、建设、维护及交通安全设施设置等情况。

⑫ 对企业周边或作业过程中存在的易由自然灾害引发事故灾难的危险点排查、防范和治理情况等。

（三）生产经营单位的事故隐患排查治理职责

(1) 生产经营单位应当依照法律、法规、规章、标准和规程的要求从事生产经营活动。严禁非法从事生产经营活动。

(2) 生产经营单位是事故隐患排查、治理和防控的责任主体。生产经营单位应当建立健全事故隐患排查治理和建档监控等制度，逐级建立并落实从主要负责人到每个从业人员的隐患排查治理和监控责任制。由主要负责人对本单位事故隐患排查治理工作全面负责。

(3) 生产经营单位应当保证事故隐患排查治理所需的资金，建立资金使用专项制度。

(4) 生产经营单位应当定期组织安全生产管理人员、工程技术人员和其他相关人员排查本单位的事故隐患。对排查出的事故隐患，应当按照事故隐患的等级进行登记，建立事故隐患信息档案，并按照职责分工实施监控治理。

(5) 生产经营单位应当建立事故隐患报告和举报奖励制度,鼓励、发动职工发现和排除事故隐患,鼓励社会公众举报。对发现、排除和举报事故隐患的有功人员,应当给予物质奖励和表彰。

(6) 生产经营单位将生产经营项目、场所、设备发包、出租的,应当与承包、承租单位签订安全生产管理协议,并在协议中明确各方对事故隐患排查、治理和防控的管理职责。生产经营单位对承包、承租单位的事故隐患排查治理负有统一协调和监督管理的职责。

(7) 生产经营单位应当每季、每年对本单位事故隐患排查治理情况进行统计分析,并分别于下一季度15日前和下一年1月31日前向安全监管监察部门和有关部门报送书面统计分析表。统计分析表应当由生产经营单位主要负责人签字。

(8) 重大事故隐患应当及时向安全监管监察部门和有关部门报告。重大事故隐患报告内容包括:

① 隐患的现状及其产生原因。

② 隐患的危害程度和整改难易程度分析。

③ 隐患的治理方案。

(9) 对于一般事故隐患,由生产经营单位(车间、分厂、区队等)负责人或者有关人员立即组织整改。

(10) 对于重大事故隐患,由生产经营单位主要负责人组织制定并实施事故隐患治理方案。重大事故隐患治理方案包括:

① 治理的目标和任务。

② 采取的方法和措施。

③ 经费和物资的落实。

④ 负责治理的机构和人员。

⑤ 治理的时限和要求。

⑥ 安全措施和应急预案。

(11) 生产经营单位在事故隐患治理过程中,应当采取相应的安全防范措施,防止事故发生。事故隐患排除前或者排除过程中无法保证安全的,应当从危险区域内撤出作业人员,并疏散可能危及的其他人员,设置警戒标志,暂时停产停业或者停止使用;对暂时难以停产或者停止使用的相关生产储存装置、设施、设备,应当加强维护和保养,防止事故发生。

(12) 生产经营单位应当加强对自然灾害的预防。对于因自然灾害可能导致事故灾难的隐患,应当按照有关法律、法规、标准和本规定的要求排查治理,采取可靠的预防措施,制定应急预案。在接到有关自然灾害预报时,应当及时向下属单位发出预警通知;发生自然灾害可能危及生产经营单位和人员安全的情况时,应当采取撤离人员、停止作业、加强监测等安全措施,并及时向当地人民政府及其有关部门报告。

(四) 重大事故隐患治理的评估

地方人民政府或者安全监管监察部门及有关部门挂牌督办并责令全部或者局部停产停业治理的重大事故隐患,治理工作结束后,有条件的生产经营单位应当组织本单位的技术人员和专家对重大事故隐患的治理情况进行评估;其他生产经营单位应当委托具备相应资质的安全评价机构对重大事故隐患的治理情况进行评估。

经治理后符合安全生产条件的,生产经营单位应当向安全监管监察部门和有关部门提出恢复生产的书面申请,经安全监管监察部门和有关部门审查同意后,方可恢复生产经营。申请报告应当包括治理方案的内容、项目和安全评价机构出具的评价报告等。

第十节　工伤保险

案例导入

【案例 3-15】　某年某月某日,金乐电表配件有限责任公司因生产需要招收工人,刘丽应聘到该公司工作。金乐公司在没有对其进行岗前职业培训和安全教育的情况下,即让刘丽及 8 名新聘工人上岗,并为他们颁布发了上岗证,约定试用期 3 个月,但未签订劳动用工合同。当年 2 月 3 日下午,因与刘丽同车间的机床操作工张某不在岗,其机床无人操作,刘丽想多学些技术,在未经任何人允许和指派的情况下,擅自操作张某的机床。操作时,因电表盒歪了,刘丽用左手去扶,机床将其左手轧成粉碎性骨折,致左手第 1、2、3 和 4 指缺损。经鉴定,刘丽左手损伤构成 6 级伤残,劳动能力部分丧失。

为了保障因工作遭受事故伤害或者患职业病的职工获得医疗救治和经济补偿,促进工伤预防和职业康复,分散用人单位的工伤风险,国务院于 2003 年 4 月 27 日公布了《工伤保险条例》(第 375 号令),自 2004 年 1 月 1 日起施行。为了适应我国经济社会的发展,国务院于 2010 年 12 月 20 日做出了《关于修改〈工伤保险条例〉的决定》(第 586 号令),自 2011 年 1 月 1 日起施行。

一、工伤保险基本知识

1. 工伤保险具有补偿性

工伤保险是法定的强制性社会保险,是通过对受害人实施医疗救治和给予必要的经济补偿以保障其经济权利的补救措施。从根本上说,它是由政府监管、社保机构经办的社会保障制度,不具有法律制度的惩罚性。

2. 工伤保险权利主体

享有工伤保险权利的主体只限于本企业的职工或者雇工,其他人不能享有这项权利。如果在企业发生生产安全事故时对职工或者雇工以及其他人造成伤害时,只有本企业的职工或者雇工可以得到工伤保险补偿,而受到事故伤害的其他人则不能享有这项权利。所以,工伤保险补偿权利的权利主体是特定的。

3. 工伤保险义务和责任主体

依照《安全生产法》和《工伤保险条例》的规定,生产经营单位和企业有为从业人员办理工伤保险、缴纳保险费的义务,这就确定了生产经营单位和企业是工伤保险的义务和责任主体。不履行这项义务，就要承担相应的法律责任。

4. 工伤保险补偿的原则

按照国际惯例和我国立法，工伤保险补偿实行“无责任补偿”即无过错补偿的原则，这是基于职业风险理论确立的。这种理论从最大限度地保护职工权益的理念出发，认为职业伤害不可避免，职工无法抗拒，不能以受害人是否负有责任来决定是否补偿，只要因公受到伤害就应补偿。基于这种理论，工伤保险不强调造成工伤的原因、过错及其责任，只要确认职工在法定情形下发生工伤，就依法享有获得经济补偿的权利。

5. 工伤保险补偿风险的承担

按照无责任补偿原则，工伤补偿风险的第一承担者本应是企业或者业主，但是工伤保险是以社会共济方式确定补偿风险承担者的，因此不需要企业或者业主直接负责补偿，而是将补偿风险转由社保机构承担，由社保机构负责支付工伤保险补偿金。只要企业或者业主依法足额缴纳了工伤保险费，那么工伤补偿的责任就要由社保机构承担。工伤保险实际上是一种转移工伤补偿的风险和责任的社会共济方式。

二、工伤保险的适用范围

1. 普遍适用

本条例第二条规定，中华人民共和国境内的企业、事业单位、社会团体、民办非企业单位、基金会、律师事务所、会计师事务所等组织和有雇工的个体工商户（以下称用人单位）应当依照本条例规定参加工伤保险，为本单位全部职工或者雇工（以下称职工）缴纳工伤保险费。中华人民共和国境内的企业、事业单位、社会团体、民办非企业单位、基金会、律师事务所、会计师事务所等组织的职工和个体工商户的雇工，均有依照本条例的规定享受工伤保险待遇的权利。

2. 无保险工伤的适用赔偿标准

本条例第六十六条规定，无营业执照或者未经依法登记、备案的单位以及被依法吊销营业执照或者撤销登记、备案的单位的职工受到事故伤害或者患职业病的，由该单位向伤残职工或者死亡职工的近亲属给予一次性赔偿，赔偿标准不得低于本条例规定的工伤保险待遇；用人单位不得使用童工，用人单位使用童工造成童工伤残、死亡的，由该单位向童工或者童工的近亲属给予一次性赔偿，赔偿标准不得低于本条例规定的工伤保险待遇。具体办法由国务院社会保险行政部门规定。

前款规定的伤残职工或者死亡职工的近亲属就赔偿数额与单位发生争议的，以及前款规定的童工或者童工的近亲属就赔偿数额与单位发生争议的，按照处理劳动争议的有关规定处理。

3. 排除适用的人员

公务员和参照公务员法管理的事业单位、社会团体的工作人员因工作遭受事故伤害或者患职业病的，由所在单位支付费用。具体办法由国务院社会保险行政部门会同国务院财政部门规定。

4. 新旧法适用的衔接

本条例施行前已受到事故伤害或者患职业病的职工尚未完成工伤认定的，按照本条例的规定执行。

三、工伤保险费缴纳和工伤保险基金

1. 工伤保险费的征缴和管理

① 工伤保险费的征缴。工伤保险费的征缴按照《社会保险费征缴暂行条例》关于基本养老保险费、基本医疗保险费、失业保险费的征缴规定执行。

② 社会保险行政部门。国务院社会保险行政部门负责全国的工伤保险工作。县级以上地方各级人民政府社会保险行政部门负责本行政区域内的工伤保险工作。

③ 社会保险经办机构。社会保险行政部门按照国务院有关规定设立的社会保险经办机构(以下称经办机构)具体承办工伤保险事务。

④ 三方协调机制。社会保险行政部门等部门制定工伤保险的政策、标准，应当征求工会组织、用人单位代表的意见。

2. 工伤保险费率的制定

① 确定费率的原则。工伤保险费根据以支定收、收支平衡的原则，确定费率。

② 费率的制定。国家根据不同行业的工伤风险程度确定行业的差别费率，并根据工伤保险费使用、工伤发生率等情况在每个行业内确定若干费率档次。行业差别费率及行业内费率档次由国务院社会保险行政部门制定，报国务院批准后公布施行。统筹地区经办机构根据用人单位工伤保险费使用、工伤发生率等情况，适用所属行业内相应的费率档次确定单位缴费费率。

国务院社会保险行政部门应当定期了解全国各统筹地区工伤保险基金收支情况，及时提出调整行业差别费率及行业内费率档次的方案，报国务院批准后公布施行。

3. 工伤保险费的缴纳

① 缴费义务主体。用人单位应当按时缴纳工伤保险费。职工个人不缴纳工伤保险费。

② 缴费数额。用人单位缴纳工伤保险费的数额为本单位职工工资总额乘以单位缴费费率之积。对难以按照工资总额缴纳工伤保险费的行业，其缴纳工伤保险费的具体方式，由国务院社会保险行政部门规定。

本条例所称工资总额，是指用人单位直接支付给本单位全部职工的劳动报酬总额。本条例所称本人工资，是指工伤职工因工作遭受事故伤害或者患职业病前 12 个月平均月缴费工资。本人工资高于统筹地区职工平均工资 300%的，按照统筹地区职工平均工资的 300%计算；本人工资低于统筹地区职工平均工资 60%的，按照统筹地区职工平均工资的 60%计算。

③ 工伤保险的公示制度。用人单位应当将参加工伤保险的有关情况在本单位内公示。

④ 用人单位和职工参保后的基本责任和义务。用人单位和职工应当遵守有关安全

生产和职业病防治的法律法规，执行安全卫生规程和标准，预防工伤事故发生，避免和减少职业病危害。职工发生工伤时，用人单位应当采取措施使工伤职工得到及时救治。

4. 工伤保险基金

① 工伤保险基金构成。工伤保险基金由用人单位缴纳的工伤保险费、工伤保险基金的利息和依法纳入工伤保险基金的其他资金构成。

② 工伤保险基金统筹管理。工伤保险基金逐步实行省级统筹。跨地区、生产流动性较大的行业，可以采取相对集中的方式异地参加统筹地区的工伤保险。具体办法由国务院社会保险行政部门会同有关行业的主管部门制定。

③ 工伤保险基金用途。工伤保险基金存入社会保障基金财政专户，用于本条例规定的工伤保险待遇，劳动能力鉴定，工伤预防的宣传、培训等费用，以及法律法规规定的用于工伤保险的其他费用的支付。

工伤预防费用的提取比例、使用和管理的具体办法，由国务院社会保险行政部门会同国务院财政、卫生行政、安全生产监督管理等部门规定。

任何单位或者个人不得将工伤保险基金用于投资运营、兴建或者改建办公场所、发放奖金，或者挪作其他用途。

④ 工伤保险基金储备金。工伤保险基金应当留有一定比例的储备金，用于统筹地区重大事故的工伤保险待遇支付；储备金不足支付的，由统筹地区的人民政府垫付。储备金占基金总额的具体比例和储备金的使用办法，由省、自治区、直辖市人民政府规定。

四、工伤认定

1. 工伤范围

职工有下列情形之一的，应当认定为工伤。

① 在工作时间和工作场所内，因工作原因受到事故伤害的。

② 工作时间前后在工作场所内，从事与工作有关的预备性或者收尾性工作受到事故伤害的。

③ 在工作时间和工作场所内，因履行工作职责受到暴力等意外伤害的。

④ 患职业病的。

⑤ 因工外出期间，由于工作原因受到伤害或者发生事故下落不明的。

⑥ 在上下班途中，受到非本人主要责任的交通事故或者城市轨道交通、客运轮渡、火车事故伤害的。

⑦ 法律、行政法规规定应当认定为工伤的其他情形。

2. 视同工伤

职工有下列情形之一的，视同工伤。

① 在工作时间和工作岗位，突发疾病死亡或者在48小时之内经抢救无效死亡的。

② 在抢险救灾等维护国家利益、公共利益活动中受到伤害的。

③ 职工原在军队服役，因战、因公负伤致残，已取得革命伤残军人证，到用人单位后旧伤复发的。

职工有前款第①项、第②项情形的，按照本条例的有关规定享受工伤保险待遇；职工有前款第③项情形的，按照本条例的有关规定享受除一次性伤残补助金以外的工伤保险待遇。

3. 不得认定为工伤或者视同工伤的情形

职工符合本条例第十四条、第十五条的规定，但是有下列情形之一的，不得认定为工伤或者视同工伤。

① 故意犯罪。

② 醉酒或者吸毒。

③ 自残或者自杀。

4. 申请工伤认定的主体资格和时效

① 用人单位。职工发生事故伤害或者按照职业病防治法规定被诊断、鉴定为职业病，所在单位应当自事故伤害发生之日或者被诊断、鉴定为职业病之日起30日内，向统筹地区社会保险行政部门提出工伤认定申请。遇有特殊情况，经报社会保险行政部门同意，申请时限可以适当延长。

② 工伤职工或者其近亲属、工会组织。用人单位未按前款规定提出工伤认定申请的，工伤职工或者其近亲属、工会组织在事故伤害发生之日或者被诊断、鉴定为职业病之日起1年内，可以直接向用人单位所在地统筹地区社会保险行政部门提出工伤认定申请。

③ 办理部门。按照本条第一款规定应当由省级社会保险行政部门进行工伤认定的事项，根据属地原则由用人单位所在地的设区的市级社会保险行政部门办理。

④ 用人单位赔偿责任自负。用人单位未在本条第一款规定的时限内提交工伤认定申请，在此期间发生符合本条例规定的工伤待遇等有关费用由该用人单位负担。

5. 工伤认定申请材料

提出工伤认定申请应当提交下列材料。

① 工伤认定申请表。

② 与用人单位存在劳动关系(包括事实劳动关系)的证明材料。

③ 医疗诊断证明或者职业病诊断证明书(或者职业病诊断鉴定书)。工伤认定申请表应当包括事故发生的时间、地点、原因以及职工伤害程度等基本情况。

工伤认定申请人提供材料不完整的，社会保险行政部门应当一次性书面告知工伤认定申请人需要补正的全部材料。申请人按照书面告知要求补正材料后，社会保险行政部门应当受理。

6. 工伤认定程序

① 调查核实。社会保险行政部门受理工伤认定申请后，根据审核需要可以对事故伤害进行调查核实，用人单位、职工、工会组织、医疗机构以及有关部门应当予以协助。职业病诊断和诊断争议的鉴定，依照职业病防治法的有关规定执行。对依法取得职业病诊断证明书或者职业病诊断鉴定书的，社会保险行政部门不再进行调查核实。

② 举证责任倒置原则。职工或者其近亲属认为是工伤，用人单位不认为是工伤的，由用人单位承担举证责任。

③ 一般程序。社会保险行政部门应当自受理工伤认定申请之日起 60 日内做出工伤认定的决定，并书面通知申请工伤认定的职工或者其近亲属和该职工所在单位。

④ 简易程序。社会保险行政部门对受理的事实清楚、权利义务明确的工伤认定申请，应当在 15 日内做出工伤认定的决定。

五、劳动能力鉴定

1. 劳动能力鉴定的时机和条件

职工发生工伤，经治疗伤情相对稳定后存在残疾、影响劳动能力的，应当进行劳动能力鉴定。

2. 劳动能力鉴定的等级

① 劳动能力鉴定。是指劳动功能障碍程度和生活自理障碍程度的等级鉴定。

② 劳动功能障碍等级。分为十个伤残等级，最重的为一级，最轻的为十级。

③ 生活自理障碍等级。分为三个等级：生活完全不能自理、生活大部分不能自理和生活部分不能自理。

④ 劳动能力鉴定标准。由国务院社会保险行政部门会同国务院卫生行政部门等部门制定。

3. 申请劳动能力鉴定的主体资格

劳动能力鉴定由用人单位、工伤职工或者其近亲属向设区的市级劳动能力鉴定委员会提出申请，并提供工伤认定决定和职工工伤医疗的有关资料。

4. 劳动能力鉴定委员会

① 组成。省、自治区、直辖市劳动能力鉴定委员会和设区的市级劳动能力鉴定委员会分别由省、自治区、直辖市和设区的市级社会保险行政部门、卫生行政部门、工会组织、经办机构代表以及用人单位代表组成。

② 专家库。劳动能力鉴定委员会建立医疗卫生专家库。列入专家库的医疗卫生专业技术人员应当具备下列条件：具有医疗卫生高级专业技术职务任职资格；掌握劳动能力鉴定的相关知识；具有良好的职业品德。

5. 初次鉴定

设区的市级劳动能力鉴定委员会收到劳动能力鉴定申请后，应当从其建立的医疗卫生专家库中随机抽取 3 名或者 5 名相关专家组成专家组，由专家组提出鉴定意见。设区的市级劳动能力鉴定委员会根据专家组的鉴定意见做出工伤职工劳动能力鉴定结论；必要时，可以委托具备资格的医疗机构协助进行有关的诊断。

设区的市级劳动能力鉴定委员会应当自收到劳动能力鉴定申请之日起 60 日内做出劳动能力鉴定结论，必要时，做出劳动能力鉴定结论的期限可以延长 30 日。劳动能力鉴定结论应当及时送达申请鉴定的单位和个人。

6. 再次鉴定

申请鉴定的单位或者个人对设区的市级劳动能力鉴定委员会做出的鉴定结论不服

的，可以在收到该鉴定结论之日起15日内向省、自治区、直辖市劳动能力鉴定委员会提出再次鉴定申请。省、自治区、直辖市劳动能力鉴定委员会做出的劳动能力鉴定结论为最终结论。再次鉴定期限依照初次鉴定的规定执行。

7. 复查鉴定

自劳动能力鉴定结论做出之日起1年后，工伤职工或者其近亲属、所在单位或者经办机构认为伤残情况发生变化的，可以申请劳动能力复查鉴定。复查鉴定期限依照初次鉴定的规定执行。

六、工伤保险待遇

1. 工伤医疗待遇

① 基本规定。职工因工作遭受事故伤害或者患职业病进行治疗，享受工伤医疗待遇。

② 按协议就医原则和及紧急情况下的就近急救。职工治疗工伤应当在签订服务协议的医疗机构就医，情况紧急时可以先到就近的医疗机构急救。

③ 治疗费用的支付范围。治疗工伤所需费用符合工伤保险诊疗项目目录、工伤保险药品目录、工伤保险住院服务标准的，从工伤保险基金支付。工伤保险诊疗项目目录、工伤保险药品目录、工伤保险住院服务标准，由国务院社会保险行政部门会同国务院卫生行政部门、食品药品监督管理部门等部门规定。

④ 住院伙补、交通、食宿费用的支付。职工住院治疗工伤的伙食补助费，以及经医疗机构出具证明，报经办机构同意，工伤职工到统筹地区以外就医所需的交通、食宿费用从工伤保险基金支付，基金支付的具体标准由统筹地区人民政府规定。

⑤ 工伤康复的费用的支付。工伤职工到签订服务协议的医疗机构进行工伤康复的费用，符合规定的，从工伤保险基金支付。

⑥ 辅助器具费用的支付。工伤职工因日常生活或者就业需要，经劳动能力鉴定委员会确认，可以安装假肢、矫形器、假眼（义眼）、假牙和配置轮椅等辅助器具，所需费用按照国家规定的标准从工伤保险基金支付。

2. 复议、诉讼不停止支付原则

社会保险行政部门做出认定为工伤的决定后发生行政复议、行政诉讼的，行政复议和行政诉讼期间不停止支付工伤职工治疗工伤的医疗费用。

3. 停工留薪期内的待遇

① 基本待遇。职工因工作遭受事故伤害或者患职业病需要暂停工作接受工伤医疗的，在停工留薪期内，原工资福利待遇不变，由所在单位按月支付。

② 停工留薪期的期限。停工留薪期一般不超过12个月。伤情严重或者情况特殊，经设区的市级劳动能力鉴定委员会确认，可以适当延长，但延长不得超过12个月。工伤职工评定伤残等级后，停发原待遇，按照本章的有关规定享受伤残待遇。工伤职工在停工留薪期满后仍需治疗的，继续享受工伤医疗待遇。

③ 停工留薪期的护理费。生活不能自理的工伤职工在停工留薪期需要护理的，由所

在单位负责。

4. 护理费支付标准

工伤职工已经评定伤残等级并经劳动能力鉴定委员会确认需要生活护理的，从工伤保险基金按月支付生活护理费。生活护理费按照生活完全不能自理、生活大部分不能自理或者生活部分不能自理3个不同等级支付，其标准分别为统筹地区上年度职工月平均工资的50%、40%或者30%。

5. 一级至四级伤残待遇

职工因工致残被鉴定为一级至四级伤残的，保留劳动关系，退出工作岗位，享受以下待遇。

① 从工伤保险基金按伤残等级支付一次性伤残补助金，标准为：一级伤残为27个月的本人工资；二级伤残为25个月的本人工资；三级伤残为23个月的本人工资；四级伤残为21个月的本人工资。

② 从工伤保险基金按月支付伤残津贴，标准为：一级伤残为本人工资的90%；二级伤残为本人工资的85%；三级伤残为本人工资的80%；四级伤残为本人工资的75%。伤残津贴实际金额低于当地最低工资标准的，由工伤保险基金补足差额。

③ 工伤职工达到退休年龄并办理退休手续后，停发伤残津贴，按照国家有关规定享受基本养老保险待遇。基本养老保险待遇低于伤残津贴的，由工伤保险基金补足差额。

职工因工致残被鉴定为一级至四级伤残的，由用人单位和职工个人以伤残津贴为基数，缴纳基本医疗保险费。

6. 五级、六级伤残待遇

职工因工致残被鉴定为五级、六级伤残的，享受以下待遇。

① 从工伤保险基金按伤残等级支付一次性伤残补助金，标准为：五级伤残为18个月的本人工资，六级伤残为16个月的本人工资。

② 保留与用人单位的劳动关系，由用人单位安排适当工作。难以安排工作的，由用人单位按月发给伤残津贴，标准为：五级伤残为本人工资的70%；六级伤残为本人工资的60%；并由用人单位按照规定为其缴纳应缴纳的各项社会保险费。伤残津贴实际金额低于当地最低工资标准的，由用人单位补足差额。

经工伤职工本人提出，该职工可以与用人单位解除或者终止劳动关系，由工伤保险基金支付一次性工伤医疗补助金，由用人单位支付一次性伤残就业补助金。一次性工伤医疗补助金和一次性伤残就业补助金的具体标准由省、自治区、直辖市人民政府规定。

7. 七级至十级伤残待遇

职工因工致残被鉴定为七级至十级伤残的，享受以下待遇。

① 从工伤保险基金按伤残等级支付一次性伤残补助金，标准为：七级伤残为13个月的本人工资；八级伤残为11个月的本人工资；九级伤残为9个月的本人工资；十级伤残为7个月的本人工资。

② 劳动、聘用合同期满终止，或者职工本人提出解除劳动、聘用合同的，由工伤保险基金支付一次性工伤医疗补助金，由用人单位支付一次性伤残就业补助金。一次性工伤

医疗补助金和一次性伤残就业补助金的具体标准由省、自治区、直辖市人民政府规定。

工伤职工工伤复发，确认需要治疗的，享受本条例规定的有关工伤医疗、辅助器具和停工留薪期方面的工伤待遇。

8. 死亡的待遇

职工因工死亡，其近亲属按照下列规定从工伤保险基金领取丧葬补助金、供养亲属抚恤金和一次性工亡补助金。

① 丧葬补助金为6个月的统筹地区上年度职工月平均工资。

② 供养亲属抚恤金按照职工本人工资的一定比例发给由因工死亡职工生前提供主要生活来源、无劳动能力的亲属。标准为：配偶每月40%，其他亲属每人每月30%，孤寡老人或者孤儿每人每月在上述标准的基础上增加10%。核定的各供养亲属的抚恤金之和不应高于因工死亡职工生前的工资。供养亲属的具体范围由国务院社会保险行政部门规定。

③ 一次性工亡补助金标准为上一年度全国城镇居民人均可支配收入的20倍。

伤残职工在停工留薪期内因工伤导致死亡的，其近亲属享受本条第一款规定的待遇。

一级至四级伤残职工在停工留薪期满后死亡的，其近亲属可以享受本条第一款第①项、第②项规定的待遇。

9. 因工外出期间发生事故或者在抢险救灾中下落不明的待遇

职工因工外出期间发生事故或者在抢险救灾中下落不明的，从事故发生当月起3个月内照发工资，从第4个月起停发工资，由工伤保险基金向其供养亲属按月支付供养亲属抚恤金。生活有困难的，可以预支一次性工亡补助金的50%。职工被人民法院宣告死亡的，按照本条例有关职工因工死亡的规定处理。

10. 停止享受工伤保险待遇

工伤职工有下列情形之一的，停止享受工伤保险待遇：

① 丧失享受待遇条件的；

② 拒不接受劳动能力鉴定的；

③ 拒绝治疗的。

11. 工伤保险责任的界定

① 单位改制。用人单位分立、合并、转让的，承继单位应当承担原用人单位的工伤保险责任；原用人单位已经参加工伤保险的，承继单位应当到当地经办机构办理工伤保险变更登记。

② 承包经营。用人单位实行承包经营的，工伤保险责任由职工劳动关系所在单位承担。

③ 职工借调。职工被借调期间受到工伤事故伤害的，由原用人单位承担工伤保险责任，但原用人单位与借调单位可以约定补偿办法。

④ 企业破产。企业破产的，在破产清算时依法拨付应当由单位支付的工伤保险待遇费用。

12. 境外工作的工伤保险

职工被派遣出境工作，依据前往国家或者地区的法律应当参加当地工伤保险的，参加当地工伤保险，其国内工伤保险关系中止；不能参加当地工伤保险的，其国内工伤保险关系不中止。

13. 再次发生工伤的待遇

职工再次发生工伤，根据规定应当享受伤残津贴的，按照新认定的伤残等级享受伤残津贴待遇。

第十一节　政府安全生产监督监察概述

案例导入

【案例 3-16】 2007 年 4 月 18 日 7 时 53 分，辽宁省铁岭市清河特殊钢有限公司发生钢水包倾覆特别重大事故，造成 32 人死亡、6 人重伤，直接经济损失 866.2 万元。事故调查发现，清河特殊钢有限公司的炼钢车间无正规工艺设计，未按要求选用冶金铸造专用起重机，违规在真空炉平台下方修建工具间，起重机安全管理混乱，起重机司机无特种作业人员操作证，车间作业现场混乱，制定的应急预案操作性不强；铁岭开原市起重机器修造厂不具备生产 80t 通用桥式起重机的资质，超许可范围生产；铁岭市特种设备监督检验所未按规定进行检验，便出具监督、验收检验合格报告；安全评价单位辽宁省石油化工规划设计院在事故起重机等特种设备技术资料不全、冶炼生产线及辅助设施存在重大安全隐患的情况下，出具了安全现状基本符合国家有关规范、标准和规定要求的结论；铁岭市质量技术监督局清河分局未认真履行特种设备监察职责，安全监管不力。

一、安全生产监督管理体制

这里讲的监督管理，主要指政府或者其他有关组织对生产经营单位安全生产工作的监督和管理，不包括生产经营单位内部的管理和监督。如很多矿山企业集团内部设立安全监察局，对下属企业的监督，属企业内部的监督。

目前我国安全生产监督管理的体制是：综合监管与行业监管相结合、国家监察与地方监管相结合、政府监督与其他监督相结合的格局。

（一）综合监管与行业监管

国家安全生产监督管理总局是国务院主管安全生产综合监督管理的直属机构，依法对全国安全生产实施综合监督管理。公安、交通、铁道、民航、水利、电监、建设、国防科技、邮政、信息产业、旅游、质检、环保等国务院有关部门分别对相关行业和领域的安全生产工作负责监督管理，即行业监管。

（二）国家监察与地方监管

国家安全生产监督监察，是指由国家法规授权行政部门设立的监察机构进行的具有法律形式的监督管理。国家安全生产监督管理是以国家机关为主体实施的，是以国家名义并运用国家权力，对生产经营单位履行安全生产职责和执行安全生产法规、政策和标准的情况，依法进行监督、监察、纠正和惩戒的工作。

除了综合监督管理与行业监督管理之外，针对某些危险性较高的特殊领域，国家为了加强安全生产监督管理工作，专门建立了国家监察机制，如煤矿安全监管实行的是国家监察与地方监管相结合的方式。还有交通部门的水上监管，一方面由交通部海事局设立垂直监管机构，如长江等重要水域都设立港务局，直接由海事局领导；另一方面有些水上监管机构，行政上归地方政府领导，业务上归海事局指导，实行垂直与分级相结合的监管方式。特种设备的监察实行省以下垂直管理的体制。

（三）政府监督与其他监督

生产经营单位是安全生产的主体。同时，加强外部的监督和管理也是安全生产的重要保证。除上述的政府监督外，其他方面的监督也十分重要。其他监督是整个安全生产监督管理体制的一个重要组成部分，在安全生产中发挥着重要的作用。当前，尤其需要发挥其他方面的监督，如新闻媒体的监督。

政府方面的监督主要有：安全生产监督管理部门和其他负有安全生产监督管理职责的部门，监察部门。

其他方面的监督主要有：安全中介机构的监督；社会公众的监督；工会的监督；新闻媒体的监督；居民委员会、村民委员会等组织的监督。

（四）监督管理的基本特征

政府对安全生产监督管理的职权是由法律法规所规定，是以国家机关为主体实施的，对生产经营单位履行安全生产职责和执行安全生产法规、政策和标准的情况，依法进行监督、监察、纠正和惩戒。

（1）权威性

国家对安全生产监督管理的权威性首先源于法律的授权。法律是由国家的最高权力机关全国人民代表大会制定和认可的，体现的是国家意志。《安全生产法》、《矿山安全法》等有关法律对安全生产监督管理都有明确的规定。

（2）强制性

国家的法律都必然要求由国家强制力来保证其实施。各级人民政府安全生产监督管理部门和其他有关部门对安全生产工作实施的监督管理，由于是依法行使的监督管理权，它就是以国家强制力作为后盾的。

（3）普遍约束性

所有在中华人民共和国领域内从事生产经营活动的单位，凡有关涉及安全生产方面的工作，都必须接受统一的监督管理，履行《安全生产法》等有关法律所规定的职责，不允许逃避、抗拒法律所规定的监督管理。这种普遍约束性，实际上就是法律的普遍约束力在安全生产工作中的具体体现。

（五）监督管理的基本原则

安全生产监督管理部门和其他负有安全生产监督管理职责的部门对生产经营单位实施监督管理职责时，遵循以下基本原则。

① 坚持“有法必依、执法必严、违法必究”的原则。

② 坚持以事实为依据，以法律为准绳的原则。

③ 坚持预防为主的原则。

④ 坚持行为监察与技术监察相结合的原则。

⑤ 坚持监察与服务相结合的原则。

⑥ 坚持教育与惩罚相结合的原则。

二、安全生产监督管理的方式与内容

（一）安全生产监督管理程序

生产的监督管理有很多形式，有召开各种会议、安全检查、行政许可等。对作业场所的监督检查和颁发管理有关安全生产事项的许可是两种十分重要的形式。

对作业场所的监督检查，一般程序包括：

① 监督检查前的准备。召开有关会议，通知生产经营单位等。

② 监督检查用人单位执行安全生产法律法规及标准的情况。检查有关许可证的持证情况，有关会议记录，安全生产管理机构设立及安全管理人员配备情况，安全投入，安全费用提取等。

③ 作业现场检查。

④ 提出意见或建议。检查完后，与被检查单位交换意见，提出查出的问题，提出整改意见。

⑤ 发出《整改指令书》、《处罚决定书》。

颁发管理有关安全生产事项的许可，一般程序包括：

① 申请。申请人向安全生产许可证颁发管理机关提交申请书、文件、资料。

② 受理。许可证颁发管理机关按有关规定受理。申请事项不属于本机关职权范围的，应当即时做出不予受理的决定，并告知申请人向有关机关申请；申请材料存在可以当场更正的错误的，应当允许或者要求申请人当场更正，并即时出具受理的书面凭证；申请材料不齐全或者不符合要求的，应当当场或者在规定时间内告知申请人需要补正的全部内容，逾期不告知的，自收到申请材料之日起即为受理；申请材料齐全、符合要求或者按照要求全部补正的，自收到申请材料或者全部补正材料之日起为受理。

③ 征求意见。对有些行政许可，按照有关规定应当听取有关单位和人员的意见，有些还要向社会公开，征求社会的意见。

④ 审查和调查。经同意后，许可证颁发管理机关指派有关人员对申请材料和安全生

产条件进行审查;需要到现场审查的,应当到现场进行审查。负责审查的有关人员提出审查意见。

⑤ 做出决定。许可证颁发管理机关对负责审查的有关人员提出的审查意见进行讨论,并在受理申请之日起规定的时间内做出颁发或者不予颁发安全生产许可证的决定。

⑥ 送达。对决定颁发的,许可证颁发管理机关应当自决定之日起在规定的时间内送达或者通知申请人领取安全生产许可证;对决定不予颁发的,应当在规定时间内书面通知申请人并说明理由。

(二) 安全生产监督管理的方式

安全生产监督管理的方式多种多样,如召开有关会议、安全大检查、许可证管理、专项整治等。综合来说,大体可以分为事前、事中和事后 3 种。

1. 事前的监督管理

有关安全生产许可事项的审批,包括安全生产许可证、经营许可证、矿长资格证、生产经营单位主要负责人安全资格证、安全管理人员安全资格证、特种作业人员操作资格证等。

2. 事中的监督管理

主要是日常的监督检查、安全大检查、重点安全行业和领域的专项整治、许可证的监督检查等。事中监督管理重点在作业场所的监督检查,监督检查方式主要有两种。

(1) 行为监察。即监督检查生产经营单位安全生产的组织管理、规章制度建设、职工教育培训、各级安全生产责任制的实施等工作。其目的和作用在于提高用人单位各级管理人员和普通职工的安全意识,落实安全措施,对违章操作、违反劳动纪律的不安全行为,严肃纠正和处理。

(2) 技术监察。即是对物质条件的监督检查,包括对新建、扩建、改建和技术改造工程项目的“三同时”监察;对用人单位现有防护措施与设施完好率、使用率的监察;对劳动防护用品的质量、配备与作用的监察;对危险性较大的设备、危害性较严重的作业场所和特殊工种作业的监察等。其特点是专业性强,技术要求高。技术监察多从设备的本质安全入手。

3. 事后的监督管理

生产安全事故发生后的应急救援,以及调查处理,查明事故原因,严肃处理有关责任人员,提出防范措施。严格按照“四不放过”的原则,处理发生的生产安全事故。

(三) 安全生产监督管理的内容

国家安全生产监督管理的方式还可以划分为一般监察和专门监察,每种监察中都包括行为监察和技术监察。

1. 一般监察

对企业日常生产活动常规的全面监察,方式是:不定期地组织监察执法活动;按照安全生产检查考核标准进行系统地检查和评定;根据举报进行监察活动。

① 安全管理。是否建立健全以安全生产责任制为核心的各项安全管理制度，并能贯彻执行；是否按照有关法律、法规、标准的规定要求，做好特种作业人员安全管理；特种设备安全管理、危险化学品安全管理；重大危险源监控等。

② 安全技术。生产工艺、工作场所和机械设备、建筑设施、易燃易爆危险场所等是否符合安全生产法律、法规和标准。

③ 安全管理机构和安全教育培训。是否按照规定建立安全生产管理机构；是否按照有关法律、法规、标准的规定要求，对单位各类人员进行安全教育培训；单位主要负责人、安全管理人员、特种作业人员持证上岗；其他从业人员按规定培训合格后上岗。

④ 隐患治理。是否按照有关法律、法规、标准的规定要求，对各类事故隐患进行动态管理，做到"及时发现、及时治理"，落实"预防为主"的方针。

⑤ 伤亡事故管理。是否按照有关法律、法规、标准的规定要求，做好事故的报告、登记；事故调查、处理；事故统计、分析；事故的预测和防范，以及事故应急救援预案等。

⑥ 职业危害管理。职业危害与职业病；毒物危害；粉尘危害；噪声危害；振动危害；非电离辐射危害；体力劳动强度、高温和低温作业、冷水作业等。

2. 专门监察

专门监察基本内容如下：

(1) 对生产性建设项目的"三同时"监察：建设单位是否按照有关法律、法规、标准的规定要求，做到"三同时"，特别是矿山和涉及危险化学品的建设项目，是否进行安全条件论证和安全评价、安全设施设计审查和竣工验收。设计单位、审查单位和施工单位是否对"三同时"各负其责。

(2) 对劳动防护用品的监察：是否按照有关法律、法规、标准的规定要求，为从业人员配备合格的劳动防护用品，并教育、督促其正确佩戴、使用。

(3) 对特种作业人员的监察：是否按照有关法律、法规、标准的规定要求，保证特种作业人员持证上岗，并杜绝违章操作。

(4) 对女职工和未成年工特殊保护的监察：是否按照有关法律、法规、标准的规定要求，对女职工和未成年工实施特殊保护。

(5) 对严重有害作业场所的监察：是否按照有关法律、法规、标准的规定要求，进行有毒有害作业场所的检测、分级、建档，并将分级结果上报行政主管部门；并根据单位实际情况，进行有毒有害作业场所的治理。

(6) 对安全生产行政许可项目的监察：对涉及有关安全生产的事项需要审查批准的，严格按照有关法律法规和国家标准或者行业标准规定的安全生产条件和程序进行审查并加强监督检查。

三、特种设备安全监察

特种设备是指涉及生命安全、危险性较大的锅炉、压力容器（含气瓶）、压力管道、电梯、起重机械、客运索道、大型游乐设施和场（厂）内专用机动车辆。特种设备包括其所用的材料、附属的安全附件、安全保护装置和与安全保护装置相关的设施。特种设备的安全使用，事关人民群众的财产安全，事关社会稳定的大局。

我国对特种设备实行安全监察制度，它具有强制性、体系性及责任追究性的特点，主要包括特种设备安全监察管理体制、行政许可、监督检查、事故处理和责任追究等内容。

《特种设备安全监察条例》对锅炉、压力容器、压力管道、电梯、起重机械、客运索道、大型游乐设施和场（厂）内专用机动车辆等特种设备的生产（含设计、制造、安装、改造、维修）、使用、检验检测等事项做出了全面的规定。

（一）特种设备的安全监督管理体制和安全监察机构

国家对特种设备实行专项安全监察体制。国务院、省（自治区、直辖市）、市（地）以及经济发达县的质检部门设立特种设备安全监察机构。

《特种设备安全监察条例》所称特种设备安全监督管理部门，是指国家质量监督检验检疫总局及各级地方质量技术监督局。

目前，国家质量监督检验检疫总局内设特种设备安全监察局，各省、自治区、直辖市在特种设备安全监督管理部门内设特种设备安全监察处，各地市设安全监察科，工业发达的县或县级市设安全股。各地建立压力容器检验所和特种设备检验所。

（二）特种设备安全监察法规体系

目前，我国制定了一系列特种设备安全监察方面的规章和规范性文件，基本形成了"法律—行政法规—部门规章—规范性文件—相关标准及技术规定"5个层次的特种设备安全监察法规体系结构。其中，法律层次主要包括《安全生产法》、《劳动法》、《产品质量法》和《商品检验法》；行政法规层次主要包括《特种设备安全监察条例》、《危险化学品安全管理条例》；行政规章主要以国家质检总局局长令形式发布的办法、规定、规则；技术法规主要由各类安全监察规程、管理规定、考核细则、检验规则构成；相关标准则是指技术法规中引用的各类标准。

（三）安全监察制度

按照设计、制造、安装、使用、检验、修理、改造及进出口等环节，对锅炉、压力容器等特种设备的安全实施全过程一体化的安全监察。目前，对特种设备的安全监察，主要建立了两项制度，一是特种设备市场准入制度；二是从设计、制造、安装、使用、检验、修理、改造7个环节全过程一体化的监察制度。

（四）特种设备安全监察的方式

根据特种设备安全监察工作的特点，主要有以下几种方式。

（1）行政许可制度

对特种设备实施市场准入制度和设备准用制度。

市场准入制度主要是对从事特种设备的设计、制造、安装、修理、维护保养、改造的单位实施资格许可，并对部分产品出厂实施安全性能监督检验。

准用制度是指对在用的特种设备实施定期检验，进行注册登记。

（2）监督检查制度

监督检查的目的是预防事故的发生，其实现手段：一是通过检验发现特种设备在设计、制造、安装、维修、改造中的影响产品安全性能的质量问题；二是对检查发现的问题，用行政执法的手段纠正违法违规行为；三是通过广泛宣传，提高全社会的安全意识和法规意识；四是发挥群众监督和舆论监督的作用，加大对各类违法违规行为的查处力度；五是加强日常工作的监察。

（3）事故应对和调查处理

特种设备安全监察机构在做好事故预防工作的同时，要将危机处理机制的建立作为安全监察工作的重要内容。危机处理机制应包括事故应急处理预案、组织和物资保证、技术支撑、人员的救援、后勤保障、建立与舆论界可控的互动关系等。事故发生后，组织调查处理，按照"四不放过"原则，严肃处理事故。

（五）特种设备安全监察的内容

① 特种设备设计、制造、安装、检验、修理、使用单位贯彻执行国家法律、法规、标准和有关规定的情况。

② 特种设备、特设设备操作人员及其他相应人员的持证上岗情况。

③ 建立相应的安全生产责任制情况。

④ 特种设备设计、制造、安装、充装、检验、修理、改造、使用、维修保养、化学清洗是否遵守有关法律法规和标准的规定。

⑤ 参加或进行特种设备的事故调查。

四、煤矿安全监察

1. 煤矿安全监察制度

为了保障煤矿安全，规范煤矿安全监察工作，保护煤矿职工人身安全和身体健康，根据《煤炭法》、《矿山安全法》、第九届全国人民代表大会第一次会议通过的《国务院机构改革方案》和《国务院关于煤矿安全监察体制的决定》，2000 年 11 月 7 日国务院发布《煤矿安全监察条例》(第 296 号)，自 2000 年 12 月 1 日起施行。

国家对煤矿安全实行监察制度。国务院决定设立的煤矿安全监察机构按照国务院规定的职责，依照《煤矿安全监察条例》的规定实施安全监察。

2. 煤矿安全监察体制

为了从体制上、组织上加强煤矿安全监督管理，国务院于 1999 年 12 月决定设立国家煤矿安全监察局，当时在全国 20 个主要产煤的省、自治区设立煤矿安全监察局，在 68 个大中型煤矿区设立煤矿安全监察办事处。

三级煤矿安全监察机构实行由国家与省双重领导，以国家为主的管理体制，由国家煤矿安全监察局垂直领导。为了进一步完善煤矿安全监督管理体制，2005 年 1 月国务院决定增设 5 个省级煤矿安全监察局，将煤矿安全监察办事处改为地区煤矿安全监察分局，并对煤矿安全监察与地方煤矿安全监督管理的职责做出了分工。

3. 煤矿安全监察的基本原则

煤矿安全监察坚持以下原则。

① 预防为主原则，及时发现和消除事故隐患。

② 有效纠正违法行为原则。煤矿安全监察机构依法行使职权，不受任何组织和个人的非法干涉。煤矿及其有关人员必须接受并配合煤矿安全监察机构依法实施的安全监察，不得拒绝、阻挠。

③ 安全监察与促进安全管理相结合原则。

④ 教育与惩处相结合原则。

⑤ 依靠煤矿职工和工会组织原则。煤矿职工对事故隐患或者影响煤矿安全的违法行为有权向煤矿安全监察机构报告或者举报。煤矿安全监察机构对报告或者举报有功人员给予奖励。

⑥ 依法履行安全监察职责和接受监督原则。任何单位和个人对煤矿安全监察机构及其煤矿安全监察人员的违法违纪行为，有权向上级煤矿安全监察机构或者有关机关检举和控告。

⑦ 地方各级人民政府支持和协助原则。地方各级人民政府应当加强煤矿安全管理工作，支持和协助煤矿安全监察机构依法对煤矿实施安全监察。煤矿安全监察机构应当及时向有关地方人民政府通报煤矿安全监察的有关情况，并可以提出加强和改善煤矿安全管理的建议。

4. 煤矿安全监察的主要内容

① 煤矿安全生产责任制。煤矿未依法建立安全生产责任制的，责令限期改正。

② 煤矿安全生产组织保障、劳动防护用品。矿长不具备安全专业知识的、未设置安全生产机构或者配备安全生产人员的、特种作业人员未取得资格证书上岗作业的、分配职工上岗作业前未进行安全教育培训的、未向职工发放保障安全生产所需的劳动防护用品的，责令限期改正。

③ 安全技术措施专项费的提取和使用。煤矿安全技术措施专项费用未依法提取或者使用的，责令限期改正。

④ 安全设施设计审查。煤矿建设工程设计必须符合煤矿安全规程和行业技术规范的要求。煤矿建设工程安全设施设计必须经煤矿安全监察机构审查同意；未经审查同意的，不得施工。煤矿安全监察机构审查煤矿建设工程安全设施设计，应当自收到申请审查的设计资料之日起 30 日内审查完毕，签署同意或者不同意的意见，并书面答复。

⑤ 安全设施验收和安全条件审查。煤矿建设工程竣工后或者投产前，应当经煤矿安全监察机构对其安全设施和条件进验收；未经验收或者验收不合格的，不得投入生产。煤矿安全监察机构对煤矿建设工程安全设施和条件进行验收，应当自收到申请验收文件之日起 30 日内验收完毕，签署合格或者不合格的意见，并书面答复。

⑥ 作业现场检查和复查。煤矿矿井通风、防火、防水、防瓦斯、防毒、防尘等安全设施和条件不符合标准规范要求的，作业场所有未使用专用防爆电器设备、专用放炮器、人员专用升降容器、使用明火明电等违法行为的，应当责令立即停止作业或者责令限期达到要

求。有关煤矿或者作业场所经复查合格的，方可恢复作业。

⑦ 专用设备监督检查。煤矿矿井使用的设备、器材、仪器、仪表、防护用品不符合国家安全标准或者行业安全标准的，责令限期改正。

⑧ 事故预防和应急计划。监督煤矿制定事故预防和应急计划，并检查煤矿制定的发现和消除事故隐患的措施及其落实情况。

第十二节　安全生产档案管理

企业安全生产档案是指企业在安全生产管理活动中直接形成的，对国家、社会及企业安全生产具有保存与利用价值的各种文字、图表、声像等不同形式的历史记录。

企业安全生产档案工作是企业安全管理的基础性工作，是维护企业安全生产、经济利益、合法权益的重要依据，是企业信息资源的重要组成部分。

一、档案管理体制与职责

企业应加强安全生产档案工作的领导，明确一位主要负责人主管安全生产档案工作，保证安全生产档案工作所需必要条件。

企业应设置专用安全生产档案室，配备具有安全生产及档案专业知识的专(兼)职人员，集中统一管理本企业安全生产档案，并对下属各部门的安全生产档案工作进行监督与指导。各单位应建立健全本企业安全生产档案管理责任制和规章制度。安全生产档案管理的基本职责包括以下方面

① 凡是在企业生产及业务活动中形成的有保存价值的与安全关联性文件材料都应按规定收集齐全，整理归档。

② 企业安全管理部门负责本企业安全生产档案管理工作，各生产车间负责本车间的安全生产档案管理工作。企业安全管理部门负责对本企业安全生产档案分级管理做出规定。

③ 企业办公室负责收集企业领导在企业安全管理和参加重大安全生产活动中形成的材料。

④ 安全生产档案工作人员应忠于职守，认真执行有关法律法规和标准，协助本企业各职能部门对收集的安全关联归档材料的完整程度、准确性以及保存价值进行审核。

二、安全生产档案的范围及内容

企业安全生产档案整理应根据自身实际情况设立类目。安全生产档案类目设置要层次分明，概念明确，案卷排列应反映本企业安全生产档案的分类体系，便于科学管理与利用。企业安全生产档案范围一般包括但不限于以下内容。

(一) 企业安全组织方面的内容

① 企业主要负责人的安全资格证书。

② 企业安全管理人员的安全培训证书。

③ 分管安全工作的负责人的任命文件及其资格证书。

④ 企业安全管理机构及其负责人任命文件。

⑤ 企业安全管理网络体系。

⑥ 其他与安全组织方面有关的内容。

（二）企业安全管理制度及相关文件、计划、总结方面的内容

① 企业主要负责人、分管负责人安全生产责任制。

② 企业各部门安全生产责任制。

③ 企业各级人员安全生产责任制。

④ 安全检查制度。

⑤ 隐患整改制度。

⑥ 安全教育培训制度。

⑦ 安全奖惩制度。

⑧ 消防安全管理制度。

⑨ 生产安全事故管理制度。

⑩ 设备管理制度。

⑪ 特种作业人员管理制度。

⑫ 劳动防护用品安全管理制度。

⑬ 动火安全管理制度。

⑭ 用电安全管理制度。

⑮ 各工种、岗位或设备安全操作规程。

⑯ 各类安全责任制、安全管理制度及操作规程实施、修订及作废的文件。

⑰ 上级部门有关安全生产方面的文件、通知及执行情况汇报、记录。

⑱ 企业上报的各种安全生产方面的计划、总结、报告等材料。

⑲ 其他与安全相关的安全管理制度。

（三）安全监督执法检查方面的内容

① 各级政府及行业主管部门监督检查所发的安全监察指令书、停产整顿通知书等各类执法文书。

② 企业落实执行各类文书所采取的措施及落实情况及其上报上级主管部门的报告及记录。

③ 安全监督执法方面的其他文件、文书和记录。

（四）安全检查方面的内容

① 日常检查记录及处理情况记录。

② 月度、季度及年度检查记录及处理情况记录。

③ 安全检查存在问题整改通知书及整改情况记录。

④ 各专项安全检查的计划安排、检查记录及处理情况。

⑤ 各项检查的总结汇报材料。
⑥ 其他与安全检查相关的材料。

（五）安全教育培训方面的内容

① 企业安全培训计划。
② 企业主要负责人、中层管理人员、安全管理人员及班组长安全培训的记录。
③ 员工三级安全教育记录。
④ 特种作业人员和特种设备作业人员资格证书及教育培训记录。
⑤ 换岗教育培训记录。
⑥ 日常安全、宣传、教育培训记录及总结。
⑦ 应急救援预案、演练记录及总结。

（六）安全投入方面的内容

① 全年安全投入的计划及专项安全投入计划。
② 安全、宣传、教育培训投入的情况记录。
③ 隐患整改方面的投入记录。
④ 防护用品方面的投入记录。
⑤ 安全防护设备、设施方面的投入记录。
⑥ 安全评价、职业安全健康管理体系建设、安全代理方面的投入。
⑦ 其他与安全有关的投入。

（七）工伤保险方面的内容

① 参加工伤保险员工的名单。
② 企业为员工缴纳保险费的凭证或单据。
③ 发生工伤的员工获得工伤保险理赔的凭证或单据。
④ 其他工伤认定、劳动能力鉴定、工伤保险业务经办相关的文件、凭证或单据。

（八）职业病防治方面的内容

① 企业内产生职业病危害的岗位情况及可能产生的职业病种类。
② 产生职业病危害的岗位的预防措施情况。
③ 产生职业病危害的岗位定期检测检验报告。
④ 接触产生职业病危害的岗位的员工及其身体检查情况。
⑤ 企业内确诊为职业病的员工情况及其身体检查、治疗记录。
⑥ 其他与职业病防治相关的文件、材料。

（九）劳动防护用品方面的内容

① 劳动防护用品管理制度及其落实执行情况的记录。
② 各类劳动防护用品发放记录。

③ 员工使用和佩戴劳动防护用品的记录。

④ 其他与劳动防护用品有关的文件、材料。

（十）“三同时”管理方面的内容

① 有关安全设施和劳动卫生方面“三同时”项目的文件、材料。

② “三同时”项目的设计图纸及相关资料。

③ “三同时”项目的竣工验收报告及相关资料。

④ 其他与“三同时”项目相关的文件、资料。

（十一）安全防护设备（含劳动卫生设备，下同）方面的内容

① 各类安全防护设备的种类及型号等基本情况资料。

② 各类安全防护设备管理部门及设备运行情况记录。

③ 各类安全防护设备运行维护保养情况记录。

④ 应急救援设备的种类、数量和型号及管理部门、状况等记录。

⑤ 其他与安全防护设备相关的文件、资料和记录。

（十二）用电管理方面的内容

① 企业用电管理制度及落实情况记录。

② 配电室运行状况记录。

③ 临时用电申请及拆除记录。

④ 配电箱等用电设施运行状况记录。

（十三）特种设备方面的内容

① 特种设备的设计文件、制造单位、产品质量合格证明、使用维护说明等文件以及安装技术文件和资料。

② 特种设备的定期检验和定期自行检查的记录。

③ 特种设备的日常使用状况记录。

④ 特种设备及其安全附件、安全保护装置、测量调控装置及有关附属仪器仪表的日常维护保养记录。

⑤ 特种设备运行故障和事故记录。

（十四）事故调查处理方面的内容

① 发生事故情况经过介绍。

② 事故调查组成人员名单及事故调查的相关会议记录。

③ 事故调查收集各类证据。

④ 事故分析会记录。

⑤ 关于事故的原因分析、责任认定和防护措施的相关决定文件。

⑥ 按“四不放过”原则对事故进行处理的文件。

⑦ 企业月度事故报表。

⑧ 其他与事故相关的文件、材料。

（十五）其他与安全生产相关的内容

略。

三、档案管理

安全生产档案收集与移交的基本要求。

① 归档材料须是企业在生产过程中形成的与安全生产有关的各种文件、规章制度、技术资料、原始记录、图片、图纸等资料。

② 归档材料应确保完整、准确、系统，反映企业安全生产各项活动的真实内容和历史过程。

③ 归档材料应按照上级有关部门的规定、标准和要求，进行整理、编目。

④ 用纸、用笔标准（不用铅笔、圆珠笔），字迹清晰。

⑤ 具有重要保存价值的电子文件，原则上应与内容相同的纸质文件同时归档。

照片、光盘等特殊载体安全生产档案可按载体形式、所反映问题或形成时间进行分类编目和分别保存，并注明与相关纸质档案的互见号。

企业应配置保存安全生产档案的专用柜和保护设备，采取防火、防潮、防虫、防盗等措施，确保安全生产档案安全。对破损或载体变质的安全生产档案要及时进行修补和复制。

安全生产档案保管期限分为永久、长期（1～5 年）、短期（1 年以下）三种。

企业对保管到期的安全生产档案应进行鉴定。鉴定工作由企业负责人、业务部门的管理人员与技术人员、安全管理部门负责人及安全生产档案工作人员组成的鉴定小组负责。企业安全生产档案鉴定小组对经过鉴定后已失去保存价值的安全生产档案，应写出鉴定报告并编制销毁清册，报主管负责人审批。销毁安全生产档案时必须履行严格的签字手续，由两人以上监销，销毁清册应长期保存。

实训活动

实训项目 3-1

阅读国家安全生产法律法规。

实训目的：了解国家安全生产法律法规，自觉遵守企业安全规章制度。

实训步骤：

第一步，阅读《安全生产法》。

第二步，举例说明《安全生产法》的重要性。

第三步，小组之间交流。

实训建议：采用小组讨论的形式。

实训项目 3-2

请根据下列背景材料，分析该企业安全生产管理制度体系欠缺的内容，并为该企业提出完善方案和建议。

某经营危险化学品的企业，制定了如下安全管理制度：安全生产责任制、安全生产教育培训制度、安全生产检查制度、防爆设备安全管理制度、危险化学品管理制度、重大危险源管理制度。

实训目的：企业安全生产管理制度体系的建立和完善。

实训步骤：

第一步，认真阅读背景材料，分析存在的问题。

第二步，写出分析结果，并制定完善方案和建议。

第三步，小组之间交流。

实训建议：采用小组讨论的形式。

实训项目 3-3

请根据下列背景材料，分析重大事故隐患1、2的整改责任单位并说明理由，并针对安全检查发现的问题，提出整改措施。

2010年3月，F厂组织了安全检查，对发现的事故隐患分析表明，现场作业人员没有意识到的事故隐患占31%，查出的两个重大事故隐患1、2在2010年1月份检查时已经发现。重大事故隐患1未整改的原因是F厂的甲车间认为应由乙车间负责整改，乙车间认为应由甲车间负责整改。重大事故隐患2未整改的原因是F长认为是应由G企业出整改资金，G企业认为应由F厂出整改资金。

实训目的：事故隐患排查治理的职责和整改措施。

实训步骤：

第一步，认真阅读背景材料，分析整改责任和措施。

第二步，写出责任单位和整改措施。

第三步，小组之间交流。

实训建议：采用小组讨论的形式。

实训项目 3-4

请根据下列背景材料，针对安全生产大检查发现的问题，提出整改措施。

为确保安全生产，某发电厂于2012年7月16日至20日进行了全厂安全生产大检查，检查发现：在输煤场堆攒的铲车司机无证上岗，作业人员未戴安全帽，皮带引桥内的电缆有破损，皮带引桥地面有大量煤尘。针对检查发现的问题，F发电厂厂长责成安全生产职能部门制定整改计划，落实整改措施。

实训目的：安全检查的实施和整改措施计划的制定。

实训步骤：

第一步，认真阅读背景材料，分析安全检查的实施过程和发现的问题。

第二步，写出安全检查发现的问题，并制定整改措施计划。

第三步，小组之间交流。

实训建议：采用小组讨论的形式。

思考与练习

1. 按照安全系统工程的原理，阐明安全生产规章制度体系。

2. 请结合所学专业知识，试编写天然气储配站安全操作规程。

3. 生产经营单位建立健全安全生产责任制应从哪些方面入手？

4. 生产经营单位的安全生产组织保障应满足那些要求？

5. 由谁来承担生产经营单位安全生产投入的保证责任？安全生产费用和安全生产风险抵押金制度适用于哪些行业和企业？

6. 试说明安全技术措施类别和内容。安全技术措施计划的项目范围是什么？如何编制安全技术措施计划？

7. 什么是新入厂职工的“三级”安全教育？其培训内容包括那些？特种作业人员安全作业培训的要求有哪些？

8. 简述建设项目“三同时”制度的主要工作内容。

9. 哪些劳动防护用品是特种劳动防护用品？如何正确使用劳动防护用品？

10. 哪些作业是危险作业？说明危险作业的安全管理要求。

11. 什么是交叉作业？阐述交叉作业的安全管理原则和措施。

12. 安全生产检查有哪些类型和常用方法？安全检查的基本内容是什么？

13. 简要阐述安全检查的工作程序。

14. 生产经营单位应建立哪些事故隐患排查治理制度？事故隐患排查的基本内容有哪些？

15. 试说明工伤的范围。职工从事临时指派工作受伤应如何认定工伤？职工退休后被诊断为职业病的，能否享受工伤保险待遇？

16. 试说明我国安全生产监督管理体制。

17. 阐述我国安全生产监督的方式和内容。

18. 试说明我国特种设备安全监察体制及其特点。

19. 阐述我国特种设备安全监察的方式和内容。

20. 试分析安全生产档案管理有何实际意义？安全生产档案的范围是什么？

CHAPTER 4

第四章 企业安全生产风险管理

职业能力目标	知识要求
1. 会辨识现场的危险源(危险有害因素)。 2. 会辨识重大危险源,并会制定监控方案。 3. 会使用安全检查表法、预先危险分析法、LEC法和风险矩阵法开展风险评价。 4. 会根据危险源辨识和风险评价的结果制定风险控制措施计划。	1. 了解风险的分类、企业风险类型、风险管理的概念。 2. 掌握安全生产风险管理的概念、安全评价的种类以及内容和程序。 3. 掌握危险源辨识的内容、危险有害因素的分类。 4. 熟悉危险源辨识的方法、原则和过程。 5. 掌握重大危险源的辨识和分级、监控要求。 6. 了解风险量函数、风险评价及评价方法的分类和选择。 7. 掌握安全检查表法、预先危险分析法、LEC法和风险矩阵法等评价方法。 8. 熟悉风险控措施的具体内容。

风险管理是经济学的重要理论支柱之一,已被广泛应用到其他许多学科领域。把风险管理原理引入安全生产工作,可有效提升事故预防水平,全面落实"安全第一,预防为主,综合治理"的方针。这是现代企业安全管理的必然发展趋势和选择。

第一节 安全生产风险管理概述

案例导入

【案例4-1】 B企业为扩大产能,投资1.5亿元,新建12 000m^3厂房,新建厂房为新型钢结构,委托C设计公司设计,D建筑安装公司施工总承包并负责设备安装与调试,E监理公司施工监理。新建厂房由一个主跨和一个辅跨相邻的两个独立单元组成。主跨内有钢板下料、加工、小件焊接、打磨、大件组装、探伤、涂装、水压试验等作业，主要设备设施有剪板机、平板机、车床、冲床、电焊机、电（风）动打磨机、X射线探伤仪、涂装流水线、移动式空压机、起重机及其他工艺设备。其中，涂装流水线设在主跨一侧，与其他设备设施间距为4m，有抛丸、清洗、喷漆、烘干等工艺单元。辅跨有两层，一层设置了休息室、更衣室、浴室和卫生间，以及气瓶库、危化品库，气瓶库与危化品库相邻，各为独立库房，二层设置了办公室、会议室、员工宿舍。

一、风险的分类

对风险进行分类，以便对不同特点的风险采取相应的防范处置措施。风险的分类方法有多种，可以从不同的角度、按照不同的标准进行分类。常见的风险分类有以下几种。

1. 按照风险的性质、后果分类

按照风险的性质、后果的不同，风险可划分为以下两种。

（1）纯粹风险。指只有损失可能而无获利机会的风险。在生产经营活动中可能发生的造成人身伤亡、设备设施损坏、环境破坏等不期望后果的事故，就属于这类风险。

（2）投机风险。指既有损失可能又有获利机会的风险。人们进入股市炒股票，有可能赚钱也可能赔钱，以及人们投资开企业、办公司可能发生亏损，就属于这类风险。

2. 按损失标的物分类

按损失标的物或风险指向的对象进行分类，风险可划分为以下几种。

（1）财产风险。通常指可能导致财产的损毁、灭失与贬值等损失的风险，包括直接财产风险和间接财产风险（生产中断、信誉降低等造成的损失），如厂房、设备、运载工具、家庭住宅、家具（直接的）及其他无形财产（间接的）可能因自然灾害或意外事故而遭受损失。

（2）人身风险。指可能引起人的疾病、伤残、死亡等人身伤害的风险。

（3）责任风险。指根据法律、道义或合同上的规范、约定应对他人的财产损失或人身伤亡承担经济赔偿责任的风险。

（4）信用风险。在经济交往中，权利人与义务人之间由于一方违约或犯罪而使对方蒙受经济损失的风险。

（5）环境风险。指环境破坏，对空气、水源、土地、气候和动植物等所造成的影响和危害。

3. 按风险产生的原因分类

按风险产生的原因来分类，风险可划分为以下几种。

（1）自然风险。由于自然现象、物理现象可能造成物质损毁和人员伤亡的风险。

（2）社会风险。指由于个人或团体、组织的行为，包括过失、行为不当及故意行为，所导致损失的风险。

（3）经济风险。一般指在商品生产和购销过程中，由于经营管理不善、市场预测失误、价格波动、消费需求变化等因素引起经济损失的风险。

（4）政治风险。指起源于种族、宗教、国家之间的冲突、叛乱、战争所引起的风险，也包括由于政策或制度的变化、政权的更替、罢工、恐怖主义活动等引起的各种损失。

(5) 技术风险。由于科学技术发展的副作用而带来的各种风险。

上述划分不是绝对的,事实上,现在出现了"自然—技术—社会—行为风险"一体化的综合风险的趋势。例如,环境污染,既有大自然变化的因素,也有技术进步带来的负面因素,更有一些社会经济决策失误的因素。

4. 按风险产生的环境分类

按风险产生的环境来分类,风险可划分为以下几种。

(1) 静态风险。不是因社会经济活动发生变化,而是由于自然力不规则变动或人们行为的失误所造成的风险,前者如地震、洪水、台风、疾病等;后者如盗窃、呆账、事故等。

(2) 动态风险。是指以社会经济的变动为直接原因的风险。如经济体制的改变、市场结构的调整、利率的变动等可能引发的风险。

5. 按损失承担者或面临风险的经济单位分类

按损失承担者或面临风险的经济单位来分类,风险可划分为以下几种。

(1) 个人风险。指个人所面临的各种风险,包括人身伤亡、财产损失、情感圆满、精神追求、个人发展等。

(2) 家庭风险。指家庭所面临的各种风险,包括家庭成员的精神身体健康、家庭的财产物质保证、家庭的稳定性等。

(3) 企业风险。指企业所面临的各种风险。企业是现代经济的细胞,因此围绕企业发展的相关课题得到了广泛的研究。近些年来,随着市场竞争的日趋激烈,企业风险管理引起了学者和企业决策人员的高度重视。

(4) 政府风险。指政府所面临的各种风险,如政府信任危机、政府丑闻、政府垮台等。

(5) 社会风险。指整个社会所面临的各种风险,如环境污染、水土流失、生态环境恶化等。

6. 按承受风险的能力划分

按承受风险的能力来分类,风险可划分为:可接受风险与不可接受风险。

可接受风险是指经济单位在研究自身承受能力、财务状况基础上,确认能够接受最大损失的限度,把低于这一限度的风险称为可接受风险;反之既为不可接受风险。

二、企业风险类型

就企业而言,其所面临的风险主要包括两种类型:危害性风险和金融性风险(如图4-1和图 4-2 所示)。

企业的危害性风险是指企业在生产经营活动中面临的有关人身安全和健康危害的风险(如图 4-2 所示),属于一种纯粹风险,而且主要以技术风险为主。对企业而言,传统意义上的风险管理就是针对这类风险。

企业的金融性风险是指企业在生产经营活动中面临的有关经营利润和收入危害的风险(如图 4-1 所示),属于一种投机风险。现代意义上的企业风险管理主要是针对此类风险。

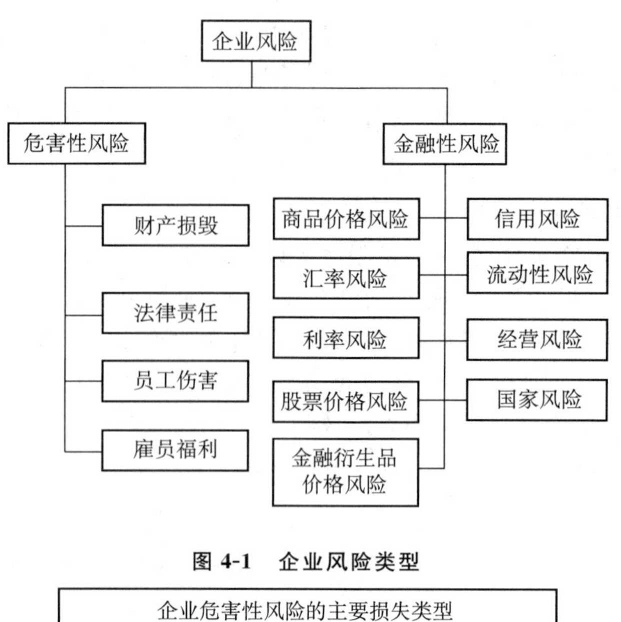

图 4-1 企业风险类型

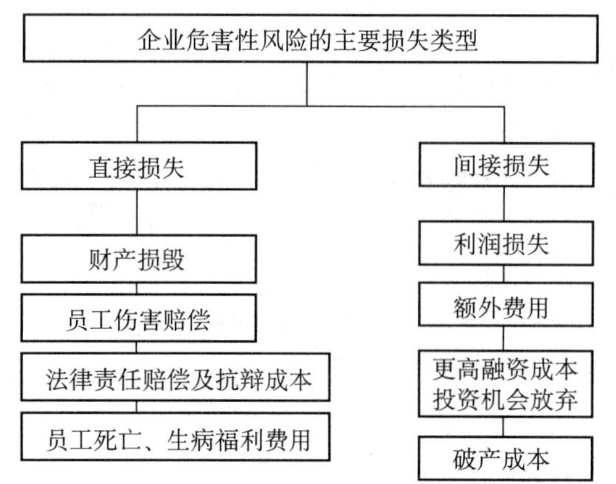

图 4-2 企业危害性风险

三、风险管理

1. 风险管理的基本定义

《风险管理术语》(GB/T 23694—2009/ISO/IEC Guide 73：2002)将风险管理(risk management)定义为：通过风险评估、风险处理、风险承受和风险沟通，指导和控制某一组织与风险相关问题的协调活动。该标准进一步给出了如下定义。

(1) 风险评估(risk assessment)是指包括风险分析和风险评价在内的全部过程。

(2) 风险分析(risk analysis)是指系统地运用相关信息来确认风险的来源，并对风险进行估计。风险分析为风险评价、风险处理和风险承受提供了一个基础。

(3) 风险识别(risk identification)是指发现、列举和描述风险要素的过程。

(4) 风险估计(risk estimation)是指对风险的概率及后果进行赋值的过程。

(5) 风险评价(risk evaluation)是指将估计后的风险与给定的风险准则对比，来决定风险严重性的过程。风险评价有助于做出接受还是处理某一个风险的决策。

(6) 风险处理(risk treatment)是指选择及实施风险应对措施的过程。术语"风险处理"有时指应对措施本身。风险处理措施包括规避、优化、转移或保留风险。

(7) 风险控制(risk control)是指实施风险管理决策的行为。风险控制可能包括监测、再评价和执行决策。

对上述定义进行分析,可以看出,风险管理实质上是包含风险识别、风险估计(衡量)、风险评价、风险处理(风险控制)等过程的管理活动。为使问题简单化并易于理解,本书采用如下的风险管理定义。

风险管理是指通过识别风险、估计(衡量)风险、评价风险,选择有效的措施或手段,尽可能以最少的资源或成本,有计划地处理风险,以获得化解和防范风险最佳效果的管理过程及活动的总称。其中,识别风险、估计(衡量)风险属于风险分析;选择有效的措施或手段,尽可能以最少的资源或成本,有计划地处理风险,属于风险控制。

2. 风险要素

风险由以下三个要素构成。

(1) 风险原因。在人们有目的的活动过程中,由于存在或然性、不确定性,或因多种方案存在的差异性而导致活动结果的不确定性。因此不确定性和各种方案的差异性是风险形成的原因。不确定性包括物方面的不确定性(如设备故障)以及人方面的不确定性(如不安全行为)。

(2) 风险事件。风险事件是风险原因综合作用的结果,是产生损失的原因。根据损失产生的原因不同,企业所面临的风险事件分为生产事故风险(技术风险)、自然灾害风险、企业社会风险、企业法律风险与企业市场风险等。

(3) 风险损失。风险损失是由风险事件所导致的非故意的和非预期的收益减少。风险损失包括直接损失(包括财产损失和生命损失)和间接损失。

3. 风险管理范畴

从前文的风险管理定义可知,风险管理的基础范畴包括风险分析、风险评价和风险控制,简称风险管理三要素。风险管理的内容及相互关系如图 4-3 所示。

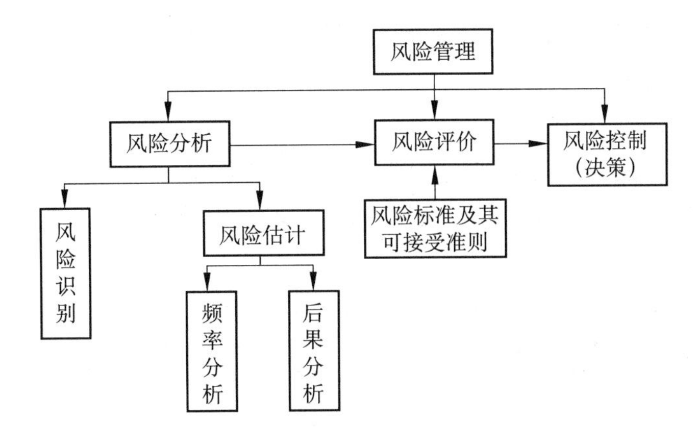

图 4-3　风险管理的内容及相互关系

（1）风险分析

风险分析就是研究风险发生的可能性及其他所产生的后果和损失。现代管理对复杂系统未来功能的分析能力日益提高，使得风险预测成为可能，并且采取合适的防范措施可以把风险降低到可接受的水平。风险分析应该成为系统安全的重要组成部分，它既是系统安全的补充，又与系统安全有所区别，风险分析比系统安全的范围或许要稍广一些。例如，衡量安全程序的标准，在很大程度上是事件发生的可能性，还有后果或损失的期望值，这两者都属于“风险”的范围。

（2）风险评价

风险评价是分析和研究风险的边际值应是多少？风险—效益—成本分析结果怎样？如何处理和对待风险？

因为事故及其损失的性质是复杂的，所以风险评价的逻辑关系也是复杂的。风险评价逻辑模型至少有5个因素：基本事件（低级的原始事件），初始事件（对系统正常功能的偏离，例如铁路运输风险评价时列车出轨就是初始事件之一），后果（初始事件发生的瞬时结果），损失（描述死亡、伤害及环境破坏等的财产损失），费用（损失的价值）。

关于风险评价的范围，主要是对重要损失进行评价，即把主要精力放在研究少数较重大的意外事件上。例如，一个完全关闭的核电站就不必再研究其可能的故障和损失，其残留危险是否应当忽略，要根据具体情况而定。

关于后果和损失，如在核电厂核芯熔化事故中，人员伤亡数将明显地随环境条件以及熔化性质和程度而变化。损失则包括死亡、伤害、放射病以及环境污染等方面内容。

风险是现代生产与生活实践中难以避免的。从安全管理与事故预防的角度分析，关键的问题是如何将风险控制在人们可以接受的范围之内。

（3）风险控制

在风险分析和风险评价的基础上，就可做出风险决策，即风险控制。对于风险分析研究，其目的一般分两类：一是主动地创造风险环境和状态，如现代工业社会就有风险产业、风险投资、风险基金之类的活动；二是对客观存在的风险做出正确的分析判断，以求控制、减弱乃至消除其影响和作用。显然，从系统安全和事故预防的角度讲，我们所分析研究的是后一种风险。

4. 风险管理过程

风险管理过程可划分为风险管理策划、风险分析（识别和估计）、风险评价、风险处理（风险控制）和风险管理绩效评价五个基本阶段。如图4-4所示。此过程是一个周而复始不断循环的动态过程。

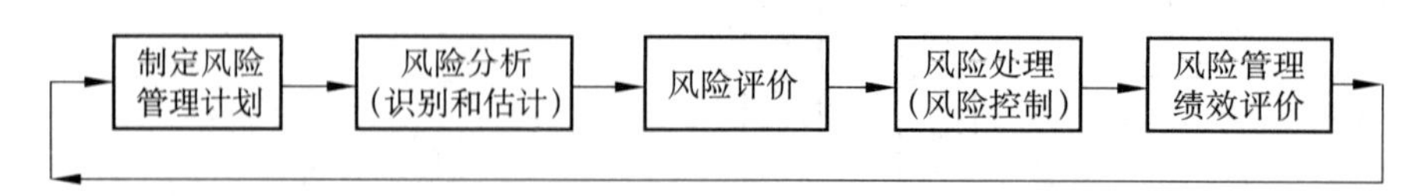

图4-4 风险管理过程

四、安全生产风险管理

（一）安全生产风险管理的概念

安全生产风险管理是指企业通过对危害安全生产的风险进行识别、估计或衡量、评价，采取有效的措施或手段，用最经济的方法有计划地综合处理风险和控制风险，以实现最佳安全生产保障的科学管理方法。对此定义需要说明几点。

① 安全生产风险不局限于静态风险，还包括动态风险。研究安全生产风险管理是以静态风险和动态风险为对象的全面风险管理。

② 安全生产风险是指企业面临的危害性风险，主要包括生产经营过程中各类安全事故导致的人身伤亡、健康损害、财产损失、环境破坏以及自然灾害导致的事故损失等。

③ 安全生产风险管理的基本内容、方法和程序是共同构成安全生产风险管理的重要方面。

④ 强调安全生产风险管理应体现成本和效益关系，要从最经济的角度来处理安全生产风险，在主客观条件允许的情况下，选择最低成本、最佳效益的方法，制定安全生产风险管理决策。

（二）安全生产风险管理与安全管理

在实际工作中，安全工作人员一般将安全生产风险管理和安全管理视为同样的工作。两者间关系虽然密切，但也有区别，主要体现：

(1) 安全生产风险管理的内容较安全管理广泛。安全生产风险管理不仅包括预测和预防事故、灾害的发生、人机系统的管理等这些安全管理所包含的内容，而且还延伸到了保险、投资，甚至政治风险领域。

(2) 安全管理强调的是减少事故，甚至消除事故，是将安全生产与人机工程相结合，给劳动者以最佳工作环境。而安全生产风险管理的目标是尽可能地减少安全生产风险的经济损失。由于两者的着重点不同，也就决定了它们控制方法的差异。

(3) 风险管理的产生和发展造成了对传统安全管理体制的冲击，促进了现代安全管理体制的建立。它对现有安全技术的成效做出评判并提示新的安全对策，促进了安全技术的发展。

(4) 与传统的安全管理相比，风险管理的主要特点还表现在：

① 确立了系统安全的观点。随着生产规模的扩大、生产技术的日趋复杂和连续化生产的实现，系统往往由许多子系统构成。为了保证系统的安全，就必须研究每一个子系统。各个子系统之间的“接点”往往会被忽略而引发事故，因而“接点”的危险性不容忽视。风险评价是以整个系统安全为目标的，因此不能孤立地对子系统进行研究和分析，而要从全局的观点出发，才能寻求到最佳的、有效的防灾防损途径。

② 开发了事故预测技术。传统的安全管理多为事后管理，即从已经发生的事故中吸取教训，这当然是必要的。但是有些事故的代价太大，必须预先采取相应的防范措施。风险管理的目的是预先发现、识别可能导致事故发生的危险因素，以便于在事故发生之前采

取措施消除、控制这些因素，防止事故的发生。

在某种意义上说，安全生产风险管理是一种创新，但它毕竟是从传统的安全分析和安全管理的基础上发展起来的。因此，传统安全管理的宝贵经验和从过去事故中汲取的教训对于安全生产风险管理依然是十分重要的。安全生产风险管理是现代企业安全管理的发展趋势。

五、安全生产风险管理与安全评价

（一）安全评价

1. 安全评价的定义

根据安全生产行业标准《安全评价通则》(AQ 8001—2007)的规定，安全评价(Safety Assessment)(国外也称为风险评价或危险评价)是以实现安全为目的，应用安全系统工程原理和方法，辨识与分析工程、系统、生产经营活动中的危险、有害因素，预测发生事故或造成职业危害的可能性及其严重程度，提出科学、合理、可行的安全对策措施建议，做出评价结论的活动。

安全评价可针对一个特定的对象，也可针对一定区域范围。

安全评价可在同一工程、系统中用来比较风险的大小，但不能用来证明应投入的安全设备未投入时工程、系统的状态是安全的，这样的证明既是方法的滥用，也会得出不符合逻辑的结果。

2. 安全评价分类

根据《安全评价通则》(AQ8001—2007)的规定，安全评价按照实施阶段的不同分为三类：安全预评价、安全验收评价、安全现状评价(含专项安全评价，其属于政府在特定的时期内进行专项整治时开展的评价)。

(1) 安全预评价(Safety Assessment Prior to Start)

在建设项目可行性研究阶段、工业园区规划阶段或生产经营活动组织实施之前，根据相关的基础资料，辨识与分析建设项目、工业园区、生产经营活动潜在的危险、有害因素，确定其与安全生产法律法规、标准、规范的符合性，预测发生事故的可能性及其严重程度，提出科学、合理、可行的安全对策措施建议，做出安全评价结论的活动。

(2) 安全验收评价(Safety Assessment Upon Completion)

在建设项目竣工后、正式生产运行前或工业园区建设完成后，通过检查建设项目安全设施与主体工程同时设计、同时施工、同时投入生产和使用的情况或工业园区内的安全设施、设备、装置投入生产和使用的情况，检查安全生产管理措施到位情况，检查安全生产规章制度健全情况，检查事故应急救援预案建立情况，审查确定建设项目、工业园区建设满足安全生产法律法规、规章、标准、规范要求的符合性，从整体上确定建设项目、工业园区的运行状况和安全管理情况，做出安全验收评价结论的活动。

(3) 安全现状评价(Safety Assessment In Operation)

针对生产经营活动中、工业园区内的事故风险、安全管理情况，辨识与分析其存在的危险、有害因素，审查确定其与安全生产法律法规、规章、标准、规范要求的符合性，预测发生事故或造成职业危害的可能性及其严重程度，提出科学、合理、可行的安全对策措施建议，做出安全现状评价结论的活动。

安全现状评价既适用于对一个生产经营单位或一个工业园区的评价，也适用于某一特定的生产方式、生产工艺、生产装置或场所的评价。

安全现状评价形成的现状评价报告的内容应纳入生产经营单位安全隐患整改和安全管理计划，并按计划加以实施和检查。

3. 安全评价程序

安全评价程序包括：前期准备；辨识与分析危险、有害因素，划分评价单元，定性、定量评价，提出安全对策措施建议，做出评价结论，编制安全评价报告。安全评价程序框图如图 4-5 所示。

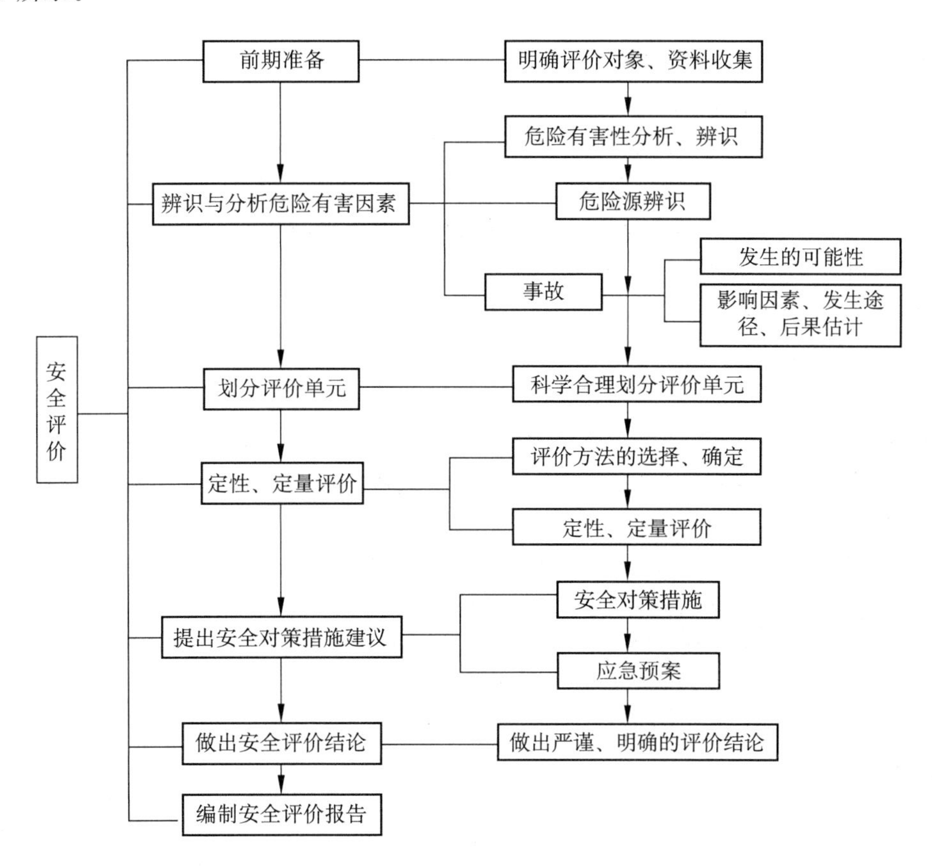

图 4-5　安全评价程序

4. 安全评价的内容

（1）前期准备

明确评价对象，备齐有关安全评价所需的设备、工具，收集国内外相关法律法规、标准、规章、规范等资料。

（2）辨识与分析危险、有害因素

根据评价对象的具体情况，辨识和分析危险、有害因素，确定其存在的部位、方式，以及发生作用的途径和变化规律。

（3）划分评价单元

评价单元划分应科学、合理、便于实施评价，相对独立且具有明显的特征界限。

（4）定性、定量评价

根据评价单元的特性，选择合理的评价方法，对评价对象发生事故的可能性及其严重程度进行定性、定量评价。

（5）对策措施建议

依据危险、有害因素辨识结果与定性、定量评价结果，遵循针对性、技术可行性、经济合理性的原则，提出消除或减弱危险、危害的技术和管理对策措施建议。

对策措施建议应具体翔实、具有可操作性。按照针对性和重要性的不同，措施和建议可分为应采纳和宜采纳两种类型。

（6）安全评价结论

安全评价机构应根据客观、公正、真实的原则，严谨、明确地做出评价结论。

安全评价结论的内容应包括高度概括评价结果，从风险管理角度给出评价对象在评价时与国家有关安全生产的法律法规、标准、规章、规范的符合性结论，给出事故发生的可能性和严重程度的预测性结论，以及采取安全对策措施后的安全状态等。

（7）安全评价报告

安全评价报告是安全评价过程的具体体现和概括性总结。安全评价报告是评价对象实现安全运行的技术指导性文件，对完善自身安全管理、应用安全技术等方面具有重要参考作用。安全评价报告作为第三方出具的技术性咨询文件，可为政府安全生产监管、监察部门、行业主管部门等相关单位对评价对象的安全行为进行法律法规、标准、规章、规范的符合性判别所用。

安全评价报告应全面、概括地反映安全评价过程的全部工作，文字应简洁、准确，提出的资料应清楚可靠，论点明确，利于阅读和审查。安全评价报告格式如下。

① 评价报告的基本格式要求

- 封面；
- 安全评价资质证书影印件；
- 著录项；
- 前言；
- 目录；
- 正文；
- 附件；
- 附录。

② 规格

安全评价报告应采用 A4 幅面，左侧装订。

③ 封面格式内容

- 委托单位名称；
- 评价项目名称；
- 标题；
- 安全评价机构名称；
- 安全评价机构资质证书编号；
- 评价报告完成时间。

标题：标题应统一写为“安全××评价报告”，其中××应根据评价项目的类别填写为：“预、验收或现状”。

（二）安全生产风险管理与安全评价

安全评价与日常安全管理和安全监督监察工作不同。尽管安全生产风险管理与安全评价在内容上有相似之处，但它们是相互独立的两项不同性质的工作。它们之间的差别和关系如下。

① 安全生产风险管理是企业采用的一种安全管理工作方法，是企业管理系统的重要组成部分；而安全评价是由专门的中介机构和专业人员开展的一项技术服务活动。

② 安全生产风险管理是包含着一系列活动的动态管理过程，由企业依靠自身的人员和资源实施；而安全评价是根据国家和政府的特殊要求在特定的时间阶段展开的技术分析活动。

③ 安全生产风险管理最终要形成一个管理体系，而不是一个特定形式成果，其管理过程循环往复，没有终点；而安全评价的最终的成果是规定形式的安全评价报告，一旦安全评价报告经评审通过，则安全评价就宣告结束。

④ 安全评价报告应作为安全生产风险管理的一个重要技术资料和信息来源；安全生产风险管理应有效利用安全评价的成果，以节省必要的时间、成本和资源。

⑤ 安全生产风险管理与安全评价究其最终目的而言，两者是相同的；安全生产风险管理可将安全评价纳入其管理过程，甚至在条件具备时可替代其中的个别环节。

第二节　危险源辨识与分析

案例导入

【案例 4-2】 2010 年 7 月 16 日，位于辽宁省大连市保税区的大连中石油国际储运有限公司原油库输油管道发生爆炸，引发大火并造成大量原油泄漏，导致部分原油、管道和设备烧损，另有部分泄漏原油流入附近海域造成污染。事故造成作业人员 1 人轻伤、1 人失踪；在灭火过程中，消防战士 1 人牺牲、1 人重伤。据统计，事故造成的直接财产损失为 22330.19 万元。此起事故暴露出如下问题：一是事故单位对所加入原油脱硫剂的安全可靠性没有进行科学论证；二是原油脱硫剂的加入方法没有正规设计，没有对加注作业进行风险辨识，没有制定安全作业规程；三是原油接卸过程中安全管理存在漏洞。指挥协调不力，管理混乱，信息不畅，有关部门接到暂停卸油作业的信息后，没有及时通知停止加剂作业，事故单位对承包商现场作业疏于管理，现场监护不力。四是事故造成电力系统损坏，应急和消防设施失效，罐区阀门无法关闭。另外，港区内原油等危险化学品大型储罐集中布置，也是造成事故险象环生的重要因素。

一、危险源辨识的概念及其内容

1. 危险源辨识的概念

危险源辨识（或识别）（hazard identification），又可称为危害辨识、危险有害因素识别，是指识别危险源（危害）的存在并确定其性质的过程。

结合第一章关于危险源的定义和两类危险源理论，上述定义对危险源辨识提出了两个方面的要求：一是找出客观上存在发生可能的事故（危害），并分析导致事故的原因、估计事故的损失；二是要确认导致事故的原因是否客观存在及其实际的状况。因此，危险源辨识是一种风险分析，包括了风险识别和风险估计（衡量）。

危险源识别包括两个环节。

第一个环节是调查、分析、识别第一类危险源，确认系统客观上存在的潜在危险性；即找出可能发生意外释放的能量好和危险物质，包括系统中各种能量源、能量载体或危险物质。此环节是系统安全分析——技术、工艺安全分析，也称固有危险性分析，以技术活动为主。

第二个环节是调查、分析、识别围绕第一类危险源随机发生的第二类危险源，确认系统的现实危险性；即找出导致能量或危险物质约束或限制措施破坏或失效的各种因素，广义上包括物的故障、人的失误、环境不良以及管理缺陷等因素，也就是导致事故的原因，并查证这些因素是否客观存在及其实际的状况。此环节的重点是事故隐患的现场查找、排查与确认，以管理活动为主。

两个环节的关系是：第一个环节是第二个环节的基础和前提，第二个环节是第一个环节的目的和落脚点；任何一个环节的缺失或出现问题都将使整个危险源的识别失去其本来意义，而无助于安全目的的实现。

2. 危险源辨识的内容

危险源辨识的内容实际上可以简化为两个方面：一是识别出客观上存在发生可能的事故（危害），即能发生哪些类型的事故；二是搞清楚导致事故的原因，即可能导致事故的危险有害因素。

下面从危险源辨识的两个环节出发，详细说明危险源辨识的具体内容。

(1) 危险源识别第一个环节包含的内容

第一部分：分析对象的描述。

系统、子系统的名称。如×××实验室可作为系统的名称，该实验室中的某个设备、设施、实验操作可作为子系统的名称。子系统在描述时，一般采用如下方式：某种形式的能量形态/有害物质的名称＋设备/设施/装置/装备/场所/实验操作的名称。

第二部分：系统、子系统潜在危险性描述。

根据系统、子系统的能量形态、危险物质种类及危险特性，全面分析其客观上可能发生的所有事故类别，并对各类事故的诱发因素、发生所需条件、演变过程及途径、最大可能后果进行调查、分析。确定科学上可信的潜在危险事故，去除科学分析后不成立或极不可能的危险事故。

第三部分：人员状况及其活动的描述。

系统、子系统中人员数量、作业活动（有无值守，单人作业还是多人合作、短时还是长时、连续还是间断等）。

(2) 危险源识别第二个环节包含的内容

依据第一个环节所得到的成果，如危险源识别分析调查统计表、现场安全检查表等，组织专人定期或不定期地对系统、子系统是否实际出现或存在事故的诱发因素、发生所需要条件——物的危险状态（物的故障）、人的不安全行为（人的失误）、环境的不安全条件（环境不良）和管理上的缺陷等进行全方位的现场综合排查、分析、确认。

二、危险有害因素的分类

危险源辨识的关键是危险有害因素的识别分析。科学、系统的危险有害因素分类是进行危险源辨识的前提。

（一）按导致事故直接原因进行分类

《生产过程危险和有害因素分类与代码》(GB/T 13861—2009)按可能导致生产过程事故的直接原因的性质进行分类，将生产过程危险和有害因素共分为四大类，分别是“人的因素”、“物的因素”、“环境因素”和“管理因素”，每个大类下有中类，中类下有小类，小类下有细类，见表 4-1。

表 4-1　生产过程危险和有害因素分类和代码表

代　码	名　　称	说　　明
1	人的因素	
11	心理、生理性危险和有害因素	
1101	负荷超限	
110101	体力负荷超限	指易引起疲劳、劳损、伤害等的负荷超限
110102	听力负荷超限	
110103	视力负荷超限	
110199	其他负荷超限	
1102	健康状况异常	指伤、病期等
1103	从事禁忌作业	
1104	心理异常	
110401	情绪异常	
110402	冒险心理	
110403	过度紧张	
110499	其他心理异常	
1105	辨识功能缺陷	
110501	感知延迟	

续表

代　码	名　　称	说　　明
110512	辨识错误	
110599	其他辨识功能缺陷	
1199	其他心理、生理性危险和有害因素	
12	行为性危险和有害因素	
1201	指挥错误	
120101	指挥失误	包括生产过程中的各级管理人员的指挥
120102	违章指挥	
120199	其他指挥错误	
1202	操作错误	
120201	误操作	
120202	违章作业	
120299	其他操作错误	
1203	监护失误	
1299	其他行为性危险和有害因素	包括脱岗等违反劳动纪律行为
2	物的因素	
21	物理性危险和有害因素	
2101	设备、设施、工具、附件缺陷	
210101	强度不够	
210102	刚度不够	
210103	稳定性差	抗倾覆、抗位移能力不够。包括重心过高、底座不稳定、支承不正确等
210104	密封不良	指密封件、密封介质、设备辅件、加工精度、装配工艺等缺陷以及磨损、变形、气蚀等造成的密封不良
210105	耐腐蚀性差	
210106	应力集中	
210107	外形缺陷	指设备、设施表面的尖角利棱和不应有的凹凸部分等
210108	外露运动件	指人员易触及的运动件
210109	操纵器缺陷	指结构、尺寸、形状、位置、操纵力不合理及操纵器失灵、损坏等
210110	制动器缺陷	
210111	控制器缺陷	
210199	设备、设施、工具、附件其他缺陷	
2102	防护缺陷	
210201	无防护	
210202	防护装置、设施缺陷	指防护装置、设施本身安全性、可靠性差，包括防护装置、设施、防护用品损坏、失效、失灵等
210203	防护不当	指防护装置、设施和防护用品不符合要求、使用不当。不包括防护距离不够
210204	支撑不当	包括矿井、建筑施工支护不符合要求
210205	防护距离不够	指设备布置、机械、电气、防火、防爆等安全距离不够和卫生防护距离不够等

续表

代　码	名　　称	说　　明
210299	其他防护缺陷	
2103	电伤害	
210301	带电部位裸露	指人员易触及的裸露带电部位
210302	漏电	
210303	静电和杂散电流	
210304	电火花	
210399	其他电伤害	
2104	噪声	
210401	机械性噪声	
210402	电磁性噪声	
210403	流体动力性噪声	
210499	其他噪声	
2105	振动危害	
210501	机械性振动	
210502	电磁性振动	
210503	流体动力性振动	
210599	其他振动危害	
2106	电离辐射	包括X射线、γ射线、α粒子、β粒子、中子、质子、高能电子束等
2107	非电离辐射	
210701	紫外线辐射	
210702	激光辐射	
210703	微波辐射	
210704	超高频辐射	
210705	高频电磁场	
210706	工频电场	
2108	运动物伤害	
210801	抛射物	
210802	飞溅物	
210803	坠落物	
210804	反弹物	
210805	土、岩滑动	
210806	料堆(垛)滑动	
210807	气流卷动	
210899	其他运动物伤害	
2109	明火	
2110	高温物质	
211001	高温气体	
211002	高温液体	
211003	高温固体	
211099	其他高温物质	

续表

代　码	名　　称	说　　明
2111	低温物质	
211101	低温气体	
211102	低温液体	
211103	低温固体	
211199	其他低温物质	
2112	信号缺陷	
211201	无信号设施	指应设信号设施处无信号，如无紧急撤离信号等
211202	信号选用不当	
211203	信号位置不当	
211204	信号不清	指信号量不足。如响度、亮度、对比度、信号维持时间不够等
211205	信号显示不准	包括信号显示错误、显示滞后或超前等
211299	其他信号缺陷	
2113	标志缺陷	
211301	无标志	
211302	标志不清晰	
211303	标志不规范	
211304	标志选用不当	
211399	其他标志缺陷	
2114	有害光照	包括直射光、反射光、眩光、频闪效应等
2199	其他物理性危险和有害因素	
22	化学性危险和有害因素	依据 GB—13690 中的规定
2201	爆炸品	
2202	压缩气体和液化气体	
2203	易燃液体	
2204	易燃固体、自燃物品和遇湿易燃物品	
2205	氧化剂和有机过氧化物	
2206	有毒品	
2207	放射性物品	
2208	腐蚀品	
2209	粉尘与气溶胶	
2299	其他化学性危险和有害因素	
23	生物性危险和有害因素	
2301	致病微生物	
230101	细菌	
230102	病毒	
230103	真菌	
230199	其他致病微生物	
2302	传染病媒介物	
2303	致害动物	
2304	致害植物	

续表

代码	名称	说明
2399	其他生物性危险和有害因素	
3	环境因素	包括室内、室外、地上、地下(如隧道、矿井)、水上、水下等作业(施工)环境
31	室内作业场所环境不良	
3101	室内地面滑	指室内地面、通道、楼梯被任何液体、熔融物质润湿,结冰或有其他易滑物等
3102	室内作业场所狭窄	
3103	室内作业场所杂乱	
3104	室内地面不平	
3105	室内梯架缺陷	包括楼梯、阶梯、电动梯和活动梯架,以及这些设施的扶手、扶栏和护栏、护网等
3106	地面、墙和天花板上的开口缺陷	包括电梯井、修车坑、门窗开口、检修孔、孔洞、排水沟等
3107	房屋基础下沉	
3108	室内安全通道缺陷	包括无安全通道、安全通道狭窄、不畅等
3109	房屋安全出口缺陷	包括无安全出口、设置不合理等
3110	采光照明不良	指照度不足或过强、烟尘弥漫影响照明等
3111	作业场所空气不良	指自然通风差、无强制通风、风量不足或气流过大、缺氧、有害气体超限等
3112	室内温度、湿度、气压不适	
3113	室内给、排水不良	
3114	室内涌水	
3199	其他室内作业场所环境不良	
32	室外作业场地环境不良	
3201	恶劣气候与环境	包括风、极端的温度、雷电、大雾、冰雹、暴雨雪、洪水、浪涌、泥石流、地震、海啸等
3202	作业场地和交通设施湿滑	包括铺设好的地面区域、阶梯、通道、道路、小路等被任何液体、熔融物质润湿,冰雪覆盖或有其他易滑物等
3203	作业场地狭窄	
3204	作业场地杂乱	
3205	作业场地不平	包括不平坦的地面和路面,有铺设的、未铺设的、草地、小鹅卵石或碎石地面和路面
3206	航道狭窄、有暗礁或险滩	
3207	脚手架、阶梯和活动梯架缺陷	包括这些设施的扶手、扶栏和护栏、护网等
3208	地面开口缺陷	包括升降梯井、修车坑、水沟、水渠等
3209	建筑物和其他结构缺陷	包括建筑中或拆毁中的墙壁、桥梁、建筑物;筒仓、固定式粮仓、固定的槽罐和容器;屋顶、塔楼等
3210	门和围栏缺陷	包括大门、栅栏、畜栏和铁丝网等
3211	作业场地基础下沉	

续表

代　码	名　　称	说　　明
3212	作业场地安全通道缺陷	包括无安全通道，安全通道狭窄、不畅等
3213	作业场地安全出口缺陷	包括无安全出口、设置不合理等
3214	作业场地光照不良	指光照不足或过强、烟尘弥漫影响光照等
3215	作业场地空气不良	指自然通风差或气流过大、作业场地缺氧、有害气体超限等
3216	作业场地温度、湿度、气压不适	
3217	作业场地涌水	
3299	其他室外作业场地环境不良	
33	地下（含水下）作业环境不良	不包括以上室内室外作业环境已列出的有害因素
3301	隧道/矿井顶面缺陷	
3302	隧道/矿井正面或侧壁缺陷	
3303	隧道/矿井地面缺陷	
3304	地下作业面空气不良	包括通风差或气流过大、缺氧、有害气体超限等
3305	地下火	
3306	冲击地压	指井巷（采场）周围的岩体（如煤体）等物质在外力作用下产生的变形能，当力学平衡状态受到破坏时，瞬间释放，将岩体、气体、液体急剧、猛烈抛（喷）出造成严重破坏的一种井下动力现象
3307	地下水	
3308	水下作业供氧不当	
3399	其他地下作业环境不良	
39	其他作业环境不良	
3901	强迫体位	指生产设备、设施的设计或作业位置符合人类工效学要求而易引起作业人员疲劳、劳损或事故的一种作业姿势
3902	综合性作业环境不良	显示有两种以上作业环境致害因素且不能分清主次的情况
3999	以上未包括的其他作业环境不良	
4	管理因素	
41	职业安全卫生组织机构不健全	包括组织机构的设置和人员的配置
42	职业安全卫生责任制未落实	
43	职业安全卫生管理规章制度不完善	
4301	建设项目“三同时”制度未落实	
4302	操作规程不规范	
4303	事故应急预案及响应缺陷	
4304	培训制度不完善	
4399	其他职业安全卫生管理规章制度不健全	包括隐患管理、事故调查处理等制度不健全
44	职业安全卫生投入不足	
45	职业健康管理不完善	包括职业健康体检及其档案管理等不完善
49	其他管理因素缺陷	

（二）参照事故类别进行分类

参照《企业职工伤亡事故分类》(GB 6441—1986)，综合考虑起因物、引起事故的诱导性原因、致害物、伤害方式等，将危险因素分为 20 类。

① 物体打击。指物体在重力或其他外力的作用下产生运动，打击人体而造成人身伤亡事故，不包括因机械设备、车辆、起重机械、坍塌等引发的物体打击。

② 车辆伤害。指企业机动车辆在行驶中引起的人体坠落和物体倒塌、飞落、挤压伤亡事故，不包括起重设备提升、牵引车辆和车辆停驶时发生的事故。

③ 机械伤害。指机械设备运动(静止)部件、工具、加工件直接与人体接触引起的夹击、碰撞、剪切、卷入、绞、碾、割、刺等伤害，不包括车辆、起重机械引起的机械伤害。

④ 起重伤害。指各种起重作业(包括起重机安装、检修、试验)中发生的挤压、坠落、(吊具、吊重)物体打击和触电。

⑤ 触电。包括各种设备、设施的触电，电工作业时触电，雷击等。

⑥ 淹溺。包括高处坠落淹溺，不包括矿山、井下透水淹溺。

⑦ 灼烫。指火焰烧伤、高温物体烫伤、化学灼伤(酸、碱、盐、有机物引起的体内外灼伤)、物理灼伤(光、放射性物质引起的体内外灼伤)，不包括电灼伤和火灾引起的烧伤。

⑧ 火灾。包括火灾引起的烧伤和死亡。

⑨ 高处坠落。指在高处作业中发生坠落造成的伤亡事故，不包括触电坠落事故。

⑩ 坍塌。指物体在外力或重力作用下，超过自身的强度极限或因结构稳定性破坏而造成的事故，如挖沟时的土石塌方、脚手架坍塌、堆置物倒塌等，不适用于矿山冒顶片帮和车辆、起重机械、爆破引起的坍塌。

⑪ 冒顶片帮。矿井、隧道、涵洞开挖、衬砌过程中因开挖或支护不当，造成顶部或侧壁大面积的垮塌。工作面、侧壁坍塌称为片帮，顶部垮落称为冒顶，二者常同时发生。

⑫ 透水。矿山地下开采、隧道开挖过程中，意外水源造成的伤害事故。矿井在建设和生产过程中，地面水和地下水通过裂隙、断层、塌陷区等各种通道涌入矿井，当矿井涌水超过正常排水能力时，就造成矿井水灾，通常也称为透水。

⑬ 爆破。指爆破作业中发生的伤亡事故。

⑭ 火药爆炸。指火药、炸药及其制品在生产、加工、运输、贮存中发生的爆炸事故。

⑮ 瓦斯爆炸。是瓦斯与空气混合，在高温下急剧氧化，是一定浓度的甲烷和空气中度作用下产生的激烈氧化反应，并产生冲击波的现象，是煤矿生产中的严重灾害。

⑯ 锅炉爆炸。是由于其他原因导致锅炉承压负荷过大造成的瞬间能量释放现象，锅炉缺水、水垢过多、压力过大等情况都会造成锅炉爆炸，一旦出现锅炉爆炸事故，对周围建筑、人员等损伤极大。

⑰ 容器爆炸。包括容器超压爆炸等物理爆炸现象和容器内介质化学反应引起的超温超压爆炸等化学爆炸现象。

⑱ 其他爆炸。如化学性爆炸等，指可燃性气体、粉尘等与空气混合形成爆炸混合物，接触引爆源发生的爆炸事故(包括气体分解、喷雾爆炸等)。

⑲ 中毒和窒息。包括中毒、缺氧窒息、中毒性窒息。

⑳ 其他伤害。是指除上述以外的伤害，如摔、扭、挫、擦等伤害。

（三）职业病危害因素分类

原卫生部 2002 年颁布的《职业病危害因素分类目录》将职业病危害因素分为 10 大类。

① 粉尘类。

② 放射性物质类(电离辐射)。

③ 化学物质类。

④ 物理因素。

⑤ 生物因素。

⑥ 导致职业性皮肤病的危害因素。

⑦ 导致职业性眼病的危害因素。

⑧ 导致职业性耳鼻喉口腔疾病的危害因素。

⑨ 职业性肿瘤的职业病危害因素。

⑩ 其他职业病危害因素。

三、危险源辨识方法

选用哪种辨识方法要根据分析对象的性质、特点、寿命的不同阶段和分析人员的知识、经验和习惯来定。常用的危险源辨识方法可划分为两大类：直观经验分析方法和系统安全分析方法。

（一）直观经验分析方法

直观经验分析方法适用于有可供参考先例、有以往经验可以借鉴的系统，不能应用在没有可供参考先例的新开发系统。

(1) 对照分析法。对照分析法是对照有关标准、法规、检查表或依靠分析人员的观察能力，借助于经验和判断能力，直观地评价对象的危险因素进行分析的方法。其优点是简便、易行，缺点是容易受到分析人员的经验、知识和占有资料局限性等方面的限制。安全检查表是在大量实践经验基础上编制的，具有应用范围广、针对性强、操作性强、形式简单等特点。检查表对危险和有害因素的辨识具有极为重要的作用。

安全检查表用于辨识危险、危害，需预先制定各个方面的安全检查项目内容，依据安全法规和标准，参考相应专业知识和经验，检查内容针对项目实际情况，逐项予以回答“是”、“否”或“有”、“无”，凡不具备的条款均是问题所在，也就是事故隐患，据此就可辨识出存的危险和有害因素。

(2) 类比推断法。类比推断法是利用相同或类似工程、作业条件的经验以及安全的统计来类比推断评价对象的危险因素。它也是实践经验的积累和总结。对那些相同的生产经营单位，它们在事故类别、伤害方式、伤害部位、事故概率等方面极其相似，在作业环境的监测数据、尘毒浓度等方面也具有相似性，它们遵守相同的规律，这就说明其危险和有害因素导致的后果是完全可以类推的。因此，新建的工程建设项目可以借鉴现有同类规模和装备水平的同类企业，依此辨识危险和有害因素具有较高的置信度。专家评议法实质上集合了专家的经验、知识和分析、推断能力，特别是对同类装置进行类比分析、辨识危险和有害因素不失为一种好方法。

(3) 头脑风暴法(Brain Storming)，又称智力激励法、BS法。它是由美国创造学家A. F. 奥斯本于1939年首次提出、1953年正式发表的一种激发创造性思维的方法。它是一种通过小型会议的组织形式，让所有参加者在自由愉快、畅所欲言的气氛中，自由交换想法或点子，并以此激发与会者创意及灵感，使各种设想在相互碰撞中激起脑海的创造性“风暴”。

还有一种方法在工作中经常用到，那就是危害提示法。这是一种简单、直观而实用的危险源辨识的经验分析法。

（二）系统安全分析方法

系统安全分析方法是应用系统安全工程评价方法中的某些方法进行危险、有害因素的辨识。系统安全分析方法常用于复杂系统或没有事故经验的新开发系统，常用的系统安全分析方法有预先危险性分析(PHA)、危险度分析、事件树(ETA)、事故树(FTA)、材料性质和生产条件分析法等。

四、危险源辨识的实施

（一）实施危险源辨识的工作原则

在进行危险源辨识时，应坚持科学性、系统性、全面性和预测性的原则。

(1) 科学性原则。危险和有害因素的辨识是分辨、识别、分析确定系统内存在的危险，而并非研究防止事故发生或控制事故发生的实际措施。它是预测安全状态和事故发生途径的一种手段，这就要求进行危险和有害因素辨识必须要有科学的安全理论作指导，使之能真正揭示系统安全状况，危险和有害因素存在的部位、存在的方式、事故发生的途径及其变化的规律，并予以准确描述，以定性、定量的概念清楚地显示出来，用严密的合乎逻辑的理论予以解释清楚。

(2) 系统性原则。危险有害因素可能存在于生产活动的各个方面，因此要对系统进行全面、详细的剖析，研究系统和系统及子系统之间的相关和约束关系。分清主要危险和有害因素及其相关的危险和有害性。

(3) 全面性原则。辨识危险和有害因素时不要发生遗漏，以免留下隐患，要从厂址、自然条件、总平面布置、建(构)筑物、工艺过程、生产设备装置、特种设备、公用工程、安全管理系统、设施、制度等各方面进行分析、辨识。不仅要分析正常生产运转、操作中存在的危险和有害因素，还要分析、辨识开车、停车、检修、装置受到破坏及操作失误情况下的危险和有害后果。

(4) 预测性原则。对于危险和有害因素，还要分析其触发条件，亦即危险和有害因素出现的条件或设想的事故模式。

（二）第一类危险源的辨识

对于第一类危险源的辨识，一般通过两种方式：一是对系统中的能量物质或载体进行分析或测试，确定其特性；二是根据以往的事故经验弄清导致各种事故发生的主要危险源类型，然后到实际中去发现这些类型的危险源。表 4-2 列出了导致各种伤害事故的典型的第一类危险源。

表 4-2　伤害事故类型与第一类危险源

事故类型	工作活动或场所	能量物质或载体
物体打击	产生物体落下、抛出、破裂、飞散的操作或场所	落下、抛出、破裂、飞散的物体
车辆伤害	机动车辆驾驶	运动的车辆
机械伤害	存在机械设备的场所	运动的机械部分或人体
起重伤害	起重、提升作业	被吊起重物
触电	存在电气设备的区域	带电体
灼烫	存在热源设备、加热设备、炉、灶、发热体的场所	高温物体、高温物质
火灾	存在可燃物、助燃物的场所	可燃物、助燃物
高处坠落	人员在高差大的场所开展作业活动	人体
坍塌	土石方、料堆、料仓、建筑物、构筑物工程施工活动	边坡土（岩）体、物料、建筑物、构筑物、载荷
冒顶片帮	井工矿山采掘场所	顶板、两帮围岩
瓦斯爆炸	存在瓦斯与空气混合物的场所	瓦斯
压力容器爆炸	存在压力容器的场所	内容物
淹溺	江、河、湖、海、池塘、洪水、储水容器	水
中毒窒息	产生、贮存、聚集有毒有害物质的场所	有毒有害物质

值得注意的是，并非所有的能量物质或载体都是危险源，从实际安全工作角度，只有能量物质或载体所含有或承载的能量达到可以造成对人的伤害时，才将其能量物质或载体视为危险源。例如，不必把承载安全电压的带电体都视为可能导致触电伤害的危险源。

采用描述作业类型主要危险特征的方式，也可以用来表示客观存在的第一类危险源，见表 4-3。

表 4-3　作业类别及主要危险特征举例

编号	作业类别	说　明	可能造成的事故类型	举　例
A01	存在物体坠落、撞击的作业	物体坠落或横向上可能有物体相撞的作业	物体打击与碰撞	建筑安装、桥梁建设、采矿、钻探、造船、起重、森林采伐
A02	有碎屑飞溅的作业	加工过程中可能有切削飞溅的作业		破碎、锤击、铸件切削、砂轮打磨、高压流体

续表

编号	作业类别	说明	可能造成的事故类型	举例
A03	操作转动机械作业	机械设备运行中引起的绞、碾等伤害的作业	机械伤害	机床、传动机械
A04	接触锋利器具作业	生产中使用的生产工具或加工产品易对操作者产生割伤、刺伤等伤害的作业		金属加工的打毛清边、玻璃装配与加工
A05	地面存在尖利器物的作业	工作平面上可能存在对工作者脚部或腿部产生刺伤伤害的作业	其他	森林作业、建筑工地
A06	手持振动机械作业	生产中使用手持振动工具，直接作用于人的手臂系统的机械振动或冲击作业	机械伤害	风钻、风铲、油锯
A07	人承受全身振动的作业	承受振动或处于不易忍受的振动环境中的作业		田间机械作业驾驶、林业作业
A08	铲、装、吊、推机械操作作业	各类活动范围较小的重型采掘、建筑、装载起重设备的操作与驾驶作业	其他运输工具伤害	操作铲机、推土机、装卸机、天车、龙门吊、塔吊、单臂起重机等机械
A09	低压带电作业	额定电压小于1kV的带电操作作业	电流伤害	低压设备或低压线带电维修
A10	高压带电作业	额定电压大于或等于1kV的带电操作作业		高压设备或高压线路带电维修
A11	高温作业	在生产劳动过程中，其工作地点平均WBGT指数等于或大于25℃的作业，如：热的液体、气体对人体的烫伤，热的固体与人体接触引起的灼伤，火焰对人体的烧伤以及炽热源的热辐射对人体的伤害	热烧灼	熔炼、浇注、热轧、锻造、炉窑作业
A12	易燃易爆场所作业	易燃易爆品失去控制的燃烧引发火灾	火灾	接触火工材料、易挥发易燃的液体及化学品、可燃性气体的作业，如汽油、甲烷等
A13	可燃性粉尘场所作业	工作场所中存有常温、常压下可燃固体物质粉尘的作业	化学爆炸	接触可燃性化学粉尘的作业，如铝镁粉等
A14	高处作业	坠落高度基准面大于2m的作业	坠落	室外建筑安装、架线、高崖作业、货物堆砌
A15	井下作业	存在矿山工作面、巷道侧壁的支护不当、压力过大造成的坍塌或顶板坍塌，以及高势能水意外流向低势能区域的作业	冒顶片帮、透水	井下采掘、运输、安装
A16	地下作业	进行地下管网的铺设及地下挖掘的作业		地下开拓建筑安装
A17	水上作业	有落水危险的水上作业	影响呼吸	水上作业平台、水上运输、木材水运、水产养殖与捕捞
A18	潜水作业	需潜入水面以下的作业		水下采集、救捞、水下养殖、水下勘查、水下建造、焊接与切割

续表

编号	作业类别	说明	可能造成的事故类型	举例
A19	吸入性气相毒物作业	工作场所中存有常温、常压下呈气体或蒸气状态、经呼吸道吸入能产生毒害物质的作业	毒物伤害	接触氯气、一氧化碳、硫化氢、氯乙烯、光气、汞的作业
A20	密闭场所作业	在空气不流通的场所中作业，包括在缺氧即空气中含氧浓度小于18%和毒气、有毒气溶胶超过标准并不能排除的场所中作业	影响呼吸	密闭的罐体、房仓、孔道或排水系统、炉窑、存放耗氧器具或生物体进行耗氧过程的密闭空间
A21	吸入性气溶胶毒物作业	工作场所中存有常温、常压下呈气溶胶状态、经呼吸道吸入能产生毒害物质的作业	毒物伤害	接触铝、铬、铍、锰、镉等有毒金属及其化合物的烟雾和粉尘、沥青烟雾、矽尘、石棉尘及其他有害的动(植)物性粉尘的作业
A22	沾染性毒物作业	工作场所中存有能粘附于皮肤、衣物上，经皮肤吸收产生伤害或对皮肤产生毒害物质的作业	毒物伤害	接触有机磷农药、有机汞化合物、苯和苯的二及三硝基化合物、放射性物质的作业
A23	生物性毒物作业	工作场所中有感染或吸收生物毒素危险的作业	毒物伤害	有毒性动植物养殖、生物毒素培养制剂、带菌或含有生物毒素的制品加工处理、腐烂物品处理、防疫检验
A24	噪声作业	声级大于85dB的环境中的作业	其他	风钻、气锤、铆接、钢筒内的敲击或铲锈
A25	强光作业	强光源或产生强烈红外辐射和紫外辐射的作业	辐射伤害	弧光、电弧焊、炉窑作业
A26	激光作业	激光发射与加工的作业	辐射伤害	激光加工金属、激光焊接、激光测量、激光通信
A27	荧光屏作业	长期从事荧光屏操作与识别的作业	辐射伤害	电脑操作、电视机调试
A28	微波作业	微波发射与使用的作业	辐射伤害	微波机调试、微波发射、微波加工与利用
A29	射线作业	产生电离辐射的、辐射剂量超过标准的作业	辐射伤害	放射性矿物的开采、选矿、冶炼、加工、核废料或核事故处理、放射性物质使用、X射线检测
A30	腐蚀性作业	产生或使用腐蚀性物质的作业	化学灼伤	二氧化硫气体净化、酸洗、化学镀膜
A31	易污作业	容易污秽皮肤或衣物的作业	其他	碳黑、染色、油漆、有关的卫生工程

续表

编号	作业类别	说　　明	可能造成的事故类型	举　　例
A32	恶味作业	产生难闻气味或恶味不易清除的作业	影响呼吸	熬胶、恶臭物质处理与加工
A33	低温作业	在生产动过程中，其工作地点平均气温等于或低于 5℃的作业	影响体温调节	冰库
A34	人工搬运作业	通过人力搬运，不使用机械或其他自动化设备的作业	其他	人力抬、扛、推、搬移
A35	野外作业	从事野外露天作业	影响体温调节	地质勘探、大地测量
A36	涉水作业	作业中需接触大量水或须立于水中	其他	矿井、隧道、水力采掘、地质钻探、下水工程、污水处理
A37	车辆驾驶作业	各类机动车辆驾驶的作业	车辆伤害	汽车驾驶
A38	一般性作业	无上述作业特征的普通作业	其他	自动化控制、缝纫、工作台上手工胶合与包装、精细装配与加工
A39	其他作业	A01～A38 以外的作业	—	—

（三）第二类危险源辨识

第二类危险源辨识就是依据第一类危险源辨识的结果，组织专人定期或不定期地对系统、子系统是否实际出现或存在使第一类危险源转化成事故的诱发因素、所需要条件——物的危险状态（物的故障或不安全状态）、人的不安全行为（人的失误）、环境的不安全条件（环境不良）和管理上的缺陷等进行全方位的现场综合排查、分析、确认。

由于事故隐患是指系统中实际存在的可导致事故发生的物的危险状态（物的故障）、人的不安全行为（人的失误）、环境的不安全条件（环境不良）和管理上的缺陷等因素，所以第二类危险源辨识就是实际安全工作中的事故隐患排查。

第二类危险源辨识的实质是，确认系统或现场的潜在危险性（第一类危险源）是否已具备条件转化为现实危险性（第二类危险源——事故隐患）。

（四）工厂企业危险源辨识的总体内容

工厂企业实施危险源辨识要全面、有序，防止出现漏项，宜从厂址、总平面布置、道路运输、建构筑物、生产工艺、物流、主要设备装置、作业环境、安全措施管理等几方面进行。识别的过程实际上就是工厂系统安全分析的过程。

1. 厂址

从厂址的工程地质、地形地貌、水文、气象条件、周围环境、交通运输条件、自然灾害、消防支持等方面分析、识别。

2. 总平面布置

从功能分区、防火间距和安全间距、风向、建筑物朝向、危险有害物质设施、动力设施（氧气站、乙炔气站、压缩空气站、锅炉房、液化石油气站等）、道路、贮运设施等方面进行分析、识别。

3. 道路及运输

从运输、装卸、消防、疏散、人流、物流、平面交叉运输和竖向交叉运输等几方面进行分析、识别。

4. 建(构)筑物

从厂房的生产火灾危险性分类、耐火等级、结构、层数、占地面积、防火间距、安全疏散等方面进行分析识别。

从库房储存物品的火灾危险性分类、耐火等级、结构、层数、占地面积、安全疏散、防火间距等方面进行分析识别。

5. 工艺过程

(1) 对新建、改建、扩建项目设计阶段危险、有害因素的识别。

① 对设计阶段是否通过合理的设计进行考查，尽可能从根本上消除危险、有害因素。

② 当消除危险、有害因素有困难时，对是否采取了预防性技术措施进行考查。

③ 在无法消除危险或危险难以预防的情况下，对是否采取了减少危险、危害的措施进行考查。

④ 在无法消除、预防、减弱的情况下，对是否将人员与危险、有害因素隔离等进行考查。

⑤ 当操失误或设备运行一旦达到危险状态时，对是否能通过联锁装置来终止危险、危害的发生进行考查。

⑥ 在易发生故障和危险性较大的地方，对是否设置了醒目的安全色、安全标志和声、光警示装置等进行考查。

(2) 对安全现状综合评价可针对行业和专业的特点及行业和专业制定的安全标准、规程进行分析、识别。

针对行业和专业的特点，可利用各行业和专业制定的安全标准、规程进行分析、识别。例如，原劳动部曾会同有关部委制定了冶金、电子、化学、机械、石油化工、轻工、塑料、纺织、建筑、水泥、制浆造纸、平板玻璃、电力、石棉、核电站等一系列安全规程、规定，评价人员应根据这些规程、规定、要求对被评价对象可能存在的危险、有害因素进行分析和识别。

(3) 根据典型的单元过程(单元操作)进行危险、有害因素的识别。

典型的单元过程是各行业中具有典型特点的基本过程或基本单元。这些单元过程的危险、有害因素已经归纳总结在许多手册、规范、规程和规定中，通过查阅均能得到。这类方法可以使危险、有害因素的识别比较系统，避免遗漏。

6. 生产设备、装置

(1) 对于工艺设备可从高温、低温、高压、腐蚀、振动、关键部位的备用设备、控制、操作、检修和故障、失误时的紧急异常情况等方面进行识别。

(2) 对机械设备可从运动零部件和工件、操作条件、检修作业、误运转和误操作等方面进行识别。

(3) 对电气设备可从触电、断电、火灾、爆炸、误运转和误操作、静电、雷电等方面进行识别。

(4) 另外,还应注意识别高处作业设备、特殊单体设备(如锅炉房、乙炔站、氧气站)等的危险、有害因素。

7. 作业环境

注意识别存在毒物、噪声、振动、高温、低温、辐射、粉尘及其他有害因素的作业部位。

8. 安全管理措施

可以从安全生产管理组织机构、安全生产管理制度、事故应急救援预案、特种作业人员培训、日常安全管理等方面进行识别。

第三节 重大危险源辨识与管理监控

案例导入

【案例 4-3】 某储运公司仓储区占地 300m×300m,共有 8 个库房,原用于存放一般货物。3 年前,该储运公司未经任何技术改造和审批,擅自将 1 号、4 号和 6 号库房改存危险化学品。2008 年 3 月 14 日 12 时 18 分,仓储区 4 号库房内首先发生爆炸,12min 后,6 号库房也发生了爆炸,爆炸引发了火灾,火势越来越大,之后相继发生了几次小规模爆炸。消防队到达现场后,发现消火栓没出水,消防蓄水池没水,随后在 1km 外找到取水点,并立即展开灭火抢险救援行动。

事故发生前,1 号库房存放双氧水 5t;4 号库房存放硫化钠 10t、过硫酸铵 40t、高锰酸钾 10t、硝酸铵 130t、洗衣粉 50t;6 号库房存放硫磺 15t、甲苯 4t、甲酸乙酯 10t。

事故导致 15 人死亡、36 人重伤、近万人疏散,烧损、炸毁建筑物 39 000 ㎡和大量化学物品等,直接经济损失 1.2 亿元。

一、重大危险源的法律法规依据

《安全生产法》第三十三条规定:"生产经营单位对重大危险源应当登记建档,进行定期检测、评价、监控,并制定应急预案,告知从业人员和相关人员在紧急情况下应当采取的应急措施。生产经营单位应当按照国家有关规定将本单位重大危险源及有关安全措施、应急措施报有关地方人民政府负责安全生产监督管理的部门和有关部门备案。"

《危险化学品安全管理条例》第十九条第一款规定:"危险化学品生产装置或者储存数量构成重大危险源的危险化学品储存设施(运输工具加油站、加气站除外),与下列场所、设施、区域的距离应当符合国家有关规定:①居住区以及商业中心、公园等人员密集场所;②学校、医院、影剧院、体育场(馆)等公共设施;③饮用水源、水厂以及水源保护区;④车站、码头（依法经许可从事危险化学品装卸作业的除外）、机场以及通信干线、通信枢纽、铁路线路、道路交通干线、水路交通干线、地铁风亭以及地铁站出入口；⑤基本农田保护区、基本草原、畜禽遗传资源保护区、畜禽规模化养殖场（养殖小区）、渔业水域以及种子、种畜禽、水产苗种生产基地；⑥河流、湖泊、风景名胜区、自然保护区；⑦军事禁区、军事管理区；⑧法律、行政法规规定的其他场所、设施、区域。”

《危险化学品安全管理条例》第十九条还规定：“已建的危险化学品生产装置或者储存数量构成重大危险源的危险化学品储存设施不符合前款规定的，由所在地设区的市级人民政府安全生产监督管理部门会同有关部门监督其所属单位在规定期限内进行整改；需要转产、停产、搬迁、关闭的，由本级人民政府决定并组织实施。储存数量构成重大危险源的危险化学品储存设施的选址，应当避开地震活动断层和容易发生洪灾、地质灾害的区域。本条例所称重大危险源，是指生产、储存、使用或者搬运危险化学品，且危险化学品的数量等于或者超过临界量的单元（包括场所和设施）。”

《危险化学品安全管理条例》第二十四条规定：“危险化学品应当储存在专用仓库、专用场地或者专用储存室（以下统称专用仓库）内，并由专人负责管理；剧毒化学品以及储存数量构成重大危险源的其他危险化学品，应当在专用仓库内单独存放，并实行双人收发、双人保管制度。”

《危险化学品安全管理条例》第二十五条规定：“储存危险化学品的单位应当建立危险化学品出入库核查、登记制度。对剧毒化学品以及储存数量构成重大危险源的其他危险化学品，储存单位应当将其储存数量、储存地点以及管理人员的情况，报所在地县级人民政府安全生产监督管理部门（在港区内储存的，报港口行政管理部门）和公安机关备案。”

《国务院关于进一步加强安全生产工作的决定》（2004 年 1 月 9 日）要求：“搞好重大危险源的普查登记，加强国家、省（区、市）、市（地）、县（市）四级重大危险源监控工作，建立应急救援预案和生产安全预警机制。”

二、危险化学品重大危险源辨识

2009 年 3 月 31 日，《危险化学品重大危险源辨识》（GB 18218—2009 代替 GB 18218—2000）发布。此标准自 2009 年 12 月 1 日起实施。

（一）危险化学品重大危险源辨识方法

1. 辨识依据

危险化学品重大危险源的辨识依据是危险化学品的危险特性及其数量。

2. 危险化学品重大危险源临界量的确定方法

危险化学品重大危险源临界量的确定方法。

① 在表 4-4 范围内的危险化学品，其临界量按表 4-4 确定。

② 未在表 4-4 范围内的危险化学品，依据其危险性，按表 4-5 确定临界量；若一种危险化学品具有多种危险性，按其中最低的临界量确定。

3. 危险化学品重大危险源的辨识指标

单元内存在危险化学品的数量等于或超过表 4-4、表 4-5 规定的临界量，即被定为重大危险源。单元内存在的危险化学品的数量根据处理危险化学品种类的多少区分为以下两种情况。

① 单元内存在的危险化学品为单一品种，则该危险化学品的数量即为单元内危险化学品的总量，若等于或超过相应的临界量，则定为重大危险源。

② 单元内存在的危险化学品为多品种时，则按式(4-1)计算，若满足式(4-1)，则定为重大危险源。

$$\frac{q_1}{Q_1}+\frac{q_2}{Q_2}\cdots+\frac{q_n}{Q_n}\geqslant 1 \tag{4-1}$$

式中：$q_1, q_2, \cdots, q_n$——每种危险化学品实际存在量，单位为吨(t)；

$Q_1, Q_2, \cdots, Q_n$——与各危险化学品相对应的临界量，单位为吨(t)。

表 4-4 危险化学品名称及其临界量

序号	类 别	危险化学品名称和说明	临界量/t
1	爆炸品	叠氮化钡	0.5
2		叠氮化铅	0.5
3		雷酸汞	0.5
4		三硝基苯甲醚	5
5		三硝基甲苯	5
6		硝化甘油	1
7		硝化纤维素	10
8		硝酸铵(含可燃物＞0.2%)	5
9	易燃气体	丁二烯	5
10		二甲醚	50
11		甲烷，天然气	50
12		氯乙烯	50
13		氢	5
14		液化石油气(含丙烷、丁烷及其混合物)	50
15		一甲胺	5
16		乙炔	1
17		乙烯	50
18	毒性气体	氨	10
19		二氟化氧	1
20		二氧化氮	1
21		二氧化硫	20
22		氟	1
23		光气	0.3
24		环氧乙烷	10
25		甲醛(含量＞90%)	5
26		磷化氢	1
27		硫化氢	5
28		氯化氢	20

续表

序号	类　别	危险化学品名称和说明	临界量/t
29	毒性气体	氯	5
30		煤气（CO，CO 和 H_2、CH_4 的混合物等）	20
31		砷化三氢（砷）	1
32		锑化氢	1
33		硒化氢	1
34		溴甲烷	10
35	易燃液体	苯	50
36		苯乙烯	500
37		丙酮	500
38		丙烯腈	50
39		二硫化碳	50
40		环己烷	500
41		环氧丙烷	10
42		甲苯	500
43		甲醇	500
44		汽油	200
45		乙醇	500
46		乙醚	10
47		乙酸乙酯	500
48		正己烷	500
49	易于自燃的物质	黄磷	50
50		烷基铝	1
51		戊硼烷	1
52	遇水放出易燃气体的物质	电石	100
53		钾	1
54		钠	10
55	氧化性物质	发烟硫酸	100
56		过氧化钾	20
57	氧化性物质	过氧化钠	20
58		氯酸钾	100
59		氯酸钠	100
60		硝酸（发红烟的）	20
61		硝酸（发红烟的除外，含硝酸＞70％）	100
62		硝酸铵（含可燃物≤0.2％）	300
63		硝酸铵基化肥	1000
64	有机过氧化物	过氧乙酸（含量≥60％）	10
65		过氧化甲乙酮（含量≥60％）	10
66	毒性物质	丙酮合氰化氢	20
67		丙烯醛	20
68		氟化氢	1
69		环氧氯丙烷（3-氯-1，2-环氧丙烷）	20

续表

序号	类　别	危险化学品名称和说明	临界量/t
70	毒性物质	环氧溴丙烷(表溴醇)	20
71		甲苯二异氰酸酯	100
72		氯化硫	1
73		氰化氢	1
74		三氧化硫	75
75		烯丙胺	20
76		溴	20
77		乙撑亚胺	20
78		异氰酸甲酯	0.75

表 4-5　未在表 4-4 中列举的危险化学品类别及其临界量

类　别	危险性分类及说明	临界量/t
爆炸品	1.1A 项爆炸品	1
	除 1.1A 项外的其他 1.1 项爆炸品	10
	除 1.1 项外的其他爆炸品	50
气体	易燃气体:危险性属于 2.1 项的气体	10
	氧化性气体:危险性属于 2.2 项非易燃无毒气体且次要危险性为 5 类的气体	200
	剧毒气体:危险性属于 2.3 项且急性毒性为类别 1 的毒性气体	5
	有毒气体:危险性属于 2.3 项的其他毒性气体	50
易燃液体	极易燃液体:沸点≤35℃且闪点<0℃的液体;或保存温度一直在其沸点以上的易燃液体	10
	高度易燃液体:闪点<23℃的液体(不包括极易燃液体);液态退敏爆炸品	1000
	易燃液体:23℃≤闪点<61℃的液体	5000
易燃固体	危险性属于 4.1 项且包装为Ⅰ类的物质	200
易于自燃的物质	危险性属于 4.2 项且包装为Ⅰ或Ⅱ类的物质	200
遇水放出易燃气体的物质	危险性属于 4.3 项且包装为Ⅰ或Ⅱ的物质	200
氧化性物质	危险性属于 5.1 项且包装为Ⅰ类的物质	50
	危险性属于 5.1 项且包装为Ⅱ或Ⅲ类的物质	200
有机过氧化物	危险性属于 5.2 项的物质	50
毒性物质	危险性属于 6.1 项且急性毒性为类别 1 的物质	50
	危险性属于 6.1 项且急性毒性为类别 2 的物质	500

注:以上危险化学品危险性类别及包装类别依据 GB 12268—2012 确定;急性毒性类别依据 GB 20592—2006 确定。

（二）危险化学品重大危险源的分级

《危险化学品重大危险源监督管理暂行规定》(自 2011 年 12 月 1 日起施行)明确规定,重大危险源根据其危险程度,分为一级、二级、三级和四级,一级为最高级别。

1. 危险化学品重大危险源分级方法

(1) 分级指标。采用单元内各种危险化学品实际存在(在线)量与其在《危险化学品重大危险源辨识》(GB 18218—2009)中规定的临界量比值,经校正系数校正后的比值之和 R 作为分级指标。

(2) R 的计算方法。采用公式 4-2 计算 R 值:

$$R=\alpha\left(\beta_1\frac{q_1}{Q_1}+\beta_2\frac{q_2}{Q_2}+\cdots+\beta_n\frac{q_n}{Q_n}\right) \tag{4-2}$$

式中:$q_1,q_2,\cdots,q_n$——每种危险化学品实际存在(在线)量(t)。

$Q_1,Q_2,\cdots,Q_n$——与各危险化学品相对应的临界量(t)。

$\beta_1,\beta_2\cdots,\beta_n$——与各危险化学品相对应的校正系数。

α——该危险化学品重大危险源厂区外暴露人员的校正系数。

(3) 校正系数 β 的取值。根据单元内危险化学品的类别不同,设定校正系数 β 值,见表 4-6 和表 4-7。

表 4-6 校正系数 β 取值表

危险化学品类别	毒性气体	爆炸品	易燃气体	其他类危险化学品
β	见表 4-7	2	1.5	1

注:危险化学品类别依据《危险货物品名表》中分类标准确定。

表 4-7 常见毒性气体校正系数 β 值取值表

毒性气体名称	一氧化碳	二氧化硫	氨	环氧乙烷	氯化氢	溴甲烷	氯
β	2	2	2	2	3	3	4
毒性气体名称	硫化氢	氟化氢	二氧化氮	氰化氢	碳酰氯	磷化氢	异氰酸甲酯
β	5	5	10	10	20	20	20

注:未在表 4-7 中列出的有毒气体可按 $\beta=2$ 取值,剧毒气体可按 $\beta=4$ 取值。

(4) 校正系数 α 的取值。根据重大危险源的厂区边界向外扩展 500m 范围内常住人口数量,设定厂外暴露人员校正系数 α 值,见表 4-8。

表 4-8 校正系数 α 取值表

厂外可能暴露人员数量	α
100 人以上	2.0
50～99 人	1.5
30～49 人	1.2
1～29 人	1.0
0 人	0.5

(5) 分级标准。根据计算出来的 R 值,按表 4-9 确定危险化学品重大危险源的级别。

表 4-9 危险化学品重大危险源级别和 R 值的对应关系

危险化学品重大危险源级别	R 值
一级	$R \geqslant 100$
二级	$100 > R \geqslant 50$
三级	$50 > R \geqslant 10$
四级	$R < 10$

2. 可容许风险标准

(1) 可容许个人风险标准。个人风险是指因危险化学品重大危险源各种潜在的火灾、爆炸、有毒气体泄漏事故造成区域内某一固定位置人员的个体死亡概率,即单位时间内(通常为年)的个体死亡率。通常用个人风险等值线表示。

通过定量风险评价,危险化学品单位周边重要目标和敏感场所承受的个人风险应满足表 4-10 中可容许风险标准要求。

表 4-10 可容许个人风险标准

危险化学品单位周边重要目标和敏感场所类别	可容许风险/年
1. 高敏感场所(如学校、医院、幼儿园、养老院等); 2. 重要目标(如党政机关、军事管理区、文物保护单位等); 3. 特殊高密度场所(如大型体育场、大型交通枢纽等)	$<3\times10^{-7}$
1. 居住类高密度场所(如居民区、宾馆、度假村等); 2. 公众聚集类高密度场所(如办公场所、商场、饭店、娱乐场所等)	$<1\times10^{-6}$

(2) 可容许社会风险标准。社会风险是指能够引起大于等于 N 人死亡的事故累积频率(F),也即单位时间内(通常为年)的死亡人数。通常用社会风险曲线($F-N$ 曲线)表示。

可容许社会风险标准采用 ALARP(As Low As Reasonable Practice)原则作为可接受原则。ALARP 原则通过两个风险分界线将风险划分为 3 个区域,即不可容许区、尽可能降低区(ALARP)和可容许区。

① 若社会风险曲线落在不可容许区,除特殊情况外,该风险无论如何不能被接受。

② 若落在可容许区,风险处于很低的水平,该风险是可以被接受的,无须采取安全改进措施。

③ 若落在尽可能降低区,则需要在可能的情况下尽量减少风险,即对各种风险处理措施方案进行成本效益分析等,以决定是否采取这些措施。

通过定量风险评价,危险化学品重大危险源产生的社会风险应满足图 4-6 中可容许社会风险标准要求。

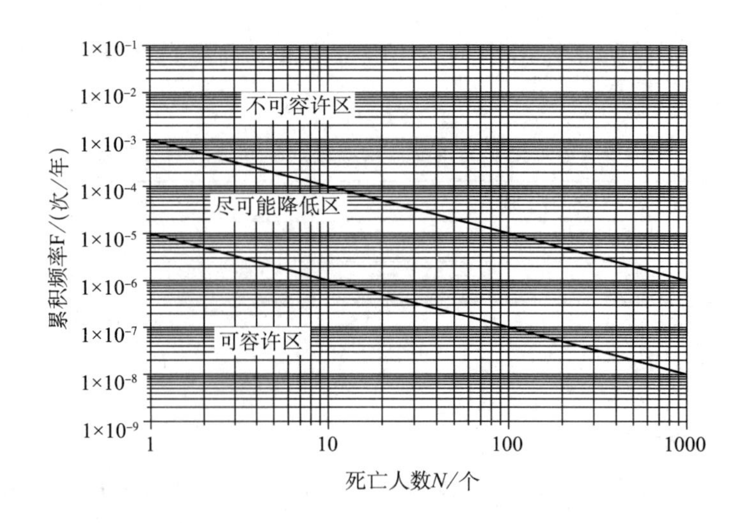

图 4-6 可容许社会风险标准(*F-N*)曲线

三、重大危险源控制管理

（一）重大危险源控制管理系统的组成

重大危险源控制管理的目的，不仅是要预防重大事故发生，而且要做到一旦发生事故，能将事故危害限制到最低程度。由于工业活动的复杂性，需要采用系统工程的思想和方法控制重大危险源。

重大危险源管理控制系统主要由以下几个部分组成。

（1）重大危险源的辨识

防止重大工业事故发生的第一步，是辨识或确认高危险性的工业设施（危险源）。由政府主管部门和权威机构在物质毒性、燃烧、爆炸特性基础上，制定出危险物质及其临界量标准。通过危险物质及其临界量标准，可以确定哪些是可能发生事故的潜在危险源。

（2）重大危险源的评价

根据危险物质及其临界量标准进行重大危险源辨识和确认后，就应对其进行风险分析评价。

一般来说，重大危险源的风险分析评价包括以下几个方面。

① 辨识各类危险因素及其原因与机制。

② 依次评价已辨识的危险事件发生的概率。

③ 评价危险事件的后果。

④ 进行风险评价，即评价危险事件发生概率和发生后果的联合作用。

⑤ 风险控制，即将上述评价结果与安全目标值进行比较，检查风险值是否达到了可接受水平，否则需进一步采取措施，降低危险水平。

（3）重大危险源的管理

在对重大危险源进行辨识和评价后，生产经营单位应针对每一个重大危险源制定出一套严格的安全管理制度，通过技术措施（包括化学品的选择，设施的设计、建造、运转、维修以及有计划的检查）和组织措施（包括对人员的培训与指导，提供保证其安全的设备，工作人员水平、工作时间、职责的确定，以及对外部合同工和现场临时工的管理），对重大危险源进行严格控制和管理。

（4）重大危险源的安全报告

要求生产经营单位应在规定的期限内，对已辨识和评价的重大危险源向政府主管部门提交安全报告。如属新建的有重大危害性的设施，则应在其投入运转之前提交安全报告。安全报告应详细说明重大危险源的情况，可能引发事故的危险因素以及前提条件，安全操作和预防失误的控制措施，可能发生的事故类型，事故发生的可能性及后果，限制事故后果的措施，现场事故应急救援预案等。

安全报告应根据重大危险源的变化以及新知识和技术进展的情况进行修改和增补，并由政府主管部门经常进行检查和评审。

（5）事故应急预案

事故应急预案是重大危险源控制系统的重要组成部分。生产经营单位应负责制定现场事故应急预案，并且定期检验和评价现场事故应急预案和程序的有效程度，以及在必要时进行修订。场外事故应急预案，由政府主管部门根据企业提供的安全报告和有关资料制定。事故应急预案的目的是抑制突发事件，减少事故对工人、居民和环境的危害。因此，事故应急预案应提出详尽、实用、明确和有效的技术措施与组织措施。政府主管部门应保证将发生事故时要采取的安全措施和正确做法的有关资料散发给可能受事故影响的公众，并保证公众充分了解发生重大事故时的安全措施，一旦发生重大事故，应尽快报警。

每隔适当的时间应修订和重新散发事故应急预案宣传材料。

（6）工厂选址和土地使用规划

政府有关部门应制定综合性的土地使用政策，确保重大危险源与居民区和其他工作场所、机场、水库、其他危险源和公共设施安全隔离。

（7）重大危险源的监察

政府主管部门必须派出经过培训的、合格的技术人员定期对重大危险源进行监察、调查、评价和咨询。

（二）危险化学品重大危险源的辨识与评估

（1）危险化学品单位应当按照《危险化学品重大危险源辨识》标准，对本单位的危险化学品生产、经营、储存和使用装置、设施或者场所进行重大危险源辨识，并记录辨识过程与结果。

（2）危险化学品单位应当对重大危险源进行安全评估并确定重大危险源等级。危险化学品单位可以组织本单位的注册安全工程师、技术人员或者聘请有关专家进行安全评估，也可以委托具有相应资质的安全评价机构进行安全评估。

依照法律、行政法规的规定，危险化学品单位需要进行安全评价的，重大危险源安全评估可以与本单位的安全评价一起进行，以安全评价报告代替安全评估报告，也可以单独进行重大危险源安全评估。

（3）重大危险源有下列情形之一的，应当委托具有相应资质的安全评价机构，按照有关标准的规定采用定量风险评价方法进行安全评估，确定个人和社会风险值。

① 构成一级或者二级重大危险源，且毒性气体实际存在（在线）量与其在《危险化学品重大危险源辨识》中规定的临界量比值之和大于或等于1的。

② 构成一级重大危险源，且爆炸品或液化易燃气体实际存在（在线）量与其在《危险化学品重大危险源辨识》中规定的临界量比值之和大于或等于1的。

(4) 重大危险源安全评估报告应当客观公正、数据准确、内容完整、结论明确、措施可行，并包括下列内容。

① 评估的主要依据。

② 重大危险源的基本情况。

③ 事故发生的可能性及危害程度。

④ 个人风险和社会风险值（仅适用定量风险评价方法）。

⑤ 可能受事故影响的周边场所、人员情况。

⑥ 重大危险源辨识、分级的符合性分析。

⑦ 安全管理措施、安全技术和监控措施。

⑧ 事故应急措施。

⑨ 评估结论与建议。

危险化学品单位以安全评价报告代替安全评估报告的，其安全评价报告中有关重大危险源的内容应当符合上述要求。

(5) 有下列情形之一的，危险化学品单位应当对重大危险源重新进行辨识、安全评估及分级。

① 重大危险源安全评估已满三年的。

② 构成重大危险源的装置、设施或者场所进行新建、改建、扩建的。

③ 危险化学品种类、数量、生产、使用工艺或者储存方式及重要设备、设施等发生变化，影响重大危险源级别或者风险程度的。

④ 外界生产安全环境因素发生变化，影响重大危险源级别和风险程度的。

⑤ 发生危险化学品事故造成人员死亡，或者10人以上受伤，或者影响到公共安全的。

⑥ 有关重大危险源辨识和安全评估的国家标准、行业标准发生变化的。

（三）危险化学品重大危险源安全管理

(1) 危险化学品单位应当建立完善重大危险源安全管理规章制度和安全操作规程，并采取有效措施保证其得到执行。

(2) 危险化学品单位应当根据构成重大危险源的危险化学品种类、数量、生产、使用工艺（方式）或者相关设备、设施等实际情况，按照下列要求建立健全安全监测监控体系，完善控制措施。

① 重大危险源配备温度、压力、液位、流量、组分等信息的不间断采集和监测系统以及可燃气体和有毒有害气体泄漏检测报警装置，并具备信息远传、连续记录、事故预警、信息存储等功能；一级或者二级重大危险源，具备紧急停车功能。记录的电子数据的保存时间不少于30天。

② 重大危险源的化工生产装置装备满足安全生产要求的自动化控制系统；一级或者二级重大危险源，装备紧急停车系统。

③ 对重大危险源中的毒性气体、剧毒液体和易燃气体等重点设施，设置紧急切断装置；毒性气体的设施，设置泄漏物紧急处置装置。涉及毒性气体、液化气体、剧毒液体的一级或者二级重大危险源，配备独立的安全仪表系统（SIS）。

④ 重大危险源中储存剧毒物质的场所或者设施，设置视频监控系统。

⑤ 安全监测监控系统符合国家标准或者行业标准的规定。

（3）通过定量风险评价确定的重大危险源的个人和社会风险值，不得超过规定的个人和社会可容许风险限值标准。超过个人和社会可容许风险限值标准的，危险化学品单位应当采取相应的降低风险措施。

（4）危险化学品单位应当按照国家有关规定，定期对重大危险源的安全设施和安全监测监控系统进行检测、检验，并进行经常性维护、保养，保证重大危险源的安全设施和安全监测监控系统有效、可靠运行。维护、保养、检测应当做好记录，并由有关人员签字。

（5）危险化学品单位应当明确重大危险源中关键装置、重点部位的责任人或者责任机构，并对重大危险源的安全生产状况进行定期检查，及时采取措施消除事故隐患。事故隐患难以立即排除的，应当及时制定治理方案，落实整改措施、责任、资金、时限和预案。

（6）危险化学品单位应当对重大危险源的管理和操作岗位人员进行安全操作技能培训，使其了解重大危险源的危险特性，熟悉重大危险源安全管理规章制度和安全操作规程，掌握本岗位的安全操作技能和应急措施。

（7）危险化学品单位应当在重大危险源所在场所设置明显的安全警示标志，写明紧急情况下的应急处置办法。

（8）危险化学品单位应当将重大危险源可能发生的事故后果和应急措施等信息，以适当方式告知可能受影响的单位、区域及人员。

（9）危险化学品单位应当依法制定重大危险源事故应急预案，建立应急救援组织或者配备应急救援人员，配备必要的防护装备及应急救援器材、设备、物资，并保障其完好和方便使用；配合地方人民政府安全生产监督管理部门制定所在地区涉及本单位的危险化学品事故应急预案。

对存在吸入性有毒、有害气体的重大危险源，危险化学品单位应当配备便携式浓度检测设备、空气呼吸器、化学防护服、堵漏器材等应急器材和设备；涉及剧毒气体的重大危险源，还应当配备两套以上（含本数）气密型化学防护服；涉及易燃易爆气体或者易燃液体蒸气的重大危险源，还应当配备一定数量的便携式可燃气体检测设备。

（10）危险化学品单位应当制定重大危险源事故应急预案演练计划，并按照下列要求进行事故应急预案演练。

① 对重大危险源专项应急预案，每年至少进行一次。

② 对重大危险源现场处置方案，每半年至少进行一次。

应急预案演练结束后，危险化学品单位应当对应急预案演练效果进行评估，撰写应急预案演练评估报告，分析存在的问题，对应急预案提出修订意见，并及时修订完善。

（11）危险化学品单位应当对辨识确认的重大危险源及时、逐项进行登记建档。重大危险源档案应当包括下列文件和资料。

① 辨识、分级记录。

② 重大危险源基本特征表。

③ 涉及的所有化学品安全技术说明书。

④ 区域位置图、平面布置图、工艺流程图和主要设备一览表。

⑤ 重大危险源安全管理规章制度及安全操作规程。

⑥ 安全监测监控系统、措施说明、检测、检验结果。

⑦ 重大危险源事故应急预案、评审意见、演练计划和评估报告。

⑧ 安全评估报告或者安全评价报告。

⑨ 重大危险源关键装置、重点部位的责任人、责任机构名称。

⑩ 重大危险源场所安全警示标志的设置情况。

⑪ 其他文件、资料。

(12) 危险化学品单位在完成重大危险源安全评估报告或者安全评价报告后 15 日内，应当填写重大危险源备案申请表，连同规定的重大危险源档案材料，报送所在地县级人民政府安全生产监督管理部门备案。

县级人民政府安全生产监督管理部门应当每季度将辖区内的一级、二级重大危险源备案材料报送至设区的市级人民政府安全生产监督管理部门。设区的市级人民政府安全生产监督管理部门应当每半年将辖区内的一级重大危险源备案材料报送至省级人民政府安全生产监督管理部门。

危险化学品单位应当按要求及时更新重大危险源档案，并向所在地县级人民政府安全生产监督管理部门重新备案。

(13) 危险化学品单位新建、改建和扩建危险化学品建设项目，应当在建设项目竣工验收前完成重大危险源的辨识、安全评估和分级、登记建档工作，并向所在地县级人民政府安全生产监督管理部门备案。

四、重大危险源监控系统介绍

(一) 政府安监部门的重大危险源宏观监控信息网络

1. 基本要求

安全监督管理部门应建立重大危险源分级监督管理体系，建立重大危险源宏观监控信息网络，实施重大危险源的宏观监控与管理，最终建立和健全重大危险源的管理制度和监控手段。

2. 宏观监控的主要思路

(1) 在对重大危险源进行普查、分级的基础上，明确存在重大危险源的企业对于危险源的管理责任、管理要求(包括组织制度、报告制度、监控管理制度及措施、隐患整改方案、应急措施方案等)，促使企业建立重大危险源控制机制，确保安全。

(2) 安全生产监督管理部门依据有关法规对存在重大危险源的企业实施分级管理，

针对不同级别的企业确定规范的现场监督方法，督促企业执行有关法规，建立监控机制，并督促隐患整改。建立健全新建、改建企业重大危险源申报、分级制度，使重大危险源管理规范化、制度化。同时与技术中介组织配合，根据企业的行业、规模等具体情况提供监控的管理及技术指导。

(3) 在各地开展工作的基础上，逐步建立全国范围内的重大危险源信息系统，以便各级安全生产监督管理部门及时了解、掌握重大危险源状况，从而建立企业负责、安全生产监督管理部门监督的重大危险源监控体系。

(4) 重大危险源的安全监督管理工作主要由区县一级安全部门进行。信息网络建成之后，市级安全部门可以通过网络针对一、二级危险源的情况和监察信息进行了解，有重点地进行现场监察；国家安全监督管理部门可以通过网络对各城市的一级危险源的监察情况进行监督。

(二) 生产经营单位的重大危险源实时监控预警系统

1. 基本要求

生产经营单位应对重大危险源建立实时的监控预警系统。应用系统论、控制论、信息论的原理和方法，密切结合自动检测与传感器技术、计算机仿真、计算机通信等现代高新技术，对危险源对象的安全状况进行实时监控，严密监视那些可能使危险源对象的安全状态向事故临界状态转化的各种参数的变化趋势，及时给出预警信息或应急控制指令，把事故隐患消灭在萌芽状态。

2. 实时监控预警系统的目的和功能

重大危险源对象大多数时间运行在安全状况下。监控预警系统的目的主要是监视其正常情况下危险源对象的运行情况及状态，并对其实时和历史趋势作一个整体评判，对系统的下一时刻做出一种超前(或提前)的预警行为。因而在正常工况下和非正常工况下应该有对危险源对象及参数的记录显示、报表等功能。

(1) 正常运行阶段。正常工况下危险源运行模拟流程和进行主要参数(温度、压力、浓度、油/水界面、泄漏检测传感器输出等)的数据显示、报表、超限报警，并根据临界状态判据自动判断是否转入应急控制程序。

(2) 事故临界状态。被实时监测的危险源对象的各种参数超出正常值的界限，向事故生成方向转化，如不采取应急控制措施就会引发火灾、爆炸及重大毒物泄漏事故。

在这种状态下，监控系统一方面给出声、光或语言报警信息，由应急决策显示排除故障系统的操作步骤，指导操作人员正确、迅速恢复正常工况，同时发出应急控制指令(例如，条件具备时可自动开启喷淋装置使危险源对象降温，自动开启泄压阀降压，关闭进料阀制止液位上升等)；或者当可燃气体传感器检测到危险源对象周围空气中的可燃气体浓度达到阈值时，监控预警系统将及时报警，同时还能根据检测的可燃气体的浓度及气象参数(风速、风向、气温、气压、温度等)传感器的输出信息，快速绘制出混合气云团在电子地图上的覆盖区域、浓度预测值，以便采取相应的措施，防止火灾、毒物的进一步扩散。

(3) 事故初始阶段。如果上述预防措施全部失效，或因其他原因致使危险源及周边空间已经起火，为及时控制火势以及与消防措施紧密结合，可从两个方面采取补救措施：①应用“早期火灾智能探测与空间定位系统”及时报告火灾发生的准确位置，以便迅速扑救；②自动启动应急控制系统，将事故抑制在萌芽状态。

第四节　风 险 评 价

案例导入

【案例 4-4】 某市燃气公司采用风险矩阵法对地下燃气管线的泄漏事故风险进行评价，结果是：事故可能性为Ⅲ，后果严重度为Ⅴ时，按照图 4-8 的对称矩阵，风险等级为较大，仅需将之列入整改计划；而按图 4-9 的非对称矩阵，风险等级则为极大，需尽快安排整改。按图 4-9，事故可能性为Ⅱ，后果严重度为Ⅲ时，则风险等级为一般，需保持正常维修，但事故可能性为Ⅲ，后果严重度为Ⅱ时，风险等级为轻微，可适当减少巡查频度，发现防腐层破损也无须安排开挖维修，待日后进行接线碰口等开挖时再顺便处理，以减少赔偿。

一、风险量函数与风险评价

1. 风险量函数

在定量评价安全生产风险时，首要工作是将各种风险的发生概率及可能性及其潜在损失即事故后果定量化，这一工作也称为风险衡量。

所谓风险量(R)，是指各种风险的量化结果，其数值大小取决于各种风险的发生概率及其潜在损失，如式 4-3 所示。

$$R=f(p,q) \tag{4-3}$$

式中：R——风险；

p——出现该风险的概率；

q——风险损失的严重程度。

式 4-3 反应的是风险量的基本原理，具有一定的通用性。多数情况下以式 4-4 的离散形式来定量表示风险的发生概率及其损失。

$$R=\sum p_i \cdot q_i \tag{4-4}$$

与风险量有关的另一个概念是等风险量曲线，就是由风险量相同的风险事件所形成的曲线。如图 4-7 所示。不同等风险量曲线所表示的风险量大小与其与风险坐标原点的距离成正比，即距原点越近，风险量越小；反之，则风险量越大。

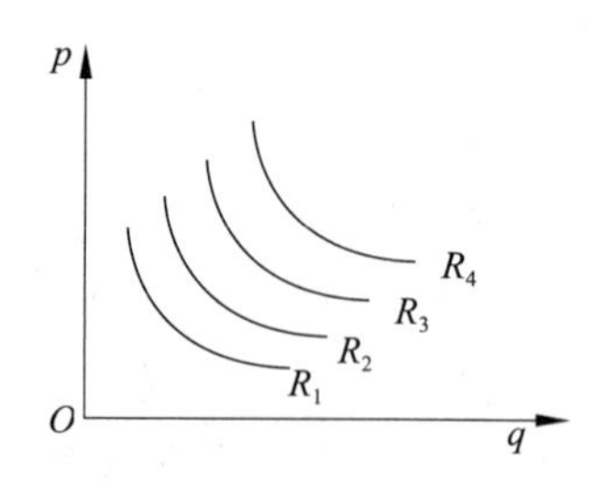

图 4-7　等风险量曲线

由于概率值难以取得，因此常用频率代替概率，这时风险量可表示为：

$$风险量=\frac{事故次数}{时间}\times\frac{事故损失}{事故次数}=\frac{事故损失}{时间} \tag{4-5}$$

在式4-5中,时间可以是系统的运行周期,也可以是一年或几年;事故损失可以表示为死亡人数、损失工作日数或经济损失等;风险量是二者之商,可以定量表示为百万工时死亡事故率、百万工时总事故率等,对于财产损失可以表示为千人经济损失率等。

2. 风险评价

风险评价,也称为危险评价或安全评价,往往因出于不同的目的和要求,其定义有多种。

定义1:对系统存在的危险性进行定性或定量分析,依据已有的专业经验,建立评价标准和准则,对系统发生危险性的可能性及其后果严重程度进行系统分析,根据评价结果确定风险级别,划分为若干等级,根据不同级别采取不同的控制措施。

定义2:评价风险大小以及确定风险是否可容许的全过程。(GB/T 28001—2011《职业健康安全管理体系规范》)的定义。

定义3:指针对不同类别风险运用恰当的手段(如数学模型)评估风险可能带来的损失。

本书采用如下的风险评价定义:风险评价是指评价危险源发生损失的风险程度并确定其是否在可接受范围内的全过程。在识别出危险源后,应进行风险评价,以便给出安全生产风险的高低和级别,为采取风险控制措施提供科学依据。

二、风险评价方法分类

风险评价方法分类的目的是根据风险评价对象选择适用的评价方法。风险评价方法有很多种,每种评价方法都有其适用范围和应用条件。在进行风险评价时,应该根据风险评价对象和要实现的风险评价目标,选择适用的风险评价方法。风险评价方法的分类方法很多,常用的有按评价结果的量化程度分类法、按评价的推理过程分类法、按针对的系统性质分类法、按风险评价要达到的目的分类法等。

1. 按评价结果的量化程度分类

按照风险评价结果的量化程度,风险评价方法可分为定性风险评价方法和定量风险评价方法。

(1) 定性风险评价方法

定性风险评价方法主要是根据经验和直观判断能力对生产系统的工艺、设备、设施、环境、人员和管理等方面的状况进行定性的分析,评价结果是一些定性的指标,如是否达到了某项风险指标、事故类别和导致事故发生的因素等。

目前,常用的定性风险评价方法有:

① 安全检查法(Safety Review,SR)。

② 安全检查表分析法(Safety Checklist Analysis,SCA)。

③ 专家评议法——专家现场询问观察法。

④ 预先危险性分析(Preliminary Hazard Analysis，PHA)。

⑤ 故障类型及影响分析(Failure Mode Effects Analysis，FMEA)。

⑥ 故障假设分析法(What... If，WI)。

⑦ 危险和可操作性研究(Hazard and Operability Study，HAZOP)。

⑧ 人的可靠性分析(Human Reliability Analysis，HRA)。

⑨ 因素图分析法。

⑩ 事故引发和发展分析。

(2) 定量风险评价方法

定量风险评价方法是在大量分析实验结果和事故统计资料基础上获得的指标或规律(数学模型)，对生产系统的工艺、设备、设施、环境、人员和管理等方面的状况进行定量的计算，评价结果是一些定量的指标，如事故发生的概率、事故的伤害(或破坏)范围、定量的危险性、事故致因因素的事故关联度或重要度等。

按照风险评价给出的定量结果的类别不同，定量风险评价方法还可以分为概率风险评价法、伤害(或破坏)范围评价法和危险指数评价法。

① 概率风险评价法。概率风险评价法是根据事故的基本致因因素的事故发生概率，应用数理统计中的概率分析方法，求取事故基本致因因素的关联度(或重要度)或整个评价系统的事故发生概率的风险评价方法。常用的方法有：

- 故障类型及影响分析(FMEA)。
- 故障(事故)树分析(Fault Tree Analysis，FTA)。
- 事件树分析(Event Tree Analysis，ETA)。
- 逻辑树分析。
- 概率理论分析。
- 马尔可夫模型分析。
- 模糊数学矩阵综合评价法。
- 统计图表分析法。

② 伤害(或破坏)范围评价法。伤害(或破坏)范围评价法是根据事故的数学模型，应用数学方法，求取事故对人员的伤害范围或对物体的破坏范围的风险评价方法。液体泄漏模型、气体泄漏模型、气体绝热扩散模型、池火火焰与辐射强度评价模型、火球爆炸伤害模型、爆炸冲击波超压伤害模型、蒸气云爆炸超压破坏模型、毒物泄漏扩散模型和锅炉爆炸伤害 TNT 当量法都属于伤害(或破坏)范围评价法。

③ 危险指数评价法。危险指数评价法是应用系统的事故危险指数模型，根据系统及其物质、设备(设施)和工艺的基本性质和状态，采用推算的办法，逐步给出事故的可能损失、引起事故发生或使事故扩大的设备、事故的危险性以及采取风险措施的有效性的风险评价方法。常用的危险指数评价法有：

- 美国道化学公司的“火灾、爆炸危险指数评价法”(DOW Hazard Index，DOW)。
- 英国 ICI 公司蒙德部的“火灾、爆炸、毒性指数评价法”(Mond Index，ICI)。
- 易燃、易爆、有毒重大危险源评价法。
- 日本劳动省的“化工企业六阶段法”。

● 单元危险指数快速排序法。

2. 按评价的推理过程分类

按照风险评价的逻辑推理过程，风险评价方法可分为归纳推理评价法和演绎推理评价法。归纳推理评价法是从事故原因推论结果的评价方法，即从最基本的危险、有害因素开始，逐渐分析导致事故发生的直接因素，最终分析到可能的事故。演绎推理评价法是从结果推论原因的评价方法，即从事故开始，推论导致事故发生的直接因素，再分析与直接因素相关的间接因素，最终分析和查找出致使事故发生的最基本危险、有害因素。

3. 按照评价要达到的目的分类

按照风险评价要达到的目的，风险评价方法可分为事故致因因素风险评价方法、危险性分级风险评价方法和事故后果风险评价方法。事故致因因素风险评价方法是采用逻辑推理的方法，由事故推论最基本的危险、有害因素或由最基本的危险、有害因素推论事故的评价法。该类方法适用于识别系统的危险、有害因素和分析事故，属于定性风险评价法。危险性分级风险评价方法是通过定性或定量分析给出系统危险性的风险评价方法。该类方法适应于系统的危险性分级。该类方法可以是定性风险评价法，也可以是定量风险评价法。事故后果风险评价方法可以直接给出定量的事故后果，给出的事故后果可以是系统事故发生的概率、事故的伤害（或破坏）范围、事故的损失或定量的系统危险性等。

4. 按照评价对象的不同分类

按照评价对象的不同，风险评价方法可分为设备（设施或工艺）故障率评价法、人员失误率评价法、物质系数评价法、系统危险性评价法等。

三、风险评价方法的选择

任何一种风险评价方法都有其适用条件和范围，在风险评价中如果使用了不适用的风险评价方法，不仅浪费工作时间，影响评价工作正常开展，而且导致评价结果严重失真，使风险评价失败。因此，在风险评价中，合理选择风险评价方法是十分重要的。各种评价方法特点的比较可见表 4-11。

表 4-11 风险评价方法特点比较

评价方法	评价目标	定性定量	方法特点	适用范围	应用条件	特 点
类比法	危害程度分级、危险性分级	定性	利用类比作业场所检测、统计数据分极和事故统计分析资料类推	职业安全评价、卫生评价作业条件、岗位危险性评价	有可比性的作业场多	简便易行、检测量大、费用高
安全检查表	危险有害因素分析、安全等级	定性 半定量	按事先编制的有标准要求的检查表，逐项检查，按规定赋分标准赋分，评定安全等级	各类系统的设计、验收、运行、管理、事故调查	有预先编制的各类检查表，有赋分、评级标准	简便、易于掌握，编制检查表难度大及工作量大

续表

评价方法	评价目标	定性定量	方法特点	适用范围	应用条件	特点
预先危险性分析（PHA）	危险有害因素分析、危险性等级	定性	讨论分析系统存在的危险、有害因素、触发条件、事故类型、评价危险性等级	各类系统设计，施工、生产、维修前的概略分析和评价	分析评价人员熟悉系统，有丰富的知识和实践经验	简便易行，受分析评价人员主观因素影响较大
故障类型和因影响分析（FMEA）	故障（事故）原因、影响程度等级	定性	列表、分析系统（单元、元件）故障类型、故障原因、故障影响，评定影响程度等级	机械电气系统、局部工艺过程、事故分析	同上，并有根据分析要求编制的表格	较复杂，详尽程度受分析评价人员主观因素影响较大
故障类型和影响危险性分析（FMECA）	故障原因、故障等级、危险指数	定性定量	同上。在FMEA基础上，由元素故障概率计算系统重大故障概率、计算系统危险性指数	机械电气系统、局部工艺过程、事故分析	同FMEA，有元素故障率、系统重大故障（事故）概率数据	较FMEA复杂、精确
事件树（ETA）	事故原因、触发条件、事故概率	定性定量	归纳法，由初始事件判断系统事故原因及条件、各事件概率	各类工艺过程、生产设备、装置事故分析	熟悉系统、元素间的联系和因果关系、有各事件发生概率数据	简便、易行，受分析评价人员主观因素影响
事故树（FTA）	事故原因、事故概率	定性定量	演绎法，由事故和基本条件逻辑推断事故原因，由基本事件概率计算事故概率	宇航、核电、工艺、设备等复杂系统事故分析	熟练掌握方法，事故与基本事件间的联系、有基本事件概率数据	复杂、工作量大、精确。故障树编制易出偏差
格雷厄姆—金尼法（LEC法）	危险性等级	定性半定量	按规定对系统的事故发生的可能性、人员暴露状况、危险程度赋分，计算后评定危险性等级	各类生产作业条件	赋分人员熟悉系统，对安全生产有丰富知识和实践经验	简便、实用、易行，受分析评价人员主观因素影响
道化学公司法（DOW）	火灾爆炸危险性等级、事故损失	定量	根据物质、工艺危险性计算火灾爆炸指数，判定采取措施前后的系统整体危险性，由影响范围、单元破坏系数计算系统整体经济、停产损失	生产、储存、处理燃、爆、化学活泼性、有毒物质的工艺过程及其他有关工艺系统	熟练掌握方法，熟悉系统，有丰富知识和良好的判断能力，须有各类企业装置经济损失目标值	大量数据图表、简单明了、参数取位宽、因人而异，只能对系统作整体宏观评价

续表

评价方法	评价目标	定性定量	方法特点	适用范围	应用条件	特　点
日本劳动省六阶段法	危险性等级	定量定性	检查表法定性评价，局部定量评价，采取措施，用类比资料复评，1级危险性装置用ETA，FTA等方法再评价	化工厂和有关装置	熟悉系统，掌握有关方法，具有有关知识和经验，有类比资料	综合应用几种办法反复评价，准确性高、工作量大
单元危险性快速排序法	危险性等级	定量	由物质、毒性系数、工艺危险性指数、毒性指标评定单元危险性等级	同DOW法的适用范围	熟悉系统，掌握有关方法，具有有关知识和经验	是DOW法的简化方法，简捷方便
危险性与可操作性研究	偏离及其原因、后果、对系统的影响	定性	通过讨论，分析系统可能出现的偏离、偏离原因、偏离后果及对整个系统的影响	化工系统、热力、水力系统的安全分析	分析评价人熟悉系统，有丰富的知识和实践经验	简便、易行，受分析评价人员主观因素影响

1. 风险评价方法的选择原则

在进行风险评价时，应该在认真分析和熟悉被评价系统的前提下，选择风险评价方法。选择风险评价方法应遵循充分性、适应性、系统性、针对性和合理性的原则。

① 充分性原则。在选择风险评价方法之前，应该充分分析被评价系统，掌握足够多的风险评价方法，并充分了解各种风险评价方法的优缺点、应用条件和适用范围，同时为风险评价工作准备充分的资料。

② 适应性原则。选择的风险评价方法应该适应被评价的系统。被评价的系统可能是由多个子系统构成的复杂系统，各子系统评价的重点可能有所不同，各种风险评价方法都有其适应的条件和范围，应该根据系统和子系统、工艺的性质和状态，选择合适的风险评价方法。

③ 系统性原则。风险评价方法与被评价的系统所能提供的风险评价初值和边值条件应形成一个和谐的整体，也就是说，风险评价方法获得的可信的风险评价结果，是必须建立在真实、合理和系统的基础数据之上的，被评价的系统应该能够提供所需的系统化的数据和资料。

④ 针对性原则。所选择的风险评价方法应该能够得出所需的结果。根据评价目的的不同，需要风险评价提供的结果也有所不同，可能是危险有害因素识别、事故发生的原因、事故发生的概率等，也可能是事故造成的后果、系统的危险性等，风险评价方法能够给出所要求的结果时才能被选用。

⑤ 合理性原则。应该选择计算过程最简单、所需基础数据最少和最容易获取的风险

评价方法，使风险评价工作量和要获得的评价结果都是合理的。

2. 选择风险评价方法应注意的问题

选择风险评价方法时应根据风险评价的特点、具体条件和评价目标，针对被评价系统的实际情况，经过认真地分析、比较，选择合适的风险评价方法。必要时，还要根据评价目标的要求，同时选择一种以上的风险评价方法进行风险评价，各种方法互相补充、分析、综合，相互验证，以提高评价结果的可靠性。在选择风险评价方法时应该特别注意以下几方面的问题。

(1) 要充分考虑被评价系统的特点

① 根据评价对象的规模、组成部分、复杂程度、工艺类型(行业类别)、工艺过程、原材料和产品、作业条件等情况，选择评价方法。

② 根据系统的规模、复杂程度选择评价方法。随着规模、复杂程度的增大，有些评价方法的工作量、工作时间和费用相应地增大，甚至超过允许的范围。在这种情况下，应先用简捷的方法进行筛选，然后确定需要评价的详细程度，再选择适当的评价方法。对规模小或复杂程度低的对象，如机械工厂的清洗间、喷漆室、小型油库等，属火灾爆炸危险场所，可采用日本劳动省劳动基准局定量评价法(日本化工企业六阶段法的一部分)、单元危险性快速排序法等较简捷的评价方法。

③ 根据评价对象的工艺类型和工艺特征选择评价方法。评价方法大多适用于某些工艺过程和评价对象，如道化学、蒙德的评价方法等适用于化工类工艺过程的风险评价，故障类型和影响分析法适用于机械、电气系统的风险评价。

(2) 要考虑评价对象的危险性

一般而言，对危险性较大的系统可采用系统的定性、定量风险评价方法，工作量也较大，如故障树、危险指数评价法、TNT 当量法等；反之，可采用经验的定性风险评价方法或直接引用分级(分类)标准进行评价，如安全检查表、直观经验法或直接引用高处坠落危险性分级标准等。

评价对象若同时存在几类主要危险、有害因素，往往需要用几种评价方法分别对评价对象进行评价。对于规模大、情况复杂、危险性高的评价对象，往往先用简单、定性的评价方法(如检查表法、预先危险性分析法、故障类型和影响分析等)进行评价，然后再对重点部位(单元)用较严格的定量法(如事件树、事故树、火灾爆炸指数法等)进行评价。

(3) 要考虑评价的具体目标和要求的最终结果

在风险评价中，由于评价目标不同，要求的最终评价结果也是不同的，如查找引起事故的基本危险有害因素、由危险有害因素分析可能发生的事故、评价系统的事故发生可能性、评价系统的事故严重程度、评价系统的事故危险性、评价某危险有害因素对发生事故的影响程度等，因此需要根据被评价的目标选择适用的风险评价方法。

(4) 要考虑对评价资料的占有情况

如果被评价系统技术资料、数据齐全，可进行定性、定量评价并选择合适的定性、定量评价方法。反之，如果是一个正在设计的系统，缺乏足够的数据资料或工艺参数不全，则只能选择较简单的、需要数据较少的风险评价方法。

一些评价方法，特别是定量评价方法，应用时需要有必要的统计数据(如各因素、事件、故障发生概率等)作依据;若缺少这些数据,就限制了定量评价方法的应用。

(5) 要考虑评价人员的情况

风险评价人员的知识、经验和习惯等,对风险评价方法的选择是十分重要的。风险评价需要全体员工的参与,使他们能够识别出与自己作业相关的危险有害因素,找出事故隐患。这时应采用较简单的风险评价方法,便于员工掌握和使用,同时还要能够提供危险性分级,因此作业条件危险性分析方法或类似评价方法适合采用。

(6) 应合理选择道化法和蒙德法

① 评价单元的主要物质是有毒物质,并且对毒物危害要求有具体的评价指标时,应考虑选用蒙德法。

② 评价要求对火灾或爆炸后的影响范围、最大可能财产损失、最大可能工作日损失和停产损失等有具体的反应时,可考虑选用道化法。

③ 要求对单元的火灾、爆炸、毒性等危险因素指标有更全面的反映时,宜采用蒙德法。

④ 在进行项目预评价时,由于整个项目还处于初步设计阶段,很多参数处于待定状态,此时采用道化法会更合适些。

四、常用风险评价方法及其应用

这里主要介绍常用的安全检查表法、预先危险性分析法(PHA)、作业条件危险性评价法(格雷厄姆-金尼法)、风险矩阵评价法等方法。

(一) 安全检查表法

安全检查表(Safety Check List)是进行安全检查、发现潜在危险、督促各项安全法规、制度、标准实施的一个较为有效的工具。它是安全系统中最基本、最初步的一种形式。为了查找工程、系统中各种设备设施、物料、工件、操作、管理和组织措施中的危险、有害因素,事先把检查对象加以分解,将大系统分割成若干小的子系统,以提问或打分的形式,将检查项目列表逐项检查,避免遗漏,这种表称为安全检查表。安全检查是风险评价中经常采用的方法,特别是对调查分析或辨识出来的危险和有害因素,对照相关法律法规和标准检查其控制措施是否符合要求,对不符合要求的危险和有害因素可判定为事故隐患,评价结果为“存在不可接受的风险”。

(1) 定义:运用安全系统工程的方法,发现系统以及设备、机器装置和操作管理、工艺、组织措施中的各种不安全因素,列成表格进行分析。所列表格即被称为安全检查表。

(2) 优点:

① 安全检查表能够事先编制,可以做到系统化、科学化,不漏掉任何可能导致事故的因素,为事故树的绘制和分析做好准备。

② 可以根据现有的规章制度、法律法规和标准规范等检查执行情况,容易得出正确的评估。

③ 通过事故树分析和编制安全检查表,将实践经验上升到理论,从感性认识到理性认识,并用理论去指导实践,充分认识各种影响事故发生的因素的危险程度(或重要

程度）。

④ 安全检查表，按照原因实践的重要顺序排列，有问有答，通俗易懂，能使人们清楚地知道哪些原因事件最重要，哪些次要，促进职工采取正确的方法进行操作，起到安全教育的作用。

⑤ 安全检查表可以与安全生产责任制相结合，按不同的检查对象使用不同的安全检查表，易于分清责任，还可以提出改进措施，并进行检验。

⑥ 安全检查表是定性分析的结果，是建立在原有的安全检查基础和安全系统工程之上的，简单易学，容易掌握，符合我国现阶段的实际情况，为安全预测和决策提供了坚实的基础。

（3）缺点：

① 只能做定性的评价，不能定量。

② 只能对已经存在的对象评价。

③ 编制安全检查表的难度和工作量大。

④ 要有事先编制的各类检查表，有赋分、评级标准。

（4）安全检查表的编制

安全检查表应列举需查明的所有会导致事故的不安全因素。它采用提问的方式，要求回答“是”或“否”。“是”表示符合要求；“否”表示存在问题有待于进一步改进。所以在每个提问后面也可以设改进措施栏。每个检查表均需注明检查时间、检查者、直接负责人等，以便分清责任。安全检查表的设计应做到系统、全面，检查项目应明确。

编制安全检查表主要依据是：

① 有关法律法规、规章、标准、规程、规范及规定。为了保证安全生产，国家及有关部门发布了一些安全生产的法律法规、规章、安全标准及文件，这是编制安全检查表的一个主要依据。为了便于工作，有时可将检查条款的出处加以注明，以便能尽快统一不同的意见。

② 国内外事故案例、行业经验。前事不忘，后事之师，以往的事故教训和生产过程中出现的问题都曾付出了沉重的代价，有关的教训必须记取。因此，要搜集国内外同行业及同类产品行业的事故案例，从中发掘出不安全因素，作为安全检查的内容。国内外及本单位在安全管理及生产中的有关经验，自然也是一项重要内容。

③ 通过系统安全分析确定的危险部位及防范措施，也是制定安全检查表的依据。系统安全分析的方法可以多种多样，如预先危险分析、可操作性研究、故障树等。

④ 相关的科学技术研究成果，也可作为制定安全检查表的依据。在现代信息社会和知识经济时代，知识的更新很快，编制安全检查表必须采用最新的知识和研究成果。包括新的方法、技术、法规和标准。

（二）预先危险性分析法

预先危险性分析（Preliminary Hazard Analysis，简称 PHA）是一种起源于美国军用标准安全计划要求方法。主要用于对危险物质和装置的主要区域等进行分析，包括设计、施工和生产前，在一个系统或子系统（包括设计、施工、生产）运转之前，首先对系统中存在的危险性类别、出现条件、导致事故的后果进行分析，其目的是识别系统中的潜在危险，确定其危险等级，防止危险发展成事故。

预先危险分析可以达到以下4个目的：①大体识别与系统有关的主要危险；②鉴别产生危险原因；③预测事故发生对人员和系统的影响；④判别危险等级，并提出消除或控制危险性的对策措施。

预先危险分析方法通常用于对潜在危险了解较少和无法凭经验觉察的工艺项目的初期阶段。通常用于初步设计或工艺装置的研究和开发，当分析一个庞大现有装置或环境所限无法使用更为合适的方法时，常优先考虑PHA法。

（1）预先危险性分析（PHA）的评价步骤

① 通过经验判断、技术诊断或其他方法调查确定危险源（即危险因素存在于哪个子系统中），对所需分析系统的生产目的、物料、装置及设备、工艺过程、操作条件以及周围环境等进行详细的调查了解。

② 根据经验教训及同类行业生产中发生的事故（或灾害）情况，对系统的影响、损坏程度，类比判断所要分析的系统中可能出现的情况，查找能够造成系统故障、物质损失和人员伤害的危险性，分析事故（或灾害）的可能类型。

③ 对确定的危险源分类，制成预先危险性分析表。

④ 转化条件，即研究危险因素转变为危险状态的触发条件和危险状态转变为事故（或灾害）的必要条件，并进一步寻求对策措施，检验对策措施的有效性。

⑤ 进行危险性分级，排列出重点和轻、重、缓、急次序，以便处理。

⑥ 制定事故（或灾害）的预防性对策措施。

在分析系统危险性时，为了衡量危险性的大小及其对系统破坏性的影响程度，预先危险性分析一般将各类危险性划分为4个等级，见表4-12。

表4-12　危险性等级的划分

级别	危险程度	可能导致的后果
Ⅰ	安全的	不会造成人员伤亡及系统损坏
Ⅱ	临界的	处于事故的边缘状态，暂时还不至于造成人员伤亡、系统损坏或降低系统性能，但应予以排除或采取控制措施
Ⅲ	危险的	会造成人员伤亡和系统损坏，要立即采取防范措施
Ⅳ	灾难性的	造成重大人员伤亡及系统严重破坏的灾难性事故，必须予以果断排除并进行重点防范

（2）预先危险性分析的基本格式

预先危险性分析的结果可采用表格形式进行归纳。所用表格格式以及分析内容，可根据预先危险性分析的实际情况确定。此处介绍两种预先危险性分析的基本格式。

① 预先危险性分析工作的典型格式表。预先危险性分析工作的典型格式表，见表4-13，其编制过程为：首先要了解系统的基本目的、工艺过程、控制条件及环境因素等；其次将整个系统划分为若干个子系统（单元）；参照同类产品或类似的事故教训及经验，查明分析单元可能出现的危险或有害因素；确定可能出现危险的起因；提出消除或控制危险的对策，在危险不能完全有效控制的情况下，采用损失最少的预防方法。

表 4-13 PHA 工作的典型格式

地区(单元)：________ 会议日期：________ 图号：________ 小组成员：________

意外事故	阶段	原因	后果	危险等级	对策
简要的事故名称	危害发生的阶段，如生产、试验、运输、维修、运行等	产生危害的原因	对人员及设备的危害		消除、减少或控制危害的措施

② 预先危险性分析工作表的通用格式。预先危险性分析工作表的通用格式，采用固定项统计格式，便于计算机管理，见表 4-14。表中所标注的数字为固定统计项。

表 4-14 预先危险分析表通用格式

系统—1 编号：		子系统—2 日期：		状态—3	预先危险性分析表(PHA)		制表者： 制表单位：	
潜在危险	危险因素	触发事件(1)	发生条件	触发事件(2)	事故后果	危险等级	防范措施	备注
4	5	6	7	8	9	10	11	12

在 1 的栏目中填入所要分析的子系统归属的车间或工段的名称；在 2 的栏目中填入所要分析的子系统的名称；在 3 的栏目中填入子系统处于何种状态或运行方式；在 4 的栏目中填入子系统可能发生的潜在危害；在 5 的栏目中填入产生潜在危害的原因；在 6 的栏目中填入导致产生“危险因素 5”的那些不希望发生的事件或错误；在 7 的栏目中填入使“危险因素 5”发展成为潜在危害的那些不希望发生的错误或事件；在 8 的栏目中填入导致产生“发生事故的条件 7”的那些不希望发生的时间及错误；在 9 的栏目中填入事故后果；在 10 的栏目中填入危险等级；在 11 的栏目中填入为消除或控制危害可能采取的措施，其中包括对装置、人员、操作程序等方面的考虑；在 12 的栏目中填入有关必要说明的内容。

（三）作业条件危险性评价法（格雷厄姆-金尼法）

1. 作业条件危险性评价公式

作业条件危险性评价法，又称格雷厄姆-金尼法，是一种简单易行的评价人们在具有潜在的危险性环境中作业时的危险性评价方法。它用与系统风险度有关的下列三种因素指标值之积来评价系统人员伤亡风险的大小：用 L 表示发生事故的可能性大小；E 表示人体暴露在这种危险环境中的频繁程度；C 表示一旦发生事故会造成的损失后果。以这三个因素分值的乘积 D 来评价危险性的大小，即：

$$D = L \cdot E \cdot C \tag{4-6}$$

其中，D 值越大，说明该系统的危险性越大，需要增加安全措施，直至调整到允许范围。

(1) 发生事故或危险事件的可能性(L)

事故或危险事件发生的可能性与其实际发生的概率相关。若用概率来表示为：绝对不可能发生的事件概率为 0，必然发生的事件概率为 1。但在考察一个系统的危险性时，绝对不可能发生事故是不确切的，即概率为 0 的情况不确切。所以，将实际上不可能发生的情况作为“打分”的参考点，定其分数值为0.1。

此外，在实际生产条件中，事故或危险事件发生的可能性范围非常广泛，因而人为地将完全出乎意料、极少可能发生事故的分值规定为1；能预料到将来某个时候会发生事故的分值规定为10；在1～10之间再根据可能性的大小相应地确定几个中间值，如将“不常见，但仍然可能”的分值定为3，“相当可能发生”的分值定为6。同样，在0.1～1之间也插入与某种可能性对应的分值。于是，将事故或危险事件发生可能性的分值从实际上不可能的事件为0.1，经过完全意外有极少可能的分值1，确定到完全会被预料到的分值10为止，见表4-15。

表4-15　事故或危险事件发生可能性分值

分　数　值	事故或危险事件发生的可能性
10*	完全会被预料到
6	相当可能
3	不经常，但可能
1*	完全意外，极少可能
0.5	可以设想，但绝少可能
0.2	极不可能
0.1	实际上不可能

注：* 为“打分”的参考点。

(2) 暴露于危险环境的频率(E)

众所周知，作业人员暴露于危险作业条件的次数越多、时间越长，则受到伤害的可能性就越大。为此，K.J. 格雷厄姆和G.F. 金尼规定了连续出现在潜在危险环境的暴露频率的分值为10，一年仅出现几次非常稀少的暴露频率的分值为1。以10和1为参考点，再在1～10之间根据在潜在危险作业条件中暴露的情况进行划分，并对应地确定其分值。例如，每月暴露一次的分值为2，每周暴露一次或偶然暴露的分值为3。当然，根本不暴露的分值为0，但这种情况实际上是不存在的，也没有意义，因此，无须列出。暴露于潜在危险环境的分值见表4-16。

表4-16　暴露于潜在危险环境的分值

分数值	暴露于危险环境的频繁程度
10*	连续暴露于潜在危险环境
6	逐日在工作时间内暴露
3	每周一次或偶然地暴露
2	每月暴露一次
1*	每年几次出现在潜在危险环境
0.5	非常罕见地暴露

注：* 为“打分”的参考点。

(3) 发生事故或危险事件的可能结果(C)

造成事故或危险事故的人身伤害或物质损失可在很大范围内变化，以工伤事故而言，可以从轻微伤害到许多人死亡，其范围非常宽泛。因此，K.J. 格雷厄姆和G.F. 金尼将需要救护的轻微伤害的可能结果，分值规定为1，并以此为一个基准点；而将造成许多人死亡的可能结果的分值规定为100，作为另一个参考点。在1～100两点之间，插入相应的中间值。发生事故或危险事件可能结果的分值见表4-17。

表4-17 发生事故或危险事件可能结果的分值

分数值	可能结果
100*	大灾难，许多人死亡
40	灾难，数人死亡
15	非常严重，一人死亡
7	严重，严重伤害
3	重大，致残
1*	引人注目，需要救护

注：* 为“打分”的参考点。

(4) 生产作业条件的危险性(D)

确定了上述3个具有潜在危险性的作业条件的分值，并按式4-6进行计算，即可得出危险性分值。因此，要确定其危险性程度时，则按下述标准进行评定。

由经验可知，危险性分值在20以下的属低危险性，一般可以被人们接受；危险性分值在20～70时，需要加以注意；危险性分值在70～160时，有明显的危险，需要采取措施进行整改。根据经验，危险性分值在160～320时，属高度危险的作业条件，必须立即采取措施进行整改；危险性分值在320以上时，该作业条件极其危险，应该立即停止作业，直到作业条件得到改善为止。危险性分值与危险程度描述的对应情况见表4-18。

表4-18 危险性分值与危险程度描述

分数值	危险程度
＞320	极其危险，不能继续作业
160～320	高度危险，需要立即整改
70～160	显著危险，需要整改
20～70	可能危险，需要注意
＜20	稍有危险，或许可被接受

2. 优缺点及适用范围

作业条件危险性评价法可评价人们在某种具有潜在危险的作业环境中进行作业的危险程度。该法简单易行，危险程度的级别划分比较清楚、醒目。但是，由于它主要是根据经验来确定3个因素的分数值及划定危险程度等级，因此，具有一定的局限性。而且它是一种作业的局部评价，故不能适用于整个系统。所以，在具体应用时，必须根据自己的经验及具体情况适当加以修正。

(四) 风险评价矩阵法

1. 对称矩阵模型

图4-8为某一简单危险事件发生的发生概率及危害后果的矩阵图，该图为风险评价提供了一个思路框架。这一模型揭示了风险将随着其危害后果和(或)发生几率的增大而

加大加深。当然，仅仅在这个模型中是很难考虑周全所有的相关因素以及它们之间相互关系，但它有助于使某些特定的风险问题具体化。

矩阵法初始阶段采用传统的对称矩阵，实际上是乘积法的改良。引入模糊概念，先由各基本因素情况分别评估事故可能性和后果严重度的等级，再根据矩阵确定运行风险等级。

矩阵以纵坐标表示后果严重度，分为5个等级，其中Ⅰ表示事故后果轻微，Ⅴ表示事故后果严重。横坐标表示事故可能性，也分为5个等级，其中Ⅰ表示事故可能性小，Ⅴ表示事故可能性大。

矩阵中数值代表运行风险的大小。依据传统的对称矩阵(图4-8)，管段运行风险的判别分级如下：1～3为轻微；4～9为一般；10～19为较大；20以上为极大。

2. 非对称矩阵

根据风险管理的最新进展，应加重对后果严重度的考虑，降低事故可能性对风险等级的影响。美国石油学会《基于风险的检验规范》(AP1581)，将矩阵修订为非对称性的(图4-9)。图4-9中A区为轻微风险区；B区为一般风险区；C区为较大风险区；D区为极大风险区。

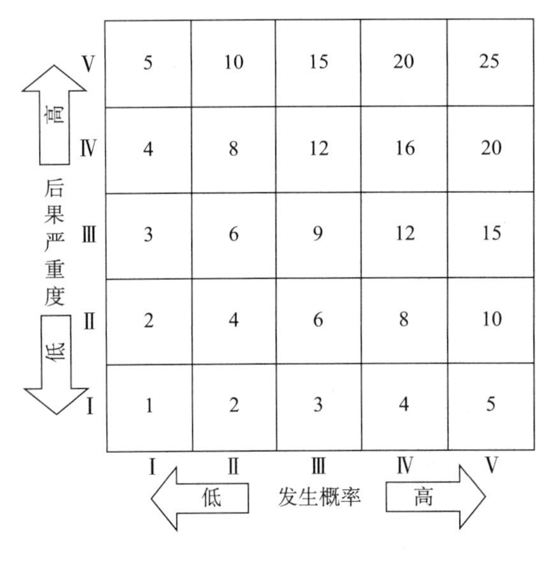

图4-8 对称的风险矩阵模型

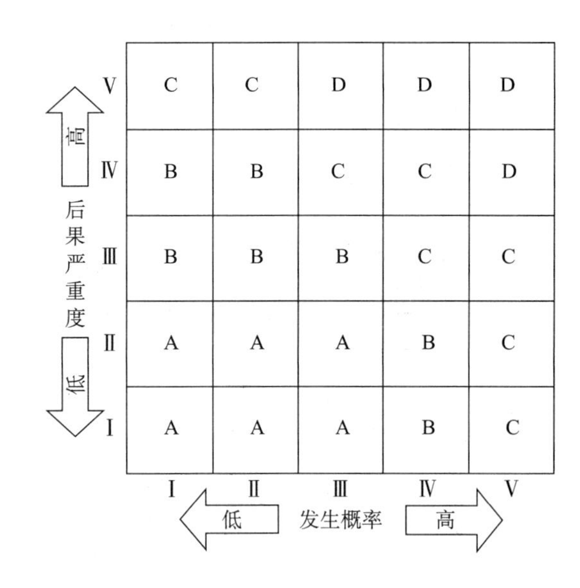

图4-9 非对称的风险矩阵模型

与传统的对称矩阵相比，风险矩阵是非对称的，风险判断结果有明显差别。

五、风险判定准则

1. 风险判定准则

风险判定准则是判定风险大小级别的准则。各企业应结合企业自身实际制定风险判定准则，一般应依据以下内容制定：有关安全生产法律法规；设计规范、技术标准；企业的安全管理标准、技术标准；企业的安全生产方针和目标等。

表 4-19、表 4-20、表 4-21 给出了某企业制定的风险等级判别准则。

表 4-19 事件发生的可能性 L 判别准则

等 级	标 准
5	现场没有采取防范、监测、保护或控制措施； 或危害的发生不能够被发现； 或在正常情况下经常发生此类事故或事件
4	现场采取防范、监测、保护或控制措施，但措施不当； 或危害的发生不容易被发现； 或在异常情况下必然发生此类事故或事件
3	现场采取防范、监测、保护或控制措施，措施得当，但多数未得到执行或执行的偏差较大； 或危害的发生容易被发现； 或在异常情况下可能发生此类事故或事件
2	现场采取防范、监测、保护或控制措施，措施得当，仅偶尔未得到执行或执行的偏差较小； 或危害的发生能够立即被发现； 或在过去曾发生此类事故或事件，但很少发生
1	现场采取防范、监测、保护或控制措施，措施得当，全部得到执行且无偏差； 极不可能发生事故或事件

表 4-20 事件后果严重性 S 判别准则（三种情况综合判别时取其最大值）

等 级	法律法规及其他要求	人身伤害	财产损失/万元
5	违反法律法规和标准	死亡	>50
4	违反行业的标准或规定	丧失劳动能力	>25
3	违反相关方的规定或要求	伤残或慢性病，部分丧失劳动能力	>10
2	违反公司的制度、规定、操作规程	轻微受伤，很快治愈	$\leqslant 10$
1	完全符合	无伤亡	无损失

注：其中财产损失部分应根据企业的规模、形式、运行方式等具体确定。

表 4-21 风险度 $R(=L\times S)$ 判定准则

风险度	风险等级	应采取的行动和控制措施	实 施 期 限
20～25	特大风险	在采取措施降低危害前，不能继续作业，对改进措施进行评估	立即
15～16	重大风险	采取紧急措施降低风险，建立运行控制程序，定期检查、评估	立即或近期整改
9～12	中等风险	建立控制目标和操作规程，加强培训和检查	2 年内治理
4～8	可接受风险	可考虑建立控制目标和操作规程，但需定期检查	有条件时治理
1～3	可忽略风险	无须采取任何措施	—

2. 风险可接受准则

(1) 风险可接受准则的概念。

对于风险分析和风险评价的结果，人们往往认为风险越小越好。实际上这是一个错误的概念。减少风险是要付出代价的。无论减少危险发生的概率还是采取防范措施使发生造成的损失降到最小，都要投入资金、技术和劳务。通常的做法是将风险限定在一个合理的、可接受的水平上，根据影响风险的因素，经过优化，寻求最佳的投资方案。“风险与利益间要取得平衡”、“不要接受不必须的风险”、“接受合理的风险”等，这些都是风险接受的原则。

制定可接受风险标准，除了考虑人员伤亡、建筑物损坏和财产损失外，环境污染和对人健康潜在危险的影响也是一个重要因素。如美国国家环保局和国际卫生组织颁布的致癌风险评价准则、健康手册、环境评价手册、环境保护的优先排序和策略、空气清洁法的风险管理等，都是风险可接受准则制订的依据。

风险可接受程度对于不同行业，根据系统、装置的具体条件，有着不同的准则。由于风险评估技术还存在不少问题。在基础研究、方法和模型的建立，可信度和特殊化学物质数据库的建立等都是目前各国竞相开发的领域。特别值得提及的是风险规范、标准的制订，这是大势所趋，无疑地应该引起重视。

(2) ALARP 原则

国际上，常用的风险可接受准则有最低合理可行原则(ALARP 原则)。

ALARP 原则又称为“二拉平”原则，是“最低合理可行(As Low As Reasonably Practicable，ALARP)”原则的俗称。ALARP 原则是当前国外风险可接受水平普遍采用的一种风险判据原则。如图 4-10 所示。在定量风险评价中，ALARP 原则设定了风险容许上限和下限，将风险分为三个等级。位于上限之上的风险，不能接受；位于下限之下的风险，可以接受；中间称为 ALARP 区域，应在经济、可行的前提下采取措施尽可能地降低这一区域的风险水平。作为一种原则，各个企业单位可结合本行业或企业本身的实际情况制定具体的风险可接受水平。

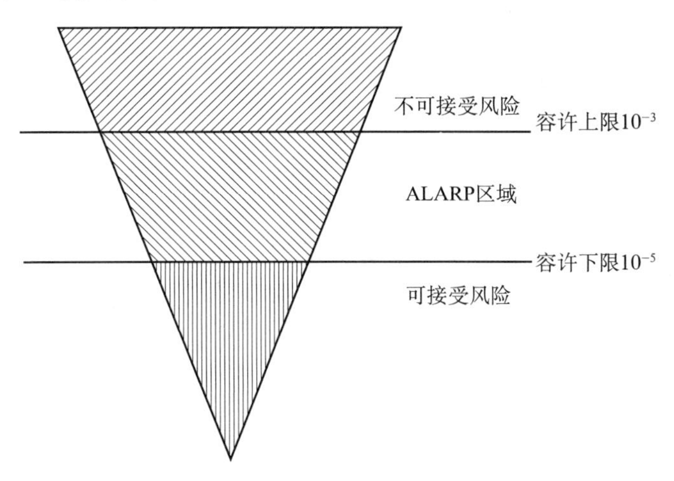

图 4-10　风险判据原则——ALARP 原则

第五节 风险控制措施

案例导入

【案例 4-5】 2011 年 8 月 5 日，G 炼油企业污水车间要将污水提升泵房隔油池中的污水抽到集水池中，因抽水用潜水泵要临时用电，电工班派电工到污水提升泵间拉临时电缆，使用刀闸式开关和接明线。污水车间在未对作业进行风险辨识，未制定具体作业方案的情况下，安排乙丙丁戊将 2 台潜水泵到隔油池内，并启动潜水泵开始抽水。6 日 11 时 20 分，乙等发现 2 台潜水泵出水管不出水，遂拉下了刀闸式开关去吃午饭。6 日 13 时，当地气温达到 35℃，乙等吃晚饭后，到抽水作业现场准备继续抽水作业，乙合上潜水泵的刀闸式开关后，发现潜水泵还是不工作，于是提拉电缆，将潜水泵从隔油池中往上提，由于电缆受力，且未拉下刀闸式开关，导致电缆与潜水泵连接线松动脱落，形成电火花，引爆隔油池中的混合气体，爆炸引起大火，造成现场作业的乙丙丁戊当场死亡，污水提升泵房严重损毁。

在进行危险有害因素辨识和风险评价后，应根据风险评价结果及时采取风险控制措施，避免发生危机或事故以及严重偏离安全生产目标，最大限度地减少人员伤亡、财产损失和不良社会影响。

安全生产风险控制措施，又可称为安全对策措施，分为安全技术措施和安全管理措施两大类。安全技术措施是指运用工程技术手段消除物的不安全因素，实现生产工艺和机械设备等生产条件本质安全的措施。安全管理措施是通过法律法规、制度、规程、规章等管理的手段，来规范人员在安全生产过程中的行为，实现降低安全生产风险的目的。

一、风险控制措施的基本要求和原则

（一）风险控制措施的基本要求

风险控制措施必须能达到以下所列要求中的至少一项，方才具有实际意义。

① 能消除或减弱生产过程中产生的危险、危害。

② 处置危险和有害物，并降低到国家规定的限值内。

③ 预防生产装置失灵和操作失误产生的危险、危害。

④ 能有效地预防重大事故和职业危害的发生。

⑤ 发生意外事故时，能为遇险人员提供自救和互救条件。

（二）采取风险控制措施应遵循的原则

(1) 风险控制措施等级顺序

采取风险控制措施时，应优先考虑安全技术措施上的要求，并应按下列等级顺序选择安全技术措施：直接安全技术措施；间接安全技术措施；指导性安全措施。

① 直接安全技术措施。在设计机器时，考虑消除机器本身的不安全因素，即生产设备本身应具有本质安全性能，不出现任何事故和危害。

② 间接安全技术措施。在机械设备上采用和安装各种有效的安全防护装置，克服在使用过程中产生的不安全因素。若不能或不可完全采取直接安全技术措施时，必须为生产设备设计出一种或多种安全防护装置（不得留给用户去承担），能够最大限度地预防、控制事故或危害的发生。

③ 指示性安全技术措施。制定机器安装、使用、维修的安全规定及设置标志，以提示或指导操作程序，从而保证安全作业。当间接安全技术措施也无法实现或实施时，须采用检测报警装置、警示标志等措施，警告、提醒作业人员注意，以便采取相应的对策措施或紧急撤离危险场所。

若间接、指示性安全技术措施仍然不能避免事故、危害发生，则应采用配发个体防护用品的间接措施或安全教育培训等管理性措施来预防、减弱系统的危险、危害程度。

（2）选择风险控制措施应遵循的具体原则

选择风险控制措施应遵循的具体原则是：应按照以下所列的先后顺序和优先级别，选择风险控制措施；在采取上一级措施的同时，可采取下一级的其他措施。

① 消除。通过合理的设计和科学的管理，尽可能从根本上消除危险和有害因素。如采用无害化工艺技术，在生产中以无害物质代替有害物质，实现自动化、遥控作业等。

② 预防。当消除危险和有害因素存在困难时，可采取预防性技术措施，预防危险、危害的发生。如使用安全阀、安全屏护、漏电保护装置、安全电压、熔断器、防爆膜、事故排放装置等。

③ 减弱。在无法消除危险和有害因素且难以预防的情况下，可采取降低危险、危害的措施。如加设局部通风排毒装置，生产中以低毒性物质代替高毒性物质，采取降温措施，设置避雷、消除静电、减振、消声等装置。

④ 隔离。在无法消除、预防和减弱的情况下，应将作业人员与危险和有害因素隔离，或与不能共存的物质分开。如遥控作业、安全罩、防护屏、隔离操作室、安全距离、事故发生时的自救装置（如防护服、各类防毒面具）等。

⑤ 联锁。当操作者失误或设备运行一旦达到危险状态时，应通过联锁装置终止危险、危害的发生。

⑥ 警告。在易发生故障和危险性较大的地方，应设置醒目的安全色、安全标志；必要时应设置声、光或声光组合报警装置。

（三）安全对策措施应具有针对性、可操作性和经济合理性

一般来说，无论事故可能性还是后果严重度，降低一个级差的代价随等级增加而减少，换言之，从Ⅴ级降为Ⅳ级的资金投入将远低于从Ⅱ级降为Ⅰ级，如图 4-8 和图 4-9 所示。

① 针对性是指针对不同行业的特点和评价中提出的主要危险、有害因素及其后果，提出对策措施。

② 提出的对策措施是设计单位、建设单位、生产经营单位进行安全设计、生产、管理的重要依据，因而对策措施应在经济、技术、时间上是可行的，能够落实和实施的。

③ 经济合理性是指不应超越国家及建设项目生产经营单位的经济、技术水平，按过高的安全指标提出安全对策措施。

④ 对策措施应符合有关的国家标准和行业安全设计规定的要求。

二、安全技术措施

安全技术措施主要是指安全设施，包括：防止事故发生的措施（如防护装置、保险装置、信号装置等）；改善劳动生产条件、防止职业病发生的措施（如防尘、防毒、防暑、防寒、防噪声、防振动、防辐射及通风等）。安全技术对策措施的原则是优先应用无危险或危险性较小的工艺和物料，广泛采用综合机械化、自动化生产装置（生产线）和自动化监测、报警、排除故障和安全连锁保护等装置，实现自动化控制、遥控或隔离操作。尽可能防止操作人员在生产过程中直接接触可能产生危险因素的设备、设施和物料，使系统在人员误操作或生产装置（系统）发生故障的情况下也不会造成事故的综合措施，是应优先采取的对策措施。

需要特别说明的是，风险控制措施的重点是“安全设施”，不能以安全管理代替安全设施。据统计已发生的事故，近60%源于“违章作业”，因此不少安全管理人员只强调“安全管理”，不重视“安全设施”。其实，有很多的“违章作业”，问题就在“章”上，一些企业领导者只下工夫在安全管理制度的“章”上，而不注重“安全设施”，以管理制度代替安全设施，使危险源没有真正得到控制，人员没有得到真正防护，实际上已出现“事故隐患”。人员在工作时，只要不小心或失误，就会引发事故。

安全设施是指将危险和有害因素控制（预防、减少、消除）在安全状态的设备（装置）和措施。安全设施可分为“预防事故设施”、“控制事故设施”、“减少事故影响设施”三大类。

（一）预防事故发生的设施

① 检测设施。包括压力计、真空计、温度计、液位计、流量计等各种检测报警设施；分析仪器；可燃气体、有毒有害气体、氧气检测报警等设施。

② 组分控制设施。包括气体、液体物料组分控制设施；以及防止助燃物混入、掺入惰性气体等设施。

③ 防护设施。包括防护罩、防护屏、负荷限制器、行程限制器、制动设施、限速设施、电器过载保护设施、防静电设施、防雷设施、防噪声设施、防暑降温设施、通风除尘排毒设施以及防辐射设施、传动设备安全锁闭设施、防护栏（网）等。

④ 电气防爆设施。各种防爆电机、防爆仪表、防爆通信器材、防爆工器具等。

⑤ 个体防护器材。头、眼、耳、手、面部、脚、全身、呼吸防护器具等。

⑥ 安全标志、标识。

（二）控制事故事态发展的设施

① 泄压设施。包括安全阀、爆破片、呼吸阀、放空阀（放空管）、回流阀、逆止阀、减压阀等，低压真空系统的密封设施，排气设施、吸收设施等。

② 紧急处理设施。包括紧急切断/投用电源、紧急切断阀、紧急分流、紧急排放及紧

急吸收设施、紧急冷却、紧急通入惰性气体、紧急加入反应抑制剂、仪表联锁等设施；自动控制及紧急停车系统（如 SIS、ESD、FSC 系统）；火炬排放设施。

（三）减少事故后果及影响的设施

① 防止火灾蔓延设施。包括阻火器、安全水封、回火防止器、防油（火）堤、防火墙、防爆墙、蒸汽幕、水幕、防火门等。

② 灭火设施。包括自动水喷淋设施、消火栓、泡沫灭火设施、惰性气体灭火设施、蒸气灭火设施，高压水枪和水炮、消防车、消防水收集处理设施、消防水管网及稳（临时）高压系统，消防站等。

③ 紧急个体处置逃生设施。洗眼器、喷淋器、逃生器、逃生索、应急照明等。

④ 应急救援设施。应急救援工程抢险装备、应急救援现场医疗抢救装备。

⑤ 避难设施。安全避难所（带空呼系统）、避难信号、逃生及避难指示标志、避难安全通道等。

三、安全管理措施

与安全技术对策措施处于同一层面上的安全管理对策措施，其在企业的安全生产工作中与前者起着同等重要的作用。如果将安全技术对策措施比做计算机系统内的硬件设施，那么安全管理对策措施则是保证硬件正常发挥作用的软件。安全管理对策措施通过一系列管理手段将企业的安全生产工作整合、完善、优化，将人、机、物、环境等涉及安全生产工作的各个环节有机地结合起来，保证企业生产经营活动在安全健康的前提下正常开展，使安全技术对策措施发挥最大的作用。在某些缺乏安全技术对策措施的情况下，为了保证生产经营活动的正常进行，必须依靠安全管理对策措施的作用加以弥补。

安全管理对策措施的动态表现就是监督与检查，包括：有关安全生产方面国家法律法规、技术标准、规范和行政规章执行情况的监督与检查；本单位所制定的各类安全生产规章制度和责任制的落实情况的监督与检查。

通过监督检查，保证本单位各层面的安全教育和培训能正常有效地进行，保证本单位安全生产投入的有效实施，保证本单位安全设施、安全技术装备能正常发挥作用。应经常性督促、检查本单位的安全生产工作，及时消除生产安全事故隐患。安全管理措施主要包括以下内容。

① 建立完善的安全管理体系。

② 建立健全安全生产责任制和各项安全生产管理规定及安全操作规程。

③ 配备安全管理、检查、事故调查分析、检测检验部门，配备通信、检查车辆等设施和设备。

④ 设置安全教育培训场所，制订安全教育培训的计划和制度。

⑤ 对可能发生的事故进行应急救援演练。

⑥ 与外界相关安全部门建立紧密的联系，一旦发生事故，立即动员各方力量进行应急救援。

⑦ 加强安全教育和检查，避免违章作业。

⑧ 督促和检查个体防护用品的使用，并严格执行各项个体防护的规章制度。

⑨ 严格管理特种设备，按规定进行维修保养。对特种设备操作人员，严格执行持证上岗制度。

⑩ 严格执行国家法律法规和标准中规定的安全措施，如女工保护，重大危险源监控等。

安全管理措施的具体内容较多，各类生产经营单位应根据自身实际情况确定。

实训活动

实训项目 4-1

请根据下列背景材料，辨识和分析该家具厂的危险源(危险有害因素)。

某家具厂由木工车间、喷漆车间、油漆仓库、烘干车间、家具成品仓库、原料仓库、发电机房、配电房、管理办公楼、消防水池等部分组成。该厂有发电机、木材烘干机、木工刨床、木工锯床、木工车床、木工铣床等设备，在生产中使用了天那水、硝基木器漆、聚酯漆、聚氨酯漆多种危险化学品。

实训目的：帮助理解和掌握危险源辨识的内容和方法、危险有害因素的分类。

实训步骤：

第一步，认真阅读背景材料，并查找相关参考资料；

第二步，写出家具厂存在的危险源；

第三步，小组之间交流。

实训建议：采用小组讨论的形式。

实训项目 4-2

请根据下列背景材料，采用安全检查表法对该玩具厂进行风险评价。

某港商独资工艺玩具厂具有350名员工。该厂厂房是一栋三层钢筋混凝土建筑。一楼为裁床车间，内用木板和铁栅栏分隔出一个库房。库房内总电闸的保险丝用两根铜丝代替，穿出库房顶部并搭在铁栅栏上的电线没有用套管绝缘，下面堆放了2m高的布料和海绵等易燃物。二楼是手缝和包装车间及办公室，一间厕所改作厨房，内放有两瓶液化气。三楼是车衣车间。该厂实施封闭式管理。厂房内唯一的上下楼梯平台上还堆放杂物；楼下4个门，2个被封死，1个用铁栅栏与厂房隔开，只有1个供职工上下班进出，还要通过一条0.8m宽的通道打卡；全部窗户外都安装了铁栏杆加铁丝网。该厂的安全管理规章制度现有《安全防火管理规定》、《安全用电基本要求》。该厂的安全管理工作现由办公室一名工作人员兼职负责。

实训目的：帮助理解和掌握如何使用安全检查表进行风险评价。

实训步骤：

第一步，认真阅读背景材料，分析存在危险源。

第二步，编制玩具厂安全检查表，并给出最终的评价结果和结论。

第三步，小组之间交流。

实训建议：采用小组讨论的形式。

实训项目 4-3

请参照下列风险评价范例，自行选择一种生产现场的操作或作业使用“LEC 法”进行评价。

某装置巡检工人现场作业时，若不慎吸入现场逸散的硫化氢气体，将致使人员急性中毒，引发人员伤害事故。发生这种事故的概率一般为“可能发生，但不是经常”，故取 $L=3$；作业人员若每天在此环境内工作，则取 $E=6$。如发生意外事故，作业人员大量吸入硫化氢气体，则可能发生重大人员伤害事故，故取 $C=3$。计算 D 值得：$D=3\times6\times3=54$。评价结果：根据 D 值查表得出巡检工人吸入硫化氢事故风险等级为 2 级，属“一般危险，需要注意”。该事故评价表如下。

巡检工人吸入硫化氢作业条件危险性评价表

部　位	L	E	C	D	危险程度	风险等级
某装置巡检工人吸入硫化氢	3	6	3	54	一般危险，需要注意	2

建议：对巡检工人吸入硫化氢作业采取相应的安全措施。如巡检时配备便携式硫化氢报警仪，应配备和穿戴好个体防护用品，严格按照操作规程作业等。

实训目的：帮助理解和掌握如何使用“LEC 法”进行风险评价。

实训步骤：

第一步，认真阅读背景材料，选择一种生产操作或作业。

第二步，进行分析，查表打分，进行评价，并给出评价结论、安全措施建议。

第三步，小组之间交流。

实训建议：采用小组讨论的形式。

实训项目 4-4

请根据下列背景材料，采用预先危险性分析方法，分析该系统可能发生的事故或故障。

燃油、燃气锅炉的热力系统的主要构成中环形方集箱是承压的元件，其内盛有水(下集箱)和饱和蒸气。上集箱上开有多个管座，并接装有主汽阀、安全阀、压力表和水位表、汽连管、压力控制器等。下集箱也在相应的管座上装有进水管、排污管、水位表、水连管等，控制压力和水位的传感元件也在集装箱内。

实训目的：帮助理解和掌握如何使用预先危险性分析法。

实训步骤：

第一步，认真阅读背景材料，查找相关参考资料；

第二步，分析危险源，编制 PHA 分析表，并写出最终的评价分析结果；

第三步，小组之间交流。

实训建议：采用小组讨论的形式。

思考与练习

1. 什么是纯粹风险和投机风险？企业面临的风险有哪些类型？

2. 安全评价的主要内容是什么？安全评价划分为哪些类型？并说明各类安全评价的特点。

3. 什么是安全生产风险管理？解释安全评价和安全生产风险管理两者之间的关系。

4. 论述安全预评价、安全验收评价与“三同时”的关系。

5. 什么是风险量函数?风险事件K、L、M、N发生的概率分别为$P_K=5\%$、$P_L=8\%$、$P_M=12\%$、$P_N=15\%$,相应的损失后果分别为$Q_K=30$万元、$Q_L=15$万元、$Q_M=10$万元、$Q_N=5$万元,则风险量相等的是哪些风险事件?

6. 危险源辨识的方法有哪些?危险源辨识应遵循哪些原则?

7. 某机械加工企业,主要生产设备为金属切削机床:车床、镜床、磨床、钻床、冲床、剪床等,同时,车间还安装了3t桥式起重机,配备了2辆叉车。根据该公司近几年的事故统计资料,大部分事故为机械伤害和物体打击,其中2003年内发生冲床断指的事故共有14起。问题:简述在金属切削过程中存在的主要危险有害因素。

8. 一汽车装配厂,有起重机多台,有锅炉房、氧气瓶、空压机、装配自动线、喷漆作业线,用电瓶车转运零件,有电焊作业、金属切割作业。请参照GB 6441—1986《企业职业伤亡事故分类标准》,分析该厂主要危险因素及存在的生产环节。

9. 什么是危险化学品重大危险源?重大危险源的控制系统由哪些部分组成?

10. 说明重大危险源风险评价的内容。

11. 某甲醇生产企业,生产原料为天然气。甲醇成品用企业自备的10台载重量为20t的槽罐车运输。在距离生产区1500m处另有甲醇罐装站,站内有6个单个储量15t的储罐和6个装车台,另有1个4m高钢制移动平台,工人可登上该平台开展日常维护作业。灌装作业由人工操作完成。站区避雷装置、防火标志及消防设施齐全。在灌装站内划定了黄色警戒线。所有槽罐车都按要求安装了防静电装置和防火罩。该企业是否存在危险化学品重大危险源?并说明理由。

12. 安全技术措施可以划分为哪几大类?并说明选择安全技术措施时应遵循的优先等级顺序。

CHAPTER 5

第五章

职业危害预防与职业卫生

职业能力目标	知识要求
1. 会辨识作业现场的职业危害因素及可导致的职业病。 2. 会建立生产经营单位职业健康监护档案及职业健康体检计划。 3. 会制定生产经营单位职业病防治计划和实施方案。 4. 会制定生产经营单位职业卫生管理制度和操作规程。	1. 掌握职业病、职业禁忌、职业接触限制、职业健康监护等职业卫生基本概念。 2. 掌握职业性危害因素的分类、职业卫生工作方针和原则。 3. 掌握职业病类别以及职业危害的辨识、控制和评价。 4. 掌握生产经营单位职业危害前期预防、劳动过程中防护与管理的内容。 5. 了解国家职业卫生监督管理的基本要求和主要内容，以及我国职业危害的现状。

第一节　职业卫生概述

案例导入

【案例 5-1】 2009 年，云南水富县一批曾到安徽凤阳石英砂企业打工的农民，返乡后突患“怪病”，先后有 12 人死亡，30 人被确诊为矽肺病。此事掀开了我国群体性职业病事件的冰山一角，暴露出我国职业病防治的薄弱环节。从水富“怪病”事件来看，职业病危害的根源在于地方政府监管不力，很多部门存在严重失职。专家指出，群体性职业病事件频频发生，给各级政府敲响了警钟。如果听之任之，职业病危害将会在未来的某一时期井喷式爆发，成为影响社会稳定的重大公共卫生问题。

一、职业卫生概念和基本知识

（一）职业卫生与职业性有害因素

1. 职业卫生

《职业安全卫生术语》(GB/T 15236—2008)对职业卫生的定义是：以职工的健康在职业活动过程中免受有害因素侵害为目的的工作领域及其在法律、技术、设备、组织制度和教育等方面所采取的相应措施。

2. 职业性有害因素

职业性有害因素也称职业性危害因素或职业危害因素，是指在生产过程中、劳动过程中、作业环境中存在的各种有害的化学、物理、生物因素以及在作业过程中产生的其他危害劳动者健康、能导致职业病的有害因素。

（二）职业性有害因素分类

1. 按来源分类

各种职业性有害因素按其来源可分为以下三类。

(1) 生产过程中产生的有害因素

① 化学因素。包括生产性粉尘和化学有毒物质。生产性粉尘，例如矽尘、煤尘、石棉尘、电焊烟尘等；化学有毒物质，例如铅、汞、锰、苯、一氧化碳、硫化氢、甲醛、甲醇等。

生产过程中使用和接触到的原料、中间产品、成品及这些物质在生产过程中产生的废气、废水和废渣等都会对人体产生危害，也称为工业毒物。毒物以粉尘、烟尘、雾气、蒸气或气体的形态遍布于生产作业场所的不同地点和空间，接触毒物可对人产生刺激或使人产生过敏反应，还可能引起中毒。

② 物理因素。它是生产环境的主要构成要素。不良的物理因素，或异常的气象条件如高温、低温、噪声、振动、高低气压、非电离辐射(可见光、紫外线、红外线、射频辐射、激光等)与电离辐射(如X射线、γ射线)等，这些都可以对人产生危害。

③ 生物因素。例如附着于皮毛上的炭疽杆菌、甘蔗渣上的真菌，医务工作者可能接触到的生物传染性病原物等。生产过程中使用的原料、辅料及在作业环境中都可存在某些致病微生物和寄生虫，如炭疽杆菌、霉菌、布氏杆菌、森林脑炎病毒和真菌等。

(2) 劳动过程中的有害因素

① 劳动组织和制度不合理，劳动作息制度不合理等。

② 精神性职业紧张。

③ 劳动强度过大或生产定额不当。

④ 个别器官或系统过度紧张，如视力紧张等。

⑤ 长时间不良体位或使用不合理的工具等。

(3) 生产环境中的有害因素

① 自然环境中的因素，例如炎热季节的太阳辐射。

② 作业场所建筑卫生学设计缺陷因素，例如照明不良、换气不足等。

2. 按有关规定分类

《职业病危害因素分类目录》(卫法监发[2002]63 号)根据职业病的分类将职业病危害因素分为以下十大类：

① 粉尘类(13 种)；

② 放射性物质类(电离辐射)；

③ 化学物质类(56 种)；

④ 物理因素(4 种)；

⑤ 生物因素(3 种)；

⑥ 导致职业性皮肤病的危害因素(8 种)；

⑦ 导致职业性眼病的危害因素(3 种)；

⑧ 导致职业性耳鼻喉口腔疾病的危害因素(3 种)；

⑨ 导致职业性肿瘤的职业危害因素(8 种)；

⑩ 其他职业危害因素(5 种)。

(三) 职业接触限值(OEL)

职业性有害因素的接触限值量值。指劳动者在职业活动过程中长期反复接触，对绝大多数接触者的健康不引起有害作用的容许接触水平。

其中，化学有害因素的职业接触限值包括时间加权平均容许浓度、最高容许浓度、短时间接触容许浓度、超限倍数四类。

① 时间加权平均容许浓度(PC-TWA)。指以时间为权数规定的 8h 工作日、40h 工作周的平均容许接触浓度。

② 最高容许浓度(MAC)。工作地点、在一个工作日内、任何时间有毒化学物质均不应超过的浓度。

③ 短时间接触容许浓度(PC-STEL)。在遵守时间加权平均容许浓度前提下容许短时间(15min)接触的浓度。

④ 超限倍数。对未制定 PC-STEL 的化学有害因素，在符合 8h 时间加权平均容许浓度的情况下，任何一次短时间(15min)接触的浓度均不应超过的 PC-TWA 的倍数值。

(四) 职业禁忌与职业健康监护

(1) 职业禁忌

职业禁忌是指劳动者从事特定职业或者接触特定职业性有害因素时，比一般职业人群更易于遭受职业危害和罹患职业病或者可能导致原有自身疾病病情加重，或者在从事作业过程中诱发可能导致对劳动者生命健康构成危险的疾病的个人特殊生理或者病理状态。

(2) 职业健康监护

职业健康监护是指以预防为目的，对接触职业病危害因素人员的健康状况进行系统的检查和分析，从而发现早期健康损害的重要措施。职业健康监护是对从业人员的一项预防性措施，是法律赋予从业人员的权利，是用人单位必须对从业人员承担的义务。

职业健康监护主要内容包括：一是职业健康检查，包括上岗前健康检查、在岗期间的健康检查、离岗时的健康检查和应急的健康检查。二是职业健康监护档案管理。

（3）职业健康监护档案

用人单位应建立职业健康监护档案，每人1份。档案内容包括：

① 从业人员职业史、既往史和职业病危害因素接触史。

② 作业场所职业病危害因素监测结果。

③ 职业健康检查结果及处理情况。

④ 职业病诊疗等有关健康资料。

用人单位应妥善保存职业健康监护档案，从业人员有权查阅、复印本人的职业健康档案，离开用人单位时有权索取本人健康监护档案复印件。

（五）职业性病损和职业病

（1）健康

健康指整个身体、精神和社会生活的完好状态，而不仅仅是没有疾病或不虚弱。

（2）职业性病损

职业性病损包括工伤、职业病和工作有关疾病。

（3）职业病

职业病是指企业、事业单位和个体经济组织等用人单位的劳动者在职业活动中，因接触粉尘、放射性物质和其他有毒、有害因素等而引起的疾病。

由国家主管部门公布的职业病目录所列的职业病称为法定职业病。界定法定职业病的4个基本条件是：①在职业活动中产生；②接触职业危害因素；③列入国家职业病范围；④与劳动用工行为相联系。

（4）职业病的分类

2013年12月23日，国家卫生与人口计划生育委员会、人力资源和社会保障部、安全监管总局和全国总工会联合发布文件（国卫疾控发[2013]48号），分布了最新的《职业病分类和目录》。修订后的《职业病分类和目录》由原来的115种职业病调整为132种（含4项开放性条款），包括：①职业性尘肺病及其他呼吸系统疾病中，尘肺病13种，其他呼吸系统疾病6种；②职业性皮肤病9种；③职业性眼病3种；④职业性耳鼻喉口腔疾病4种；⑤职业性化学中毒60种；⑥物理因素所致职业病7种；⑦职业性放射性疾病11种；⑧职业性传染病5种；⑨职业性肿瘤11种；⑩其他职业病3种。其中新增18种，对2项开放性条款进行了整合。另外，对16种职业病的名称进行了调整。

为保证遵循科学、公正、公开、公平、及时、便民的职业病诊断与鉴定的原则，原卫生部发布了《职业病诊断与鉴定管理办法》及一系列《职业病诊断标准》，规定了职业病诊断、鉴定工作的法定标准与程序。

二、职业卫生工作方针和原则

职业卫生工作的目的是利用职业卫生与职业医学和相关学科的基本理论，预防、控制和消除职业危害，防治职业病，保护劳动者健康及相关权益，促进经济发展；对工作场所进行职业卫生调查，判断职业危害对职业人群健康的影响，评价工作环境是否符合相关法规、标准的要求。

1. 职业卫生工作方针和原则

职业危害防治工作，必须发挥政府、生产经营单位、工伤保险、职业卫生技术服务机构、职业病防治机构等各方面的力量，由全社会加以监督，贯彻"预防为主，防治结合"的方针，遵循职业卫生"三级预防"的原则，实行"分类管理，综合治理"，不断提高职业病防治管理水平。

2. 职业卫生"三级预防"

（1）第一级预防，又称病因预防。即从根本上杜绝职业危害因素对人的作用，即改进生产工艺和生产设备，合理利用防护设施及个人防护用品，以减少工人接触的机会和程度，将国家制订的工业企业设计卫生标准、工作场所有害物质职业接触限值等作为共同遵守接触限值或"防护"的准则，可在职业病预防中发挥重要作用。

（2）第二级预防，又称发病预防。即早期检测和发现人体受到职业危害因素所致的疾病。其主要手段是定期进行环境中职业危害因素的监测和对接触者的定期体格检查，评价工作场所职业危害程度，控制职业危害，加强防毒防尘，防止物理性因素等有害因素的危害，使工作场所职业危害因素的浓度（强度）符合国家职业卫生标准。对劳动者进行职业健康监护，开展职业健康检查，早期发现职业性疾病损害，早期鉴别和诊断。

（3）第三级预防，是在病人患职业病以后，合理进行康复处理。包括对职业病病人的保障；对疑似职业病病人进行诊断；保障职业病病人享受职业病待遇，安排职业病病人进行治疗、康复和定期检查；对不适宜继续从事原工作的职业病病人，应当调离原岗位并妥善安置。

第一级预防是理想的方法，针对整体的或选择的人群，对人群健康和福利状态均能起根本的作用，一般所需投入比第二级预防和第三级预防要少，且效果更好。

三、我国职业危害现状

（一）职业危害形势

1. 接触职业危害人数众多，患者总量巨大

有报道称我国产生有毒有害因素的企业超过 1600 万家，受到职业病威胁的人数超过 2 亿。由于劳动者基数巨大加之较高的职业病发病率，我国职业病发病人数高居世界首位，而且每年以 10%的速度增长。据不完全统计，截至 2009 年，全国累计报告职业病 722 730 例，其中尘肺病累计发病 652 729 例；近 20 年来平均每年新发尘肺病人近 1 万例。

2. 职业危害分布行业广，中小企业危害重

从煤炭、冶金、化工、建筑等传统工业，到汽车制造、医药、计算机、生物工程等新兴产业都存在不同程度的职业危害。我国各类企业中，中小企业占 90%以上，吸纳了大量劳动力，特别是农村劳动力。我国职业危害也突出地反映在中小企业，尤其是一些个体私营企业。

3. 职业危害流动大，危害转移严重

在引进境外投资和技术时，一些存在职业危害的生产企业和工艺技术由境外向境内转移。与此同时，境内也普遍存在职业危害从城市和工业区向农村转移，从经济发达地区向欠发达地区转移。我国有近2亿农村劳动力，其中相当部分劳动者作为农民工在城镇从事有毒有害作业。由于劳动关系不固定，农民工流动性大，接触职业危害的情况十分复杂，其健康影响难以准确估计。

4. 群发性职业危害事件多发，在国内外造成严重影响

近年来在一些地方屡屡发生的尘肺病、苯中毒、正己烷中毒、三氯甲烷中毒、二氯乙烷中毒、镉中毒等群发性职业病事件，造成了恶劣的社会影响。

由于我国接触职业危害的人数日益增加，职业危害的扩散面积不断加大（如西部大开发等因素影响），以及中小企业职业卫生的状况仍然没有得以改善，可以预见，在近中期我国职业危害的形势仍然会十分严峻，一些新的职业病种类将逐渐出现并变得更加突出，职业中毒和尘肺病等这些长期未予解决的职业病的发生情况仍会非常严重，尤其是随着经济社会的发展，劳动者维权意识的增强，因职业健康损害事件引发的社会问题会日益凸显，给未来的职业卫生工作带来巨大的压力和挑战。

（二）职业病发病特点

1. 职业病种类构成

我国职业病发病以尘肺病为主，历年来报告的职业病中，尘肺病约占到80%，而尘肺病中主要为煤工尘肺和矽肺。例如，在2009年报告的14 495例尘肺病新病例中（占所有职业的79.96%），煤工尘肺和矽肺占所有尘肺病的91.89%。

2. 职业病发病行业分布

据原卫生部统计数据，职业病发病主要分布在煤炭、冶金、建材、有色等行业，例如2009年职业病病例数列前3位的行业依次为煤炭、有色金属和冶金，分别占总病例数的41.38%、9.33%和6 .99%。

第二节　职业危害识别、评价与控制

案例导入

【案例 5-2】 据有关调研资料显示，家具制造企业职业病危害形势十分严峻。每个企业至少存在15种化学毒物，最多达31种，高毒物质超标严重，特别是苯、甲醛、苯胺等3种高毒物质超标更为严重：苯最高超标121.5倍；甲醛最高超标116.0倍；苯胺最高超标130.1倍。中小型企业作业场所粉尘超标严重，小型企业最高超标52.7倍；中型企业最高超标26.7倍。

【案例 5-3】　2004 年 3 月 2 日，常熟市某公司王某某等 5 名职工被诊断为苯中毒，另有 4 名职工为观察对象。该公司主要从事工艺包装盒、塑料制品、木制工艺品制造、加工，使用的胶水黏合剂中存在苯、甲苯、二甲苯等职业病危害因素，未向卫生行政部门申报产生职业危害的项目。对于接触职业病危害因素的职工，该公司未按规定为其配备符合职业病防护要求的个人防护用品，仅提供了普通的纱布口罩。常熟市疾控中心于 2003 年3 月对该公司车间空气中职业危害因素进行了检测，该公司生产车间空气中苯、甲苯等物质的浓度不符合国家职业卫生标准。该公司于 2003 年 8 月及 2004 年 3 月对全厂职工进行了两次在岗期间的职业健康检查，但是未安排接触职业病危害因素的职工进行上岗前体检。

一、职业危害识别

（一）粉尘与尘肺

1. 生产性粉尘

能够较长时间悬浮于空气中的固体微粒叫做粉尘。从胶体化学观点来看，粉尘是固态分散性气溶胶。其分散媒是空气，分散相是固体微粒。在生产中，与生产过程有关而形成的粉尘叫做生产性粉尘。生产性粉尘来源于固体物质的机械加工、物质蒸气冷凝、物质的不完全燃烧等。生产性粉尘对人体有多方面的不良影响，尤其是含有游离二氧化硅的粉尘，能引起严重的职业病——矽肺。

不同分散度的生产性粉尘，因粉尘颗粒粒径大小的差异，其进入人体呼吸系统的情况存在差异，在生产性粉尘的采样监测与接触限值制定上，通常将其分为总粉尘与呼吸性粉尘两种类型。

① 总粉尘：可进入整个呼吸道（鼻、咽和喉、胸腔支气管、细支气管和肺泡）的粉尘，简称“总尘”。技术上系用总粉尘采样器按标准方法在呼吸带测得的所有粉尘。

② 呼吸性粉尘：按呼吸性粉尘标准测定方法所采集的可进入肺泡的粉尘粒子，易于达到呼吸器官的深处，对机体的危害性较大，其空气动力学直径均在 7.07μm 以下，空气动力学直径 5μm 粉尘粒子的采样效率为 50%，简称“吸尘”。

2. 生产性粉尘的分类

生产性粉尘分类方法有几种，根据生产性粉尘的性质可将其分为 3 类。

① 无机性粉尘。无机性粉尘包括矿物性粉尘，如硅石、石棉、煤等；金属性粉尘，如铁、锡、铝等及其化合物；人工无机粉尘，如水泥、金刚砂等。

② 有机性粉尘。有机性粉尘包括植物性粉尘，如棉、麻、面粉、木材；动物性粉尘，如皮毛、丝、骨粉尘；人工合成有机粉尘，如有机染料、农药、合成树脂、炸药和人造纤维等。

③ 混合性粉尘。混合性粉尘是上述各种粉尘的混合物，一般包括两种以上的粉尘。生产环境中最常见的就是混合性粉尘。

3. 生产性粉尘的理化性质

粉尘对人体的危害程度与其理化性质有关，与其生物学作用及防尘措施等也有密切关系。在卫生学上，粉尘的理化性质包括粉尘的化学成分、分散度、溶解度、密度、形状、硬度、荷电性和爆炸性等。

① 粉尘的化学成分。粉尘的化学成分、浓度和接触时间是直接决定粉尘对人体危害性质和严重程度的重要因素。根据粉尘化学性质不同，粉尘对人体可有致纤维化、中毒、致敏等作用，如游离二氧化硅粉尘的致纤维化作用。对于同一种粉尘，其浓度越高，接触的时间越长，对人体危害越大。

② 分散度。粉尘的分散度是表示粉尘颗粒大小的一个概念，它与粉尘在空气中呈浮游状态存在的持续时间（稳定程度）有密切关系。在生产环境中，由于通风、热源、机器转动以及人员走动等原因，使空气经常流动，从而使尘粒沉降变慢，延长其在空气中的浮游时间，增加了被人吸入的机会。

③ 溶解度与密度。粉尘溶解度大小与对人体危害程度的关系，因粉尘作用性质不同而异。主要呈化学毒副作用的粉尘，随溶解度的增加其危害作用增强；主要呈机械刺激作用的粉尘，随溶解度的增加其危害作用减弱。

粉尘颗粒密度的大小与其在空气中的稳定程度有关，尘粒大小相同时，密度大的沉降速度快、稳定程度低。

④ 形状与硬度。粉尘颗粒的形状多种多样。质量相同的尘粒因形状不同，在沉降时所受阻力也不同，因此，粉尘的形状能影响其稳定程度。坚硬且外形尖锐的尘粒，可能引起呼吸道黏膜的损伤，如某些纤维状粉尘（如石棉纤维）。

⑤ 荷电性。高分散度的尘粒通常带有电荷，与作业环境的湿度和温度有关。荷电的尘粒在呼吸道可被阻留。尘粒带有相异电荷时，可促进凝集、加速沉降。

⑥ 爆炸性。高分散度的煤炭、糖、面粉、硫磺、铝、锌等粉尘具有爆炸性。发生爆炸的条件是高温（火焰、火花、放电）和粉尘在空气中达到足够的浓度。可能发生爆炸的粉尘最小浓度：各种煤尘为 $30 \sim 40g/m^3$；淀粉、铝及硫磺为 $7g/m^3$，糖为 $10.3g/m^3$。

4. 对职业人群健康影响较大的生产性粉尘

目前，对职业人群健康影响较大的生产性粉尘主要有：

① 矽尘。矽尘也称为游离二氧化硅（SiO_2）粉尘，生产中接触 SiO_2 粉尘的作业非常多。如冶金、煤炭行业的开采、爆破；修路、筑桥等作业；机械制造、加工业的原料破碎、研磨、配料、铸造、清砂等生产过程；还有陶瓷、水泥厂作业均可接触 SiO_2 粉尘。二氧化硅粉尘能引起严重的职业病——矽肺。

② 煤尘。这里主要是指井下开采，在掘进和采煤工作中接触大量粉尘，主要是煤尘和 SiO_2 粉尘，这种混合性粉尘叫煤矽尘，是对煤矿工人造成明显危害的粉尘，主要引起煤矽肺。

③ 石棉尘。接触石棉作业主要是石棉采矿、纺织、建筑、造船业以及耐火材料、刹车板制造和使用等作业中。石棉被公认为致癌物，发达国家已禁止使用，并组织研究石棉替代品。

5. 粉尘引起的职业危害

粉尘引起的职业危害有全身中毒性、局部刺激性、变态反应性、致癌性、尘肺。其中以尘肺的危害最为严重。尘肺是目前我国工业生产中最严重的职业危害之一。法定尘肺病包括：矽肺、煤工尘肺、石墨尘肺、炭黑尘肺、石棉肺、滑石尘肺、水泥尘肺、云母尘肺、陶工尘肺、铝尘肺、电焊工尘肺、铸工尘肺，根据《尘肺疾病诊断标准》和《尘肺病理诊断标准》可以诊断的其他尘肺。

其他呼吸系统疾病包括：过敏性肺炎，棉尘病、哮喘，金属及其化合物粉尘肺沉着病（锡、铁、锑、钡及其化合物等）；刺激性化合物所致慢性阻塞性肺疾病；硬金属肺病。

（二）生产性毒物及职业中毒

凡少量化学物质进入机体后，能与机体组织发生化学或物理化学作用，破坏正常生理功能，引起机体暂时或长期病理状态的，称为毒物。生产过程中生产或使用的有毒物质称为生产性毒物。生产性毒物在生产过程中，可以在原料、辅助材料、夹杂物、半成品、成品、废气、废液及废渣中存在，其形态包括固体、液体、气体。如氯、溴、氨、一氧化碳、甲烷以气体形式存在，电焊时产生的电焊烟尘、水银蒸气、苯蒸气，还有悬浮于空气中的粉尘、烟和雾等。

1. 生产性毒物对人体作用的影响因素

毒性是指一种物质侵入人体体表或体内某个部位时产生伤害的能力。一种物质所能产生的伤害作用的程度，不仅与它固有的伤害性质有关，而且也与其侵入人体的路径及速度相关。

生产性毒物对人体的影响取决于：

① 物质的数量或者浓度。

② 暴露时间。

③ 物质的物理状态，如粒径。

④ 物质与人体组织的亲和力。

⑤ 物质在人体体液中的可溶性。

⑥ 物质对人体组织及器官攻击的敏感性。

在 GB 5044—1985《职业性接触毒物危害程度分级》中将毒物危害程度分为：Ⅰ级（极度危害）、Ⅱ级（高度危害）、Ⅲ级（中度危害）、Ⅳ级（轻度危害）。列入国家标准中的常见毒物有 56 种，其中Ⅰ级 13 种、Ⅱ级 26 种、Ⅲ级 12 种、Ⅳ级 5 种。

2. 生产性毒物进入人体的途径

生产性毒物进入人体的主要途径是：呼吸道、皮肤和消化道。

（1）呼吸道

这是最常见最重要的途径。凡呈气体、蒸汽和气溶胶形态的毒物都可经呼吸道进入人体。整个呼吸道都能吸收毒物。肺泡总面积很大（约 50～100m^2），肺泡壁很薄（约 1～4μm），肺泡又有丰富的毛细血管，所以肺泡对毒物的吸收极为迅速。通常空气中的毒物浓度越高，毒物粒子越小，毒物在体内的溶解度越大，经呼吸道吸收得越多。毒物经呼吸道吸收后，可不经肝脏转化、解毒即可直接进入血液循环中，分布于全身。

（2）皮肤

有些生产性毒物可通过无损伤的皮肤及皮脂腺进入人体。如有机磷、苯胺、硝基苯等脂溶性化合物，同时具有一定水溶性，可通过表皮屏障进入血液循环。汞、砷等无机盐类可经过毛囊、皮脂腺和汗腺吸收，头皮等毛囊较多的部位吸收毒物也较多。通常毒物的浓度越高，脂溶性越大，污染皮肤的面积越大，皮肤吸收的量也就越多。高温、高湿的环境条件，可促使毒物经皮肤吸收。尤其当皮肤有损伤或患病时，毒物更容易经皮肤进入体内。毒物经皮肤吸收后，同样也不经肝脏转化而直接进入血液循环。

（3）消化道

在生产环境中毒物经消化道进入体内的不多见。但由于经毒物呼吸道吸入时有部分贴着鼻咽部和口腔而被吞下；另外不良的卫生习惯（车间进食等），也可使毒物经消化道进入体内。经消化道进入体内的毒物，大多经肝脏转化、解毒后才进入血液循环。

3. 生产性毒物对人体的作用

当生产性毒物进入人体后，会有下列作用。

（1）职业中毒

生产性毒物可引起职业中毒。职业中毒按发病过程可分为三种病型。

①急性中毒：由毒物一次或短时间内大量进入人体所致。多数由生产事故或违反操作规程所引起。

②慢性中毒：慢性中毒是毒物长期、小量进入机体所致。绝大多数是由蓄积作用的毒物引起的。

③亚急性中毒：亚急性中毒介于以上两者之间，在短时间内有较大量毒物进入人体所产生的中毒现象。

（2）带毒状态

接触工业毒物，但无中毒症状和体症，尿中或其他生物材料中所含的毒物量（或代谢产物）超过正常值上限；或驱毒试验（如驱铅、驱汞）阳性。这种状态称带毒状态或称毒物吸收状态，例如铅吸收。

（3）其他职业病

例如铍可引致铍肺；氟可致氟骨症；氯乙烯可引起肢端溶骨症；焦油沥青可引起皮肤黑变病等。

（4）致突变、致癌、致畸

某些化学毒物可引起机体遗传物质的变异。有突变作用的化学物质称为化学致突变物。有的化学毒物能致癌，能引起人类或动物癌病的化学物质称为致癌物。有些化学毒物对胚胎有毒性作用，可引起畸形，这种化学物质称为致畸物。

（5）对生殖功能的影响

工业毒物对女工月经、妊娠、授乳等生殖功能可产生不良影响，不仅对妇女本身有害，而且会累及下一代。

接触苯及其同系物、汽油、二硫化碳、三硝基甲苯的女工，易出现月经过多综合症；接触铅、汞、三氯乙烯的女工，易出现月经过少综合症。化学诱变物可引起生殖细胞突变，引发畸胎，尤其是妊娠后的前三个月，胚胎对化学毒物最敏感。在胚胎发育过程中，某些化学毒物可致胎儿生长迟缓，可致胚胎的器官或系统发生畸形，可使受精卵死亡或被吸收。有机汞和多氯联苯均有致畸胎作用。铅、汞、砷、二硫化碳等可通过乳汁进入乳儿体内，影响下一代健康。

接触二硫化碳的男工，精子数可减少，影响生育；铅、二溴氯丙烷，对男性生育功能也有影响。

4. 常见的职业中毒类型

（1）金属及类金属中毒

金属有多种分类方法，按照理化特性可简单分为重金属、轻金属、类金属3类。金属中毒有多种，如铅中毒、四乙基铅中毒、锰中毒、铍中毒、镉中毒。类金属中毒有砷中毒和磷中毒等。

铅中毒者口内有金属味、流涎、恶心、呕吐、腹胀、阵发性腹绞痛、便秘或腹泻，严重者出现抽搐、瘫痪、昏迷、循环衰竭、中毒性肝病、中毒性肾病、贫血、中毒性脑病等；四乙基铅中毒可产生严重神经系统症状，部分患者出现全身皮疹，可有呼吸道刺激症状；铍化合物的皮肤损害主要表现为皮炎、铍溃疡和皮肤肉芽肿；铬对皮肤损害较明显；磷早期中毒症状一般为神经系统和消化系统症状等。

（2）有机溶剂中毒

有机溶剂中毒引起的职业危害问题，目前在全国也是非常突出的。例如生产酚、硝基苯、橡胶、合成纤维、塑料、香料，以及制药、喷漆、印刷、橡胶加工、有机合成等工作常与苯接触，可引起苯中毒；还有甲苯、汽油、四氯化碳、甲醇和正己烷中毒等。

苯中毒主要影响造血系统及中枢神经系统。甲苯与苯大体相同，但毒性略轻些。汽油主要经呼吸道吸入，急性中毒时，轻者有头痛头晕、无力，呈“汽油醉态”。高浓度吸入还可引起化学性肺炎、肺水肿，严重者出现中毒性脑病等。四氯化碳可经呼吸道、消化道及皮肤吸收，对人毒性极强，误服2～3ml即可中毒，30～50ml可致死；吸入较高浓度时，最先出现呼吸道症状，慢性中毒表现为进行性神经衰弱综合征。甲醇可经呼吸道、消化道及皮肤吸收，毒性较强，误服5～10ml可致中毒，15ml可致失明，30ml可致死，可损害中枢神经系统、心肝肾及导致胰腺炎。正己烷毒性较低，急性中毒主要表现为黏膜刺激及中枢神经的麻醉作用，如头痛、头晕、恶心、无力及肌颤等。

（3）刺激性气体中毒

工业生产中常遇到的一类有害气体主要有氯气、光气、氮氧化物及氨气等。刺激性气体对呼吸道有明显的损害，轻者为上呼吸道刺激症状，重者可产生喉头水肿、喉痉挛、中毒性肺炎，可导致肺水肿。刺激性气体大多是化学工业的原料和副产品，此外在医药、冶金等行业中也经常接触到。刺激性气体多有腐蚀性，生产过程中常因设备被腐蚀而发生跑、冒、滴、漏现象，或因管道、容器内压力增高而致刺激性气体大量外逸造成中毒事故。

刺激性气体中毒症状主要是眼、上呼吸道均有刺激症等，严重时，可发生黏膜坏死、脱落，引起突发性呼吸道阻塞而窒息。

（4）窒息性气体中毒

一氧化碳中毒。一氧化碳是一种最常见的窒息性气体。煤气制造以及用煤、焦炭等制取煤气的过程中，制造合成氨、甲醇、光气、羰基金属以及采矿时爆破烟雾，均可产生大量一氧化碳，冶金工业中的炼铁、炼钢、炼焦等作业场所也产生大量一氧化碳。这些生产过程都有接触一氧化碳的机会，并有可能导致一氧化碳中毒。

硫化氢中毒。石油开采、炼制、含硫矿石冶炼、含硫的有机物发酵腐败等可产生硫化氢，如制糖、造纸业的原料浸渍，清理粪池、垃圾、阴沟时，都可发生严重硫化氢中毒。呼吸道为主要侵入途径。中毒时，轻者出现眼及上呼吸道刺激症状、胸闷、头痛头晕、乏力、心悸、呼吸困难、意识丧失、血压下降；严重者出现脑水肿、休克、心肝肾损害。接触高浓度的硫化氢可立即昏迷、死亡，称为“闪电型”死亡。

二氧化碳中毒。不通风的发酵池、地窖、矿井、下水道、粮仓等处，可有较高浓度的二氧化碳蓄积。二氧化碳中毒常为急性中毒，患者进入高浓度二氧化碳环境后，几秒钟内即迅速昏迷，若不能及时救出可致死亡。另外还有氰化物及甲烷中毒等。

（5）苯的氨基和硝基化合物中毒

常见的苯的氨基和硝基化合物有苯胺、苯二胺、联苯胺、二硝基苯、三硝基甲苯、硝基氯苯等。这类化合物被广泛用于制药、印染、油漆、印刷、橡胶、炸药、有机合成、染料制造以及化工、农药等工业。这类化合物中三硝基甲苯、二硝基酚、三硝苯胺等均可引起白内障。苯的氨基化合物具有致癌作用，如联苯胺、β-萘胺可致膀胱癌。

（6）高分子化合物中毒

高分子化合物的生产包括：①由化工原料合成单体；②单体经聚合或缩聚成聚合物；⑧聚合物的加工、塑制等。在整个合成、加工及使用过程中均可产生一些有害因素。如氯乙烯、丙烯腈、氯丁二烯、二异氰酸甲苯酯、环氧氯丙烷、已内酰胺、苯乙烯、丙烯酰胺、乙氰及二甲基甲酰胺等均可引起中毒。

（三）物理性职业危害因素及所致职业病

作业场所存在的物理职业危害因素包括气象条件（气温、气湿、气流、气压）、噪声、振动、电磁辐射等。

1. 噪声及噪声聋

（1）生产性噪声的特性、种类及来源。

在生产过程中，由于机器转动、气体排放、工件撞击与摩擦所产生的噪声，称为生产性噪声或工业噪声。可归纳为以下三类。

① 空气动力噪声：由于气体压力变化引起气体扰动，气体与其他物体相互作用所致。例如，各种风机、空气压缩机、风动工具、喷气发动机、汽轮机等，是由压力脉冲和气体排放发出的噪声。

② 机械性噪声：机械撞击、摩擦或质量不平衡旋转等机械力作用下引起固体部件振动所产生的噪声。例如，各种车床、电锯、电刨、球磨机、砂轮机、织布机等发出的噪声。

③ 电磁噪声：由于磁场脉冲，磁致伸缩引起电气部件振动所致。如电磁式振动台和振荡器、大型电动机、发电机和变压器等产生的噪声。

（2）噪声对人体的影响和危害

噪声对人体的作用分为特异的（对听觉系统）和非特异的（其他系统）两种。暴露在噪声环境下，会造成听力损伤，还可引起人体其他器官或机能异常。

① 急性反应

- 急性听力损伤：由射击、爆炸等造成，通常是可以恢复的。
- 暂时听阈位移：短期暴露在噪声中，引起听觉疲劳，离开噪声环境后可恢复，恢复时间长短根据接触噪声的强度和时间而不同。

② 长期效应

- 永久性听阈移：因长时间接触噪声导致的听阈升高，影响内耳感音器官，由功能性改变发展为器质性退行性病变，听力损失不能恢复到原有水平的，称为永久性听力阈移，临床上称噪声聋。
- 噪声性耳聋：因长时间暴露而造成，由早期的高频(3000～6000Hz)下降，进展为语言频率(500Hz、1000Hz、2000Hz)的下降，感觉语言听力发生障碍，不能恢复。我国已将生产性噪声聋列为职业病。
- 耳鸣：耳鸣也会在没有预兆的情况下，从急性的短期效应变成长期的，甚至是不可恢复的。

长期接触噪声，还会对心血管系统、神经系统及消化系统产生影响，如高血压、心脏疾患、失眠烦躁、消化不良和胃溃疡等。

2. 振动及振动病

生产设备、工具产生的振动称为生产性振动。产生振动的设备有锻造机、冲压机、压缩机、振动筛、送风机、振动传送带打夯机和收割机等。产生振动的机械或工具主要有锤打工具，如凿岩机、空气锤等；手持转动工具，如电钻和风钻等，固定轮转工具，如砂轮机等。

振动对人体的危害分为全身振动和局部振动两个方面。全身振动是由振动源(振动机械、车辆、活动的工作平台)通过身体的支持部分(足部和臀部)，将振动沿下肢或躯干传布全身引起接振动为主，振动通过振动工具、振动机械或振动工件传向操作者的手和臂。

(1) 全身振动对人体的危害

振动所产生的能量，能通过支承面作用于坐位或立位操作的人身上，引起一系列病变。

接触强烈的全身振动可能导致内脏器官的损伤或位移，周围神经和血管功能的改变，可造成各种类型的、组织的、生物化学的改变，导致组织营养不良，如足部疼痛、下肢疲劳、足背脉搏动减弱、皮肤温度降低；女工可发生子宫下垂、自然流产及异常分娩率增加。一般人可发生性机能下降、气体代谢增加。振动加速度还可使人出现前庭功能障碍，导致内耳调节平衡功能失调，出现脸色苍白、恶心、呕吐、出冷汗、头疼头晕、呼吸浅表、心率和血压降低等症状。晕车晕船即属全身振动性疾病。全身振动还可造成腰椎损伤等运动系统影响。

(2) 局部振动对人体的不良影响

局部接触强烈振动主要是以手接触振动工具的方式为主的，由于工作状态的不同，振动可传给一侧或双侧手臂，有时可传到肩部。长期持续使用振动工具能引起末梢循环、末神经和骨关节肌肉运动系统的障碍，严重时可患局部振动病。在生产中手臂振动所造成的危害，较为明显和严重，国家已将手臂振动的局部振动病列为法定职业病。

① 神经系统：以上肢末梢神经的感觉和运动功能障碍为主，皮肤感觉、痛觉、触觉、温度功能下降，血压及心率不稳，脑电图有改变。

② 心血管系统：可引起周围毛细血管形态及张力改变，上肢大血管紧张度升高，心率过缓，心电图有改变。

③ 肌肉系统：握力下降，肌肉萎缩、疼痛等。

④ 骨组织：引起骨和关节改变，出现骨质增生、骨质疏松等。

⑤ 听觉器官：低频率段听力下降，如与噪声结合，则可加重对听觉器官的损害。

⑥ 其他：可引起食欲不振、胃痛、性机能低下、妇女流产等。

3. 电磁辐射及所致的职业病

（1）非电离辐射

① 射频辐射。包括产生高频、超高频电磁场和微波的高频作业、微波作业等。

高频作业主要有高频感应加热，如金属的热处理、表面淬火、金属熔炼、热轧及高频焊接等，工人作业地带高频电磁场主要来自高频设备的辐射源，无屏蔽的高频输出变压器常是工人操作位的主要辐射源。射频辐射对人体的影响不会导致组织器官的器质性损伤，主要引起功能性改变，并具有可逆性特征，症状往往在停止接触数周或数月后可消失。

微波能具有加热快、效率高、节省能源的特点。微波加热广泛用于橡胶、食品、木材、皮革、茶叶加工等，以及医药、纺织印染等行业。烘干粮食、处理种子及消灭害虫是微波在农业方面的重要应用。微波对机体的影响分致热效应和非致热效应两类，由于微波可选择性加热含水分组织而可造成机体热伤害，非致热效应主要表现在神经、分泌和心血管系统。

② 红外线。在生产环境中，加热金属、熔融玻璃、强发光体等可成为红外线辐射源。炼钢工、铸造工、轧钢工、锻造工、玻璃熔吹工、烧瓷工、焊接工等可接触到红外线辐射。

白内障是长期接触红外辐射而引起的常见职业病，其原因是红外线可致晶状体损伤职业性白内障已列入我国职业病名单。

③ 紫外线。生产环境中，物体温度达1200℃以上辐射的电磁波谱中即可出现紫外线。随着物体温度的升高，辐射的紫外线频率增高。常见的工业辐射源有冶炼炉（高炉、平炉、电炉）、电焊、氧乙炔气焊、氩弧焊、等离子焊接等。

紫外线作用于皮肤能引起红斑反应。强烈的紫外线辐射可引起皮炎，皮肤接触沥青后再经紫外线照射，能发生严重的光感性皮炎，并伴有头痛、恶心、体温升高等症状，长期遭受紫外线照射，可发生湿疹、毛囊炎、皮肤萎缩、色素沉着，长期受波长340～280mm紫外线作用可发生皮肤癌。甚至可导致皮肤癌的发生。

在作业场所比较多见的是紫外线对眼睛的损伤，即由电弧光照射所引起的职业病——电光性眼炎。此外，在雪地作业、航空航海作业时，受到大量太阳光中紫外线的照射，也可引起类似电光性眼炎的角膜、结膜损伤，称为太阳光眼炎或雪盲症。

④ 激光。激光也是电磁波，属于非电离辐射。激光被广泛应用于工业、农业、国防、医疗和科研等领域。在工业生产中主要利用激光辐射能量集中的特点，进行焊接、打孔、切割、热处理等作业。激光所致眼（角膜、晶状体、视网膜）损伤被列为法定职业病。

激光对健康的影响主要由其热效应和光化学效应造成。激光对健康的影响主要是对眼部的影响和对皮肤造成损伤。被机体吸收的激光能量转变成热能，在极短时间内（几毫秒）使机体组织局部温度升得很高（200℃～1000℃）。机体组织内的水分受热时骤然气化，局部压力剧增，使细胞和组织受冲击波作用，发生机械性损伤。

眼部受激光照射后，可突然出现眩光感、视力模糊，或眼前出现固定黑影，甚至视觉丧失。除个别人会发生永久性视力丧失外，多数经治疗均有不同程度的恢复。

激光还可引起机体内某些酶、氨基酸、蛋白质、核酸等的活性降低甚至失活。

（2）电离辐射

① 凡能引起物质电离的各种辐射称为电离辐射。如各种天然放射性核素和人工放射性核素、X线机等。随着原子能事业的发展，核工业、核设施也迅速发展，放射性核素和射线装置在工业、农业、医药卫生和科学研究中已得到广泛应用。接触电离辐射的劳动者也日益增多。

在农业上，可利用射线的生物学效应进行动植物辐射育种，如辐照蚕茧等可获得新品种。射线照射肉类、蔬菜，可以杀菌、保鲜，延长贮存时间。在医学上，用射线照射肿瘤，可杀灭癌细胞。从事上述各种辐照的工作人员，可能受到射线的外照射。工业生产上还利用射线照相原理进行管道焊缝、铸件砂眼等的探伤。放射性仪器仪表多使用封闭源，操作不当则可造成工作人员的外照射。

② 电离辐射引起的职业病——放射病。放射性疾病是人体受各种电离辐射照射而发生的各种类型和不同程度损伤（或疾病）的总称。它包括：全身性放射性疾病，如急、慢性放射病；局部放射性疾病，如急、慢性放射性皮炎、放射性白内障；放射所致远期损伤，如放射所致白血病。

列为国家法定职业病的有急性、亚急性、慢性外照射放射病，外照射皮肤疾病和内照射放射病、放射性肿瘤、放射性骨损伤、放射性甲状腺疾病、放射性性腺疾病、放射复合伤和其他放射性损伤共11种。

4. 异常气象条件及有关职业病

（1）异常气象条件下的作业类型

① 高温强热辐射作业。工作场所有生产性热源，其散热量大于23W/m^3·h或84kJ/m^3·h的车间；或当室外实际出现本地区夏季通风室外计算温度时，工作场所的气温高于室外2℃或2℃以上的作业，均属高温、强热辐射作业。如冶金工业的炼钢、炼铁、轧钢车间，机械制造工业的铸造、锻造、热处理车间，建材工业的陶瓷、玻璃、搪瓷、砖瓦等窑炉车间，火力电厂和轮船的锅炉间等。这些作业环境的特点是气温高、热辐射强度大，相对湿度低，形成干热环境。

② 高温高湿作业。气象条件特点是气温高、湿度大，热辐射强度不大，或不存在热辐射源。如印染、缫丝、造纸等工业中，液体加热或蒸煮，车间气温可达35℃以上，相对湿度达90%以上。具有热害的煤矿深井井下气温可达30℃，相对湿度达95%以上。

③ 夏季露天作业。夏季从事农田、野外、建筑、搬运等露天作业以及军事训练等，易受太阳的辐射作用和地面及周围物体的热辐射。

④ 低温作业。接触低温环境主要见于冬天在寒冷地区或极地从事野外作业，如建筑、装卸、农业、渔业、地质勘探、科学考察，或在寒冷天气中进行战争或军事训练。冬季室内因条件限制或其他原因而无采暖设备，亦可形成低温作业环境。在冷库或地窖等人工低温环境中工作，人工冷却剂的储存或运输过程中发生意外，亦可使接触者受低温侵袭。

⑤ 高气压作业。高气压作业主要有潜水作业和潜涵作业。潜水作业常见于水下施工、海洋资料及海洋生物研究、沉船打捞等。潜涵作业主要出现于修筑地下隧道或桥墩，

工人在地下水位以下的深处或沉降于水下的潜涵内工作，为排出涵内的水，需通人较高压力的高压气。

⑥ 低气压作业。高空、高山、高原均属低气压环境，在这类环境中进行运输、勘探、筑路、采矿等生产劳动，属低气压作业。

(2) 异常气象条件引起的职业病

异常气象条件引起的法定职业病有以下 5 种：中暑、减压病、高原病、航空病、冻伤。

① 中暑。中暑是高温作业环境下发生的一类疾病的总称，是机体散热机制发生障碍的结果。按病情轻重可分为先兆中暑、轻症中暑、重症中暑。中暑是高温环境下由于热平衡和(或)水盐代谢紊乱等而引起的一种以中枢神经系统和(或)心血管系统障碍为主要表现的急性热致疾病。中暑在临床上可分为三种类型，即热射病、热痉挛和热衰竭。重症中暑可出现昏倒或痉挛，皮肤干燥无汗，体温在 40℃ 以上等症状。

② 减压病。急性减压病主要发生在潜水作业后，减压病的症状主要表现为：皮肤奇痒、灼热感、紫绀、大理石样斑纹；肌肉、关节和骨骼酸痛或针刺样剧烈疼痛，头痛、眩晕、失明、听力减退等。

③ 高原病。高原病是发生于高原低氧环境下的一种疾病。急性高原病分为三型：急性高原反应、高原肺水肿、高原脑水肿等。

（四）职业性致癌因素和职业癌

1. 职业性致癌物的分类

与职业有关的能引起肿瘤的因素称为职业性致癌因素。由职业性致癌因素所致的癌症，称为职业癌。引起职业癌的物质称为职业性致癌物。

职业性致癌物可分为 3 类：

① 确认致癌物，如炼焦油、芳香胺、石棉、铬、芥子气、氯甲甲醚、氯乙烯和放射性物质等。

② 可疑致癌物，如镉、铜、铁和亚硝胺等，但尚未经流行病学调查证实。

③ 潜在致癌物，这类物质在动物实验中已获阳性结果，有致癌性，如钴、锌、铅。

2. 职业癌

职业性肿瘤包括：石棉所致肺癌、间皮瘤、联苯胺所致膀胱癌、苯所致白血病、氯甲醚及双氯甲醚所致肺癌、砷及其化合物所致肺癌和皮肤癌、氯乙烯所致肝血管肉瘤、焦炉逸散物所致肺癌、六价铬化合物所致肺癌、毛沸石所致肺癌及胸膜间皮瘤、煤焦油和煤焦油沥青及石油沥青所致皮肤癌、β-萘胺所致膀胱癌。

（五）生物因素所致职业病

生物因素所致职业病是指劳动者在生产条件下，接触生物性危害因素而发生的职业病。我国将炭疽、森林脑炎、布氏杆菌病、艾滋病(限于医疗卫生人员及人民警察)、莱姆病列为法定职业病。

1. 炭疽病

炭疽病是由炭疽菌引起的人畜共患的急性传染病。炭疽病的职业性高危人群主要是牧场工人、屠宰工、剪毛工、搬运工、皮革厂工人、毛纺工、缝皮工及兽医等。

炭疽病的潜伏期较短，一般为1～3天，最短仅为12h。临床分为皮肤型、肺型、肠型3种，且可继发败血症型、脑膜炎型。

2. 森林脑炎

森林脑炎是由病毒引起的自然疫源性疾病，是林区特有的疾病，传播媒介是硬蜱，有明显的季节性，每年5月上旬开始，6月上、中旬达高峰，7月后则多散发。

本病主要见于从事森林工作有关的人员，例如森林调查队员、林业工人、筑路工人等。在林业工人中采伐工和集材工的发病率高于其他工种，其中使用畜力(牛、马)的集材工发病率最高。林业工人多为男性青壮年，故森林脑炎患者多为20～40岁的男子。

森林脑炎起病急剧，突发高热可迅速到40℃以上，并有头痛、恶心、呕吐、意识不清等，可迅速出现脑膜刺激症状，多为重症；神经系统症状以瘫痪、脑膜刺激症及意识障碍为主；常出现颈部肌肉、肩胛肌、上肢肌瘫。

3. 布鲁氏杆菌病

布鲁氏杆菌病是由布鲁氏杆菌病引起的人畜共患性传染病，传染源以羊、牛、猪为主，主要由病畜传染，因此病畜是皮毛加工等类型企业中职业性感染此病的主要途径。发热是布鲁氏杆菌病患者最常见的临床表现之一，常有多发性神经炎，多见于大神经，以坐骨神经最为多见。

(六) 其他列入职业病目录的职业性疾病

职业性皮肤病(接触性皮炎、光敏性皮炎、电光性皮炎、黑变病、痤疮、溃疡、化学性皮肤灼伤、其他职业性皮肤病)、化学性眼部灼伤、铬鼻病、牙酸蚀症、金属烟尘热、职业性哮喘、职业性变态反应性肺泡炎、棉尘病、煤矿井下工人滑囊炎等均列入职业病目录。

(七) 与职业有关的疾病

与职业有关的疾病主要是指在职业人群中，由多种因素引起的疾病，它的发生与职业因素有关，但又不是唯一的发病因素。非职业因素也可引起发病，是在职业病名单之外的一些与职业因素有关的疾病，如搬运工、铸造工、长途汽车司机、炉前工及电焊工等因不良工作姿势所致的腰背痛；长期固定姿势，长期低头，长期伏案工作所致的颈肩痛；长期吸入刺激性气体、粉尘而引起的慢性支气管炎。

视屏显示终端(VDT)的职业危害问题：由于微机的大量使用，视屏显示终端(VDT)操作人员的职业危害问题是关注的重点。长时间操作VDT，可出现“VDT综合症”，主要表现为神经衰弱综合症、肩颈腕综合症和眼睛视力方面的改变等。

其他如一些单调作业引起的疲劳、精神抑制、缺勤增加等；夜班作业导致的失眠、消化不良，又称为“轮班劳动不适应综合症”；还有些脑力劳动，精神压力大、紧张可引起心血管系统的改变等。某些工作的压力大或责任重大引起的心理压力增加等也会对人体带来影响变化。

（八）女工的职业卫生问题

在一般体力劳动过程中，突出的有强制体位（长立、长坐）和重体力劳动的负重作业两方面问题。我国目前规定，成年妇女禁忌参加连续负重，禁忌每次负重超过 20kg，间断负重每次重量超过 25kg 的作业。许多毒物、物理性因素以及劳动生理因素可对女工健康造成危害，常见的有铅、汞、锰、镉、苯、甲苯、二甲苯、二硫化碳、氯丁二烯、苯乙烯、己内酰胺、汽油、氯仿、二甲基甲酰胺、三硝基甲苯、强烈噪声、全身振动、电离辐射、低温和重体力劳动等，这些可引起月经变化或具有生殖毒性。

（九）导致职业病发生的因素

职业病的发生常与生产过程和作业环境有关，但环境危害因素对人的危害程度，还受个体的特性差异的影响。在同一职业危害的作业环境中，由于个体特征的差异，各人所受的影响可能有所不同。这些个体特征包括性别、年龄、健康状态和营养状况等。职业病是影响工人健康、威胁工人生命的主要危害。人体受到环境中直接或间接有害因素危害时，不一定都发生职业病。职业病的发病过程，还取决于下列 3 个主要条件。

1. 有害因素的本身的性质

有害因素的理化性质和作用部位与发生职业病密切相关。如电磁辐射透入组织的深度和危害性，主要决定于其波长。毒物的理化性质与组织的亲和性及毒性作用有直接关系，例如汽油和二硫化碳有显著的脂溶性，对神经组织就有密切亲和作用，因此首先损害神经系统。一般物理因素常常在接触时有作用，脱离接触后体内不存在残留；而化学因素在脱离接触后，作用还会持续一段时间或继续存在。

2. 有害因素作用于人体的量

物理和化学因素对人的危害都与量有关（生物因素进入人体的量目前还无法准确估计），多大的量和浓度才能导致职业病的发生，是确诊的重要参考。一般作用剂量（dose，D）是接触浓度/强度（concentration，C）与接触时间（time，t）的乘积，可表达为 $D=C \cdot t$。我国公布的《工作场所有害因素职业接触限值》（GBZ 2—2002），就是指某些化学物质在空气中的限量。但应该认识到，有些有害物质能在体内蓄积，少量和长期接触也可能引起职业性损害以致职业病发生。认真查询与某种因素的接触时间及接触方式，对职业病诊断具有重要价值。

3. 劳动者个体易感性

健康的人体对有害因素的防御能力是多方面的。某些物理因素停止接触后，被扰乱的生理功能可以逐步恢复。但是抵抗力和身体条件较差的人员对于进入体内的毒物，解毒和排毒功能下降，更易受到损害。经常患有某些疾病的工人，接触有毒物质后，可使原有疾病加剧，进而发生职业病。对工人进行就业前和定期的体格检查，其目的在于发现其对生产中有害因素的就业禁忌症，以便更合适地安排工作，保护工人健康。

职业病还具有以下一些特点：病因有特异性，比如接触含有游离二氧化硅粉尘的作业工人容易患硅肺病，脱离接触可减轻或恢复；接触噪声早期可引起听力的下降，如连续不断接触可导致噪声性耳聋,及时脱离接触噪声环境则可以恢复;病因大多可以检测,一般有接触反应(即剂量—效应)关系,也就是接触的量与发生病变的严重程度相关。因此早期诊断、早期给予相应处理或治疗,对于预防职业病意义重大。

二、职业危害因素的检测与评价

依据职业卫生有关采样、测定等法规、标准的要求,在作业现场采集样品后测定分析或者直接测量,对照国家职业危害因素接触限值有关标准要求,是评价工作环境中存在的职业性危害因素的浓度或强度的基本方式。通过职业危害因素检测,可以判定职业危害因素的性质、分布、产生的原因和程度,也可以评价作业场所配备的工程防护设备设施的运行效果。

1. 职业危害因素检测

国家职业卫生有关法规标准对作业场所职业危害因素的采样和测定都有明确的规定,职业危害因素检测必须按计划实施,由专人负责,进行记录,并纳入已建立的职业卫生档案。

常见政策法规主要为部门颁布的有关规章,例如《作业场所职业健康监督管理暂行规定》(国家安全生产监督管理总局第23号令)规定,存在职业危害的生产经营单位(煤矿除外)应当委托具有相应资质的中介技术服务机构,每年至少进行一次职业危害因素检测。《煤矿安全规程》、《煤矿作业场所职业危害防治规定(试行)》则对煤矿企业职业危害因素检测进行了规定。除国家主管部门颁布的有关规定外,现行职业卫生标准也对职业危害因素的布点采样等进行了详细的规定,主要职业卫生标准有《工作场所空气中有毒物质监测的采样规范》(GBZ 159—2004)与《工作场所物理因素测量》(GBZ 189.1—2007～GBZ 189.11—2007)有关技术规范等。

对于工作场所中存在的粉尘和化学毒物的采样来说,根据其采样方式的不同又可以分为定点采样和个体采样两种类型。定点采样是指将空气收集器放置在选定的采样点、劳动者的呼吸带进行采样;个体采样是指将空气收集器佩戴在采样对象(选定的作业人员)的前胸上部,其进气口尽量接近呼吸带所进行的采样。

2. 职业危害因素测定分析

对于多数物理性职业危害因素,在现场检测时可以借助测定设备直接进行读数外,对于作业场所空气中存在的粉尘、化学物质等有害因素,在采集作业场所样品后,还需要作进一步的分析测定。主要标准有粉尘测量有关技术规范《工作场所空气中粉尘测定》(GBZ 192.1—2007～GBZ 192.5—2007)、《工作场所空气有毒物质测定》(GBZ/T 160.1～GBZ/T 160.81)等。

三、职业危害评价

(一) 建设项目职业危害预评价与控制效果评价

职业危害预评价与控制效果评价是职业卫生防护设施“三同时”原则的体现,同时可为新建、改建、扩建等建设项目职业危害分类的管理、项目设计阶段的防护设施设计和审查等提供科学依据。

1. 评价原则

建设项目职业危害评价关系到建设项目建成并投入使用后能否符合国家职业卫生方面法律法规、标准规范的要求，能否预防、控制和消除职业危害，保护劳动者健康及其相关权益，促进经济发展的关键性工作。这项工作不但具有较复杂的技术性，而且还有很强的政策性，因此必须以建设项目为基础，以国家职业卫生法律法规、标准、规范为依据，用严肃的科学态度开展和完成职业危害评价任务，在评价工作过程中必须始终遵循严肃性、严谨性、公正性、可行性的原则。

2. 评价的主要方法

① 检查表法。依据现行职业卫生法律法规、标准编制检查表，逐项检查建设项目在职业卫生方面的符合情况。该评价方法常用于评价拟建项目在选址、总平面布置、生产工艺与设备布局、车间建筑设计卫生要求、卫生工程防护技术措施、卫生设施、应急救援措施、个体防护措施、职业卫生管理等方面与法律法规、标准的符合性。该方法的优点是简洁、明了。

② 类比法。通过与拟建项目同类和相似工作场所检测、统计数据；健康检查与监护；职业病发病情况等，类推拟建项目作业场所职业危害因素的危害情况。用于比较和评价拟建项目作业场所职业危害因素浓度(强度)、职业危害的后果、拟采用职业危害防护措施的预期效果等。类比法的关键在于，类比现场的选择应与拟建项目在生产方式、生产规模、工艺路线、设备技术、职业卫生管理等方面，有很好的可类比性。

③ 定量法。对建设项目工作场所职业危害因素的浓度(强度)、职业危害因素的固有危害性、劳动者接触时间等进行综合考虑，按国家职业卫生标准计算危害指数，确定劳动者作业危害程度的等级。

3. 评价的主要内容

(1) 建设项目职业危害预评价的主要内容

对建设项目的选址、总体布局、生产工艺和设备布局、车间建筑设计卫生、职业危害防护措施、辅助卫生用品设置、应急救援措施、个人防护措施、职业卫生管理措施、职业健康监护等进行评价分析与评价，通过职业危害预评价，识别和分析建设项目在建成投产后可能产生的职业危害因素及其主要存在环节，评价可能造成的职业危害及程度，确定建设项目在职业病防治方面的可行性，为建设项目的设计提供必要的职业危害防护对策和建议。

(2) 建设项目职业危害控制效果评价的主要内容

对评价范围内生产或操作过程中可能存在的有毒有害物质、物理因素等职业危害因素的浓度或强度，以及对劳动者健康的可能影响，对建设项目的生产工艺和设备布局、车间建筑设计卫生、职业危害防护措施、应急救援措施、个体防护措施、职业卫生管理措施、职业健康监护等方面进行评价，从而明确建设项目产生的职业危害因素，分析其危害程度及对劳动者健康的影响，评价职业危害防护措施及其效果，对未达到职业危害防护要求的系统或单元提出职业危害预防控制措施的建议。

(二) 建设项目运行中的职业危害现状评价

根据评价的目的不同，建设项目运行过程中的现状评价可针对生产经营单位职业危害预防控制工作的多个方面，主要内容是对作业人员职业危害接触情况、职业危害预防控制的工程控制情况、职业卫生管理等方面进行评价，在掌握生产经营单位职业危害预防控制现状的基础上，找出职业危害预防控制工作的薄弱环节或者存在的问题，并给企业提出予以改进的具体措施或建议。

四、职业危害控制措施

职业危害的控制主要是指针对作业场所存在的职业危害因素的类型、分布、浓强度等情况，采用多种措施加以控制，使之消除或者降到容许接受的范围之内，以保护作业人员的身体健康和生命安全。职业危害控制措施主要包括工程控制技术措施、个体防护措施和组织管理措施等。

1. 工程控制技术措施

工程控制技术措施是指应用工程技术的措施和手段（例如密闭、通风、冷却、隔离等），控制生产工艺过程中产生或存在的职业危害因素的浓度或强度，使作业环境中有害因素的浓度或强度降至国家职业卫生标准容许的范围之内。例如，控制作业场所中存在的粉尘，常采用湿式作业或者密闭抽风除尘的工程技术措施，以防止粉尘飞扬，降低作业场所粉尘浓度；对于化学毒物的工程控制，则可以采取全面通风、局部送风和排出气体净化等措施；对于噪声危害，则可以采用隔离降噪、吸声等技术措施。

2. 个体防护措施

对于经工程技术治理后仍然不能达到限值要求的职业危害因素，为避免其对劳动者造成健康损害，则需要为劳动者配备有效的个体防护用品。针对不同类型的职业危害因素，应选用合适的防尘、防毒或者防噪等的个体防护用品。《劳动防护用品配备标准（试行）》（国经贸安全[2000]189 号）、《个体防护装备选用规范》（GB 11651—2008）、《呼吸防护用品的选择、使用与维护》（GB/T 18664—2002）等法规标准对个体防护用品的选用给出了具体的要求。

3. 组织管理等措施

在生产和劳动过程中，加强组织与管理也是职业危害控制工作的重要一环，通过建立健全职业危害预防控制规章制度，确保职业危害预防控制有关要素的良好与有效运行，是保障劳动者职业健康的重要手段，也是合理组织劳动过程、实现生产工作高效运行的基础。

第三节　生产经营单位职业卫生管理

案例导入

【案例 5-4】 广州市某区一蓄电池厂 2003 年 7～10 月共发生 40 人职业性铅中毒。该厂建于 1994 年，投资 1.3 亿元，生产车用铅酸蓄电池，为合资企业（当地镇政府有股份）。该厂年用铅量约 10 000t，有员工 850 人，生产人员 650 人。调查发现，该厂 1994 年建厂时没有按照规定向当地有关部门申报职业安全卫生预评价审查，生产车间未设计有效的抽风除铅尘/烟设施。该厂管理者对职业病防治法律法规和职业卫生知识了解十分贫乏；对生产过程中大量使用铅所造成的职业病危害缺乏认识，一直未设立职业卫生管理机构，未配置职业卫生工作人员；没有制定职业卫生管理制度，职业健康监护制度不落实，接触铅作业员工 390 人中只有约半数进行了职业健康检查，健康监护档案不全；也没有对劳动者进行上岗前和在岗职业卫生知识培训；没有对劳动者提供有效的个人职业病防护用品（无防铅尘/烟口罩、工作服及手套没有班后更换和清洗等）以及班后淋浴更衣设施；铅作业岗位既未设置铅危害警示标识，也没有进行铅尘/铅烟等职业病危害因素的检测等。

生产经营单位（用人单位）是作业场所职业危害预防控制的责任主体，应依据国家法律法规及标准要求开展职业卫生管理工作。生产经营单位的主要负责人对本单位作业场所的职业危害防治工作全面负责。

一、生产经营单位职业病防治的主体责任

（一）生产经营单位职业病防治基本责任

① 创造达标的工作环境和条件的责任。用人单位应当为劳动者创造符合国家职业卫生标准和卫生要求的工作环境和条件，并采取措施保障劳动者获得职业卫生保护。

② 用人单位职业病防治责任制。用人单位应当建立、健全职业病防治责任制，加强对职业病防治的管理，提高职业病防治水平，对本单位产生的职业病危害承担责任。用人单位的主要负责人对本单位的职业病防治工作全面负责。

③ 工伤保险责任。用人单位必须依法参加工伤保险。国务院和县级以上地方人民政府劳动保障行政部门应当加强对工伤保险的监督管理，确保劳动者依法享受工伤保险待遇。

（二）职业卫生组织机构和规章制度建设

生产经营单位最高决策者承诺遵守国家有关职业病防治的法律法规。生产经营单位（用人单位）应当采取下列职业病防治管理措施。

① 将职业病防治工作纳入法人目标管理责任制，设置或者指定职业卫生管理机构或者组织，配备专职或者兼职的职业卫生管理人员，负责本单位的职业病防治工作。

② 制定职业病防治计划和实施方案。

③ 建立健全职业卫生管理制度和操作规程。

④ 建立健全职业卫生档案和劳动者健康监护档案。

⑤ 建立健全工作场所职业病危害因素监测及评价制度。

⑥ 建立健全职业病危害事故应急救援预案。

从事使用高毒物品作业的用人单位，应当配备专职的或者兼职的职业卫生医师和护士；不具备配备专职的或者兼职的职业卫生医师和护士条件的，应当与依法取得资质认证的职业卫生技术服务机构签订合同，由其提供职业卫生服务。

（三）用人单位职业病防治的资金投入保障及责任

① 用人单位应当保障职业病防治所需的资金投入，不得挤占、挪用，并对因资金投入不足导致的后果承担责任。用人单位按照职业病防治要求，用于预防和治理职业病危害、工作场所卫生检测、健康监护和职业卫生培训等费用，按照国家有关规定，在生产成本中据实列支。

② 职业病防护设施和职业病防护用品。用人单位必须采用有效的职业病防护设施，并为劳动者提供个人使用的职业病防护用品。用人单位为劳动者个人提供的职业病防护用品必须符合防治职业病的要求；不符合要求的，不得使用。

二、职业危害的前期预防

（一）职业危害申报

《职业病防治法》规定了职业危害申报制度。《作业场所职业健康监督管理暂行规定》第十三条规定："存在职业危害的生产经营单位，应当按照有关规定及时、如实将本单位的职业危害因素向安全生产监督管理部门申报，并接受安全生产监督管理部门的监督检查。"《作业场所职业危害申报管理办法》第二条规定，"在中华人民共和国境内存在或者产生职业危害的生产经营单位（煤矿企业除外），应当按照国家有关法律、行政法规及本办法的规定，及时、如实申报职业危害，并接受安全生产监督管理部门的监督管理"。

1. 职业危害申报应提交的材料

生产经营单位申报职业危害时，应当提交《作业场所职业危害申报表》和下列有关资料：

① 生产经营单位的基本情况。

② 产生职业危害因素的生产技术、工艺和材料的情况。

③ 作业场所职业危害因素的种类、浓度和强度的情况。

④ 作业场所接触职业危害因素的人数及分布情况。

⑤ 职业危害防护设施及个人防护用品的配备情况。

⑥ 对接触职业危害因素从业人员的管理情况。

⑦ 法律、法规和规章规定的其他资料。

作业场所职业危害申报采取电子和纸质文本两种方式。生产经营单位通过"作业场所职业危害申报与备案管理系统"进行电子数据申报，同时将《作业场所职业危害申报表》加盖公章并由生产经营单位主要负责人签字后，按照相关规定，连同有关资料一并上报所在地相应的安全生产监督管理部门。

2. 作业场所职业危害项目申报有关要求

职业危害申报工作实行属地分级管理。生产经营单位应当按照规定对本单位作业场所职业危害因素进行检测、评价，并按照职责分工向其所在地县级以上安全生产监督管理部门申报。中央企业及其所属单位的职业危害申报，按照职责分工向其所在地设区的市级以上安全生产监督管理部门申报。作业场所职业危害按照《职业病危害因素分类目录》确定。

作业场所职业危害每年申报一次。生产经营单位下列事项发生重大变化的，应当按照上述要求向原申报机关申报变更：

① 进行新建、改建、扩建、技术改造或者技术引进的，在建设项目竣工验收之日起30日内进行申报。

② 因技术、工艺或者材料发生变化导致原申报的职业危害因素及其相关内容发生重大变化的，在技术、工艺或者材料变化之日起15日内进行申报。

③ 生产经营单位名称、法定代表人或者主要负责人发生变化的，在发生变化之日起15日内进行申报。

生产经营单位终止生产经营活动的，应当在生产经营活动终止之日起15日内向原申报机关报告并办理相关手续。

作业场所职业危害申报不收取任何费用。

（二）建设项目职业卫生“三同时”管理

① 新建、改建、扩建的工程建设项目和技术改造、技术引进项目（以下统称建设项目）可能产生职业危害的，建设单位应当按照有关规定，在可行性论证阶段委托具有相应资质的职业健康技术服务机构进行预评价。职业危害预评价报告应当报送建设项目所在地安全生产监督管理部门备案。

② 产生职业危害的建设项目应当在初步设计阶段编制职业危害防治专篇。职业危害防治专篇应当报送建设项目所在地安全生产监督管理部门备案。

③ 建设项目的职业危害防护设施应当与主体工程同时设计、同时施工、同时投入生产和使用（简称“三同时”）。职业危害防护设施所需费用应当纳入建设项目工程预算。

对职业危害防护设施应当进行经常性的维护、检修和保养，定期检测其性能和效果，确保其处于正常状态。不得擅自拆除或者停止使用职业危害防护设施。

④ 建设项目在竣工验收前，建设单位应当按照有关规定委托具有相应资质的职业健康技术服务机构进行职业危害控制效果评价。建设项目竣工验收时，其职业危害防护设施依法经验收合格，取得职业危害防护设施验收批复文件后，方可投入生产和使用。

⑤ 职业危害控制效果评价报告、职业危害防护设施验收批复文件应当报送建设项目所在地安全生产监督管理部门备案。

（三）职业卫生安全许可证管理

作业场所使用有毒物品的生产经营单位，应当按照有关规定向安全生产监督管理部门申请办理职业卫生安全许可证。其主要管理内容为按照法规标准要求确定的申办程序、条件以及有关延期、变更等的要求，向安全生产监督管理部门提交有关材料申办职业卫生安全许可证，并接受安全生产监督管理部门的监督管理。

三、劳动过程中职业危害的防护与管理

（一）材料和设备管理

（1）用人单位应当优先采用有利于防治职业病和保护劳动者健康的新技术、新工艺、新设备、新材料，逐步替代职业病危害严重的技术、工艺、设备、材料。

（2）任何单位和个人不得生产、经营、进口和使用国家明令禁止使用的可能产生职业病危害的设备或者材料。

（3）用人单位对采用的技术、工艺、设备、材料，应当知悉其产生的职业病危害，对有职业病危害的技术、工艺、设备、材料隐瞒其危害而采用的，对所造成的职业病危害后果承担责任。

（4）向生产经营单位提供可能产生职业危害的设备的，应当提供中文说明书，并在设备的醒目位置设置警示标识和中文警示说明。警示说明应当载明设备性能、可能产生的职业危害、安全操作和维护注意事项、职业危害防护措施等内容。

（5）向生产经营单位提供可能产生职业危害的化学品等材料的，应当提供中文说明书。说明书应当载明产品特性、主要成分、存在的有害因素、可能产生的危害后果、安全使用注意事项、职业危害防护和应急处置措施等内容。产品包装应当有醒目的警示标识和中文警示说明。储存场所应当设置危险物品标识。

（6）任何单位和个人不得将产生职业病危害的作业转移给不具备职业病防护条件的单位和个人。不具备职业病防护条件的单位和个人不得接受产生职业病危害的作业。

（7）用人单位提供可能产生职业病危害的设备的，应当提供中文说明书，并在设备的醒目位置设置警示标识和中文警示说明。警示说明应当载明设备性能、可能产生的职业病危害、安全操作和维护注意事项、职业病防护以及应急救治措施等内容。

（8）提供可能产生职业病危害的化学品、放射性同位素和含有放射性物质的材料的法定职业卫生责任。向用人单位提供可能产生职业病危害的化学品、放射性同位素和含有放射性物质的材料的，应当提供中文说明书。说明书应当载明产品特性、主要成分、存在的有害因素、可能产生的危害后果、安全使用注意事项、职业病防护以及应急救治措施等内容。产品包装应当有醒目的警示标识和中文警示说明。储存上述材料的场所应当在规定的部位设置危险物品标识或者放射性警示标识。

（二）作业场所管理

（1）产生或存在职业危害的作业场所的基本要求。生产布局合理，有害作业与无害作业分开，高毒作业场所与其他作业场所隔离；作业场所与生活场所分开，作业场所（作业场所，是指从业人员进行职业活动的所有地点，包括建设单位施工场所；生活场所，是指宿舍、淋浴室、更衣室、休息室、食堂、厕所等场所）不得住人；有与职业危害防治工作相适应的有效防护设；职业危害因素的强度或者浓度符合国家标准、行业标准；法律、法规、规章

和国家标准、行业标准的其他规定。

（2）急性有毒、有害工作场所的职业卫生设施配置。对可能发生急性职业损伤的有毒、有害工作场所，用人单位应当设置报警装置，配置现场急救用品、冲洗设备、应急撤离通道和必要的泄险区；设置有效的通风装置；可能突然泄漏大量有毒物品或者易造成急性中毒的作业场所，设置自动报警装置和事故通风设施。

（3）放射性危害的职业卫生设施配置。对放射工作场所和放射性同位素的运输、储存，用人单位必须配置防护设备和报警装置，保证接触放射线的工作人员佩戴个人剂量计。

（4）职业卫生设施管理要求。对职业病防护设备、应急救援设施和个人使用的职业病防护用品，用人单位应当进行经常性的维护、检修，定期检测其性能和效果，确保其处于正常状态，不得擅自拆除或者停止使用。

（5）高毒物品作业现场防护设施。①从事使用高毒物品作业的用人单位应当设置淋浴间和更衣室，并设置清洗、存放或者处理从事使用高毒物品作业劳动者的工作服、工作鞋帽等物品的专用间。②使用有毒物品作业场所应当设置黄色区域警示线、警示标识和中文警示说明。警示说明应当载明产生职业中毒危害的种类、后果、预防以及应急救治措施等内容。高毒作业场所应当设置红色区域警示线、警示标识和中文警示说明，并设置通信报警设备。

（三）作业环境管理和职业危险因素检测

作业环境管理和职业危险因素检测主要管理工作内容包括：

① 职业病危害因素日常监测制度。用人单位应当实施由专人负责的职业病危害因素日常监测，并确保监测系统处于正常运行状态。

② 职业病危害因素定期检测、评价制度。用人单位应当按照国务院安全生产监督管理部门的规定，定期对工作场所进行职业病危害因素检测、评价。检测、评价结果存入用人单位职业卫生档案，定期向所在地安全生产监督管理部门报告并向劳动者公布。职业病危害因素检测、评价由依法设立的取得资质认可的职业卫生技术服务机构进行。

③ 检测结果的处理。发现工作场所职业病危害因素不符合国家职业卫生标准和卫生要求时，用人单位应当立即采取相应治理措施，仍然达不到国家职业卫生标准和卫生要求的，必须停止存在职业病危害因素的作业；职业病危害因素经治理后，符合国家职业卫生标准和卫生要求的，方可重新作业。

（四）防护设备设施及个人防护用品管理

防护设备设施及个人防护用品管理主要管理工作内容包括：职业危害防护设施台账齐全；职业危害防护设施配备齐全；职业危害防护设施有效；有个人职业危害防护用品计划，并组织实现；按标准配备符合防治职业病要求的个人防护用品；有个人职业危害防护用品发放登记记录；及时维护、定期检测职业危害防护设备、应急救援设施和个人职业危害防护用品。

（五）履行告知义务

其主要管理工作内容包括：在醒目位置公布有关职业病防治的规章制度；签订劳动合同，并在合同中载明可能产生的职业危害及其后果，载明职业危害防护措施和待遇；在醒目位置公布操作规程，公布职业危害事故应急救援措施，公布作业场所职业危害因素监测评价的结果，告知劳动者职业病健康体检结果；对于患职业病或职业禁忌症的劳动者，企业应告知本人。

（六）职业健康监护

职业健康监护的主要管理工作内容包括：按职业卫生有关法规标准的规定，组织接触职业危害的作业人员进行上岗前职业健康体检；按规定组织接触职业危害的作业人员进行在岗期间职业健康体检；按规定组织接触职业危害的作业人员进行离岗职业健康体检；禁止有职业禁忌症的劳动者从事其所禁忌的职业活动；调离并妥善安置有职业健康损害的作业人员；未进行离岗职业健康体检，不得解除或者终止劳动合同；职业健康监护档案应符合要求，并妥善保管；无偿为劳动者提供职业健康监护档案复印件。

《职业健康监护技术规范》(GBZ 188—2007)对接触各种职业危害因素的作业人员职业健康体检周期与体检项目给出了具体规定。例如，该标准关于接触粉尘人员的职业健康体检规定如下。

(1) 接触矽尘作业人员的职业健康体检要求

接触矽尘作业人员在上岗前、在岗期间和离岗前均应进行职业健康体检。

在岗期间健康检查周期：

① 劳动者接触二氧化硅粉尘浓度符合国家卫生标准，每2年1次；劳动者接触二氧化硅粉尘浓度超过国家卫生标准，每1年1次。

② X射线胸片表现为0＋作业人员，医学观察时间为每年1次，连续观察5年，若5年内不能确诊为矽肺患者，应按一般接触人群进行检查。

③ 矽肺患者每1年检查1次。

(2) 接触煤尘(包括煤矽尘)作业人员的职业健康体检要求

接触煤尘(包括煤矽尘)作业人员在上岗前、在岗期间和离岗前均应进行职业健康体检。

在岗期间健康检查周期：

① 劳动者接触煤尘浓度符合国家卫生标准，每3年1次；劳动者接触煤尘浓度超过国家卫生标准，每2年1次。

② X射线胸片表现为0＋作业人员，医学观察时间为每年1次，连续观察5年，若5年内不能确诊为煤工尘肺患者，应按一般接触人群进行检查。

③ 煤工尘肺患者每1～2年检查1次。

(3) 接触其他粉尘作业人员的职业健康体检要求

接触其他粉尘作业人员在上岗前、在岗期间和离岗前均应进行职业健康体检。

在岗期间健康检查周期：

① 劳动者接触粉尘浓度符合国家卫生标准，每4年1次；劳动者接触粉尘浓度超过国家卫生标准，每2～3年1次。

② X射线胸片表现为0＋作业人员，医学观察时间为每年1次，连续观察5年，若5年内不能确诊为尘肺患者，应按一般接触人群进行检查。

③ 尘肺患者每1～2年进行1次医学检查。

（七）急性职业病危害事故的急救和报告、调查处理

发生或者可能发生急性职业病危害事故时，用人单位应当立即采取应急救援和控制措施，并及时报告所在地安全生产监督管理部门和有关部门。生产经营单位及其从业人员不得迟报、漏报、谎报或者瞒报职业危害事故。

安全生产监督管理部门接到报告后，应当及时会同有关部门组织调查处理；必要时，可以采取临时控制措施。卫生行政部门应当组织做好医疗救治工作。

对遭受或者可能遭受急性职业病危害的劳动者，用人单位应当及时组织救治、进行健康检查和医学观察，所需费用由用人单位承担。

（八）职业病报告

1. 应报告的职业病

《职业病报告办法》中所指的职业病系国家现行职业病范围内所列病种。根据卫法监发[2002]108号公布的法定职业病目录，属于报告范围内的职业病统计共10大类115种。

2. 职业病报告内容

根据引发职业病的有害物质类别不同，分别编制了《尘肺病报告卡》、《农药中毒报告卡》和《职业病报告卡》，按规定上报。

(1)《尘肺病报告卡》。适用于我国境内一切有粉尘作业的用人单位，在统计年度内有首次被诊断为尘肺病的劳动者，或尘肺晋期、调出(入)本省的尘肺病患者和尘肺死亡者均应填卡报告。在岗的非编制职工患有尘肺病时也应填报。报告卡内容包括：用人单位的信息、尘肺病患者的基本信息、开始接尘日期、实际接尘工龄、尘肺病种类、胸片编号、诊数结论、报告类别、死亡信息、诊断单位、报告单位、报告人及报告日期等。

(2)《农药中毒报告卡》。适用于在农林业等生产活动中使用农药或生活中误用各类农药而发生中毒者。因农业生产而发生中毒者归入职业病报告卡，不统计在此报告卡内。报告卡内容包括：用人单位的信息、农药中毒患者的基本信息、中毒农药名称、中毒农药类别、中毒类型、诊断日期、死亡日期、诊断单位、报告单位、报告人及报告日期等。

(3)《职业病报告卡》。适用于我国境内一切有职业危害作业的用人单位，除尘肺病、农林业生产活动中使用农药或生活中误用各类农药而发生中毒以外的一切职业病的报告。本报告卡适用于新病例和死亡病例的报告。报告卡内容包括：用人单位的信息、职业病患者的基本信息、专业工龄、职业病种类、具体病名、中毒事故编码、同时中毒人数、发生

日期、诊断日期、死亡日期、诊断单位、报告单位、报告人及报告日期等。

第四节　国家职业卫生监督管理

案例导入

【案例 5-5】 河南农民工张海超被多家医院诊断为“尘肺”，但他一直无法到权威机构申请鉴定，因为他曾打工的公司拒绝提供相关证明。张海超向有关部门多次投诉后，终于取得做正式鉴定的证明。但是，郑州市职业病防治所竟然对他做出“肺结核”的诊断。2009 年 6 月，28 岁的张海超跑到医院，不顾医生劝阻，坚持“开胸验肺”，用无奈之举揭穿了谎言，此举引起了社会各界的强烈反响。专家指出，“开胸验肺”看似荒唐，却充分暴露出职业病患者维权的艰难处境，暴露了我国职业病防治体制之弊。

一、职业卫生工作职责分工情况

根据 2011 年 12 月 31 日十一届全国人大常委会第 24 次会议新修改的《职业病防治法》的规定，以及 2010 年 10 月中央机构编制委员会办公室印发的《关于职业卫生监管部门职责分工的通知》(中央编办发[2010]104 号)的文件精神，人力资源和社会保障部、卫生部、国家安全生产监督管理总局等部门和机构有关职业卫生监管职能的具体分工如下。

卫生部：①负责会同安全监管总局、人力资源和社会保障部等有关部门拟定职业病防治法律法规、职业病防治规划，组织制定发布国家职业卫生标准。②负责监督管理职业病诊断与鉴定工作。③组织开展重点职业病监测和专项调查，开展职业健康风险评估，研究提出职业病防治对策。④负责化学品毒性鉴定、个人剂量监测、放射防护器材和含放射性产品检测等技术服务机构资质认定和监督管理；审批承担职业健康检查、职业病诊断的医疗卫生机构并进行监督管理，规范职业病的检查和救治；会同相关部门加强职业病防治机构建设。⑤负责医疗机构放射性危害控制的监督管理。⑥负责职业病报告的管理和发布，组织开展职业病防治科学研究。⑦组织开展职业病防治法律法规和防治知识的宣传教育，开展职业人群健康促进工作。

安全监管总局：①起草职业卫生监管有关法规，制定用人单位职业卫生监管相关规章。组织拟定国家职业卫生标准中的用人单位职业危害因素工程控制、职业防护设施、个体职业防护等相关标准。②负责用人单位职业卫生监督检查工作，依法监督用人单位贯彻执行国家有关职业病防治法律法规和标准情况。组织查处职业危害事故和违法违规行为。③负责新建、改建、扩建工程项目和技术改造、技术引进项目的职业卫生“三同时”审查及监督检查。负责监督管理用人单位职业危害项目申报工作。④负责依法管理职业卫生安全许可证的颁发工作。负责职业卫生检测、评价技术服务机构的资质认定和监督管理工作。组织指导并监督检查有关职业卫生培训工作。⑤负责监督检查和督促用人单位依法建立职业危害因素检测、评价、劳动者职业健康监护、相关职业卫生检查等管理制度；监督检查和督促用人单位提供劳动者健康损害与职业史、职业危害接触关系等相关证明材料。⑥负责汇总、分析职业危害因素检测、评价、劳动者职业健康监护等信息，向相关部门和机构提供职业卫生监督检查情况。

人力资源和社会保障部：①负责劳动合同实施情况监管工作，督促用人单位依法签定劳动合同。②依据职业病诊断结果，做好职业病人的社会保障工作。

全国总工会：依法参与职业危害事故调查处理，反映劳动者职业健康方面的诉求，提出意见和建议，维护劳动者合法权益。

二、职业卫生监督管理的基本要求和主要内容

职业卫生监督管理工作是督促生产经营单位有效落实职业危害预防控制主体责任，促进其依法开展各项职业危害预防控制工作，预防、控制和消除职业危害，保障劳动者职业健康合法权益的重要手段。

为促进作业场所职业卫生监督执法工作的有序开展，2009 年国家安全生产监督管理总局令第 23 号公布了《作业场所职业健康监督管理暂行规定》，对作业场所职业健康监督管理工作的基本要求和内容等作了详细规定。

（一）分级监管、属地管理

作业场所职业卫生监督检查工作实施分级监管、属地管理：国家安全生产监督管理总局负责全国生产经营单位作业场所职业危害防治的监督管理工作；县级以上地方人民政府安全生产监督管理部门负责本行政区域内生产经营单位作业场所职业危害防治的监督管理工作；县级以上人民政府安全生产监督管理部门应当设置职业安全健康监管机构，配备监管执法人员，依照职业危害防治法律法规、规章和国家标准及行业标准的要求，对生产经营单位作业场所职业危害防治工作进行监督检查。

（二）监管人员的权力

安全生产监督管理部门履行监督检查职责时，有权采取下列措施：

(1) 进入被检查单位和作业现场，进行职业危害检测，了解情况，调查取证。

(2) 查阅或者复制与违反职业危害防治法律法规、规章和国家标准及行业标准的行为有关的资料和采集样品。

(3) 责令违反职业危害防治法律法规、规章和国家标准及行业标准的单位和个人停止违法违规行为。

(4) 发生职业危害事故或者有证据证明危害状态可能导致职业危害事故发生时，可以采取下列临时控制措施：

① 责令暂停导致或者可能导致职业危害事故的作业。

② 封存造成职业危害事故或者可能导致职业危害事故发生的材料和设备。

③ 组织控制职业危害事故现场。

在职业危害事故或者危害状态得到有效控制后，应当及时解除控制措施。

（三）监督检查的主要内容

《作业场所职业健康监督管理暂行规定》第三十七条规定，安全生产监督管理部门依法对生产经营单位执行有关职业危害防治的法律法规、规章和国家标准、行业标准的下列情况进行监督检查：

① 职业健康管理机构设置、人员配备情况。

② 职业危害防治制度和规程的建立、落实及公布情况。

③ 主要负责人、职业健康管理人员、从业人员的职业健康教育培训情况。

④ 作业场所职业危害因素申报情况。

⑤ 作业场所职业危害因素监测、检测及结果公布情况；

⑥ 职业危害防护设施的设置、维护、保养情况，以及个体防护用品的发放、管理及从业人员佩戴使用情况。

⑦ 职业危害因素及危害后果告知情况。

⑧ 业危害事故报告情况。

⑨ 依法应当监督检查的其他情况。

作业场所职业卫生监督检查的内容也包括生产经营单位建设项目职业卫生“三同时”与作业人员职业健康监护等工作开展情况，以及职业卫生检测、评价技术服务机构开展职业卫生技术服务工作的情况等，并在作业场所职业卫生监督检查基础上承担汇总、分析职业危害因素检测、评价、劳动者职业健康监护等信息的工作。

实训活动

实训项目 5-1

请根据下列背景材料，辨识和分析该厂存在的职业危害因素及可引发的职业病。

某汽车生产厂焊装车间主要承担白车身总成的焊装、铆接、铰接、螺柱焊接以及磨光检验等工作。主要焊接总成有：白车身总成、前地板总成、后地板总成、发动机框架总成、车身下体梁架总成、左右侧围总成、前车门和后门总成、尾门总成及发动机盖分总成以及其他移动件分总成等。焊装车间主要工艺流程为：地板焊接→左右侧围焊接→车身主焊接→调整→四门二盖焊接。

实训目的：帮助理解和掌握职业危害因素、职业病的类别和辨识方法。

实训步骤：

第一步，认真阅读背景材料，并查找相关参考资料；

第二步，写出汽车生产厂存在的危险源；

第三步，小组之间交流。

实训建议：采用小组讨论的形式。

实训项目 5-2

请根据下列背景材料，辨识涂装车间可能存在的职业病危害因素，并提出应采取的职业危害控制措施建议。

C公司是一家建于20世纪50年代的老企业，该企业的涂装车间为独立设置的联合厂房，由5个主跨和1个辅跨组成。主跨内主要进行除锈、打磨、上漆、干燥。辅跨内设有相互独立的办公室、休息室、更衣室和变配电室。

涂装车间有员工125人，其中80人为来自D公司的劳务人员，配备1名专职安全管理人员。车间制定了针对安全生产责任、工艺安全管理、教育培训、防火防爆、劳保用品、隐患排查、应急管理等方面的规章制度和安全操作规程。安全管理人员定期进行安全检查，定期进行尘毒点监测。

涂装作业以人工作业为主，主要包括：使用超声波除油垢、采用火焰去除旧漆、采用石英砂干喷除锈、使用红丹防锈作底漆、采聚氨酯漆作面漆。

涂装车间厂房耐火等级为二级，并采取了防爆设计，有通风除尘设施和完善的避雷系统，设置了相应的安全标志。喷涂底漆和面漆的作业场所为封闭空间，设置了可燃气体报警器和自动灭火装置，安全管理人员负责定期检测。

实训目的：帮助理解和掌握职业危害防护措施。

实训步骤：

第一步，认真阅读背景材料，查阅相关参考资料；

第二步，分析职业病危害因素，并拟定相应的职业危害控制措施；

第三步，小组之间交流。

实训建议：采用小组讨论的形式。

思考与练习

1. 简述职业危害因素的分类。
2. 什么叫职业病？界定职业病应具备哪些法定条件？职业病的发生与哪些因素有关？
3. 粉尘引起的职业危害是什么？
4. 刺激性气体有哪些？窒息性气体有哪些？
5. 物理性职业危害因素及所致职业病有哪些？
6. 生产经营单位存在职业危害的作业场所应当符合哪些基本卫生要求？
7. 职业健康检查有哪些要求？职业健康监护档案包括哪些内容？
8. 如何进行职业病报告？

CHAPTER 6

事故应急救援管理

职业能力目标	知识要求
1. 会起草和编制生产经营单位专项应急预案、现场应急处置方案。 2. 会制定应急演练计划、设计演练流程。 3. 会撰写演练总结报告。	1. 了解有关事故应急救援的法律法规要求。 2. 掌握事故应急救援的基本任务和特点。 3. 掌握应急管理过程和应急救援体系的构成。 4. 掌握事故应急救援预案的概念、级别、类别、核心要素。 5. 掌握事故应急救援预案基本结构、编制程序和方法。 6. 掌握生产经营单位综合应急预案、专项应急预案、现场应急处置方案的编制大纲。 7. 掌握应急演练的目的、类型和应急演练的组织和实施过程。

第一节　事故应急救援管理概述

【案例 6-1】 2003 年 12 月 23 日 21 时 55 分，四川石油管理局川东钻探公司川钻 12 队对该气井起钻时，突然发生井喷，来势特别猛烈，富含硫化氢的气体从钻具水眼喷涌达 30m 高程，硫化氢浓度达到 100ppm 以上，预计无阻流量为 $4\times10^6\sim1\times10^7 m^3/d$。失控的有毒气体(硫化氢)随空气迅速扩散，导致在短时间内发生大面积灾害，人民群众的生命财产遭受了巨大损失。据统计，井喷事故发生后，离气井较近的开县高桥镇、麻柳乡、正坝镇和天和乡 4 个乡镇，30 个村，9.3 万余人受灾，6.5 万余人被迫疏散转移，累计门诊治疗 27 011 人(次)，住院治疗 2142 人

(次)，243位无辜人员遇难，直接经济损失达8200余万元。其中受灾最重的高桥镇晓阳、高旺两个村，受灾群众达2419人，遇难者达212人。12月23日晚11时左右，重庆市政府接到市安监局关于川东北矿区发生井喷的报告，市委、市政府高度重视，即责成开县县委、县政府迅速组织抢险队赶赴现场。在查明井喷事故将可能严重威胁居民生命安全的情况下，迅速采取措施：一是立即通知事故发生地的高桥镇党委政府，以最快的速度组织群众向安全地带疏散转移。二是迅速电告附近的正坝镇、麻柳乡，从人力、车辆等方面进行支援。三是一位副县长率领50多人的先遣抢险队伍立即赶往事故现场。四是做好启动应急救援系统的各项准备工作。

一、事故应急救援的基本任务和特点

1. 事故应急救援的任务

事故应急救援的任务包括下列几个方面。

(1) 立即组织营救受害人员，组织撤离或者采取其他措施保护危害区域内的其他人员。抢救受害人员是事故应急救援的首要任务。在应急救援行动中，快速、有序、有效地实施现场急救与安全转送伤员是降低伤亡率，减少事故损失的关键。由于重大事故发生突然、扩散迅速、涉及范围大、危害大，应及时指导和组织群众采取各种措施进行自我防护，必要时迅速撤离出危险区或可能受到危害的区域。在撤离过程中，应积极组织群众开展自救和互救工作。

(2) 迅速控制危险源(危险状况)，并对事故造成的危害进行检测、监测，测定事故的危害区域和危害性质及危害程度。及时控制造成事故的危险源(危险状况)是应急救援工作的重要任务。只有及时控制住危险源(危险状况)，防止事故的继续扩展，才能及时、有效地进行救援。特别是对发生在城市或人口稠密地区的化学品事故，应尽快组织工程抢险队与事故单位技术人员一起及时控制事故继续扩大蔓延。

(3) 做好现场清洁和现场恢复，消除危害后果。针对事故对人体、动植物、土壤、水源、空气造成的现实危害和可能的危害，迅速采取封闭、隔离、洗消等技术措施。对事故外溢的有毒有害物质和可能对人和环境继续造成危害的物质，应及时组织人员予以清除，消除危害后果，防止对人的继续危害和对环境的污染，应及时组织人员清理废墟和恢复基本设施，将事故现场恢复至相对稳定的状态。对危险化学品事故造成的危害进行监测、处置，直至符合国家环境保护标准。

(4) 查清事故原因，评估危害程度。事故发生后应及时调查事故的发生原因和事故性质，评估出事故的危害范围和危险程度，查明人员伤亡情况，做好事故调查。

2. 事故应急救援的特点

应急救援工作涉及技术事故、自然灾害(引发)、城市生命线、重大工程、公共活动场所、公共交通、公共卫生和人为突发事件等多个公共安全领域，构成一个复杂巨系统，具有不确定性、突发性、复杂性和后果、影响易猝变、激化、放大的特点。

(1) 不确定性和突发性。不确定性和突发性是各类公共安全事故、灾害与事件的共同特征，大部分事故都是突然爆发，爆发前基本没有明显征兆，而且一旦发生，发展蔓延迅速，甚至失控。因此，要求应急行动必须在极短的时间内在事故的第一现场做出有效反应，在事故产生重大灾难后果之前采取各种有效的防护、救助、疏散和控制事态等措施。

为保证迅速对事故做出有效的初始响应，并及时控制住事态，应急救援工作应坚持属地化为主的原则，强调地方的应急准备工作，包括建立全天候的昼夜值班制度，确保报警、指挥通信系统始终保持完好状态，明确各部门的职责，确保各种应急救援的装备、技术器材、有关物质随时处于完好可用状态，制定科学有效的突发事件应急预案等措施。

(2) 应急活动的复杂性。应急活动的复杂性主要表现在：事故、灾害或事件影响因素与演变规律的不确定性和不可预见的多变性；众多来自不同部门参与应急救援活动的单位，在信息沟通、行动协调与指挥、授权与职责、通信等方面的有效组织和管理；以及应急响应过程中公众的反应、恐慌心理、公众过急等突发行为复杂性等。这些复杂因素的影响，给现场应急救援工作带来了严峻的挑战，应对应急救援工作中各种复杂的情况做出足够的估计，制定出随时应对各种复杂变化的相应方案。

应急活动的复杂性另一个重要特点是现场处置措施的复杂性。重大事故的处置措施往往涉及较强的专业技术支持，包括易燃、有毒危险物质、复杂危险工艺以及矿山井下事故处置等，对每一行动方案、监测以及应急人员防护等都需要在专业人员的支持下进行决策，因此，针对生产安全事故应急救援的专业化要求，必须高度重视建立和完善重大事故的专业应急救援力量、专业检测力量和专业应急技术与信息支持等的建设。

(3) 后果易猝变、激化和放大。公共安全事故、灾害与事件虽然是小概率事件，但后果一般比较严重，能造成广泛的公众影响，应急处理稍有不慎，就可能改变事故、灾害与事件的性质，使平稳、有序、和平状态和动态、混乱和冲突方面发展，引起事故、灾害与事件波及范围扩展，卷入人群数量增加和人员伤亡与财产损失后果加大，猝变、激化与放大造成的失控状态，不但迫使应急呼应升级，甚至可导致社会性危机出现，使公众立即陷入巨大的动荡与恐慌之中。因此，重大事故(件)的处置必须坚决果断，而且越早越好，防止事态扩大。

因此，为尽可降低重大事故的后果及影响，减少重大事故所导致的损失，要求应急救援行动必须做到迅速、准确和有效。

① 所谓迅速，就是要求建立快速的应急响应机制，能迅速准确地传递事故信息，迅速地调集所需的大规模应急力量和设备、物资等资源，迅速地建立起统一指挥与协调系统，开展救援活动。

② 所谓准确，要求有相应的应急决策机制，能基于事故的规模、性质、特点、现场环境等信息，正确地预测事故的发展趋势，准确地对应急救援行动和战术进行决策。

③ 所谓有效，主要指应急救援行动的有效性，很大程度取决于应急准备的充分性与否，包括应急队伍的建设与训练、应急设备(施)、物资的配备与维护、预案的制定与落实以及有效的外部增援机制等。

二、应急救援管理过程

尽管重大事故的发生具有突发性和偶然性，但重大事故的应急救援管理(即“应急管理”，在很多场合都使用“应急管理”这个术语，本书也如此)不只限于事故发生后的应急救援行动。应急管理是对重大事故的全过程管理，贯穿于事故发生前、中、后的各个过程，充分体现了“预防为主，常备不懈”的应急思想。应急管理是一个动态的过程，包括预防、准备、响应和恢复四个阶段。尽管在实际情况中这些阶段往往是交叉的，但每一阶段都有自己明确的目标，而且每一阶段又是构筑在前一阶段的基础之上，因而预防、准备、响应和恢复的相互关联，构成了重大事故应急管理的循环过程。

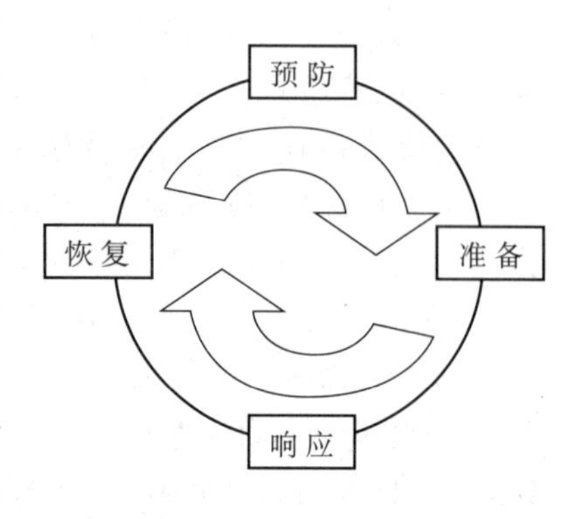

图 6-1 事故应急管理的四个阶段

事故应急管理包括预防、准备、响应和恢复四个阶段，如图 6-1 所示。事故应急救援管理过程四大阶段的工作内容，见表 2-1。

表 6-1 事故应急救援管理四阶段工作内容

阶 段	工 作 内 容
预防阶段： 为预防、控制和消除事故对人类生命财产长期危害所采取的行动（无论事故是否发生，企业和社会都处于风险之中）	风险辨识、评价与控制 安全规划 安全研究 安全法规、标准制定 危险源监测监控 事故灾害保险 税收激励和强制性措施等
准备阶段： 事故发生之前采取的各种行动，目的是提高事故发生时的应急行动能力	制定应急救援方针与原则 应急救援工作机制 编制应急救援预案 应急救援物资、装备筹备 应急救援培训、演习 签定应急互助协议 应急救援信息库等
响应阶段： 事故即将发生前、发生期间和发生后立即采取的行动。目的是保护人员的生命、减少财产损失、控制和消除事故	启动相应的应急系统和组织 报告有关政府机构 实施现场指挥和救援 控制事故扩大并消除 人员疏散和避难 环境保护和监测 现场搜寻和营救等
恢复阶段： 事故后，使生产、生活恢复到正常状态或得到进一步的改善	损失评估 理赔 清理废墟 灾后重建 应急预案复查 事故调查

（一）应急预防

从应急管理的角度，为预防事故发生或恶化而做的预防性工作。预防是应急管理的首要工作，把事故消除在萌芽状态时应急管理的最高境界。

1. 应急预防的具体情形

应急预防具体包括以下4种情形：

① 事先进行危险源辨识和风险分析，预测可能发生的事故、事件，采取控制措施尽可能避免事故的发生。

② 进行现场应急专项检查、安全检查，查找问题，通过动态监控，预防事故发生。

③ 在出现事故征兆的情况下，及时采取防范措施，消除事故的发生。

④ 假定事故必然发生的前提下，通过预先采取的预防措施，最大限度地减少事故造成的人员伤亡、财产损失和社会影响或后果的严重程度。

2. 应急预防的工作方法

应急预防的工作方法如下：

① 危险辨识。危险源辨识是应急管理的第一步。要首先把本单位、本辖区所存在的危险源进行全面认真的辨识、分析、普查、登记。

② 风险评价。在危险源辨识、分析完成后，要采用适当的评价方法，对危险源进行风险评价，确定可能存在不可接受风险的危险源，从而确定应急管理的重点控制对象。

③ 预测预警。根据危险源的危险特性，对应急控制对象可能发生的事故进行预测，对出现的事故征兆和紧急情况及时发布相关信息进行预警，采取相应措施，将事故消灭在萌芽状态。

④ 预警预控。假定事故必然发生，在预警的同时必须预先采取必要的防范、控制措施，将可能出现的情形事先告知相关人员进行预警，将预防措施及相应处理程序告知相关人员，以便在事故发生时，能有备而战，预防事故的恶化或扩大。

（二）应急准备

应急准备是应急管理过程中一个极其关键的过程。针对可能发生的事故，为迅速、有序地开展应急行动而预先进行的组织准备和应急和保障工作。

1. 应急准备的目的和内容

应急准备的目的就是通过充分的准备，满足事故征兆、事故发生状态下各种应急救援活动顺利进行的需求，从而实现预期的应急救援目标。应急准备的内容包括：①应急组织的成立；②应急队伍的建设；③应急人员的培训；④应急预案的编制；⑤应急物资的储备；⑥应急装备的配备；⑦应急技术的研发；⑧应急通信的保障；⑨应急预案的演练；⑩应急资金的保障；⑪外部救援力量的衔接，以及其他。

2. 应急准备的工作方法

（1）应急预案编制。应急救援不能打无准备之仗，应急准备的第一步就是要编制应急救援预案。应急预案有利于做出及时的应急响应，降低事故后果，应急行动对时间要求十分敏感，不允许有任何拖延，应急预案预先明确了应急各方职责和响应程序，在应急资源等方面进行先期准备，可以指导应急救援迅速、高效、有序地开展，将事故造成的人员伤亡、财产损失和环境破坏降到最低限度。

（2）应急资源保障。根据应急预案的要求，进行人力、物力、财力等资源的准备，为应急救援的具体实施提供保障。各项应急保障是否到位对应急救援行动的成败起着至关重要的作用。

（3）应急培训。应急培训工作，是提高各级领导干部处置突发事件能力的需要，是增强公众公共安全意识、社会责任意识和自救、互救能力的需要，是最大限度预防和减少突发事件发生及其造成损害的需要。应急培训是应急准备中极其重要的一项内容和工作的方法。

（4）应急演练。应急演练活动是检验应急管理体系的适应性、完备性和有效性的最好方式。定期进行应急演练，不仅可以强化相关人员的应急意识，提高参与者的快速反应能力和实战水平，又能暴露应急预案和管理体系中的不足，检测制定的突发事件应变计划是否实在、可行。同时，有效的应急演练还可以减少应急行动中的人为错误，降低现场宝贵应急资源和响应时间的耗费。

（三）应急响应

应急响应是在出现事故险情、事故发生状态下，在对事故情况进行分析评估的基础上，有关组织或人员按照应急救援预案立即采取的应急救援行动，包括事故的报警与通报、人员的紧急疏散、急救与医疗、消防和工程抢险措施、信息收集与应急决策和外部求援等环节。

1. 应急响应的工作方法

① 事态分析。包括现状分析和趋势分析。现状分析：分析事故险情、事故初期事态现状；趋势分析：预测分析和评估事故险情、事故发展趋势。

② 启动预案。根据事态分析的结果，迅速启动相应应急预案并确定相应的应急响应级别。

③ 救援行动。预案启动后，根据应急预案中相应响应级别的程序和要求，有组织、有计划、有步骤、有目的地调配应急资源，迅速展开应急救援行动。

④ 事态控制。通过一系列紧张有序的应急行动，事故得以消除或控制，事态不会扩大或恶化，特别是不会发生次生或衍生事故，具备恢复常态的条件。

应急响应可划分为两个阶段：初级响应和扩大应急。初级响应是指在事故初期，企业利用自身的救援力量，就使事故得到有效控制。但如果事故的性质、规模超出本单位的应急能力，则必须寻求社会或其他应急救援力量的支持，请求增援、扩大应急，以便最终控制事故。

2. 应急结束

当事故现场得以控制，环境符合标准，导致次生、衍生事故的隐患消除后，经事故现场应急指挥机构批准后，现场应急救援行动结束。

应急结束后，应明确：①事故情况上报事项；②需向事故调查处理组移交的相关事项；③事故应急救援工作总结报告。

应急结束特指应急响应行动的结束，并不意味着整个应急救援过程的结束。在宣布应急结束后，还要经过后期处置，即应急恢复。

（四）应急恢复

应急恢复是指在事故得到有效控制之后，为使生产、生活、工作和生态环境尽快恢复到正常状态，针对事故造成的设备损坏、厂房破坏、生产中断等后果，采取的设备更新、厂房维修、重新生产等措施。

1. 应急恢复的情形

恢复工作应在事故发生后立即进行。首先应使事故影响区域恢复到相对安全的基本状态，然后逐步恢复到正常状态。要求立即进行的恢复工作包括事故损失评估、原因调查、清理废墟等。在短期恢复工作中，应注意避免出现新的紧急情况。

长期恢复包括厂区重建和受影响区域的重新规划和发展。在长期恢复工作中，应汲取事故和应急救援的经验教训，开展进一步的预防工作和减灾行动。

2. 应急恢复的工作方法

① 清理现场。清理废墟，化学洗消。垃圾外运等。

② 常态恢复。灾后重建，各方力量配合，使生产、生活、工作和生态环境等恢复到事故前的状态或比事故前状态变得更好。

③ 损失评估，保险理赔。

④ 事故调查。

⑤ 应急预案复查、评审和改进。

第二节　应急救援体系

案例导入

【案例 6-2】 2005 年 11 月 13 日 13 时 40 分，中国石油吉林石化公司双苯厂发生爆炸事故，造成 8 人死亡，1 人重伤。新苯胺装置、1 个硝基苯储罐、2 个苯储罐报废，导致苯酚、老苯胺装置、苯酐装置、2、6—二乙基苯胺等 4 套装置停产。而此次爆炸事故也导致了一起跨省际、跨国界的重大环境污染事件。吉化爆炸后的苯类污染物流入松花江，硝基苯超标 28.08 倍。整个污水团长度约 80km，以每小时约 2 千米的速度向下游移动，受污染的松花江水流过的江面总长度为 1000 多千米。11 月 24 日凌晨 5 时许到达哈尔滨市四方台取水口。26 日凌晨，污染高峰基本流过哈尔滨市区江段，完全通过哈尔滨市需要 40h 左右。

2005 年 11 月 21 日，哈尔滨市人民政府发布了《关于对市区市政供水管网设施进行全面检修临时停水的公告》，称：市人民政府决定对市区市政供水管网设施进行全面检修并决定临时停止供水。11月22日，哈尔滨市人民政府又发布了《关于正式停止市区自来水供水的公告》，称："根据省环保局监测报告，中石油吉化公司双苯厂爆炸后可能造成松花江水体污染。为了确保我市生产、生活用水安全，市政府决定于11月23日零时起，关闭松花江哈尔滨段取水口，停止向市区供水。"实际上，2005年11月18日，即吉化爆炸后的第5天，吉林省政府有关部门已经将此次爆炸事故可能对松花江水质造成污染的信息向黑龙江省作了通报。19日21时污染团就已进入黑龙江省境内。水中的苯超标2.5倍，而硝基苯超标达103.6倍。对于市民来说，从各种非正规渠道已经知道松花江污染的事情了，但是因为不知道会停留多久，不知道污染得有多厉害，导致各种猜测和疑虑如同吉化爆炸事故一样迅速扩散，使部分市民陷入恐慌。抢水、抢食物的人群拥进超市，在短短1天之内，哈尔滨市民把1.6万t的纯净水存货全部抢购一空，相当于平时100天的供应量，手机通信也一度"瘫痪"。由于信息的不确定、不对称，11月20日，"哈尔滨人赖以生存的松花江水系被污染"和"要发生大地震"2个坏消息同时流传，引起全市人民极度恐慌。很多人开始外出避难，从哈尔滨出发南下的所有旅游线路火速升温、人满为患，南下的机票、火车票也迅速卖空。当晚市内比较宽阔的街道和大广场上满是帐篷和轿车，街上睡满了人。市政府正式公布的停水原因是水管检修，不敢把真相告诉市民，反而助长了恐慌情绪。

应急救援体系是开展应急救援管理工作的基础，一个完整的应急救援体系应由组织体制、运作机制、法制基础和应急保障系统四部分组成。

一、应急救援体系的基本构成

应急救援体系是指为在风险事件（突发事件、事故）发生的紧急状态下尽可能消除、减少或降低其（可能）带来的各种损失，针对人们的组织管理活动等所制定的一系列相互联系或相互作用的要求而形成的有机统一整体。由于潜在的重大事故风险多种多样，所以相应每一类事故灾难的应急救援措施可能千差万别，但其基本应急模式是一致的。构建应急救援体系，应贯彻顶层设计和系统论的思想，以事件为中心，以功能为基础，分析和明确应急救援工作的各项需求，在应急能力评估和应急资源统筹安排的基础上，科学地建立规范化、标准化的应急救援体系，保障各级应急救援体系的统一和协调。一个完整的应急体系应由组织体制、运作机制、法制基础和应急保障系统四个部分构成。应急救援体系（SEMS）的构成和基本内容，如图6-2所示。

1. 组织体制

应急救援体系组织体制建设中的管理机构是指维持应急日常管理的负责部门；功能部门包括与应急活动有关的各类组织机构。如消防、医疗机构等；应急指挥是在应急预案启动后，负责应急救援活动场外与场内指挥系统；而救援队伍则由专业和志愿人员组成。

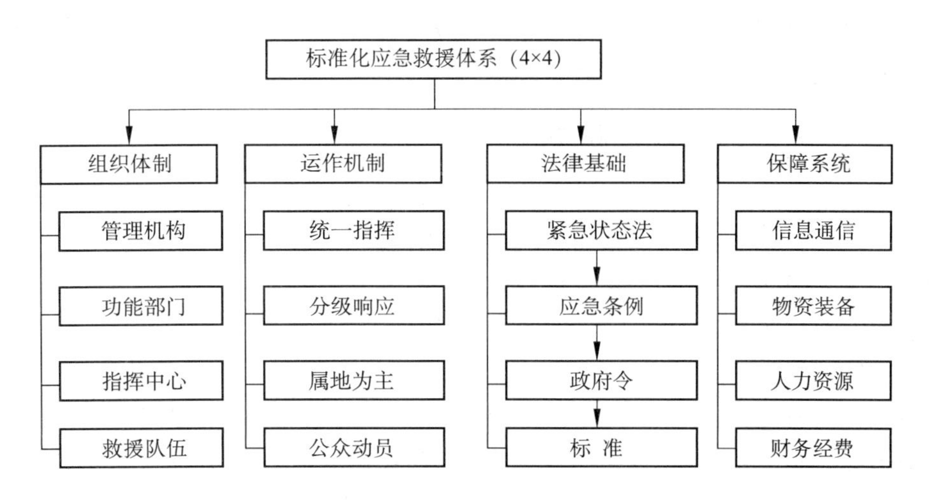

图 6-2 应急救援体系结构图

2. 运作机制

应急救援活动一般划分为应急准备、初级反应、扩大应急和应急恢复 4 个阶段，应急机制与这四阶段的应急活动密切相关。应急运作机制主要由统一指挥、分级响应、属地为主和公众动员这 4 个基本机制组成。

统一指挥是应急活动的最基本原则。应急指挥一般可分为集中指挥与现场指挥，或场外指挥与场内指挥等。无论采用哪一种指挥系统，都必须实行统一指挥的模式，无论应急救援活动涉及单位的行政级别高低和隶属关系不同，但都必须在应急指挥部的统一组织协调下行动，有令则行，有禁则止，统一号令，步调一致。

分级响应是指在初级响应到扩大应急的过程中实行的分级响应的机制。扩大或提高应急级别的主要依据是事故灾难的危害程度，影响范围和控制事态能力。影响范围和控制事态能力是“升级”的最基本条件。扩大应急救援主要是提高指挥级别、扩大应急范围等。

属地为主强调“第一反应”的思想和以现场应急、现场指挥为主的原则。

公众动员机制是应急机制的基础，也是整个应急体系的基础。

3. 法制基础

法制建设是应急体系的基础和保障，也是开展各项应急活动的依据，与应急有关的法规可分为 4 个层次：由立法机关通过的法律，如紧急状态法、公民知情权法和紧急动员法等；由政府颁布的规章。如应急救援管理条例等；包括预案在内的以政府令形式颁布的政府法令、规定等；与应急救援活动直接有关的标准或管理办法等。

4. 保障系统

列于应急保障系统第一位的是信息与通信系统，构筑集中管理的信息通信平台是应急体系最重要的基础建设。应急信息通信系统要保证所有预警、报警、警报、报告、指挥等活动的信息交流快速、顺畅、准确，以及信息资源共享；物资与装备不但要保证有足够的资源，而且还要实现快速、及时供应到位；人力资源保障包括专业队伍的加强、志愿人员以及其他有关人员的培训教育；应急财务保障应建立专项应急科目，如应急基金等，以保障应急管理运行和应急反应中各项活动的开支。

二、应急救援体系响应机制

重大事故应急救援体系应根据事故的性质、严重程度、事态发展趋势和控制能力实行分级响应机制，对不同的响应级别，相应地明确事故的通报范围、应急中心的启动程度、应急力量的出动和设备、物资的调集规模、疏散的范围、应急总指挥的职位等。典型的响应级别通常可分为以下 3 级。

（1）一级紧急情况（Ⅰ响应）

必须利用所有有关部门及一切资源的紧急情况，或者需要各个部门同外部机构联合处理的各种紧急情况，通常要宣布进入紧急状态。在该级别中，做出主要决定的职责通常是紧急事务管理部门。现场指挥部可在现场做出保护生命和财产以及控制事态所必需的各种决定。解决整个紧急事件的决定，应该由紧急事务管理部门负责。

（2）二级紧急情况（Ⅱ响应）

需要两个或更多个部门响应的紧急情况。该事故的救援需要有关部门的协作，并且提供人员、设备或其他资源。该级响应需要成立现场指挥部来统一指挥现场的应急救援行动。

（3）三级紧急情况（Ⅲ响应）

能被一个部门正常可利用的资源处理的紧急情况。正常可利用的资源指在该部门权力范围内通常可以利用的应急资源，包括人力和物力等。必要时，该部门可以建立一个现场指挥部，所需的后勤支持、人员或其他资源增援由本部门负责解决。

三、应急救援体系响应程序

事故应急救援系统的应急响应程序按过程可分为接警、响应级别确定、应急启动、救援行动、应急恢复和应急结束等几个阶段，如图 6-3 所示。

（1）接警与响应级别确定

接到事故报警后，按照工作程序，对警情做出判断，初步确定相应的响应级别。如果事故不足以启动应急救援体系的最低响应级别，响应关闭。

（2）应急启动

应急响应级别确定后，按所确定的响应级别启动应急程序，如通知应急中心有关人员到位、开通信息与通信网络、通知调配救援所需的应急资源（包括应急队伍和物资、装备等）、成立现场指挥部等。

（3）救援行动

有关应急队伍进入事故现场后，迅速开展事故侦测、警戒、疏散、人员救助、工程抢险等有关应急救援工作，专家组为救援决策提供建议和技术支持。当事态超出响应级别无法得到有效控制时，向应急中心请求实施更高级别的应急响应。

（4）应急恢复

救援行动结束后，进入临时应急恢复阶段。该阶段主要包括现场清理、人员清点和撤离、警戒解除、善后处理和事故调查等。

（5）应急结束

执行应急关闭程序，由事故总指挥宣布应急结束。

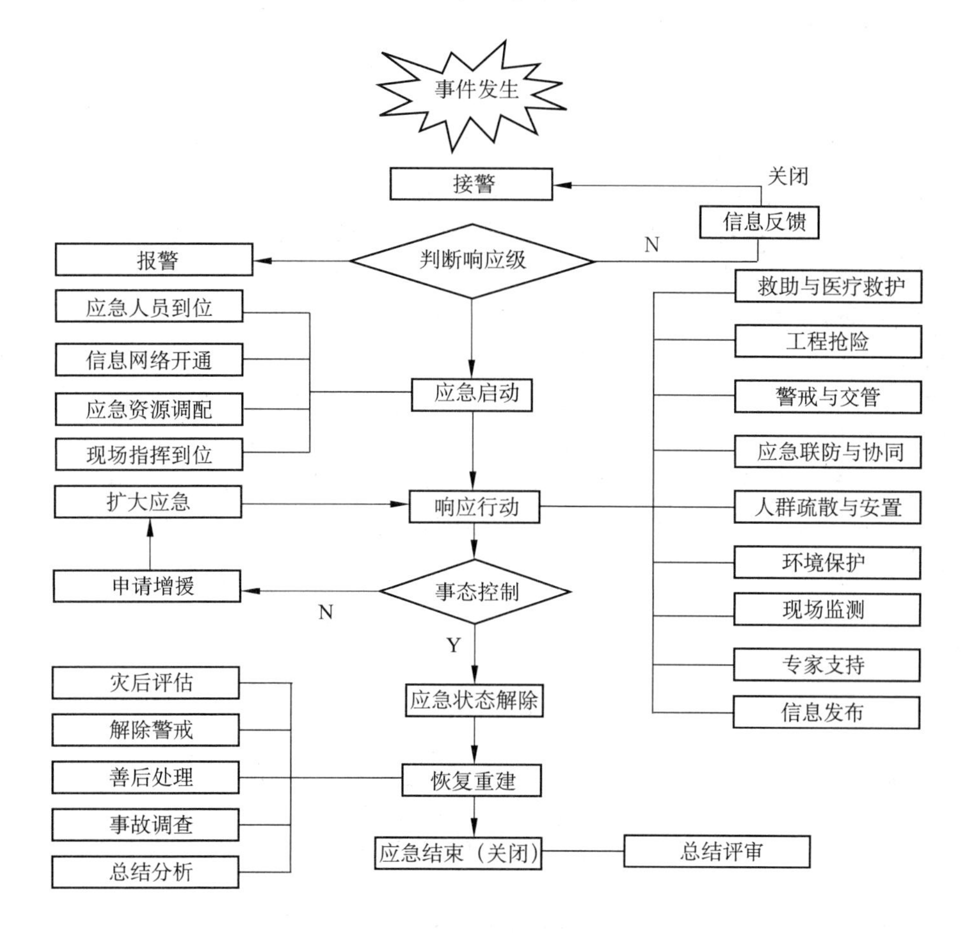

图 6-3　重大事故应急救援体系响应程序

四、现场指挥系统的组织结构

重大事故的现场情况往往十分复杂，且汇集了各方面的应急力量与大量的资源，应急救援行动的组织、指挥和管理成为重大事故应急工作所面临的一个严峻挑战。

应急过程中存在的主要问题有：①太多的人员向事故指挥官汇报；②应急响应的组织结构各异，机构间缺乏协调机制，且术语不同；③缺乏可靠的事故相关信息和决策机制，应急救援的整体目标不清或不明；④通信不兼容或不畅；⑤授权不清或机构对自身现场的任务、目标不清。

对事故势态的管理方式决定了整个应急行动的效率。为保证现场应急救援工作的有效实施，必须对事故现场的所有应急救援工作实施统一的指挥和管理，即建立事故指挥系统（ICS），形成清晰的指挥链，以便及时地获取事故信息、分析和评估势态，确定救援的优先目标，决定如何实施快速、有效的救援行动和保护生命的安全措施，指挥和协调各方应急力量的行动，高效地利用可获取的资源，确保应急决策的正确性和应急行动的整体性和有效性。

事故应急指挥系统（ICS）目的是在共同标准的结构下，将设施、设备、人员、程序和通信联为一个整体，提高事故管理的效率与质量。事故应急指挥系统（ICS）是一个通用模版，不仅适用组织短期事故现场行动，还适用于长期应急管理行为，从单纯到复杂事故，从自然灾害到人为事故可适用。应急指挥系统适用于各级政府，各领域和行业，以及多数企事业单位，可广泛适用于包括恐怖袭击在内的各类突发公共安全事件。现场应急指挥系统的结构应当在紧急事件发生前就已建立，预先对指挥结构达成一致意见，将有助于保证应急各方明确各自的职责，并在应急救援过程中更好地履行职责。

应急指挥模式按照事故性质与规模大致可以划分为三种类型：单一应急指挥；区域应急指挥；联合应急指挥。这三种应急指挥模式也不是一成不变，可单独存在，也可互相结合，如多起事故并发、影响性质严重、波及范围广泛时，则可采用区域联合指挥，以提高应急指挥效率和质量。

无论哪一种类型或哪一个级别应急指挥，其组织机构基本原型都可以由指挥、行动、策划、后勤和财政这五部分核心应急响应职能组成，如图 6-4 所示。这是构成应急指挥系统的基本要素并具有特定的功能。

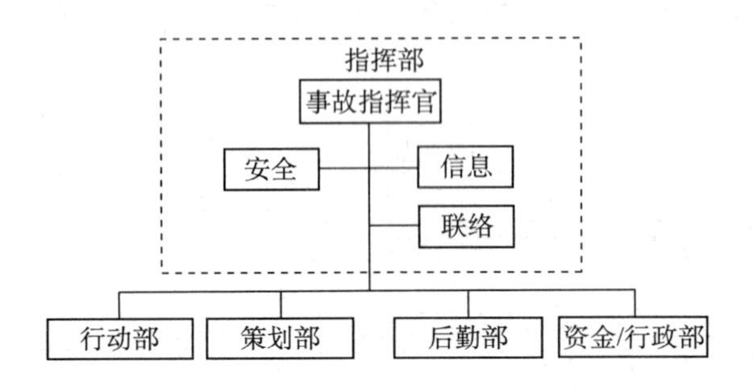

图 6-4　现场应急指挥系统结构图

1. 指挥部门

事故应急指挥成员包括事故指挥员和各类专职岗位。

应急指挥员主要职责是：实施应急指挥；协调有效的通信；协调资源分配；确定事故优先级；建立相互一致的事故目标及批准应急策略；将事故目标落实到响应机构；审查和批准事故行动计划；确保整个响应组织与事故指挥系统/联合指挥融为一体；建立内外部协议；确保响应人员与公众的健康、安全和沟通媒体等。

专职岗位是指直接向事故应急指挥员负责并在指挥部门内负责专门事务的岗位，在特殊情况下，有权处理一些事先并未预测到的重大问题。事故应急指挥系统中主要有三类专职岗位：公共信息员、安全官员和联络官员。

2. 行动部门

行动部门负责管理事故现场战术行动，在第一线直接组织现场抢险，减少各类危害、抢救生命财产，维护事故现场秩序，恢复正常状态。

以功能为单元，行动部门的机构类型可能包括消防、执法、工程抢险、医疗救护、卫生防疫、环境保护、现场监测和组织疏散等应急活动。根据现场实际情况，可采用一个单位独立行动或几个单位联合行动。根据事故的类型、参与机构、事故应急目标等情况，事故行动部门可以采用多种组织与执行方式，也可以根据辖区的边界和范围来选择对应的组织方式。

当应急活动或资源协调超出行动部门管理的范围时，则应在行动部门之下建立分片、分组或分部。分片是根据地理分界线来划分事故应急区域。分组则根据事故应急执行任务的实际活动划分出负责某些具体行动功能组别。

3. 策划部门

策划部门负责收集、评价、传输事故相关的战略信息。该部门应掌握最新情报，了解事故发展变化态势和事故应急资源现状与分配情况。策划部门的功能是制定应急活动方案（IAP）和事故指挥地图，并在指挥员批准后下达到相关应急功能单位。策划部门一般是由部门领导、资源配置计划、现状分析、文件管理、撤离善后和技术支持这六个基本单位组成。

4. 后勤部门

后勤部门支持所有的事故应急资源需求，包括通过采购部门定购资源，向事故应急人员提供后勤支持和服务。后勤部门一般是由领导、供应、食品、运输、设施、通信、医疗七个部门组成。

5. 财政/行政部门

事故管理活动需要财务和行政服务支持时，写必须建立财政/行政部门。对于大型复杂事故，争及来自多个机构的大量资金运作，财政/行政部门则是应急指挥系统的一个关键部门，为各类救援活动提供资金。该部门领导必须向指挥员跟踪报告财务支出的进展情况，以便指挥员预测额外开支，以免造成不良后果。该部门领导还应监督开支是否符合相关法纪规定，注意与策划以及后勤部门紧密配合，行动记录应与财务档案一致。

当事故的强度与范围都较小或救援活动比较单一时，不必建立专门的财政行政部门，可在策划部门中设一位这方面的专业人员行使这方面的职能。

第三节 事故应急救援预案

【案例 6-3】 2013 年 11 月 22 日 10 时 30 分许，位于山东省青岛经济技术开发区的中石化东黄输油管道发生泄漏爆炸特别重大事故。截至 11 月 25 日，事故造成 55 人死亡、9 人失踪，住院伤员 145 人，其中危重 10 人（8 人仍未脱离危险期），重症 32 人，轻症 103 人。官方初步认定，输油管道与城市排水管网规划布置不合理，交叉重叠，而且保护措施不到位；企业隐患排查不落实，对原油管线检查不细，监测不到位；应急处置不当，原油泄漏以后，没有及时采取断然安全防范措施，警戒、封路、通知和疏散人民群众，造成了群死群伤。为什么泄漏以后没有采取安全防范措施？为什么不警戒？为什么不封路？为什么不疏散群众？为什么不通知群众？为什么引起爆炸？爆炸的直接原因是什么？

一、应急救援预案及其作用

1. 应急救援预案的定义

根据 ILO《重大工业事故预防规程》，应急救援预案（又称应急救援计划）的定义是：

① 基于在某一处发现的潜在事故及其可能造成的影响所形成的一个正式书面计划，该计划描述了在现场和场外如何处理事故及其影响。

② 重大危害设施的应急计划应包括对紧急事件的处理。

③ 应急计划包括现场计划和场外计划两个重要组成部分。

④ 企业管理部门应确保遵守国家法律并符合法定标准的要求，不应把应急计划作为在设施内维持良好标准的替代措施。

应急救援预案，又可称为“预防和应急处理预案”、“应急处理预案”、“应急计划”或“应急预案”，是事先针对可能发生的事故（件）或灾害进行预测，而预先制定的应急与救援行动、降低事故损失的有关救援措施、计划或方案。应急预案实际上是标准化的反应程序，以使应急救援活动能迅速、有序地按照计划和最有效的步骤来进行。

应急预案以应急救援体系的各项要求为内容，是应急救援体系的有形载体。应急救援体系是个抽象的概念，即人们针对突发事件事故的应急管理和处置活动所提出的一系列相互联系、相互作用的要求。应急预案是按照专门的文件格式并满足这些要求的规范性文件，是应急救援体系的文件化。这就是应急预案和应急救援体系两者之间的关系和区别。

2. 应急预案的作用

应急预案在应急系统中起着关键作用，它明确了在突发事件发生之前、发生过程中，以及刚刚结束之后，谁负责做什么，何时做，相应的策略和资源准备等。它是针对可能发生的突发环境事件及其影响和后果严重程度，为应急准备和应急响应的各个方面所预先做出的详细安排，是开展及时、有序和有效事故应急救援工作的行动指南。

编制重大事故应急预案是应急救援准备工作的核心内容，是及时、有序、有效地开展应急救援工作的重要保障。应急预案在应急救援中的重要作用和地位体现在以下几个方面。

① 应急预案确定了应急救援的范围和体系，使应急准备和应急管理不再是无据可依、无章可循。尤其是培训和演习，它们依赖于应急预案：培训可以让应急响应人员熟悉自己的任务，具备完成指定任务所需的相应技能；演习可以检验预案和行动程序，并评估应急人员技能和整体协调性。

② 制定应急预案有利于做出及时的应急响应，降低事故后果。应急行动对时间要求十分敏感，不允许有任何拖延。应急预案预先明确了应急各方的职责和响应程序，在应急力量应急资源等方面做了大量准备，可以指导应急救援迅速、高效、有序地开展，将事故的

人员伤亡、财产损失和环境破坏降到最低限度。此外，如果预先制定了预案，对重大事故发生后必须快速解决的一些应急恢复问题，也就很容易解决。

③ 成为各类突发重大事故的应急基础。通过编制基本应急预案，可保证应急预案足够的灵活性，对那些事先无法预料到的突发事件或事故，也可以起到基本的应急指导作用，成为开展应急救援的"底线"。在此基础上，可以针对特定危害编制专项应急预案，有针对性制定应急措施、进行专项应急准备和演习。

④ 当发生超过应急能力的重大事故时，便于与上级应急部门的联系和协调。

⑤ 有利提高风险防范意识。预案的编制、评审以及发布和宣传，有利于各方了解可能面临的重大风险及其相应的应急措施，有利于促进各方提高风险防范意识和能力。

二、有关应急救援预案的法律法规要求

近年来，我国相继颁布的一系列法律法规，如《安全生产法》、《消防法》、《职业病防治法》、《突发事件应对法》、《危险化学品安全管理条例》、《特种设备安全监察条例》等，对政府和生产经营单位制定事故应急预案提出了相应的规定和要求。

《安全生产法》第十七条规定："生产经营单位的主要负责人应当组织制定并实施本单位的生产安全事故应急救援预案的职责。"该法第三十三条规定："生产经营单位对重大危险源应当制定应急救援预案，并告知从业人员和相关人员在紧急情况下应当采取的应急措施。" 该法第六十八条规定："县级以上地方各级人民政府应当组织有关部门制定本行政区域内特大生产安全事故应急救援预案，建立应急救援体系。"

《中华人民共和国消防法》(自 2009 年 5 月 1 日起施行)第十六条规定："机关、团体、企业、事业等单位应当制定灭火和应急疏散预案；并组织进行有针对性的消防演练。"

《中华人民共和国职业病防治法》规定："用人单位应当建立健全职业病危害事故应急救援预案。"

《中华人民共和国突发事件应对法》第十七条规定："国家建立健全突发事件应急预案体系。国务院制定国家突发事件总体应急预案，组织制定国家突发事件专项应急预案；国务院有关部门根据各自的职责和国务院相关应急预案，制定国家突发事件部门应急预案。地方各级人民政府和县级以上地方各级人民政府有关部门根据有关法律法规、规章、上级人民政府及其有关部门的应急预案以及本地区的实际情况，制定相应的突发事件应急预案。应急预案制定机关应当根据实际需要和情势变化，适时修订应急预案。应急预案的制定、修订程序由国务院规定。"

该法第二十三条规定："矿山、建筑施工单位和易燃易爆物品、危险化学品、放射性物品等危险物品的生产、经营、储运、使用单位，应当制定具体应急预案，并对生产经营场所、有危险物品的建筑物、构筑物及周边环境开展隐患排查，及时采取措施消除隐患，防止发生突发事件。"

该法第二十四条规定："公共交通工具、公共场所和其他人员密集场所的经营单位或者管理单位应当制定具体应急预案，为交通工具和有关场所配备报警装置和必要的应急救援设备、设施，注明其使用方法，并显著标明安全撤离的通道、路线，保证安全通道、出口的畅通。有关单位应当定期检测、维护其报警装置和应急救援设备、设施，使其处于良好

状态，确保正常使用。”

《危险化学品安全管理条例》(自 2011 年 12 月 1 日起施行)第六十九条规定：“县级以上地方人民政府安全生产监督管理部门应当会同工业和信息化、环境保护、公安、卫生、交通运输、铁路、质量监督检验检疫等部门，根据本地区实际情况，制定危险化学品事故应急预案，报本级人民政府批准。”

该条例第七十条规定：“危险化学品单位应当制定本单位危险化学品事故应急预案，配备应急救援人员和必要的应急救援器材、设备，并定期组织应急救援演练。危险化学品单位应当将其危险化学品事故应急预案报所在地设区的市级人民政府安全生产监督管理部门备案。”

《特种设备安全监察条例》(2009 版)第六十五条规定：“特种设备使用单位应当制定事故应急专项预案，并定期进行事故应急演练。”

《使用有毒物品作业场所劳动保护条例》规定：“从事使用高毒物品作业的用人单位，应当配备应急救援人员和必要的应急救援器材、设备，制定事故应急救援预案，并根据实际情况变化对应急预案适时进行修订，定期组织演练。事故应急救援预案和演练记录应当报当地卫生行政部门、安全生产监督管理部门和公安部门备案。”

三、应急预案的分级分类

1. 应急预案的分级

在我国建立事故应急救援体系时，根据可能的事故后果的影响范围、地点及应急方式，行政管理权限的大小和范围，将事故应急预案分成 5 个层级，如图 6-5 所示。

Ⅰ	国家级
Ⅱ	省级
Ⅲ	市/地区级
Ⅳ	县、市/社区级
Ⅴ	企业级

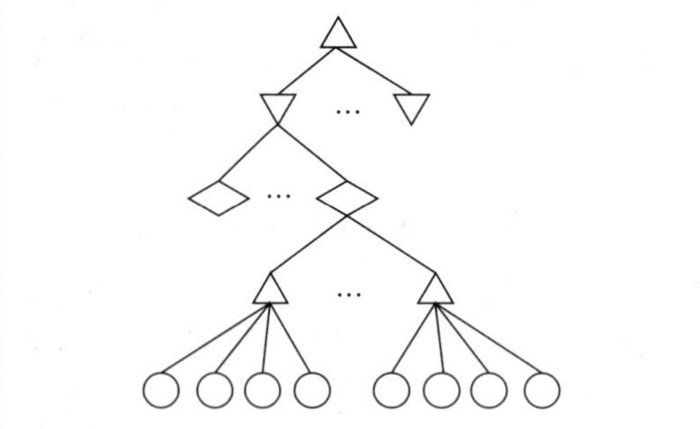

图 6-5 事故应急预案的级别

(1) Ⅰ级(国家级)。对事故后果超过省、直辖市、自治区边界以及列为国家级事故隐患、重大危险源的设施或场所，应制定国家级应急预案。企业一旦发生事故，就应即刻实施应急程序，如需上级援助，应同时报告当地县(市)或社区政府事故应急主管部门，根据预测的事故影响程度和范围，需投入的应急人力、物力和财力逐级启动事故应急预案。在任何情况下都要对企业意外事故情况的发展进行连续不断的监测，并将信息传送到社区级事故应急指挥中心。社区级事故应急指挥中心根据事故严重程度将核实后的信息逐级报送上级应急机构。

(2) Ⅱ级(省级)。对可能发生的特大火灾、爆炸、毒物泄漏事故，以及属省级特大事故隐患、省级重大危险源应建立省级事故应急反应预案。它可能是一种规模极大的灾难事故，也可能是一种需要用事故发生的城市或地区所没有的特殊技术和设备进行处理的特殊事故。这类意外事故需用全省范围内的力量来控制。

(3) Ⅲ级(地区/市级)。事故影响范围大，后果严重，或是发生在两个县或县级市管辖区边界上的事故。应急救援需动用地区的力量。

(4) Ⅳ级(县、市社区级)。所涉及的事故及其影响可扩大到公共区(社区)，但可被该县(市、区)或社区的力量，加上所涉及的工厂或工业部门的力量所控制。

(5) Ⅴ级(企业级)。事故的有害影响局限在一个单位(如某个化工厂)的界区之内，并且可被现场的操作者遏制和控制在该区域内。这类事故可能需要投入整个单位的力量来控制，但其影响预期不会扩大到社区(公共区)。

政府主管部门应建立适合的报警系统，且有一个标准程序，将事故发生、发展的信息传递给相应级别的应急指挥中心，根据对事故状况的评价，实施相应级别的应急预案。

2. 应急预案的分类

(1) 按照突发事件的种类划分。《国家突发公共事件总体应急预案》把突发公共事件划分为四大类：自然灾害；事故灾难；公共卫生事件；社会安全事件。针对每一大类突发公共事件下不同具体种类的事件，分别编制应急预案。为了规范事故灾难类突发公共事件的应急管理和应急响应程序，及时有效地实施应急救援工作，最大限度地减少人员伤亡、财产损失，维护人民群众生命财产安全和社会稳定，国务院针对事故灾难类突发公共事件发布了9部相应的应急预案：

① 国家安全生产事故灾难应急预案。

② 国家处置铁路行车事故应急预案。

③ 国家处置民用航空器飞行事故应急预案。

④ 国家海上搜救应急预案。

⑤ 国家处置城市地铁事故灾难应急预案。

⑥ 国家处置电网大面积停电事件应急预案。

⑦ 国家核应急预案。

⑧ 国家突发环境事件应急预案。

⑨ 国家通信保障应急预案。

(2) 按单位性质和责任主体的不同来划分。按单位性质和责任主体的不同，可将应急预案划分为：政府应急预案(场外预案)；生产经营单位应急预案(场内、现场预案)。政府预案和单位预案之间的联系和区别，概括起来有以下几点：

① 两者具有共同的目的和最终目标。

② 两者的框架、结构基本相同。

③ 政府预案针对的是行政辖区内的社会活动，并不具体针对特定的人、物、组织，可以看做是外向型预案，是最主要的“场外预案”之一；单位预案针对的是本单位的生产经营活动以及特定的人员范围及财产，可以看做是内向型预案，也可称为“现场预案”或“场内预案”；两者在处置的事故性质、规模和后果上存在较大差异。

④ 政府预案是社会性的，由政府来主导和负责，并承担主要责任；单位预案是自我管理性的，是单位承担安全保障责任的一种体现，立足自救的具体方案，由单位自己主导和

负责，并承担主要责任。

⑤ 政府预案作为“场外预案”和单位预案作为“现场预案”，两者之间必须具有良好的衔接。

⑥ 政府预案和单位预案在启动时，必须做到双向畅通和联动。

(3) 按预案功能和适用对象范围的不同来划分。根据应急预案的不同功能、不同适用范围，应急预案可划分为三种类型：综合预案；专项预案；现场预案（现场处置方案、单项预案）。它们之间的内在基本关系，如图 6-6 所示。

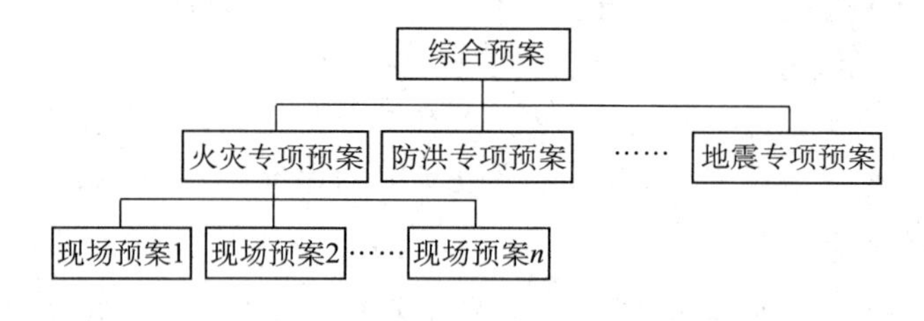

图 6-6 应急预案的类别和层次

① 综合预案也称总体预案，从总体上阐述应急目标、原则、应急组织结构及相应职责，以及应急行动的整体思路等。通过综合预案可以较为清晰地了解的应急体系和预案体系，更重要的是可以作为应急工作的基础和“底线”，即使对那些没有分析到的紧急情况或没有预案的事故也能起到一定的应急指导作用。综合预案有时也称为“管理预案”，在综合预案中需要说明对各级各类预案的基本要求，对整体预案体系和事故应急各环节提出管理上的要求。综合预案针对的是的整体，着重于共性的、突出的事故风险的处理，而且是对各类事故应急处理的共性方式、方法、原则的说明，对于特定类型的事故风险的特殊处理放在“专项预案”中说明。综合预案一般不会涉及过多的现场工作内容，而将现场处理工作放在“专项预案”和“现场预案”中，而且主要放在“现场预案”中。因此，综合预案的可操作性较弱。

一般来说，综合预案是总体、全面的预案，以场外指挥与集中指挥为主，侧重在应急救援活动的组织协调。一般大型企业或行业集团，下属很多分公司，比较适于编制这类预案，可以做到统一指挥和资源的最大利用。

② 专项预案是针对某一种具体的、特定类型的紧急情况的应急处理而制定的。例如，人身伤亡事故预案、自然灾害事故预案等。专项预案是建立在对特定风险分析基础上的，它以综合预案为前提，对应急策划、应急准备等作了更加详尽的描述，专项预案比综合预案的可操作性进一步加强，是“现场预案”的基础。专项预案往往是针对较为突出或集中的事故风险的，一个专项预案所针对的事故一般是存在于多个生产场所的，所以同一个专项预案可以对多个事故现场的应急起到指导作用。专项预案注重于某一项事故的应急处理，应尽量避免在专项预案中涉及过多的现场条件，以防缩小专项预案的适用范围，或导致专项预案与现场预案界限不清。

专项预案主要针对某种特有和具体的事故灾难风险（灾害种类），如重大事故，采取综合性与专业性的减灾、防灾、救灾和灾后恢复行动。

③ 现场预案(现场处置方案)是在综合预案和专项预案的基础上,根据具体情况需要而编制的。它是针对特定的具体场所而制定的预案,通常是事故风险较大的场所。现场预案的特点是针对某一具体现场的特殊危险,在详细分析的基础上,对应急救援中的各个方面都做出具体、周密的安排,因而现场预案具有更强的针对性、指导性和可操作性。

现场预案的编制要以实用、简洁为标准,过于庞大的现场预案不便于应急情况下的使用。

现场预案的另一特殊形式为单项预案。单项预案可以是针对一大型公众聚集活动(如经济、文化、体育、民俗、娱乐、集会等活动)或高风险的建设施工或维修活动(如人口高密度区建筑物的定向爆破、生命线施工维护等活动)而制定的临时性应急行动方案。随着这些活动的结束,预案的有效性也随之终结。单项预案主要是针对临时活动中可能出现的紧急情况,预先对相关应急机构的职责、任务和预防性措施做出的安排。单项应急救援方案,主要针对一些单项、突发的紧急情况所设计的具体行动计划。一般是针对有些临时性的工程或活动,这些活动不是日常生产过程中的活动,也不是规律性的活动,但这类作业活动由于其临时性或发生的几率很少,对于可能潜在的危机常常被忽视。

四、应急救援预案的核心要素

按照系统论的思想,应急救援预案是一个开放、复杂和庞大的系统,应急预案的设计和组织实施应遵循体系要素构成和持续改进的指导思想。应急预案是整个应急管理体系的反映,它不仅包括事故发生过程中的应急响应和救援措施,而且还应包括事故发生前的各种应急准备和事故发生后的紧急恢复,以及预案的管理与更新等。因此,一个完善的应急预案按相应的过程可分为六个一级关键要素,包括:①方针与原则;②应急策划;③应急准备;④应急响应;⑤现场恢复;⑥预案管理与评审改进。

上述六个一级要素相互之间既相对独立又紧密联系,从应急的方针、策划、准备、响应、恢复到预案的管理与评审改进,形成了一个有机联系并持续改进的体系结构。根据一级要素中所包括的任务和功能,其中应急策划、应急准备和应急响应三个一级关键要素可进一步划分成若干个二级小要素。所有这些要素构成了事故应急预案的核心要素。这些要素是重大事故应急预案编制应当涉及的基本方面。下面将对这些要素的基本内容及要求分别进行介绍。

在实际编制应急预案时,可根据职能部门的设置和职责分配、风险性质和规模等具体情况,将要素进行合并、增加、重新编排或适当的删减等,以便于组织编写。原则上,无论综合预案、专项预案、现场预案都可以由上述这些要素构成,只是不同类型预案中各要素阐述的侧重点不同。

(一)方针与原则

应急救援体系首先应有一个明确的方针和原则来作为指导应急救援工作的纲领。方针与原则反映了应急救援工作的优先方向、政策、范围和总体目标,如保护人员安全优先、防止和控制事故蔓延优先、保护环境优先。此外,方针与原则还应体现预防为主、常备不懈、事故损失控制、统一指挥、高效协调以及持续改进的思想。

（二）应急策划

应急预案是有针对性的，具有明确的对象，其对象可能是某一类或多类可能的重大事故类型。应急预案的制定必须基于对所针对的潜在事故类型有一个全面系统的认识和评价，识别出重要的潜在事故类型、性质、区域、分布及事故后果，同时，根据危险分析的结果，分析应急救援的应急力量和可用资源情况，并提出建设性意见。在进行应急策划时，应当列出国家、地方相关的法律法规，以作为预案的制定、应急工作的依据和授权。应急策划包括危险分析、资源分析以及法律法规要求3个二级要素。

1. 危险分析

危险分析是应急预案编制的基础和关键过程。危险分析的结果不仅有助于确定需要重点考虑的危险，提供划分预案编制优先级别的依据，而且也为应急预案的编制、应急准备和应急响应提供必要的信息和资料。危险分析的最终目的是要明确应急的对象（可能存在的重大事故）、事故的性质及其影响范围、后果严重程度等。危险分析应依据国家和地方有关的法律法规要求，根据具体情况进行。危险分析包括危险识别、脆弱性分析和风险分析。

（1）危险识别。要调查所有的危险并进行详细的分析是不可能的。危险识别的目的是要将城市中可能存在的重大危险因素识别出来，作为下一步危险分析的对象。危险识别应分析本地区的地理、气象等自然条件，工业和运输、商贸、公共设施等的具体情况，总结本地区历史上曾经发生的重大事故，来识别出可能发生的自然灾害和重大事故。危险识别还应符合国家有关法律法规和标准的要求。

危险识别应明确下列内容：

① 危险化学品工厂（尤其是重大危险源）的位置和运输路线；

② 伴随危险化学品的泄漏而最有可能发生的危险（如火灾、爆炸和中毒）；

③ 城市内或经过城市进行运输的危险化学品的类型和数量；

④ 重大火灾隐患的情况，如地铁、大型商场等人口密集场所；

⑤ 其他可能的重大事故隐患，如大坝、桥梁等；

⑥ 可能的自然灾害，以及地理、气象等自然环境的变化和异常情况。

（2）脆弱性分析。脆弱性分析要确定的是：一旦发生危险事故，哪些地方、哪些人及人群、什么财物和设施等容易受到破坏、冲击和影响。脆弱性分析结果应提供下列信息：

① 受事故或灾害严重影响的区域，以及该区域的影响因素（如地形、交通、风向等）；

② 预计位于脆弱带中的人口数量和类型（如居民、职员，敏感人群——医院、学校、疗养院、托儿所）；

③ 可能遭受的财产破坏，包括基础设施（如水、食物、电、医疗）和运输线路；

④ 可能的环境影响。

（3）风险分析。风险分析是根据脆弱性分析的结果，评估事故或灾害发生时，对城市造成破坏（或伤害）的可能性，以及可能导致的实际破坏（或伤害）程度。通常可能会选择对最坏的情况进行分析。

要做到准确分析事故发生的可能性是不太现实的，一般不必过多地将精力集中到对事故或灾害发生的可能性进行精确的定量分析上，可以用相对性的词汇（如低、中、高）来描述发生事故或灾害的可能性，但关键是要在充分利用现有数据和技术的基础上进行合理的评估。

2. 资源分析

针对危险分析所确定的主要危险，明确应急救援所需的资源，列出可用的应急力量和资源，包括：

① 各类应急力量的组成及分布情况；

② 各种重要应急设备、物资的准备情况；

③ 上级救援机构或周边可用的应急资源。

通过资源分析，可为应急资源的规划与配备、与相邻地区签订互助协议和预案编制提供指导。

3. 法律法规要求

有关应急救援的法律法规是开展应急救援工作的重要前提保障。应急策划时，应列出国家、省、地方涉及应急各部门职责要求以及应急预案、应急准备和应急救援的法律法规文件，以作为预案编制和应急救援的依据和授权。

（三）应急准备

应急预案能否在应急救援中成功地发挥作用，不仅仅取决于应急预案自身的完善程度，还取决于应急准备的充分与否。应急准备应当依据应急策划的结果开展，包括各应急组织及其职责权限的明确、应急资源的准备、公众教育、应急人员培训、预案演练和互助协议的签署等。

1. 机构与职责

为保证应急救援工作的反应迅速、协调有序，必须建立完善的应急机构组织体系，包括城市应急管理的领导机构、应急响应中心以及各有关机构部门等。对应急救援中承担任务的所有应急组织，应明确相应的职责、负责人、候补人及联络方式。

2. 应急资源

应急资源的准备是应急救援工作的重要保障，应根据潜在事故的性质和后果分析，合理组建专业和社会救援力量，配备应急救援中所需的消防手段、各种救援机械和设备、监测仪器、堵漏和清消材料、交通工具、个体防护设备、医疗设备和药品、生活保障物资等，并定期检查、维护与更新，保证始终处于完好状态。另外，对应急资源信息应实施有效的管理与更新。

3. 教育、训练与演习

为全面提高应急能力，应急预案应对公众教育、应急训练和演习做出相应的规定，包括其内容、计划、组织与准备、效果评估等。

公众意识和自我保护能力是减少重大事故伤亡不可忽视的一个重要方面。作为应急准备的一项内容，应对公众的日常教育做出规定，尤其是位于重大危险源周边的人群，使他们了解潜在危险的性质和对健康的危害，掌握必要的自救知识，了解预先指定的主要及备用疏散路线和集合地点，了解各种警报的含义和应急救援工作的有关要求。

应急训练的基本内容主要包括基础培训与训练、专业训练、战术训练及其他训练等。基础培训与训练的目的是保证应急人员具备良好的体能、战斗意志和作风，明确各自的职责，熟悉城市潜在重大危险的性质、救援的基本程序和要领，熟练掌握个人防护装备和通信装备的使用等；专业训练关系到应急队伍的实战能力，训练内容主要包括专业常识、堵源技术、抢运和清消及现场急救等技术；战术训练是各项专业技术的综合运用，使各级指挥员和救援人员具备良好的组织指挥能力和应变能力；其他训练应根据实际情况，选择开展如防化、气象、侦检技术、综合训练等项目的训练，以进一步提高救援队伍的救援水平。

预案演习是对应急能力的综合检验。应急演习包括桌面演习和实战模拟演习。组织由应急各方参加的预案训练和演习，使应急人员进入"实战"状态，熟悉各类应急处理和整个应急行动的程序，明确自身的职责，提高协同作战的能力。同时，应对演练的结果进行评估，分析应急预案存在的不足，并予以改进和完善。

4. 互助协议

当有关的应急力量与资源相对薄弱时，应事先寻求与邻近区域签订正式的互助协议，并做好相应的安排，以便在应急救援中及时得到外部救援力量和资源的援助。此外，也应与社会专业技术服务机构、物资供应企业等签署相应的互助协议。

（四）应急响应

应急响应包括应急救援过程中一系列需要明确并实施的核心应急功能和任务，这些核心功能具有一定的独立性，但相互之间又密切联系，构成了应急响应的有机整体。应急响应的核心功能和任务包括：接警与通知，指挥与控制，警报和紧急公告，通信，事态监测与评估，警戒与治安，人群疏散与安置，医疗与卫生，公共关系，应急人员安全，消防和抢险，泄漏物控制。

1. 接警与通知

准确了解事故的性质和规模等初始信息，是决定启动应急救援的关键。接警作为应急响应的第一步，必须对接警要求做出明确规定，保证迅速、准确地向报警人员询问事故现场的重要信息。接警人员接受报警后，应按预先确定的通报程序，迅速向有关应急机构、政府及上级部门发出事故通知，以采取相应的行动。

2. 指挥与控制

重大事故的应急救援往往涉及多个救援机构，因此，对应急行动的统一指挥和协调是应急救援有效开展的关键。因此应建立分级响应、统一指挥、协调和决策程序，以便对事故进行初始评估，确认紧急状态，迅速有效地进行应急响应决策，建立现场工作区域，确定重点保护区域和应急行动的优先原则，指挥和协调现场各救援队伍开展救援行动，合理高效地调配和使用应急资源。

3. 警报和紧急公告

当事故可能影响到周边地区，对周边地区的公众可能造成威胁时，应及时启动警报系统，向公众发出警报，同时通过各种途径向公众发出紧急公告，告知事故性质、对健康的影响、自我保护措施、注意事项等，以保证公众能够及时做出自我防护响应。决定实施疏散时，应通过紧急公告确保公众了解疏散的有关信息，如疏散时间、路线、随身携带物、交通工具及目的地等。

该部分应明确在发生重大事故时，如何向受影响的公众发出警报，包括什么时候，谁有权决定启动警报系统，各种警报信号的不同含义，警报系统的协调使用、可使用的警报装置的类型和位置，以及警报装置覆盖的地理区域。如果可能，应指定备用措施。

4. 通信

通信是应急指挥、协调和与外界联系的重要保障，在现场指挥部、应急中心、各应急救援组织、新闻媒体、医院、上级政府和外部救援机构等之间，必须建立畅通的应急通信网络。该部分应说明主要通信系统的来源、使用、维护以及应急组织通信需要的详细情况等，并充分考虑紧急状态下的通信能力和保障，并建立备用的通信系统。

5. 事态监测与评估

事态监测与评估在应急救援和应急恢复决策中具有关键的支持作用。消防和抢险、应急人员的安全、公众的就地保护措施或疏散、食物和水源的使用、污染物的围堵收容和清消、人群的返回等，都取决于对事故性质、事态发展的准确监测和评估。在应急救援过程中必须对事故的发展势态及影响及时进行动态的监测，建立对事故现场及场外进行监测和评估的程序。可能的监测活动包括：事故影响边界，气象条件，对食物、饮用水卫生以及水体、土壤、农作物等的污染，可能的二次反应有害物，爆炸危险性和受损建筑垮塌危险性，以及污染物质滞留区等。事态监测与评估在应急决策中起着重要作用。可能的监测活动包括：事故规模及影响边界；气象条件；对食物、饮用水、卫生以及水体、土壤、农作物等的污染；可能的二次反应有害物；爆炸危险性和受损建筑垮塌危险性以及污染物质滞留区等。

6. 警戒与治安

为保障现场应急救援工作的顺利开展，在事故现场周围建立警戒区域，实施交通管制，维护现场治安秩序是十分必要的。其目的是防止与救援无关的人员进入事故现场，保障救援队伍、物资运输和人群疏散等的交通畅通，并避免发生不必要的伤亡。此外，警戒与治安还应该协助发出警报、现场紧急疏散、人员清点、传达紧急信息、执行指挥机构的通告、协助事故调查等。对危险物质事故，必须列出警戒人员有关个体防护的准备。为保障现场应急救援工作的顺利开展，在事故现场周围建立警戒区域，实施交通管制，维护现场治安秩序是十分必要的，其目的是要防止与救援无关人员进入事故现场，保障救援队伍、物资运输和人群疏散等的交通畅通，并避免发生不必要的伤亡。

7. 人群疏散与安置

人群疏散是减少人员伤亡扩大的关键，也是最彻底的应急响应。当事故现场的周围地区人群的生命可能受到威胁时，将受威胁人群及时疏散到安全区域，是减少事故人员伤亡的一个关键。事故的大小、强度、爆发速度、持续时间及其后果严重程度是实施人群疏散应予考虑的一个重要因素，它将决定撤离人群的数量、疏散的可用时间以及确保安全的疏散距离。人群疏散可由公安、民政部门和街道居民组织抽调力量负责具体实施，必要时可吸收工厂、学校中的骨干力量或组织志愿者参加。

8. 医疗与卫生

对受伤人员采取及时有效的现场急救以及合理地转送医院进行治疗，是减少事故现场人员伤亡的关键。在该部分应明确针对城市可能的重大事故，为现场急救、伤员运送、治疗及健康监测等所做的准备和安排，包括：可用的急救资源列表，如急救中心、救护车和现场急救人员的数量；医院、职业中毒治疗医院及烧伤等专科医院的列表，如数量、分布、可用病床、治疗能力等；抢救药品、医疗器械、消毒、解毒药品等的城市内、外来源和供给；医疗人员必须了解城市内主要危险对人群造成伤害的类型，并经过相应的培训，掌握对危险化学品受伤害人员进行正确消毒和治疗的方法。

9. 公共关系

重大事故发生后，不可避免地会引起新闻媒体和公众的关注。因此，应将有关事故的信息、影响、救援工作的进展等情况及时向媒体和公众进行统一发布，以消除公众的恐慌心理，控制谣言，避免公众的猜疑和不满。该部分应明确信息发布的审核和批准程序，保证发布信息的统一性；指定新闻发言人，适时举行新闻发布会，准确发布事故信息，澄清事故传言；为公众咨询、接待、安抚受害人员家属做出安排。该应急功能负责与公众和新闻媒体的沟通，向公众和社会发布准确的事故信息、公布人员伤亡情况，以及政府已采取的措施。

10. 应急人员安全

城市重大事故尤其是涉及危险物质的重大事故的应急救援工作危险性极大，必需对应急人员自身的安全问题进行周密的考虑，包括安全预防措施、个体防护等级、现场安全监测等，明确应急人员进出现场和紧急撤离的条件和程序，保证应急人员的安全。应急响应人员自身的安全是城市重大工业事故应急预案应予考虑的一个重要因素。

11. 消防和抢险

消防和抢险是应急救援工作的核心内容之一，其目的是为尽快地控制事故的发展，防止事故的蔓延和进一步扩大，从而最终控制住事故，并积极营救事故现场的受害人员。尤其是涉及危险物质的泄漏、火灾事故，其消防和抢险工作的难度和危险性巨大。该部分应对消防和抢险工作的组织、相关消防抢险设施、器材和物资、人员的培训、行动方案以及现场指挥等做好周密的安排和准备。消防与抢险在城市重大事故应急救援中对控制事态的发展起着决定性的作用，承担着火灾扑救、救人、破拆、堵漏、重要物资转移与疏散等重要职责。

12. 泄漏物控制

危险物质的泄漏以及灭火用的水由于溶解了有毒蒸气都可能对环境造成重大影响，同时也会给现场救援工作带来更大的危险，因此必须对危险物质的泄漏物进行控制。该部分应明确可用的收容装备(泵、容器、吸附材料等)、洗消设备(包括喷雾洒水车辆)及洗消物资,并建立洗消物资供应企业的供应情况和通信名录,保证对泄漏物的及时围堵、收容、洗消和妥善处置。

(五)现场恢复

现场恢复是指将事故现场恢复至一相对稳定、安全的基本状态。应避免现场恢复过程中可能存在的危险,并为长期恢复提供指导和建议。现场恢复也可称为紧急恢复,是指事故被控制住后所进行的短期恢复,从应急过程来说意味着应急救援工作的结束,进入到另一个工作阶段,即将现场恢复到一个基本稳定的状态。大量的经验教训表明,在现场恢复的过程中仍存在潜在的危险,如余烬复燃、受损建筑倒塌等,所以应充分考虑现场恢复过程中可能的危险。该部分主要内容应包括:

① 撤点、撤离和交接程序。

② 宣布应急结束的程序。

③ 重新进入和人群返回的程序。

④ 现场清理和公共设施的基本恢复。

⑤ 受影响区域的连续检测。

⑥ 事故调查与后果评价。

(六)预案管理与评审改进

应急预案是应急救援工作的指导文件,具有法规权威性,所以应当对预案的制定、修改、更新、批准和发布做出明确的管理规定,并保证定期或在应急演习、应急救援后对应急预案进行评审,针对实际情况以及预案中所暴露出的缺陷,不断地更新、完善和改进。

五、应急救援预案的基本结构

不同的应急预案由于各自所处的层次和适用的范围不同,因而在内容的详略程度和侧重点上会有所不同,但都可以采用相似的基本结构。如图 6-7 所示的“1+4”预案编制结构,是由一个基本预案加上应急功能设置、特殊风险管理、标准操作程序和支持附件构成的。

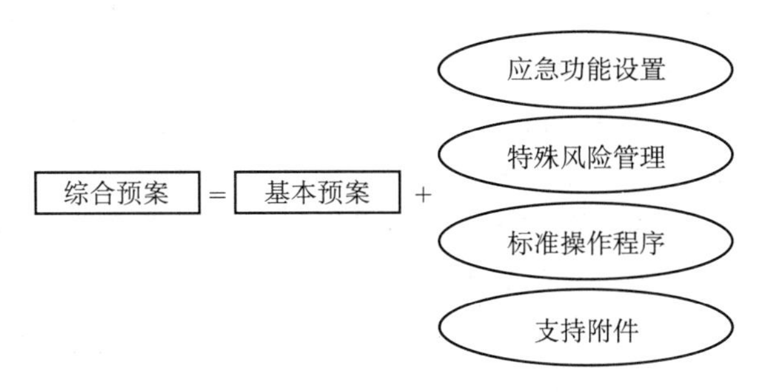

图 6-7 应急预案基本结构

1. 基本预案

基本预案是应急预案的总体描述，主要阐述应急预案所要解决的紧急情况、应急的组织体系、方针、应急资源、应急的总体思路，并明确各应急组织在应急准备和应急行动中的职责以及应急预案的演练和管理等规定。

2. 应急功能设置

应急功能是对在各类重大事故应急救援中通常都要采取的一系列基本的应急行动和任务而编写的计划，如指挥和控制、警报、通信、人群疏散、人群安置、医疗等。它着眼于城市对突发事故响应时所要实施的紧急任务。由于应急功能是围绕应急行动的，因此它们的主要对象是那些任务执行机构。针对每一应急功能，应明确其针对的形势、目标、负责机构和支持机构、任务要求、应急准备和操作程序等。应急预案中包含的功能设置的数量和类型因地方差异会有所不同，主要取决于所针对的潜在重大事故危险类型，以及城市的应急组织方式和运行机制等具体情况。

为直观地描述应急功能与相关应急机构的关系，可采用应急功能矩阵表。表6-2直观地描述了应急功能与相关应急机构的关系。

表6-2 应急功能矩阵表

部门	应急功能							
	接警与通知	警报和紧急公告	事态监测与评估	警戒与管制	人群疏散	医疗与卫生	消防和抢险	……
应急中心	R	R	S		S			
生产		S	S		S		S	
消防	S	S	S	S	S	S	R	
保卫	S			R	R	S	S	
卫生			S			R		
安环	S	S	R		S	S	S	
技术			S				S	
……								

注：R——负责部门；S——支持部门。

3. 特殊风险管理

特殊风险指根据某类事故灾难、灾害的典型特征，需要对其应急功能做出针对性安排的风险。应说明处置此类风险应该设置的专有应急功能或有关应急功能所需的特殊要求，明确这些应急功能的责任部门、支持部门、有限介入部门以及它们的职责和任务，为制定该类风险的专项预案提出特殊要求和指导。根据具体情况，可能要做出规定的特殊风险有：①地震；②洪水；③火灾；④暴风雪；⑤台风；⑥长时间停电；⑦空难；⑧重大建筑工程事故；⑨重大交通事故；⑩危险化学品事故；⑪核泄漏事故；⑫中毒事故；⑬突发公共卫生事件；⑭社会突发事件；⑮极度高温或低温天气；⑯大型社会活动；⑰其他，如敏感日期等。

4. 标准操作程序

由于基本预案、应急功能设置并不说明各项应急功能的实施细节，因此各应急功能的主要责任部门必须组织制定相应的标准操作程序，为应急组织或个人提供履行应急预案中规定职责和任务的详细指导。标准操作程序应保证与应急预案的协调和一致性，其中重要的标准操作程序可作为应急预案附件或以适当方式引用。

5. 支持附件

支持附件是指应急救援的有关支持保障系统的描述及有关的附图表，主要包括：危险分析附件；通信联络附件；法律法规附件；机构和应急资源附件；教育、培训、训练和演习附件；技术支持附件；协议附件；其他支持附件等。在应急预案或标准操作程序中，常常应当提供下列附图表等支持附件信息、资料。

① 通信系统。

② 信息网络系统。

③ 警报系统分布及覆盖范围。

④ 技术参考（手册、后果预测和评估模型及有关支持软件等）。

⑤ 专家名录。

⑥ 重大危险源登记表、分布图。

⑦ 重大事故灾害影响范围预测图。

⑧ 重要防护目标一览表、分布图。

⑨ 应急机构、人员通信联络一览表。

⑩ 消防队等应急力量一览表、分布图。

⑪ 医院、急救中心一览表。

⑫ 应急装备、设备（施）、物资一览表。

⑬ 应急物资供应企业名录。

⑭ 外部机构通信联络一览表。

⑮ 战术指挥图。

⑯ 疏散路线图。

⑰ 蔽护及安置场所一览表、分布图。

⑱ 电视台、广播电台等新闻媒体联络一览表。

六、编制应急救援预案的步骤

（一）策划应急救援预案应考虑的因素

策划应急预案时应进行合理策划，做到重点突出，反映主要的重大事故风险，并避免预案相互孤立、交叉和矛盾。策划重大事故应急预案时，应充分考虑下列因素：

① 重大危险普查的结果，包括重大危险源的数量、种类及分布情况，重大事故隐患情况等。

② 本地区的地质、气象、水文等不利的自然条件（如地震、洪水、台风等）及其影响。

③ 本地区以及国家和上级机构已制定的应急预案的情况。

④ 本地区以往灾难事故的发生情况。

⑤ 功能区布置及相互影响情况。

⑥ 周边重大危险可能带来的影响。

⑦ 国家及地方相关法律法规的要求。

（二）应急救援预案编制步骤

应急预案编制工作流程具体可以分为下面 6 个步骤：成立预案编制小组；收集资料；危险分析；应急能力评估；编制应急预案；应急预案的评审与发布。如图 6-8 所示。

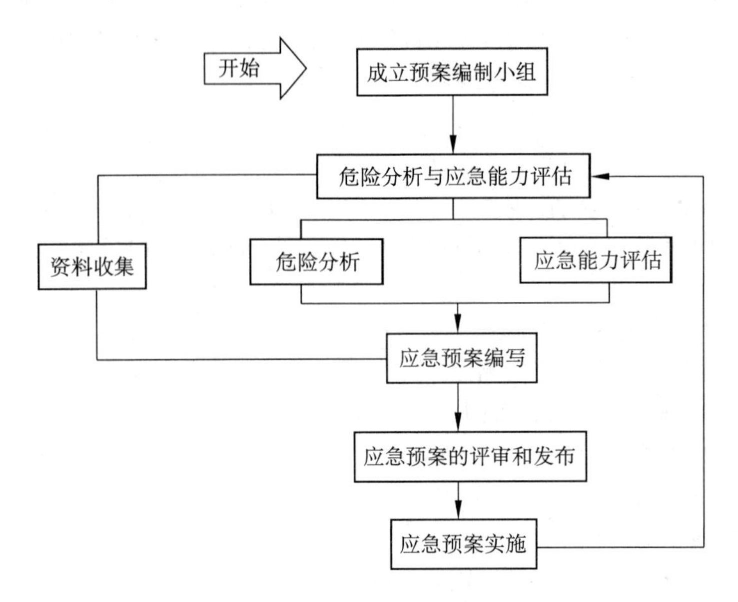

图 6-8 应急预案编制的具体流程

（1）应急预案编制工作组

结合本单位部门职能分工，成立以单位主要负责人为领导的应急预案编制工作组，明确编制任务、职责分工，制定工作计划。

（2）资料收集

收集应急预案编制所需的各种资料（相关法律法规、应急预案、技术标准、国内外同行业事故案例分析、本单位技术资料等）。

（3）危险源与风险分析

在危险因素分析及事故隐患排查、治理的基础上，确定本单位的危险源、可能发生事故的类型和后果，进行事故风险分析，并指出事故可能产生的次生、衍生事故，形成分析报告，分析结果作为应急预案的编制依据。

（4）应急能力评估

对本单位应急装备、应急队伍等应急能力能够评估，并结合本单位实际，加强应急能力建设。

（5）应急预案编制

针对可能发生的事故，按照有关规定和要求编制应急预案。应急预案编制过程中，应注重全体人员的参与和培训，使所有与事故有关人员均掌握危险源的危险性、应急处置方案和技能。应急预案应充分利用社会应急资源，与地方政府预案、上级主管单位以及相关部门的预案相衔接。

(6) 应急预案评审与发布

应急预案编制完成后,应进行评审。评审由本单位主要负责人组织有关部门和人员进行。外部评审由上级主管部门或地方政府负责安全管理的部门组织审查。评审后,按规定报有关部门备案,并经生产经营单位主要负责人签署发布。

(三) 应急预案文件格式和要求

一般来说,应急预案文件的版面格式与体例应符合下列基本要求。

1. 封面

应急预案封面主要包括应急预案编号、应急预案版本号、生产经营单位名称、应急预案名称、编制单位名称、颁布日期等内容。

2. 批准页

应急预案必须经发布单位主要负责人批准方可发布。

3. 目次

应急预案应设置目次,目次中所列的内容及次序如下:

- 批准页;
- 章的编号、标题;
- 带有标题的条的编号、标题(需要时列出);
- 附件,用序号表明其顺序。

4. 印刷与装订

应急预案采用 A4 版面印刷,活页装订。

七、生产经营单位事故应急救援预案编制

1. 生产经营单位应急预案体系

《生产安全事故应急预案管理办法》(自 2009 年 5 月 1 日起施行)规定,生产经营单位应当根据有关法律、法规和《生产经营单位安全生产事故应急预案编制导则》(AQ/T 9002—2006),结合本单位的危险源状况、危险性分析情况和可能发生的事故特点,制定相应的应急预案。生产经营单位的应急预案按照针对情况的不同,分为综合应急预案、专项应急预案和现场处置方案。

应急预案应形成体系,针对各级各类可能发生的事故和所有危险源制订专项应急预案和现场应急处置方案,并明确事前、事发、事中、事后的各个过程中相关部门和有关人员的职责。生产规模小、危险因素少的生产经营单位,综合应急预案和专项应急预案可以合并编写。

2. 综合应急预案的框架结构

生产经营单位风险种类多、可能发生多种事故类型的,应当组织编制本单位的综合应急预案。综合应急预案应当包括本单位的应急组织机构及其职责、预案体系及响应程序、事故预防及应急保障、应急培训及预案演练等主要内容。生产经营单位编制综合应急预

案可采用如下的框架结构，但是生产经营单位可以结合本单位的组织结构、管理模式、风险种类、生产规模等特点，可以对此框架结构等要素进行适当调整。

（1）总则

① 编制目的

简述应急预案编制的目的、作用等。

② 编制依据

简述应急预案编制所依据的法律法规、规章，以及有关行业管理规定、技术规范和标准等。

③ 适用范围

说明应急预案适用的区域范围，以及事故的类型、级别。

④ 应急预案体系

说明本单位应急预案体系的构成情况。

⑤ 应急工作原则

说明本单位应急工作的原则，内容应简明扼要、明确具体。

（2）生产经营单位的危险性分析

① 生产经营单位概况

生产经营单位概况主要包括单位地址、从业人数、隶属关系、主要原材料、主要产品、产量等内容，以及周边重大危险源、重要设施、目标、场所和周边布局情况。必要时，可附平面图进行说明。

② 危险源与风险分析

危险源与风险分析主要阐述本单位存在的危险源及风险分析结果。

（3）组织机构及职责

① 应急组织体系

明确应急组织形式，构成单位或人员，并尽可能以结构图的形式表示出来。

② 指挥机构及职责

明确应急救援指挥机构总指挥、副总指挥、各成员单位及其相应职责。应急救援指挥机构根据事故类型和应急工作需要，可以设置相应的应急救援工作小组，并明确各小组的工作任务及职责。某公司的应急组织体系结构如图 3-8 所示。

（4）预防与预警

① 危险源监控

明确本单位对危险源监测监控的方式、方法，以及采取的预防措施。

② 预警行动

明确事故预警的条件、方式、方法和信息的发布程序。

③ 信息报告与处置

按照有关规定，明确事故及未遂伤亡事故信息报告与处置办法。

- 信息报告与通知。明确 24h 应急值守电话、事故信息接收和通报程序。
- 信息上报。明确事故发生后向上级主管部门和地方人民政府报告事故信息的流程、内容和时限。

● 信息传递。明确事故发生后向有关部门或单位通报事故信息的方法和程序。

（5）应急响应

① 响应分级

针对事故危害程度、影响范围和单位控制事态的能力，将事故分为不同的等级。按照分级负责的原则，明确应急响应级别。

② 响应程序

根据事故的大小和发展态势，明确应急指挥、应急行动、资源调配、应急避险、扩大应急等响应程序。

③ 应急结束

明确应急终止的条件。事故现场得以控制，环境符合有关标准，导致次生、衍生事故隐患消除后，经事故现场应急指挥机构批准后，现场应急结束。应急结束后，应明确：

● 事故情况上报事项；
● 需向事故调查处理小组移交的相关事项；
● 事故应急救援工作总结报告。

（6）信息发布

明确事故信息发布的部门，发布原则。事故信息应由事故现场指挥部及时准确向新闻媒体通报事故信息。

（7）后期处置

后期处置主要包括污染物处理、事故后果影响消除、生产秩序恢复、善后赔偿、抢险过程和应急救援能力评估及应急预案的修订等内容。

（8）保障措施

① 通信与信息保障

明确与应急工作相关联的单位或人员通信联系方式和方法，并提供备用方案。建立信息通信系统及维护方案，确保应急期间信息通畅。

② 应急队伍保障

明确各类应急响应的人力资源，包括专业应急队伍、兼职应急队伍的组织与保障方案。

③ 应急物资装备保障

明确应急救援需要使用的应急物资和装备的类型、数量、性能、存放位置、管理责任人及其联系方式等内容。

④ 经费保障

明确应急专项经费来源、使用范围、数量和监督管理措施，保障应急状态时生产经营单位应急经费的及时到位。

⑤ 其他保障

根据本单位应急工作需求而确定的其他相关保障措施（如：交通运输保障、治安保障、技术保障、医疗保障、后勤保障等）。

（9）培训与演练

① 培训

明确对本单位人员开展的应急培训计划、方式和要求。如果预案涉及到社区和居民，要做好宣传教育和告知等工作。

② 演练

明确应急演练的规模、方式、频次、范围、内容、组织、评估、总结等内容。

（10）奖惩

明确事故应急救援工作中奖励和处罚的条件和内容。

（11）附则

① 术语和定义

对应急预案涉及的一些术语进行定义。

② 应急预案备案

明确本应急预案的报备部门。

③ 维护和更新

明确应急预案维护和更新的基本要求，定期进行评审，实现可持续改进。

④ 制定与解释

明确应急预案负责制定与解释的部门。

⑤ 应急预案实施

明确应急预案实施的具体时间。

3. 专项应急预案的编制提纲

对于某一种类的风险，生产经营单位应当根据存在的重大危险源和可能发生的事故类型，制定相应的专项应急预案。专项应急预案应当包括危险性分析、可能发生的事故特征、应急组织机构与职责、预防措施、应急处置程序和应急保障等内容。参照《生产经营单位安全生产事故应急预案编制导则》（AQ/T 9002—2006）的规定，生产经营单位编制专项应急预案可采用如下的框架结构，但是生产经营单位可以结合本单位的组织结构、管理模式、风险种类、生产规模等，对此框架结构等要素进行适当调整。

（1）事故类型和危害程度分析

在危险源评估的基础上，对其可能发生的事故类型和可能发生的季节及其严重程度进行确定。

（2）应急处置基本原则

明确处置安全生产事故应当遵循的基本原则。

（3）组织机构及职责

① 应急组织体系

明确应急组织形式，构成单位或人员，并尽可能以结构图的形式表示出来。

② 指挥机构及职责

根据事故类型，明确应急救援指挥机构总指挥、副总指挥以及各成员单位或人员的具体职责。应急救援指挥机构可以设置相应的应急救援工作小组，明确各小组的工作任务及主要负责人职责。

（4）预防与预警

① 危险源监控

明确本单位对危险源监测监控的方式、方法，以及采取的预防措施。

② 预警行动

明确具体事故预警的条件、方式、方法和信息的发布程序。

(5) 信息报告程序

主要包括：

① 确定报警系统及程序；

② 确定现场报警方式，如电话、警报器等；

③ 确定24小时与相关部门的通信、联络方式；

④ 明确相互认可的通告、报警形式和内容；

⑤ 明确应急反应人员向外求援的方式。

(6) 应急处置

① 响应分级

针对事故危害程度、影响范围和单位控制事态的能力，将事故分为不同的等级。按照分级负责的原则，明确应急响应级别。

② 响应程序

根据事故的大小和发展态势，明确应急指挥、应急行动、资源调配、应急避险、扩大应急等响应程序。

③ 处置措施

针对本单位事故类别和可能发生的事故特点、危险性，制定的应急处置措施(如：煤矿瓦斯爆炸、冒顶片帮、火灾、透水等事故应急处置措施，危险化学品火灾、爆炸、中毒等事故应急处置措施)。

(7) 应急物资与装备保障

明确应急处置所需的物质与装备数量、管理和维护、正确使用等。

4. 现场处置方案的编制提纲

对于危险性较大的重点岗位，生产经营单位应当制定重点工作岗位的现场处置方案。现场处置方案应当包括危险性分析、可能发生的事故特征、应急处置程序、应急处置要点和注意事项等内容。参照《生产经营单位安全生产事故应急预案编制导则》(AQ/T 9002—2006)的规定，生产经营单位编制现场处置方案可采用如下的框架结构，但是生产经营单位可以结合本单位的组织结构、管理模式、风险种类、生产规模等特点，可以对此框架结构等要素进行适当调整。

(1) 事故特征

主要包括：

① 危险性分析，可能发生的事故类型；

② 事故发生的区域、地点或装置的名称；

③ 事故可能发生的季节和造成的危害程度；

④ 事故前可能出现的征兆。

(2) 应急组织与职责

主要包括：

① 基层单位应急自救组织形式及人员构成情况；

② 应急自救组织机构、人员的具体职责，应同单位或车间、班组人员工作职责紧密结合，明确相关岗位和人员的应急工作职责。

(3) 应急处置

① 事故应急处置程序。根据可能发生的事故类别及现场情况，明确事故报警、各项应急措施启动、应急救护人员的引导、事故扩大及同企业应急预案的衔接的程序。

② 现场应急处置措施。针对可能发生的火灾、爆炸、危险化学品泄漏、坍塌、水患、机动车辆伤害等，从操作措施、工艺流程、现场处置、事故控制，人员救护、消防、现场恢复等方面制定明确的应急处置措施。

③ 报警电话及上级管理部门、相关应急救援单位联络方式和联系人员，事故报告的基本要求和内容。

(4) 注意事项

① 佩戴个人防护器具方面的注意事项；

② 使用抢险救援器材方面的注意事项；

③ 采取救援对策或措施方面的注意事项；

④ 现场自救和互救注意事项；

⑤ 现场应急处置能力确认和人员安全防护等事项；

⑥ 应急救援结束后的注意事项；

⑦ 其他需要特别警示的事项。

5. 支持附件

应急预案(综合预案、专项预案、现场处置方案)应当包括应急组织机构和人员的联系方式、应急物资储备清单等附件信息。附件信息应当经常更新，确保信息准确有效。参照《生产经营单位安全生产事故应急预案编制导则》(AQ/T 9002—2006)的规定，支持附件至少应当包括以下几个方面的资料和信息。

(1) 有关应急部门、机构或人员的联系方式

列出应急工作中需要联系的部门、机构或人员的多种联系方式，并不断进行更新。

(2) 重要物资装备的名录或清单

列出应急预案涉及的重要物资和装备名称、型号、存放地点和联系电话等。

(3) 规范化格式文本

信息接收、处理、上报等规范化格式文本。

(4) 关键的路线、标识和图纸

① 警报系统分布及覆盖范围；

② 重要防护目标一览表、分布图；

③ 应急救援指挥位置及救援队伍行动路线；

④ 疏散路线、重要地点等标识；

⑤ 相关平面布置图、救援力量的分布图等。

(5) 相关应急预案名录

列出直接与本应急预案相关的或相衔接的应急预案名称。

（6）有关协议或备忘录

与相关应急救援部门签订的应急支援协议或备忘录。

第四节　应急救援预案演练

案例导入

【案例 6-4】 2008 年“5·12”汶川大地震对灾区很多中小学校造成了巨大的损害。有许多正在上课的中小学师生没能脱险逃生，然而，面对这样一场的突如其来的灾难，有一所紧邻重灾区北川县的乡镇中学，绵阳市安县桑枣中学，却创造了全校 2300 名师生没有一人在地震中受伤或者遇难的奇迹。那么，这种神话般的奇迹，是怎样被创造出来的呢？

5 月 12 日下午，当汶川大地震发生时，桑枣中学绝大部分学生都在教学楼里上课。当他们感觉到大地的震动时，各个教室里的学生们都立刻按照老师的要求钻进课桌下，在第一阵地震波过后，大家又在老师的指挥下立刻进行了快速而有序地紧急疏散。在地震发生后短短 1 分 36 秒左右的时间里，桑枣中学的 2200 名学生和上百名老师，就已经全部安全地转移到了学校开阔的操场上。

校长叶志平从 2005 年开始，他每学期都要在全校组织一次紧急疏散演习，工作做得非常仔细，每个班的疏散路线、楼梯的使用、不同楼层学生的撤离速度、到操场上的站立位置等，都事先固定好，力求快而不乱，井然有序。桑枣中学规定每周二为全校安全知识教育时间，安排教师专门讲授包括交通安全、饮食卫生、用电安全和紧急避险等内容的安全教育课，使学生增强安全意识，熟谙安全知识，掌握逃生技能。

应急演练是在事先虚拟的事件（事故）条件下，应急指挥体系中各个组成部门、单位或群体的人员针对假设的特定情况，执行实际突发事件发生时各自职责和任务的排练活动，简单地讲就是一种模拟突发事件（事故）发生的应对演习。

一、应急演练的目的

应急演练活动是检验应急管理体系的适应性、完备性和有效性的最好方式。定期进行应急演练，不仅可以强化相关人员的应急意识，提高参与者的快速反应能力和实战水平，又能暴露应急预案和管理体系中的不足，检测制定的突发事故应变计划是否实在、可行。同时，有效的应急演练还可以减少应急行动中的人为错误，降低现场宝贵应急资源和响应时间的耗费。概括起来，应急演练的目的可以归纳为：

① 检验预案。发现应急预案中存在的问题，提高应急预案的科学性、实用性和可操作性；

② 锻炼队伍。熟悉应急预案，提高应急人员在紧急情况下妥善处置事故的能力；

③ 磨合机制。完善应急管理相关部门、单位和人员的工作职责，提高协调配合

能力；

④ 宣传教育。普及应急管理知识，提高参演和观摩人员风险防范意识和自救互救能力；

⑤ 完善准备。完善应急管理和应急处置技术，补充应急装备和物资，提高其适用性和可靠性。

二、应急演练的分类

应急演练的类型和方式有很多。

1. 按演练规模划分，可分为局部性演练、区域性演练和全国性演练

局部性演练针对特定地区，可根据区域特点，选择特定的突发事件，如某种具有区域特性的自然灾害，演练一般不涉及多级协调。

区域性演练针对某一行政区域，演练设定的突发事件可以较为复杂，如某一灾害或事故形成的灾难链，往往涉及多级、多部门的协调。

全国性的演练一般针对较大范围突发事件，如影响了多个区域的大规模传染病，涉及地方与中央及各职能部门的协调。

2. 按演练内容与尺度划分，应急演练可分为单项演练和综合演练

单项演练，又称专项演练，是指根据情景事件要素，按照应急预案检验某项或数项应对措施或应急行动的部分应急功能的演练活动。单项演练可以类似部队的科目操练，如模拟某一灾害现场的某项救援设备的操作或针对特定建筑物废墟的人员搜救等，也可以是某一单一事故的处置过程的演练。

综合演练，是指根据情景事件要素，按照应急预案检验包括预警、应急响应、指挥与协调、现场处置与救援、保障与恢复等应急行动和应对措施的全部应急功能的演练活动。综合演练相对复杂，需模拟救援力量的派出，多部门、多种应急力量参与，一般包括应急反应的全过程，涉及大量的信息注入，包括对实际场景的模拟、单项实战演练、对模拟事件的评估等。

3. 按演练形式划分，应急演练可分为模拟场景演练、实战演练和模拟与实战相结合的演练

模拟场景演练，又称为桌面演练，是指设置情景事件要素，在室内会议桌面（图纸、沙盘、计算机系统）上，按照应急预案模拟实施预警、应急响应、指挥与协调、现场处置与救援等应急行动和应对措施的演练活动。模拟场景演练以桌面练习和讨论的形式对应急过程进行模拟和演练。

实战演练，又称现场演练，是指选择（或模拟）生产建设某个工艺流程或场所，现场设置情景事件要素，并按照应急预案组织实施预警、应急响应、指挥与协调、现场处置与救援等应急行动和应对措施的演练活动。实战演练可包括单项或综合性的演练，涉及实际的应急、救援处置等。

模拟与实战结合的演练形式是对前面两种形式的综合。

4. 按照演练的目的,可分为检验性演练、研究性演练

检验性演练,是指不预先告知情景事件,由应急演练的组织者随机控制,参演人员根据演练设置的突发事件信息,按照应急预案组织实施预警、应急响应、指挥与协调、现场处置与救援等应急行动和应对措施的演练活动。

研究性演练,是指为验证突发事件发生的可能性、波及范围、风险水平以及检验应急预案的可操作性、实用性等而进行的预警、应急响应、指挥与协调、现场处置与救援等应急行动和应对措施的演练活动。

不同演练组织形式、内容及目的的交叉组合,可以形成多种多样的演练方式,如:单项桌面演练、综合桌面演练、单项实战演练、综合实战演练、单项示范演练、综合示范演练等。

三、演练的参与人员

应急演练的参与人员包括参演人员、控制人员、模拟人员、评价人员和观摩人员。这5类人员在演练过程中都有着重要的作用,并且在演练过程中都应佩戴能表明其身份的识别符。

(1) 参演人员

参演人员是指在应急组织中承担具体任务,并在演练过程中尽可能对演练情景或模拟事件做出真实情景下可能采取的响应行动的人员,相当于通常所说的演员。参演人员所承担的具体任务主要包括:

① 救助伤员或被困人员。

② 保护财产或公众健康。

③ 获取并管理各类应急资源。

④ 与其他应急人员协同处理重大事故或紧急事件。

(2) 控制人员

控制人员是指根据演练情景,控制演练时间进度的人员。控制人员根据演练方案及演练计划的要求,引导参演人员按响应程序行动,并不断给出情况或消息,供参演的指挥人员进行判断、提出对策。其主要任务包括:

① 确保规定的演练项目得到充分的演练,以利于评价工作的开展。

② 确保演练活动的任务量和挑战性。

③ 确保演练的进度。

④ 解答参演人员的疑问,解决演练过程中出现的问题。

⑤ 保障演练过程的安全。

(3) 模拟人员

模拟人员是指演练过程中扮演、代替某些应急组织和服务部门,或模拟紧急事件、事态发展的人员。其主要任务包括:

① 扮演、替代正常情况或响应实际紧急事件时应与应急指挥中心、现场应急指挥所相互作用的机构或服务部门。由于各方面的原因,这些机构或服务部门并不参与此次演练。

② 模拟事故的发生过程,如释放烟雾、模拟气象条件、模拟泄漏等。

③ 模拟受害或受影响人员。

（4）评价人员

评价人员是指负责观察演练进展情况并予以记录的人员。其主要任务包括：

① 观察参演人员的应急行动，并记录观察结果。

② 在不干扰参演人员工作的情况下，协助控制人员确保演练按计划进行。

（5）观摩人员

观摩人员是指来自有关部门、外部机构以及旁观演练过程的观众。

四、应急演练的组织与实施

一次完整的应急演练活动包括计划、准备、实施、评估总结和改进五个阶段。

计划阶段的主要任务：明确演练需求，提出演练的基本构想和初步安排。

准备阶段的主要任务：完成演练策划，编制演练总体方案及其附件，进行必要的培训和预演，做好各项保障工作安排。

实施阶段的主要任务：按照演练总体方案完成各项演练活动，为演练评估总结收集信息。

评估总结阶段的主要任务：评估总结演练参与单位在应急准备方面的问题和不足，明确改进的重点，提出改进计划。

改进阶段的主要任务：按照改进计划，由相关单位实施和落实，并对改进效果进行监督检查。

（一）计划

演练组织单位在开展演练准备工作前应先制定演练计划。

演练计划是有关演练的基本构想和对演练准备活动的初步安排，一般包括：演练的目的、方式、时间、地点、日程安排、演练策划领导小组和工作小组构成、经费预算和保障措施等。

在制定演练计划过程中需要确定演练目的、分析演练需求、确定演练内容和范围、安排演练准备日程、编制演练经费预算等。

1. 梳理需求

演练组织单位根据自身应急演练年度规划和实际情况需要，提出初步演练目标、类型、范围，确定可能的演练参与单位，并与这些单位的相关人员充分沟通，进一步明确演练需求、目标、类型、范围。

（1）确定演练目的，归纳提炼举办演练活动的原因、演练要解决的问题和期望达到的效果等。

（2）分析演练需求，首先是在对所面临的风险及应急预案进行认真分析的基础上，发现可能存在的问题和薄弱环节，确定需加强演练的人员、需锻炼提高的技能、需测试的设施装备、需完善的突发事件应急处置流程和需进一步明确的职责等。

然后仔细了解过去的演练情况：哪些人参与了演练、演练目标实现的程度、有什么经验与教训、有什么改进、是否进行了验证？

(3) 确定演练范围,是根据演练需求及经费、资源和时间等条件的限制,确定演练事件类型、等级、地域、参与演练机构及人数和适合的演练方式。

① 事件类型、等级:根据需求分析结果确定需要演练的事件。

② 地域:选择一个现实可行的地点,并考虑交通和安全等因素。

③ 演练方式:考虑法律法规的规定、实际的需要、人员具有的经验、需要的压力水平等因素,确定最合适的演练形式。

④ 参与演练机构及人数:根据需要演练的事件和演练方式,列出需要参与演练的机构和人员,以及确定是否涉及社会公众。

2. 明确任务

演练组织单位根据演练需求、目标、类型、范围和其他相关需要,明确细化演练各阶段的主要任务,安排日程计划,包括各种演练文件编写与审定的期限、物资器材准备的期限、演练实施的日期等。

3. 编制计划

演练组织单位负责起草演练计划文本,计划内容应包括:演练目的需求、目标、类型、时间、地点、演练准备实施进程安排、领导小组和工作小组构成、预算等。

4. 计划审批

演练计划编制完成后,应按相关管理要求,呈报上级主管部门批准。演练计划获准后,按计划开展具体演练准备工作。

(二) 准备

演练准备阶段的主要任务是根据演练计划成立演练组织机构,设计演练总体方案,并根据需要针对演练方案进行培训和预演,为演练实施奠定基础。

演练准备的核心工作是设计演练总体方案。演练总体方案是对演练活动的详细安排。

演练总体方案的设计一般包括确定演练目标、设计演练情景与演练流程、设计技术保方案、设计评估标准与方法、编写演练方案文件等内容。

1. 成立演练组织机构

演练应在相关预案确定的应急领导机构或指挥机构领导下组织开展。演练组织单位成立由相关单位领导组成的演练领导小组,通常下设策划部、保障部和评估组;对于不同类型和规模的演练活动,其组织机构和职能可以适当调整。

(1) 演练领导小组。

演练领导小组负责应急演练活动全过程的组织领导,审批决定演练的重大事项。演练领导小组组长一般由演练组织单位或其上级单位的负责人担任;副组长一般由演练组织单位或主要协办单位负责人担任;小组其他成员一般由各演练参与单位相关负责人担任。

(2) 策划部。

策划部负责应急演练策划、演练方案设计、演练实施的组织协调、演练评估总结等工作。策划部设总策划、副总策划,下设文案组、协调组、控制组、宣传组等。

（3）保障部。

保障部负责调集演练所需物资装备，购置和制作演练模型、道具、场景，准备演练场地，维持演练现场秩序，保障运输车辆，保障人员生活和安全保卫等。其成员一般是演练组织单位及参与单位后勤、财务、办公等部门的人员，常称为后勤保障人员。

（4）评估组。

评估组负责设计演练评估方案和编写演练评估报告，对演练准备、组织、实施及其安全事项等进行全过程、全方位评估，及时向演练领导小组、策划部和保障部提出意见、建议。其成员一般是应急管理专家、具有一定演练评估经验和突发事件应急处置经验专业人员，常称为演练评估人员。评估组可由上级部门组织，也可由演练组织单位自行组织，或由受邀承担评估工作的第三方机构来组织。

（5）参演队伍和人员。

参演队伍包括应急预案规定的有关应急管理部门（单位）工作人员、各类专兼职应急救援队伍以及志愿者队伍等。参演人员承担具体演练任务，针对模拟事件场景做出应急响应行动。有时也可使用模拟人员替代未参加现场演练的单位人员，或模拟事故的发生过程，如释放烟雾、模拟泄漏等。

演练组织机构的部门设置和人员配备及分工可能根据实际需要随时调整，在演练方案审批通过之后，最终的演练组织机构才得以确立。

2. 确定演练目标

演练目标是为实现演练目的而需完成的主要演练任务及其效果。演练目标一般需说明“由谁在什么条件下完成什么任务，依据什么标准或取得什么效果”。

演练组织机构召集有关方面和人员，商讨确认范围、演练目的需求、演练目标以及各参与机构的目标，并进一步商讨，为确保演练目标实现而在演练场景、评估标准和方法、技术保障及对演练场地等方面应满足的要求。

演练目标应简单、具体、可量化、可实现。一次演练一般有若干项演练目标，每项演练目标都要在演练方案中有相应的事件和演练活动予以实现，并在演练评估中有相应的评估项目判断该目标的实现情况。

3. 演练情景事件设计

演练情景事件是为演练而假设的一系列突发事件，为演练活动提供了初始条件并通过一系列的情景事件，引导演练活动继续直至演练完成。

其设计过程包括：确定原生突发事件类型、请专家研讨、收集相关素材、结合演练目标，设计备选情景事件、研讨修改确认可用的情景事件、各情景事件细节确定。

演练情景事件设计必须做到真实合理，在演练组织过程中需要根据实际情况不断修改完善。演练情景可通过《演练情景说明书》和《演练情景事件清单》加以描述。

4. 演练流程设计

演练流程设计是按照事件发展的科学规律，将所有情景事件及相应应急处置行动按时间顺序有机衔接的过程。其设计过程包括：确定事件之间的演化衔接关系；确定各事件发生与持续时间；确定各参与单位和角色在各场景中的期望行动以及期望行动之间的衔接关系;确定所需注入的信息和注入形式。

5. 技术保障方案设计

为保障演练活动顺利实施,演练组织机构应安排专人根据演练目标、演练情景事件和演练流程的要求,预先进行技术保障方案设计。当演练情景事件和演练流程发生变化时,技术保障方案必须根据需要进行适当的调整。

6. 评估标准和方法选择

演练评估应以演练目标为基础。每项演练目标都要设计合理的评估项目方法、标准。根据演练目标的不同,可以用选择项(如:是/否判断,多项选择)、主观评分(如:1—差,3—合格,5—优秀)、定量测量(如:响应时间、被困人数、获救人数)等方法进行评估。

为便于演练评估操作,通常事先设计好评估表格,包括演练目标、评估方法、评价标准和相关记录项等。有条件时还可以采用专业评估软件等工具。

7. 编写演练方案文件

文案组负责起草演练方案相关文件。演练方案文件主要包括演练总体方案及其相关附件。根据演练类别和规模的不同,演练总体方案的附件一般有演练人员手册、演练控制指南、技术保障方案和脚本、演练评估指南、演练脚本和解说词等。

8. 方案审批

演练方案文件编制完成后,应按相关管理要求,报有关部门审批。对综合性较强或风险较大的应急演练,在方案报批之前,要由评估组组织相关专家对应急演练方案进行评审,确保方案科学可行。

演练总体方案获准后,演练组织机构应根据领导出席情况,细化演练日程,拟定领导出席演练活动安排。

9. 落实各项保障工作

为了按照演练方案顺利安全实施演练活动,应切实做好人员、经费、场地、物资器材、技术和安全方面的保障工作。

10. 培训

为了使演练相关策划人员及参演人员熟悉演练方案和相关应急预案,明确其在演练过程中的角色和职责,在演练准备过程中,可根据需要对其进行适当培训。

在演练方案或准后至演练开始前,所有演练参与人员都要经过应急基本知识、演练基本概念、演练现场规则、应急预案、应急技能及个体防护装备使用等方面的培训。对控制人员要进行岗位职责、演练过程控制和管理等方面的培训;对评估人员要进行岗位职责、演练评估方法、工具使用等方面的培训;对参演人员要进行应急预案、应急技能及个体防护装备使用等方面的培训。

11. 预演

对大型综合性演练,为保证演练活动顺利实施,可在前期培训的基础上,在演练正式实施前,进行一次或多次预演。预演遵循先易后难、先分解后合练、循序渐进的原则。预演可以采取与正式演练不同的形式,演练正式演练的某些或全部环节。大型或高风险演练活动，要结合预先制定的专门应急预案，对关键部位和环节可能出现的突发事件进行针对性演练。

（三）实施

演练实施是对演练方案付诸行动的过程，是整个演练程序中的核心环节。

1. 演练前检查

演练实施当天，演练组织机构的相关人员应在演练开始前提前到达现场，对演练所用的设备设施等情况进行检查，确保其正常工作。

按照演练安全保障工作安排，对进入演练场所的人员进行登记和身份核查，防止无关人员进入。

2. 演练前情况说明和动员

导演组完成事故应急演练准备，以及对演练方案、演练场地、演练设施、演练保障措施的最后调整后，应在演练前夕召开有控制人员、评估人员、演练人员参加的情况介绍会，确保所有演练参与人员了解演练现场规则以及演练情景和演练计划中与各自工作相关的内容。演练模拟人员和观摩人员一般参加控制人员情况介绍会。

导演组可向演练人员分发演练人员手册，说明演练适用范围、演练大致日期（不说明具体时间）、参与演练的应急组织、演练目标的大致情况、演练现场规则、采取模拟方式进行演练的行动等信息。演练过程中，如果某些应急组织的应急行为由控制人员或模拟人员以模拟方式进行演示，则演练人员应了解这些情况，并掌握相关控制人员或模拟人员的通信联络方式，以免演练时与实际应急组织发生联系。

3. 演练启动

演练目的和作用不同，演练启动形式也有所差异。

示范性演练一般由演练总指挥或演练组织机构相关成员宣布演练开始并启动演练活动。检验性和研究性演练，一般在到达演练时间节点，演练场景出现后，自行启动。

4. 演练执行

演练组织形式不同，其演练执行程序也有差异。

（1）实战演练

应急演练活动一般始于报警消息，在此过程中，参演应急组织和人员应尽可能按实际紧急事件发生时的响应要求进行演示，即“自由演示”，由参演应急组织和人员根据自己关于最佳解决办法的理解，对情景事件做出响应行动。

演练过程中参演应急组织和人员应遵守当地相关的法律法规和演练现场规则，确保演练安全进行，如果演练偏离正确方向，控制人员可以采取“刺激行动”以纠正错误。“刺激行动”包括终止演练过程，使用“刺激行动”时应尽可能平缓，以诱导方法纠偏，只有对背离演练目标的“自由演示”才使用强刺激的方法使其中断反应。

（2）桌面演练

桌面演练的执行通常是五个环节的循环往复：演练信息注入、问题提出、决策分析、决策结果表达和点评。

（3）演练解说

在演练实施过程中，演练组织单位可以安排专人对演练过程进行解说。解说内容一般包括：演练背景描述、进程讲解、案例介绍、环境渲染等。对于有演练脚本的大型综合性示范演练，可按照脚本中的解说词进行讲解。

（4）演练记录

演练实施过程中，一般要安排专门人员，采用文字、照片和音像等手段记录演练过程。文字记录一般可由评估人员完成，主要包括演练实际开始与结束时间、演练过程控制情况、各项演练活动中参演人员的表现、意外情况及其处置等内容，尤其要详细记录可能出现的人员“伤亡”（如进入“危险”场所而无安全防护，在规定的时间内不能完成疏散等）及财产“损失”等情况。

（5）演练宣传报道

演练宣传组按照演练宣传方案作好演练宣传报道工作。认真做好信息采集、媒体组织、广播电视节目现场采编和播报等工作，扩大演练的宣传教育效果。对涉密应急演练要做好相关保密工作。

5. 演练结束与意外终止

演练完毕，由总策划发出结束信号，演练总指挥或总策划宣布演练结束。演练结束后，所有人员停止演练活动，按预定方案集合进行现场总结讲评或者组织疏散。保障部负责组织人员对演练场地进行清理和恢复。

演练实施过程中出现下列情况，经演练领导小组决定，由演练总指挥或总策划按事先规定的程序和指令终止演练：①出现真实突发事件，需要参演人员参与应急处置时，要终止演练，使参演人员迅速回归其工作岗位，履行应急处置职责；②出现特殊或意外情况，短时间内不能妥善处理或解决时，可提前终止演练。

6. 现场点评会

演练组织单位在演练活动结束后，应组织针对本次演练现场点评会。其中包括专家点评、领导点评、演练参与人员的现场信息反馈等。

（四）评估总结

1. 评估

演练评估是指观察和记录演练活动、比较演练人员表现与演练目标要求并提出演练发现问题的过程。演练评估目的是确定演练是否已经达到演练目标的要求，检验各应急组织指挥人员及应急响应人员完成任务的能力。要全面、正确地评估演练效果，必须在演练地域的关键地点和各参演应急组织的关键岗位上，派驻公正的评估人员。评估人员的作用主要是观察演练的进程，记录演练人员采取的每一项关键行动及其实施时间，访谈演练人员，要求参演应急组织提供文字材料，评估参演应急组织和演练人员表现并反馈演练发现。

应急演练评估方法是指演练评估过程中的程序和策略，包括评估组组成方式、评估目标与评估标准。评估人员较少时可仅成立一个评估小组并任命一名负责人。评估人员较多时，则应按演练目标、演练地点和演练组织进行适当的分组，除任命一名总负责人，还应分别任命小组负责人。评估目标是指在演练过程中要求演练人员展示的活动和功能。评估标准是指供评估人员对演练人员各个主要行动及关键技巧的评判指标，这些指标应具有可测量性，或力求定量化，但是根据演练的特点，评判指标中可能出现相当数量的定性指标。

情景设计时，策划人员应编制评估计划，应列出必须进行评估的演练目标及相应的评估准则，并按演练目标进行分组，分别提供给相应的评估人员，同时给评估人员提供评价指标。

演练发现是指通过演练评价过程，发现应急救援体系、应急预案、应急执行程序或应急组织中存在的问题。按对应急救援工作及时性、有效性（对人员生命安全）的影响程度可将演练发现划分为3个等级，从高到低分别为不足项、整改项和改进项。

① 不足项。不足项指演练过程中观察或识别出的应急准备缺陷，可能导致在紧急事件发生时，不能确保应急组织或应急救援体系有能力采取合理应对措施，保护公众的安全与健康。不足项应在规定的时间内予以纠正。演练过程中发现的问题确定为不足项时，策划小组负责人应对该不足项进行详细说明，并给出应采取的纠正措施和完成时限。最有可能导致不足项的应急预案编制要素包括：职责分配，应急资源，警报、通报方法与程序，通信，事态评估，公众教育与公共信息，保护措施，应急人员安全和紧急医疗服务等。

② 整改项。整改项指演练过程中观察或识别出的，单独不可能在应急救援中对公众的安全与健康造成不良影响的应急准备缺陷。整改项应在下次演练前予以纠正。在以下两种情况下，整改项可列为不足项：a. 某个应急组织中存在2个以上整改项，共同作用可影响保护公众安全与健康能力的；b. 某个应急组织在多次演练过程中，反复出现前次演练发现的整改项问题的。

③ 改进项。改进项指应急准备过程中应予改善的问题。改进项不同于不足项和整改项，它不会对人员安全与健康产生严重的影响，视情况予以改进，不必一定要求予以纠正。

2. 总结报告

（1）召开演练评估总结会议

在演练结束后一个月内，由演练组织单位召集评估组和所有演练参与单位，讨论本次演练的评估报告，并从各自的角度总结本次演练的经验教训，讨论确认评估报告内容，并讨论提出总结报告内容，拟定改进计划，落实改进责任和时限。

（2）编写演练总结报告

在演练评估总结会议结束后，由文案组根据演练记录、演练评估报告、应急预案、现场总结等材料，对演练进行系统和全面的总结，并形成演练总结报告。演练参与单位也可对本单位的演练情况进行总结。

演练总结报告的内容包括：演练目的；时间和地点；参演单位和人员；演练方案概要；发现的问题和原因；经验和教训；改进有关工作的建议、改进计划、落实改进责任和时限等。

3. 文件归档和备案

演练组织单位在演练结束后应将演练计划、演练方案、各种演练记录(包括各种音像资料)、演练评估报告、演练总结报告等资料归档保存。

对于上级有关部门布置或参与组织的演练,或者法律法规,规章要求备案的演练,演练组织单位应当将相关资料报有关部门备案。

(五) 改进

1. 改进行动

对演练暴露出来的问题,演练组织单位和参与单位应按照改进计划中规定的责任和时限要求,及时采取措施予以改进,包括修改完善应急预案、有针对性地加强应急人员的教育和培训、对应急物资装备有计划地更新等。

2. 跟踪检查与反馈

演练总结与讲评过程结束之后,演练组织单位和参与单位应指派专人,按规定时间对改进情况进行监督检查,确保本单位对自身暴露出的问题做出改进。

实训活动

实训项目 6-1

请根据下列背景材料,指出该厂应急救援预案编制中存在的不足,并说明该厂应针对哪些重大事故风险编制专项应急救援预案

某化工厂位于B市北郊,西距厂生活区约500m,厂区东面为山坡地,北邻一村,西邻排洪沟,南面为农田。其主要产品为羧基丁苯胶乳。生产工艺流程为:从原料罐区来的丁二烯、苯乙烯、丙烯腈分别通过管道进入聚合釜,生产原料及添加剂在皂液槽内配置好后加入聚合釜;投料结束后,将胶乳从聚合釜转移到后反应釜:反应结束后,胶乳进入气提塔,然后再进入改性槽,经调和后崩泵打入成品储罐。生产过程中存在多种有毒、易燃易爆物质。

为避免重大事故发生,该厂决定编制应急救援预案。厂长将该任务指派给安全科,安全科成立了以科长为组长,科员甲、乙、丙、丁为成员的五人厂应急救援预案编制小组。

编制小组找来了一个相同类型企业C的应急救援预案,编制人员将企业C应急救援预案中的企业名称、企业介绍、科室名称、人员名称及有关联系方式全部按本厂的实际情况进行了更换,按期向厂长提交了应急救援预案初稿。此后,编制小组根据厂长的审阅意见,修改完善后形成了应急救援预案的最终版本,经厂长批准签字后下发至全厂有关部门。

实训目的:帮助理解和掌握应急预案的编制方法和步骤。

实训步骤:

第一步,认真阅读背景材料,分析事故类型,并查找存在的问题;

第二步,写出该厂编制应急预案存在的不足,列出应编写的专项应急预案名称;

第三步,小组之间交流。

实训建议:采用小组讨论的形式。

实训项目 6-2

请根据下列背景材料，指出该厂在应急准备工作中的不足，以及在预案编制和预案管理中存在的问题并提出改进建议，进一步说明该类应急救援预案中人员紧急疏散、撤离应包括的内容。

某县一化工厂有生产科、技术科、销售科、安全科和工会等。2006 年 5 月 3 日，该厂氨气管道发生泄漏，3 名员工中毒。在事故调查时，厂长说：因管道腐蚀造成氨气泄漏，为不影响生产，厂里组织了几次在线堵漏，但未成功，于是准备停车修补；生产副厂长说：紧急停车过程中，员工甲未按规定程序操作，导致管道压力骤增、氨气泄漏量增大，采取补救措施无效后，通知撤离，但因撤离方向错误，导致包括甲在内的现场 3 名员工中毒；员工甲说：发现泄漏后没多想，也没戴防护面具就进行处理，再说厂内的防护面具很少而且很旧了，未必好用；员工乙说：当时我是闻到气味，感觉不对才跑的，可能是慌乱中跑的方向不对，以前没人告诉过什么情况该往哪跑、如何防护，现在才知道厂里有事故应急救援预案；安全科长说：编制事故应急救援预案是厂下达给安全科的任务，由安全科员工组成编制组，预案经我审查后，由生产副厂长签发。事故调查人员调查确认厂长、生产副厂长、员工甲、员工乙和安全科长所说情况基本属实，并发现预案签发人为已调离该厂的原生产副厂长，签发日期为 2005 年 7 月 8 日，预案没有在属地负责安全生产监督管理的部门备案。

实训目的:帮助理解和掌握应急准备的要求以及应急预案编制和管理的方法和技能。

实训步骤:

第一步，认真阅读背景材料，查找问题和不足；

第二步，写出应急准备、应急预案编制和管理中的不足和问题，列出人员紧急疏散、撤离的要求；

第三步，小组之间交流。

实训建议:采用小组讨论的形式。

实训项目 6-3

请根据下列背景材料，按要求编制《污水井下维修作业中毒窒息事故现场应急处置方案》。要求不少于 500 字，要素和结构完整。

2009 年 7 月 3 日 14 时 30 分左右，北京市通州区新华联家园北区悦豪物业公司因一污水井排污不畅，派工程维修人员维修污水井中的污水提升泵，先后有 3 人下井作业。作业人员出现中毒情况后，又有 7 人下井救援，最终 10 人均中毒。在此次事故中 6 名物业人员不幸死亡，另外 4 人经抢救脱离危险。北京市公安局 110 接到报警后立即布警，通州区公安分局和消防支队迅速赶到现场展开救援，其中 1 名消防队员在和战友一起先后救出 4 名中毒人员后，其佩戴的空气呼吸器面罩被受困者拽掉而中毒身亡。

实训目的:帮助理解和掌握现场应急处置方案编制方法和技能。

实训步骤:

第一步，认真阅读背景材料，查找相关参考资料；

第二步，按照现场应急处置方案编制大纲，编写方案，形成预案文本；

第三步，小组之间交流，专题报告。

实训建议：采用小组讨论的形式。

思考与练习

1. 事故应急救援的基本任务和特点是什么？
2. 简述事故应急管理的过程及内容。
3. 事故应急救援体系包括哪些要求？
4. 应急救援预案的层级和类型是如何划分的？
5. 简述应急预案核心要素“应急准备”的主要内容。
6. 简述事故应急救援预案的作用。
7. 简述应急救援预案的基本结构。
8. 什么是应急功能分配？应急救援预案应包括哪些支持附件？
9. 简述生产经营单位应急救援预案编制的步骤。
10. 现场处置方案中应包括哪些内容？编制时应注意哪些事项？
11. 制定应急演练方案应包括哪些内容？如何编制演练文件？如何编制演练计划？
12. 什么是演练发现？演练发现可以划分为哪几种情况？
13. 应急演练总结报告包括哪些内容？

CHAPTER 7

事故报告及调查处理与统计分析

职业能力目标	知识要求
1. 会正确报告事故信息。 2. 会实施事故现场调查取证。 3. 会分析事故原因和认定事故责任,并会编制事故调查报告。 4. 会填写事故统计报表。 5. 会计算事故统计指标和制作事故统计分析图表。	1. 掌握生产安全事故等级划分和分类。 2. 掌握报告事故信息的原则、责任、时限、程序和内容。 3. 掌握事故调查的程序和调查取证的方法。 4. 掌握事故原因的分析方法、事故责任的认定和事故调查报告的内容及编制要求。 5. 了解事故处理及责任追究的有关规定。 6. 掌握事故统计报表的内容和填写方法,以及事故统计指标的计算方法和统计分析图表的制作方法。

国务院 2007 年 4 月 9 日颁布的《生产安全事故报告和调查处理条例》是《安全生产法》的重要配套法规,对生产安全事故的报告和调查处理做出了全面、明确的法律规定,是开展事故报告和调查处理工作的主要法律依据。另外,国家安全生产监督管理总局 2009 年 6 月 16 日公布的《生产安全事故信息报告和处置办法》,又进一步地规范了生产安全事故信息的报告和处置工作。

第一节　生产安全事故的等级和分类

案例导入

【案例 7-1】 B 家具木材厂加工车间内用可移动式传送带传送物料,可移动式传送带的驱动电机使用 380V 三芯电缆线供电,其铁质控制箱入口处的电缆线用布条缠绕固定。因控制箱随传送带经常移动，操作人员为图方便，只安装了一个螺栓固定。控制箱没有漏电保护装置。木材厂加工车间内粉尘浓度常年超标。2009年5月21日15时20分，由于车间内木材堆积，影响传送带正常工作，现场操作人员未采取任何保护措施带电移动传送带。在移动过程中，三芯电缆线松动脱落，带电电缆短路打火，发生粉尘爆炸事故。事故造成2人当场死亡、1人重伤。重伤者经34天抢救无效死亡。事故造成木材厂加工车间厂房部分坍塌，全厂停产，直接经济损失800余万元。

一、生产安全事故等级划分

生产安全事故等级，是指根据生产安全事故造成的人员伤亡或者直接经济损失严重程度划分的事故等级。这种事故等级的划分，主要是为了便于生产安全事故报告和调查处理工作的分级管理。

（一）普通生产安全事故的等级划分

根据《生产安全事故报告和调查处理条例》第三条的有关规定，生产安全事故一般分为以下四个等级。

(1) 特别重大事故

① 一次造成30人以上(含30人)死亡。

② 一次造成100人以上(含100人)重伤(包括急性工业中毒)。

③ 一次造成1亿元以上(含1亿元)直接经济损失。

(2) 重大事故

① 一次造成10～29人死亡。

② 一次造成50～99人重伤(包括急性工业中毒)。

③ 一次造成5000万元～1亿元直接经济损失。

(3) 较大事故

① 一次造成3～9人以上死亡。

② 一次造成10～49人重伤(包括急性工业中毒)。

③ 一次造成1000万元～5000万元直接经济损失。

(4) 一般事故

① 一次造成1～2人死亡。

② 一次造成1～9人重伤(包括急性工业中毒)。

③ 一次造成100万元～1000万元直接经济损失。

根据《生产安全事故信息报告和处置办法》的规定，现又提出了较大涉险事故的概念。较大涉险事故是指：

① 涉险10人以上的事故。

② 造成3人以上被困或者下落不明的事故。

③ 紧急疏散人员500人以上的事故。

④ 因生产安全事故对环境造成严重污染(人员密集场所、生活水源、农田、河流、水库、湖泊等)的事故。

⑤ 危及重要场所和设施安全(电站、重要水利设施、危化品库、油气站和车站、码头、港口、机场及其他人员密集场所等)的事故。

⑥ 其他较大涉险事故。

（二）火灾事故的等级划分

根据公安部办公厅于2007年6月26日发布的《关于调整火灾等级标准的通知》的规定，火灾等级增加为四个等级，由原来的特大火灾、重大火灾、一般火灾三个等级调整为特别重大火灾、重大火灾、较大火灾和一般火灾四个等级。

特别重大、重大、较大和一般火灾的等级标准分别为：

① 特别重大火灾是指造成30人以上死亡，或者100人以上重伤，或者1亿元以上直接财产损失的火灾。

② 重大火灾是指造成10人以上30人以下死亡，或者50人以上100人以下重伤，或者5000万元以上1亿元以下直接财产损失的火灾。

③ 较大火灾是指造成3人以上10人以下死亡，或者10人以上50人以下重伤，或者1000万元以上5000万元以下直接财产损失的火灾。

④ 一般火灾是指造成3人以下死亡，或者10人以下重伤，或者1000万元以下直接财产损失的火灾。

上面所使用的术语“以上”、“以下”具有如下的特定含义：“以上”包括本数；“以下”不包括本数。

二、事故的分类

目前事故主要有以下几种分类方法。

(1) 依照造成事故的责任不同，分为责任事故和非责任事故两大类

① 责任事故，是指由于人们违背自然或客观规律，违反法律、法规、规章和标准等存在主观失误或过错的行为，致使本不该发生的而发生的事故。

② 非责任事故，是指遭遇不可抗拒的自然因素或当前科学技术水平尚无法预测和认识的原因而引发的事故，其一般具有不能预见、不能避免、不能克服的特征。

(2) 依照事故造成的后果不同，分为伤亡事故和非伤亡事故

① 造成人身伤害的事故称为伤亡事故。

② 只造成生产中断、设备损坏或财产损失的事故称为非伤亡事故。

(3) 依事故监督管理的行业不同进行划分

我国按照事故监督管理的行业不同，通常将事故划分为：企业职工伤亡事故(工矿商贸企业伤亡事故)；火灾事故；道路交通事故；水上交通事故；铁路交通事故；民航飞行事故；农业机械事故；渔业船舶事故等。

(4) 依照导致事故的原因、致伤物和伤害方式等，对事故进行分类

我国在工伤事故统计中，按照《企业职工伤亡事故分类标准》(GB 6441—1986)将企业工伤事故分为20类，分别为物体打击、车辆伤害、机械伤害、起重伤害、触电、淹溺、灼烫、火灾、高处坠落、坍塌、冒顶片帮、透水、放炮、瓦斯爆炸、火药爆炸、锅炉爆炸、容器爆

炸、其他爆炸、中毒和窒息及其他伤害等。

第二节 事故报告

案例导入

【案例 7-2】 2013 年 7 月 30 日 7 时 1 分，新钢钢铁有限公司制氧厂发生燃爆事故，造成 7 人死亡、1 人受伤，直接经济损失 1290 万元。爆炸发生后，新钢公司转移伤亡人员、破坏事故现场、伪造假现场蒙骗核查人员。新钢公司总经理孟铁山等赶到事故现场组织清理现场，对尸体进行转移。7 月 31 日晚，在新钢集团董事长孟小强办公室，相关人员共同研究如何统一口径，谎报事故真相，最终决定不上报事故情况。孟铁山等人在省安全监管局、市政府及安全监管部门、公安部门调查询问时谎报事故伤亡情况。目前，孟小强、孟铁山以及新钢公司制氧厂厂长杨德喜、新钢集团党委书记兼工会主席王国常、新钢公司党总支书记(纪委书记)陈俊杰等 5 人因涉嫌不报、谎报安全事故罪被刑事拘留，并分别处以行政处罚。新钢医院院长陈炳建因涉嫌不报、谎报安全事故罪被刑事拘留。事故调查组建议司法机关对以上 6 人采取进一步措施。

事故发生后，新钢公司知法犯法，拒不配合并阻碍政府及有关部门对瞒报事故的核查，在事故核查调查过程中作伪证，性质恶劣，严重违反了安全生产有关法律法规，给人民群众生命财产带来巨大损失，在社会上造成了严重负面影响。

一、生产安全事故报告的基本原则

事故报告是一项十分重要的安全生产工作。事故发生后，及时、准确、完整地报告事故，对于及时、有效地组织事故救援，减少事故损失，顺利开展事故调查具有十分重要的意义。因此，《安全生产法》、《生产安全事故报告和调查处理条例》和《生产安全事故信息报告和处置办法》都对生产安全事故报告工作提出了严格要求。

《安全生产法》第七十条、第七十一条对事故的报告做出了如下规定："生产经营单位发生生产安全事故后，事故现场有关人员应当立即报告本单位负责人。单位负责人接到事故报告后，应当迅速采取有效措施，组织抢救，防止事故扩大，减少人员伤亡和财产损失，并按照国家有关规定立即如实报告当地负有安全生产监督管理职责的部门，不得隐瞒不报、谎报或者拖延不报，不得故意破坏事故现场、毁灭有关证据。"

"负有安全生产监督管理职责的部门接到事故报告后，应当立即按照国家有关规定上报事故情况。负有安全生产监督管理职责的部门和有关地方人民政府对事故情况不得隐瞒不报、谎报或者拖延不报。"

《生产安全事故报告和调查处理条例》第四条第一款规定："事故报告应当及时、准确、完整，任何单位和个人对事故不得迟报、漏报、谎报或者瞒报。"《生产安全事故信息报告和处置办法》第四条规定："事故信息的报告应当及时、准确和完整，信息的处置应当遵循快速高效、协同配合、分级负责的原则。"

上述这些规定确立了事故报告的基本原则。

二、生产安全事故报告的责任和义务

《安全生产法》和《生产安全事故报告和调查处理条例》都明确规定了事故报告的责任和义务，下列人员和单位负有报告事故的责任和义务：

（1）事故现场有关人员。

（2）事故发生单位的主要负责人和有关负责人。

（3）安全生产监督管理部门。

（4）负有安全生产监督管理职责的有关部门。

（5）有关地方人民政府。

事故单位负责人既有向县级以上人民政府安全生产监督管理部门报告的责任，又有向负有安全生产监督管理职责的有关部门报告的责任，即事故报告是两条线，实行双报告制。

安全生产监督管理部门和负有安全生产监督管理职责的有关部门，既有向上级部门及时报告的责任，又有同时报告本级人民政府的责任。

三、生产安全事故报告的程序及时限

根据《生产安全事故报告和调查处理条例》和《生产安全事故信息报告和处置办法》的有关规定，事故现场有关人员、事故单位负责人和有关部门应当按照下列程序和时间要求报告事故信息。

（1）事故发生后，事故现场有关人员应当立即报告本单位负责人。情况紧急时，事故现场有关人员可以直接向事故发生地县级以上人民政府安全生产监督管理部门和负有安全生产监督管理职责的有关部门报告。

（2）生产经营单位发生生产安全事故或者较大涉险事故，其单位负责人接到事故信息报告后应当于1h内报告事故发生地县级安全生产监督管理部门、煤矿安全监察分局。

发生较大以上生产安全事故的，事故发生单位在依照上述规定报告的同时，应当在1h内报告省级安全生产监督管理部门、省级煤矿安全监察机构。

发生重大、特别重大生产安全事故的，事故发生单位在依照上述规定报告的同时，可以立即报告国家安全生产监督管理总局、国家煤矿安全监察局。

（3）安全生产监督管理部门、煤矿安全监察机构接到事故发生单位的事故信息报告后，应当按照下列规定上报事故情况，同时报告本级人民政府，书面通知同级公安机关、劳动保障部门、工会、人民检察院和有关部门，且逐级上报时间不得超过2h。

① 一般事故和较大涉险事故逐级上报至设区的市级安全生产监督管理部门、省级煤矿安全监察机构。

② 较大事故逐级上报至省级安全生产监督管理部门、省级煤矿安全监察机构。

③ 重大事故、特别重大事故逐级上报至国家安全生产监督管理总局、国家煤矿安全监察局。

（4）发生较大生产安全事故或者社会影响重大的事故的，县级、市级安全生产监督管理部门或者煤矿安全监察分局接到事故报告后，在依照规定逐级上报的同时，应当在1h内先用电话快报省级安全生产监督管理部门、省级煤矿安全监察机构，随后补报文字报告；乡镇安监站(办)可以根据事故情况越级直接报告省级安全生产监督管理部门、省级煤矿安全监察机构。

发生重大、特别重大生产安全事故或者社会影响恶劣的事故的，县级、市级安全生产监督管理部门或者煤矿安全监察分局接到事故报告后，在依照规定逐级上报的同时，应当在1h内先用电话快报省级安全生产监督管理部门、省级煤矿安全监察机构，随后补报文字报告；必要时，可以直接用电话报告国家安全生产监督管理总局、国家煤矿安全监察局。

省级安全生产监督管理部门、省级煤矿安全监察机构接到事故报告后，应当在1h内先用电话快报国家安全生产监督管理总局、国家煤矿安全监察局，随后补报文字报告。

国家安全生产监督管理总局、国家煤矿安全监察局接到事故报告后，应当在1h内先用电话快报国务院总值班室，随后补报文字报告。

四、报告事故的信息内容以及补报和续报

1. 报告事故的信息内容

根据规定，报告事故应当包括下列信息内容。

(1) 事故发生单位的名称、地址、性质、产能等基本情况。

(2) 事故发生的时间、地点以及事故现场情况。

(3) 事故的简要经过(包括应急救援情况)。

(4) 事故已经造成或者可能造成的伤亡人数(包括下落不明、涉险的人数)和初步估计的直接经济损失。

(5) 已经采取的措施。

(6) 其他应当报告的情况。

使用电话快报，应当包括下列信息内容：

(1) 事故发生单位的名称、地址、性质。

(2) 事故发生的时间、地点。

(3) 事故已经造成或者可能造成的伤亡人数(包括下落不明、涉险的人数)。

2. 事故的补报和续报

事故具体情况暂时不清楚的，负责事故报告的单位可以先报事故概况，随后补报事故全面情况。

事故报告后出现新情况的，应当及时补报。自事故发生之日起30日内，事故造成的伤亡人数发生变化的，应当及时补报。道路交通事故、火灾事故自发生之日起7日内，事故造成的伤亡人数发生变化的，应当及时补报。

事故信息报告后出现新情况的，负责事故报告的单位应当依照上述的规定及时续报。较大涉险事故、一般事故、较大事故每日至少续报1次；重大事故、特别重大事故每日至少续报2次。自事故发生之日起30日内(道路交通、火灾事故自发生之日起7日内)，事故造成的伤亡人数发生变化的，应于当日续报。

五、事故的救援与现场处置

根据《安全生产法》和《生产安全事故报告和调查处理条例》的有关规定，事故发生单位的主要负责人、安全生产监督管理部门、负有安全生产监督管理职责的有关部门、有关地方人民政府在接到事故报告后，除要做好事故报告工作外，更重要的是要积极组织事故救援，并保护好事故现场。

事故发生单位负责人接到事故报告后，应当立即启动事故相应应急预案，或者采取有效措施，组织抢救，防止事故扩大，减少人员伤亡和财产损失。事故发生地有关地方人民政府、安全生产监督管理部门和负有安全生产监督管理职责的有关部门接到事故报告后，其负责人应当立即赶赴事故现场，组织事故救援。有关部门应当服从指挥、调度，参加或者配合救助，将事故损失降低到最低限度。

事故发生后，有关单位和人员应当妥善保护事故现场及相关证据，任何单位和个人不得破坏事故现场、毁灭相关证据。因抢救人员、防止事故扩大以及疏通交通等原因，需要移动事故现场对象的，应当做出标志，绘制现场简图并做出书面记录，妥善保存现场重要痕迹、物证。

事故发生地公安机关根据事故的情况，对涉嫌犯罪的，应当依法立案侦查，采取强制措施和侦查措施。犯罪嫌疑人逃匿的，公安机关应当迅速追捕归案。

安全生产监督管理部门和负有安全生产监督管理职责的有关部门应当建立值班制度，并向社会公布值班电话，受理事故报告和举报。

第三节　事故调查处理的组织和实施

【案例 7-3】 2013 年 8 月 31 日，上海翁牌冷藏实业有限公司发生氨泄漏事故，造成 15 人死亡，7 人重伤，18 人轻伤。事故发生后，上海市委、市政府高度重视，全力组织抢险救援，迅速组织展开事故调查，并形成了事故调查处理报告。经调查认定，事故发生的直接原因是：作业人员严重违规采用热氨融霜方式，导致发生液锤现象，压力瞬间升高，致使存有严重焊接缺陷的单冻机回气集管管帽脱落，造成氨泄漏。管理原因是：上海翁牌冷藏实业有限公司违规设计、施工和生产，主体建筑竣工验收后擅自改变功能布局，水融霜设备缺失，相关安全生产规章制度和操作规程不健全，岗位安全培训缺失、特种作业人员未取证上岗等。宝山区政府、宝山城市工业园区管委会、区质量技监局、区安全监管局、区规土局以及区公安消防支队履职不力。

一、事故调查处理的原则

（一）事故调查处理的基本原则

根据《安全生产法》第七十三条的规定，事故调查处理应当按照实事求是、尊重科学的原则，及时、准确地查清事故原因，查明事故性质和责任，总结事故教训，提出整改措施，并对事故责任者提出处理意见。

1. 实事求是

实事求是，是唯物辩证法的基本要求。事故调查处理工作必须坚持实事求是，坚决克服主观主义，保证做到客观、公正。一是必须全面、彻底查清生产安全事故的原因，不得弄虚作假；二是在认定事故性质、分析事故责任时一定要从实际出发，根据实际情况明确事故责任；三是在提出对事故责任者的处理意见时，要根据事故责任划分；四是总结事故教训、落实事故整改措施要实事求是。

2. 尊重科学

尊重科学，是事故调查处理工作的客观规律。生产安全事故调查工作具有较强的科学性和技术性，特别是事故原因的调查，可能需要做一些技术上的分析和研究，利用一些技术手段，如进行技术鉴定或试验等。尊重科学，一是要有科学的态度，不主观臆想，不轻易下结论，防止个人意识主导，杜绝心理偏好，努力做到客观、公正；二是要特别注意充分发挥专业技术人员的作用，把对事故原因的查明、事故责任的分析、认定建立在科学的基础上。

（二）事故调查处理必须坚持政府领导、分级负责的原则

政府领导、分级负责事故调查处理工作，是《生产安全事故报告和调查处理条例》确定的重要原则。这项原则的核心是确立有关人民政府对事故调查处理的领导权。

各级人民政府在事故调查处理工作中的法律定位，是一个重大原则问题。政府领导、分级负责原则既符合事故调查处理工作的实际需要又有利于发挥、协调有关部门的作用。

（三）事故调查处理的"四不放过"原则

事故调查处理的"四不放过"原则是要求对安全生产事故必须进行严重认真的调查处理，接受教训，防止同类事故重复发生。事故调查处理的"四不放过"原则是指事故原因没有查清不放过、事故责任者没有严肃处理不放过、广大职工没有受到教育不放过、防范措施没有落实不放过。

(1)"事故原因没有查清不放过"，是要求在调查处理伤亡事故时，首先要把事故原因分析清楚，找出导致事故发生的真正原因，不能敷衍了事，不能在尚未找到事故主要原因时就轻易下结论，也不能把次要原因当成真正原因，未找到真正原因决不轻易放过，直至找到事故发生的真正原因，并搞清各因素之间的因果关系才算达到事故原因分析的目的。

(2)"事故责任者没有严肃处理不放过"，是要求在调查处理事故时，不能认为原因分析清楚了，有关人员也处理了就算完成任务了，还必须使事故责任者和广大群众了解事故发生的原因及所造成的危害，并深刻认识到搞好安全生产的重要性，使大家从事故中吸取教训，在今后工作中更加重视安全工作。

(3)"广大职工没有受到教育不放过"，是要求在对工伤事故进行调查特大安全事故的法律责任与预防控制处理时，必须针对事故发生的原因，提出防止相同或类似事故发生

的切实可行的预防措施，并督促事故发生单位加以实施。只有这样，才算达到了事故调查和处理的最终目的。

(4)“防范措施没有落实不放过”，也是安全事故责任追究制的具体体现，对事故责任者要严格按照安全事故责任追究规定和有关法律、法规的规定进行严肃处理。

二、事故调查处理工作组织职责的划分

（一）事故调查处理工作组织职责划分的一般规定

按照政府领导、分级负责、属地为主的组织事故调查的原则，《生产安全事故报告和调查处理条例》第十九条对组织事故调查的具体方式，即政府直接组织调查和授权或者委托有关部门组织调查，分别做出了规定。

(1) 特别重大事故由国务院或者国务院授权有关部门组织事故调查组进行调查。

(2) 重大事故由事故发生地省级人民政府负责调查。省级人民政府可以直接组织事故调查组进行调查，也可以授权或者委托有关部门组织事故调查组进行调查。

(3) 较大事故由事故发生地设区的市级人民政府负责调查。设区的市级人民政府可以直接组织事故调查组进行调查，也可以授权或者委托有关部门组织事故调查组进行调查。

(4) 一般事故分别由事故发生地县级人民政府负责调查。县级人民政府可以直接组织事故调查组进行调查，也可以授权或者委托有关部门组织事故调查组进行调查。

（二）事故调查处理工作组织职责划分的特别规定

1. 提级调查

《生产安全事故报告和调查处理条例》第二十条做出了提级调查的规定，即上级人民政府认为必要时，可以调查由下级人民政府负责调查的事故。此规定主要是针对一些情况复杂、影响恶劣、涉及面宽、调查难度大的事故，而且没有限制上级人民政府的层级，实践中可能是上一级政府，但也不限于上一级人民政府，还可能提到上两级人民政府乃至国务院直接组织调查。

2. 升级调查

《生产安全事故报告和调查处理条例》第二十条第二款规定，自事故发生之日起30日内(道路交通事故、火灾事故自发生之日起7日内)，因事故伤亡人数变化导致事故等级发生变化，依照本条例规定应当由上级人民政府负责调查的，上级人民政府可以另行组织事故调查组进行调查。

3. 跨行政区域的事故调查

有些事故特别是流动作业事故(如交通运输事故)的发生地跨两个县级以上行政区域，需要确定事故调查主体。对于异地发生事故的调查，《生产安全事故报告和调查处理条例》第二十一条规定：“特别重大以外的事故，事故发生地与事故发生单位所在地不在同一个县级以上行政区域的，由事故发生地人民政府负责调查，事故发生单位所在地人民政府应当派员参加。”也就是说，两地有关人民政府负有共同调查跨行政区域事故的职责，双

方应当相互支持和配合，任何一方不得拒绝参加事故调查。

4. 法律、行政法规授权有关部门组织事故调查

《生产安全事故报告和调查处理条例》第四十五条规定，特别重大事故以下等级事故的报告和调查处理，有关法律、行政法规或者国务院另有规定的，依照其规定。

目前，对法律、行政法规授权有关部门直接组织事故调查有明确规定的，主要有《海上交通安全法》、《民用航空法》、《特种设备安全监察条例》、《海上交通事故调查处理条例》、《铁路交通事故应急救援和调查处理条例》、《煤矿安全监察条例》等。法律、行政法规授权有关部门负责组织事故调查的，也要依靠有关地方人民政府的支持和配合。

(1) 煤矿事故的调查

煤矿发生重大事故，由省级煤矿安全监察机构组织事故调查组进行调查，省级人民政府及其有关部门参加调查；发生较大事故、一般事故，由负责监察事故发生地煤矿的煤矿安全监察分局组织事故调查组进行调查。

(2) 铁路交通事故的调查

发生重大事故由国务院铁路主管部门组织事故调查组进行调查，较大事故和一般事故由事故发生地铁路管理机构组织事故调查组进行调查。

(3) 特种设备事故的调查

特种设备重大事故由国务院特种设备安全监督管理部门会同有关部门组织事故调查组进行调查。特种设备较大事故由省、自治区、直辖市特种设备安全监督管理部门会同有关部门组织事故调查组进行调查。特种设备一般事故由设区的市的特种设备安全监督管理部门会同有关部门组织事故调查组进行调查。

5. 事故发生单位组织事故调查

《生产安全事故报告和调查处理条例》第十九条第三款规定，未造成人员伤亡的一般事故，县级人民政府也可以委托事故发生单位组织事故调查组进行调查。

三、事故调查组的组成和职责及有关规定

(一) 事故调查组的组成和相关规定

(1) 事故调查组的组成原则

事故调查组的组成应当遵循精简、效能的原则。

(2) 事故调查组的组成成员

根据事故的具体情况，事故调查组由有关人民政府、安全生产监督管理部门、负有安全生产监督管理职责的有关部门、监察机关、公安机关以及工会派人组成，并应当邀请人民检察院派人参加。事故调查组可以聘请有关专家参与调查。

事由故发生单位组织事故调查组进行调查的，事故调查组原则上由本单位安全、生产、技术等部门有关人员及工会代表组成。

(3) 事故调查组成员条件

事故调查组成员应当具有事故调查所需要的知识和专长，并与所调查的事故没有直

接利害关系。

（4）事故调查组组长的产生

事故调查组组长由负责事故调查的人民政府指定。事故调查组组长主持事故调查组的工作。

（5）事故调查组的属性

事故调查组是有关人民政府或其授权、委托的部门和法律、行政法规授权的部门临时组成、专门负责事故调查的工作机构。事故调查组的法律属性体现为“四性”：一是法定性。它是法定的工作机构，代表有关人民政府履行事故调查职责，相关单位和人员必须予以支持和配合。二是临时性。事故调查组不是一个独立的、常设的行政主体，不能成为行政复议和行政诉讼的主体。三是专业性。它的工作任务单一，专门负责事故调查。四是建设性。它对事故定性、责任划分和事后处理所提出的结论、意见、建议虽对有关人民政府做出批复具有重要的影响力，但都是建设性的。是否同意事故调查报告的决定权，属于组成事故调查组的有关人民政府。

（6）事故调查组的权利和义务

事故调查组具有统一性、权威性、纪律性。

① 事故调查组有权向有关单位和个人了解与事故有关的情况，并要求其提供相关文件、资料，有关单位和个人不得拒绝。事故发生单位的负责人和有关人员在事故调查期间不得擅离职守，并应当随时接受事故调查组的询问，如实提供有关情况。

② 事故调查中需要进行技术鉴定的，事故调查组应当委托具有国家规定资质的单位进行技术鉴定。必要时，事故调查组可以直接组织专家进行技术鉴定。

③ 事故调查中发现涉嫌犯罪的，事故调查组应当及时将有关材料或者其复印件移交司法机关处理。

（7）事故调查组成员的行为规范

① 事故调查组成员在事故调查工作中应当诚信公正、恪尽职守，遵守事故调查组的纪律，保守事故调查的秘密。

② 未经事故调查组组长允许，事故调查组成员不得擅自发布有关事故的信息。

（二）事故调查组的法定职责

事故调查组应当履行的法定职责是：①查明事故发生的经过、原因、人员伤亡情况及直接经济损失；②认定事故的性质和事故责任；③ 提出对事故责任者的处理建议；④总结事故教训，提出防范和整改措施；⑤提交事故调查报告。具体职责内容如下。

1. 查明事故发生的经过

① 事故的具体时间、地点。

② 事故发生前，事故发生单位生产作业状况。

③ 事故现场状况及事故现场保护情况。

④ 事故发生后采取的应急处置措施情况。

⑤ 事故报告经过。

⑥ 事故抢救情况。

⑦ 事故善后处理情况。

⑧ 其他与事故发生经过有关的情况。

2. 查明事故发生的原因

① 事故发生的直接原因。

② 事故发生的间接原因。

③ 事故发生的其他原因。

3. 查明人员伤亡情况

① 事故发生前,事故发生单位生产作业人员分布情况。

② 事故发生时人员涉险情况。

③ 事故当场人员伤亡情况及人员失踪情况。

④ 事故抢救过程中人员伤亡情况。

⑤ 最终伤亡情况。

⑥ 其他与事故发生有关的人员伤亡情况。

4. 查明事故的直接经济损失

① 人员伤亡后所支出的费用,如医疗费用、丧葬及抚恤费用、补助及救济费用、歇工工资等。

② 事故善后处理费用,如处理事故的事务性费用、现场抢救费用、现场清理费用、事故罚款和赔偿费用等。

③ 事故造成的财产损失费用,如固定资产损失价值、流动资产损失价值等。

5. 认定事故的性质和事故责任

通过事故调查分析,对事故的性质要有明确结论。其中对认定为自然事故(非责任事故或者不可抗拒的事故)的,可不再认定或者追究事故责任人;对认定为责任事故的,要按照责任大小和承担责任的不同分别认定事故责任。

6. 提出对事故责任者的处理建议

通过事故调查分析,在认定事故的性质和事故责任的基础上,提出对事故责任者的行政责任追究、刑事责任追究等建议。

7. 总结事故教训

总结事故教训要与确定的事故性质和事故发生的原因为依据。通常情况下,总结事故教训可从以下几个方面来考虑。

① 是否贯彻落实了有关的安全生产的法律、法规和技术标准。

② 是否制定了完善的安全管理制度。

③ 是否制定了合理的安全技术防范措施。

④ 安全管理制度和技术防范措施执行是否到位。

⑤ 安全培训教育是否到位,职工的安全意识是否到位。

⑥ 有关部门的监督检查是否到位。

⑦ 企业负责人是否重视安全生产工作。

⑧ 是否存在官僚主义和腐败现象，因而造成了事故的发生。

⑨ 是否落实了有关“三同时”的要求。

⑩ 是否有合理有效的事故应急救援预案和措施等。

8. 提出事故防范措施和整改意见

在事故调查分析的基础上，针对事故责任单位在安全生产工作中存在的问题，提出事故防范措施和整改建议。

9. 提交事故调查报告

在事故调查组全面完成事故调查任务的前提下，提出事故调查报告。该调查报告必须经事故调查组全体成员讨论通过并签名。

四、事故调查取证的方法和技术手段

根据《企业职工伤亡事故调查分析规则》（GB 6442—1986）的规定，事故调查取证的主要方法和技术手段如下。

（一）事故现场处理

为保证事故调查取证客观公正地进行，在事故发生后，对事故现场要进行保护。对事故现场处理应做到：救护受伤害者；采取措施制止事故蔓延扩大；凡与事故有关的物体、痕迹、状态，不得破坏；为抢救受伤害者需要移动现场某些物体时，必须做好现场标志；准备必须的草图和图片，仔细记录或进行拍照、录像；按规定及时、如实报告事故情况。

（二）事故有关物证收集

事故有关物证收集的基本要求如下。

① 现场物证包括：破损部件、碎片、残留物、致害物的位置等。

② 在现场搜集到的所有物件均应贴上标签，注明地点、时间、管理者。

③ 所有物件应保持原样，不准冲洗擦拭。

④ 对健康有危害的物品，应采取不损坏原始证据的安全防护措施。

⑤ 对事故的描述，以及估计的破坏程度。

⑥ 正常的运行程序。

⑦ 事故发生地点、地图（地方地点与总图）。

⑧ 证据列表以及事故发生前的时间。

（三）事故事实材料收集

（1）与事故鉴别、记录有关的材料

① 发生事故的单位、地点、时间。

② 受害人或肇事者的姓名、性别、年龄、文化程度、职业、技术等级、工龄、本工种工龄支付工资的形式。

③ 收害人或肇事者的技术情况、接受安全教育情况。

④ 出事当天，受害人或肇事者什么时间开始工作、工作内容、工作量、作业程序、操作时间的动作（或位置）。

⑤ 受害人或肇事者过去的事故记录。

（2）事故发生的有关事实

① 事故发生前设备、设施等的性能和质量状况。

② 使用的材料，必要时进行物理性或化学性能实验与分析。

③ 有关设计和工艺方面的技术文件、工作指令和规章制度方面的资料及执行情况。

④ 关于工作环境方面的状况。包括照明、湿度、温度、通风、声响、色彩度、道路、工作面状况以及工作环境中的有毒、有害物质取样分析记录及监测情况。

⑤ 个人防护措施状况，应注意它的有效性、质量、使用范围。

⑥ 出事前受害人和肇事者的健康状况。

⑦ 企业对职工的安全培训情况。

⑧ 其他可能与事故致因有关的细节或因素。

（四）事故人证材料收集记录

在事故调查取证时，应尽可能与每一位受害人及证人进行交谈。同时也要与事故发生前的现场人员以及在事故发生之后立即赶到事故现场的人员进行交谈，要保证每一次交谈记录的准确性。

询访见证人、目击者和当班人员，提供有关事故调查方面的信息，包括事故现场状态、周围环境及人为因素。

（五）事故现场摄影、拍照及事故现场图绘制

（1）事故现场摄影、拍照

在收集事故现场的资料时，通过对事故现场进行摄影和拍照来获取更清楚的信息。

① 显示事故现场和受害者原始信息的所有照片。

② 可能被清除或被践踏的痕迹，如刹车痕迹、地面和建筑物的伤痕、火灾引起损害的照片等。

③ 事故发生现场全貌。

（2）事故现场图的绘制

对事故发生地点经过全面地研究和照相之后，通常调查工作的一项重要任务是绘制事故现场图。

① 确定事故发生地点坐标、伤亡人员相对于地理位置点的位置。

② 确定涉及事故的设备、散落构件的位置并做出标记。

③ 查看和分析事故发生时留在地面上的痕迹。

④ 必要时，绘制现场剖面图。

事故现场图的形式，可以是事故现场示意图、流程图、受害者位置图等。

五、事故原因分析和事故责任的认定

（一）事故原因分析的基本步骤

《企业职工伤亡事故调查分析规则》中，给出了分析事故原因的基本步骤。

（1）整理和阅读调查材料。

（2）按以下7项内容进行分析。

① 受伤部位。

② 受伤性质。

③ 起因物。

④ 致害物。

⑤ 伤害方式。

⑥ 不安全状态。

⑦ 不安全行为。

（3）确定事故的直接原因。

（4）确定事故的间接原因。

（5）确定事故责任者。

（二）事故原因分析

1．直接原因分析

在《企业职工伤亡事故调查分析规则》中规定，属下列情况者为直接原因。

① 机械、物质或环境的不安全状态。见表7-1。

表7-1　不安全状态

不安全状态类型	项　　目	具 体 表 现
防护、保险、信号等装置缺乏或有缺陷	无防护	无防护罩 无安全保险装置 无报警装置 无安全标志 无护栏、或护栏损坏 (电气)未接地 绝缘不良 局扇无消音系统、噪声大 危房内作业 未安装防止“跑车”的挡车器或挡车栏 其他
	防护不当	防护罩未在适当位置 防护装置调整不当 坑道掘进，隧道开凿支撑不当 防爆装置不当 采伐、集材作业安全距离不够

续表

不安全状态类型	项　　目	具体表现
防护、保险、信号等装置缺乏或有缺陷	防护不当	放炮作业隐蔽所有缺陷 电气装置带电部分裸露 其他
设备、设施、工具、附件有缺陷	设计不当，结构不合安全要求	通道门遮挡视线 制动装置有缺陷 安全间距不够 拦车网有缺陷 工件有锋利毛刺、毛边 设施上有锋利倒棱 其他
	强度不够	机械强度不够 绝缘强度不够 起吊重物的绳索不合安全要求 其他
	设备在非正常状态下运行	设备带“病”运转 超负荷运转 其他
	维修、调整不良	设备失修 地面不平 保养不当、设备失灵 其他
个人防护用品用具——防护服、手套、护目镜及面罩、呼吸器官护具、听力护具、安全带、安全帽、安全鞋等缺少或有缺陷	无个人防护用品、用具	
	所用防护用品、用具不符合安全要求	
生产(施工)场地环境不良	照明光线不良	照度不足 作业场地烟雾尘弥漫，视物不清 光线过强
	通风不良	无通风 通风系统效率低 风流短路 停电停风时放炮作业 瓦斯排放未达到安全浓度放炮作业 瓦斯超限 其他
	作业场所狭窄	
	作业场地杂乱	工具、制品、材料堆放不安全 采伐时，未开“安全道” 迎门树、坐殿树、搭挂树未作处理 其他
	交通线路的配置不安全	

续表

不安全状态类型	项　　目	具体表现
生产(施工)场地环境不良	操作工序设计或配置不安全	
	地面滑	地面有油或其他液体 冰雪覆盖 地面有其他易滑物
	储存方法不安全	
	环境温度、湿度不当	

② 人的不安全行为。见表 7-2。

表 7-2　不安全行为

不安全行为类型	具体表现
操作错误，忽视安全，忽视警告	未经许可开动、关停、移动机器 开动、关停机器时未给信号 开关未锁紧，造成意外转动、通电或泄漏等 忘记关闭设备 忽视警告标志、警告信号 操作错误(指按钮、阀门、扳手、把柄等的操作) 奔跑作业 供料或送料速度过快 机械超速运转 违章驾驶机动车 酒后作业 客货混载 冲压机作业时，手伸进冲压模 工件紧固不牢 用压缩空气吹铁屑 其他
造成安全装置失效	拆除了安全装置 安全装置堵塞，失掉了作用 调整的错误造成安全装置失效 其他
使用不安全设备	临时使用不牢固的设施 使用无安全装置的设备 其他
手代替工具操作	用手代替手动工具 用手清除切屑 不用夹具固定、用手拿工件进行机加工
物体(指成品、半成品、材料、工具、切屑和生产用品等)存放不当	
冒险进入危险场所	冒险进入涵洞 接近漏料处(无安全设施) 采伐、集材、运材、装车时，未离危险区 未经安全监察人员允许进入油罐或井中 未"敲帮问顶"开始作业

续表

不安全行为类型	具 体 表 现
冒险进入危险场所	冒进信号 调车场超速上下车 易燃易爆场合明火 私自搭乘矿车 在绞车道行走 未及时瞭望
攀、坐不安全位置(如平台护栏、汽车挡板、吊车吊钩)	
在起吊物下作业、停留	
机器运转时加油、修理、检查、调整、焊接、清扫等工作	
有分散注意力行为	
在必须使用个人防护用品用具的作业或场合中,忽视其使用	未佩戴护目镜或面罩 未戴防护手套 未穿安全鞋 未戴安全帽 未佩戴呼吸护具 未佩戴安全带 未戴工作帽 其他
不安全装束	在有旋转零部件的设备旁作业穿过肥大服装 操纵带有旋转零部件的设备时戴手套 其他
对易燃、易爆等危险物品处理错误	

2. 间接原因分析

在《企业职工伤亡事故调查分析规则》中规定,属下列情况者为间接原因。

① 技术和设计上有缺陷——工业构件、建筑物、机械设备、仪器仪表、工艺过程、操作方法、维修检验等的设计、施工和材料使用存在问题。

② 教育培训不够、未经培训、缺乏或不懂安全操作技术知识。

③ 劳动组织不合理。

④ 对现场工作缺乏检查或指导错误。

⑤ 没有安全操作规程或不健全。

⑥ 没有或不认真实施事故防范措施,对事故隐患整改不力。

⑦ 其他。

3. 事故原因分析的方法

影响事故发生的因素多种多样,这些因素往往又错综复杂地交织在一起。要想科学、准确、全面地把握事故原因,就必须采用一些分析方法。鱼刺图分析法就是事故原因分析经常采用的一种方法。鱼刺图又叫因果分析图、特性要素图、树枝图,是寻找问题产生原因的一种有效方法。它能清晰、有效地整理和分析出事故和诸因素之间的关系。一起施工现场触电死亡事故的鱼刺图分析过程如图 7-1 所示。事故原因分析还可参考图 7-2 给出的思路展开。

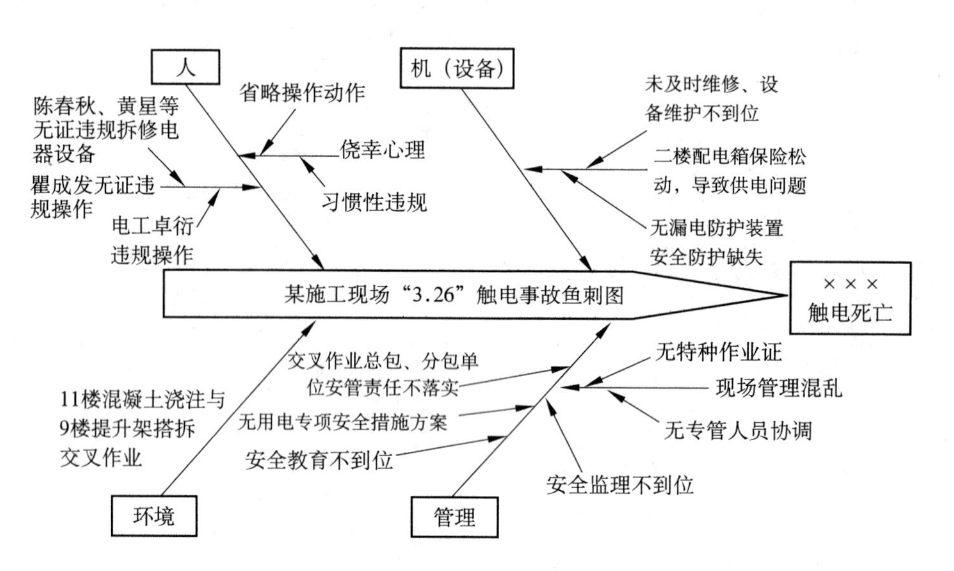

图 7-1 一起施工现场触电死亡事故的鱼刺图分析

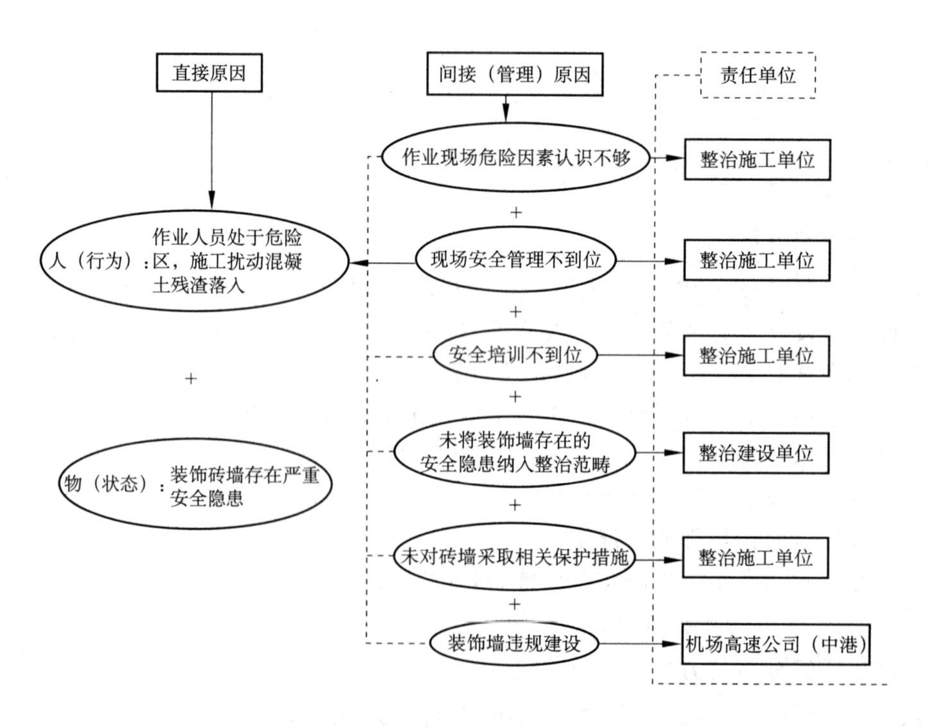

图 7-2 事故原因和责任分析框图

（三）事故责任的认定

对事故责任的认定，主要是确定对事故的发生负有直接责任、主要责任、领导责任的有关人员。

1. 直接责任者和主要责任者

直接责任者是指其行为与事故发生有直接责任的人员，如违章作业人员。

主要责任者是指对事故发生负有主要责任的人员，如违章指挥者。

有下列情况之一时，应由肇事者或有关人员负直接责任或主要责任：

① 违章指挥、违章作业或冒险作业造成事故的。

② 违反安全生产责任制和操作规程，造成事故的。

③ 违反劳动纪律，擅自开动机械设备或擅自更改、拆除、毁坏、挪用安全装置和设备，造成事故的。

2. 领导责任者

领导责任者是指对事故发生负有领导责任的人员。有下列情况之一时，有关领导应负领导责任：

① 由于安全生产规章、责任制度和操作规程不健全，职工无章可循，造成事故的。

② 未按规定对职工进行安全教育和技术培训，或职工未经考试合格上岗操作造成事故的。

③ 机械设备超过检修期限或超负荷运行，设备有缺陷又不采取措施，造成事故的。

④ 作业环境不安全，又未采取措施，造成事故的。

⑤ 新建、改建、扩建工程项目，安全卫生设施不与主体工程同时设计、同时施工、同时投入生产和使用，造成事故的。

六、编制事故调查报告

1. 完成事故调查报告的期限

事故调查组应当自事故发生之日起 60 日内提交事故调查报告；特殊情况下，经负责事故调查的人民政府批准，提交事故调查报告的期限可以适当延长，但延长的期限最长不超过 60 日。技术鉴定所需时间不计入事故调查期限。

2. 事故调查报告的编制

事故调查组应按照下列内容要求编写事故调查报告。

① 事故发生单位概况。

② 事故发生经过和事故救援情况。

③ 事故造成的人员伤亡和直接经济损失。

④ 事故发生的原因和事故性质。

⑤ 事故责任的认定以及对事故责任者的处理建议；

⑥ 事故防范和整改措施。

事故调查报告应当附具有关证据材料。事故调查组成员应当在事故调查报告上签名。

事故调查报告报送负责事故调查的人民政府后，事故调查工作即告结束。事故调查的有关资料应当归档保存。

第四节　事故处理和责任追究

案例导入

【案例 7-4】 2007 年 11 月 24 日 7 时 51 分，中国石油天然气股份有限公司上海销售分公司租赁经营的浦三路油气加注站，在停业检修时发生液化石油气储罐爆炸事故，造成 4 人死亡、30 人受伤，周围部分建筑物等受损，直接经济损失 960 万元。这是一起因施工作业人员违章作业、工程项目管理混乱引发的较大生产安全责任事故。此次事故，肇事单位及其上级单位共有 26 名相关责任人员将分别受到刑事、党纪、政纪处分。其中，2 人已正式批捕，2 人取保候审，5 人行政开除，9 人行政撤职，3 人行政记大过，2 人行政记过，3 人行政警告。对太平洋公司和威喜公司依法吊销资质证书和营业执照，分别予以关闭；对中石油浦东销售中心依法予以经济罚款。

一、有关事故处理的规定

事故处理对于事故责任追究以及防范和整改措施的落实等非常重要，也是落实“四不放过”要求的核心环节。

1. 事故调查报告的法律属性

(1) 调查报告具有真实性。调查报告是在进行详细周密的调查核实之后，以客观事实为依据，真实、准确、全面地反映事故发生单位概况、事故发生经过和救援情况、人员伤亡和直接经济损失、事故发生原因的原始材料。调查报告不得对事故原貌进行修改、修饰，不得掺杂人为色彩，不得弄虚作假。

(2) 调查报告具有证据性。经依法调查核实和有关人民政府认定的调查报告及其证明材料具有法定的证明力，它是有关人民政府做出事故处理批复的重要依据，也可以作为司法机关办案的佐证材料。调查报告及其证明材料包括主报告及其附具的调查记录、讯问笔录、鉴定报告、无证、书证、视听材料和其他相关材料。

(3) 调查报告具有建议性。调查报告在查明事故真相的基础上，要对事故性质、事故责任认定、事故责任者的处理建议和事故防范整改措施等问题提出结论性意见。调查报告反映的是参加事故调查的成员单位的意见、建议，至于其是否正确、适当，应由有关人民政府加以确认。

(4) 调查报告具有不可复议、诉讼性。调查报告的这种属性表现在：一是提交调查报告的不是独立的行政主体。事故调查组是临时工作机构，无权独立做出确认当事人的权利、义务和责任的具体行政行为。二是调查报告不具有独立完整、直接执行的法律效力和行政约束力。不能依据调查报告直接实施法律责任追究。三是对调查报告持有异议，不属于法定的行政复议和行政诉讼的受案范围。

调查报告提交后，有关人民政府对调查报告中关于事故基本情况尤其是事故定性、责任划分和处理建议等问题要进行全面地讨论研究。如果认为调查报告对事故原因认定不清、定性不准、责任不明，有权要求进行重新调查或者补充调查和补正材料。

2. 事故处理批复的主体和批复期限

事故处理批复的主体是享有事故调查权的行政机关。重大事故、较大事故、一般事故，负责事故调查的省级、市级、县级人民政府应当自收到事故调查报告之日起 15 日内做出批复。特别重大事故，30 日内做出批复，特殊情况下，批复时间可以适当延长，但延长的时间最长不超过 30 日。

3. 事故处理批复的实施机关和单位

(1) 实施机关。有关机关应当按照人民政府的批复，依照法律、行政法规规定的权限和程序，对事故发生单位和有关人员进行行政处罚，对负有事故责任的国家工作人员进行处分。负有事故责任的人员涉嫌犯罪的，移交司法机关依法追究刑事责任。

(2) 事故发生单位。事故发生单位应当按照负责事故调查的人民政府的批复，对本单位负有事故责任的人员进行处理。

4. 事故处理批复的法律属性

事故处理批复(以下简称事故批复)与调查报告不同，它是由有关人民政府或其授权的部门依法做出的具有行政约束力和执行力的法律文书。

(1) 事故批复主体是法定的行政机关。

(2) 做出事故批复是对确定事故原因、事故性质和实施事故追究责任的具体行政行为。这是有关人民政府根据事故调查报告，依照职权独立做出的、具有法律效力和强制约束力的行政决定。

(3) 事故批复是事故处理的法定依据。需要指出的是，事故批复虽然具有法律效力和强制约束力，但它不是而且不能替代有关机关根据事故批复对事故责任者制作下达的行政处分、行政处罚等法律文书。

(4) 行政相对人对事故批复持有异议的，可以依法申请行政复议或者提起行政诉讼。

5. 事故发生单位的整改措施和监督检查

(1) 整改措施。事故发生单位应当认真吸取事故教训，落实防范和整改措施，防止事故再次发生。防范和整改措施的落实情况应当接受工会和职工的监督。

(2) 监督检查。安全生产监督管理部门和负有安全生产监督管理职责的有关部门应当对事故发生单位落实防范和整改措施的情况进行监督检查。

6. 事故处理的公开

事故处理的情况由负责事故调查的人民政府或者其授权的有关部门、机构向社会公布，依法应当保密的除外。

二、有关事故责任追究的规定

安全生产责任追究是指因安全生产责任者未履行安全生产有关的法定责任，根据其行为的性质及后果的严重性，追究其行政、刑事或民事责任的一种制度。

（一）行政责任

1. 安全生产责任的行政处分规定

安全生产责任的行政处分主要是对职务性过错的制裁，它包括不作为失职处分和作为失职处分。《国务院关于特大安全事故行政责任追究的规定》（国务院令第302号）对各种不作为失职行为和作为违法、违纪行为的处分都做了明确规定；《安全生产法》第六章对安全生产监督管理人员的行政法律责任有明确的规定。主要有：

① 防范性工作失职处分。

② 确保中小学生社会实践活动安全的失职处分。

③ 安全审批失职处分。

④ 监督管理失职处分。

⑤ 事故调查处理失职处分。

2. 安全生产责任的行政处罚规定

在《安全生产法》、《国务院关于特大安全事故行政责任追究的规定》、《消防法》、《矿山安全法》、《建筑法》、《环境保护法》、《治安管理处罚法》和《生产安全事故报告和调查处理条例》等法律、法规中，对违反安全规定或因违法行为造成事故的责任人（公民、法人或其他组织）的行政处罚，都有具体规定。

（二）刑事责任

根据《刑法》中的规定，与安全生产有关的犯罪主要有危害公共安全罪，渎职罪，生产、销售伪劣商品罪和重大环境污染事故罪。其中危害公共安全罪是一类社会危害性非常严重的犯罪，是《刑法》分则规定的犯罪中除危害国家安全罪外，客观危险性最大的一类犯罪。罪名包括重大飞行事故罪，铁路运营安全事故罪，交通肇事罪，生产、作业重大安全事故罪，强令违章冒险作业重大安全事故罪，生产设施、条件重大安全事故罪，不报、谎报安全事故罪，危险物品肇事罪，工程重大安全事故罪，教育设施重大安全事故罪，消防责任事故罪。

（三）民事责任

安全生产的民事责任主要是侵权民事责任，包括财产损失赔偿责任和人身伤害民事责任。在《安全生产法》中，有关民事责任的具体规定：

（1）第七十九条规定，承担安全评价、认证、检测、检验工作的机构，出具虚假证明，给他人造成损害的，与生产经营单位承担连带赔偿责任。

（2）第八十六条规定，生产经营单位将生产经营项目、场所、设备发包或者出租给不具备安全生产条件或者相应资质的单位或者个人，导致发生生产安全事故给他人造成损害的，与承包方、承租方承担连带赔偿责任。

（3）第九十五条规定，生产经营单位发生生产安全事故造成人员伤亡、他人财产损失的，应当依法承担赔偿责任；拒不承担或者其负责人逃匿的，由人民法院依法强制执行。

(4) 第四十八条规定，因生产安全事故受到损害的从业人员，除依法享有工伤社会保险外，依照有关民事法律尚有获得赔偿的权利的，有权向本单位提出赔偿要求。

(四)《生产安全事故报告和调查处理条例》和《生产安全事故信息报告和处置办法》中有关惩处违法行为方面的规定

《生产安全事故报告和调查处理条例》和《生产安全事故信息报告和处置办法》规定了对事故单位、事故单位主要负责人及有关负责人的处罚、对有关人员及中介机构的处理、对政府及其有关各级人员的处分等内容，体现了安全生产的“重典治乱”。

1. 事故发生单位主要负责人的责任

事故发生单位主要负责人在事故发生后，不立即组织事故抢救，迟报或者漏报事故的，或者在事故调查处理期间擅离职守的处上一年年收入40%～80%的罚款；属于国家工作人员的，并依法给予处分；构成犯罪的，依法追究刑事责任。《刑法修正案(六)》第“四”项规定：“在安全事故发生后，负有报告职责的人员不报或者谎报事故情况，贻误事故抢救，情节严重的，处三年以下有期徒刑或者拘役；情节特别严重的，处三年以上七年以下有期徒刑。”

事故发生单位主要负责人未依法履行安全生产管理职责，导致事故发生的，依照事故的不同等级，处上一年年收入不同比例的罚款；属于国家工作人员的，并依法给予处分；构成犯罪的，依法追究刑事责任。

2. 事故发生单位及其有关人员的责任

事故发生后，事故发生单位及其有关人员有谎报或者瞒报事故的；伪造或者故意破坏事故现场的；转移、隐匿资金、财产，或者销毁有关证据、资料的；拒绝接受调查或者拒绝提供有关情况和资料的；在事故调查中作伪证或者指使他人作伪证的；或事故发生后逃匿的，对事故发生单位处100万元以上500万元以下的罚款；对主要负责人、直接负责的主管人员和其他直接责任人员处上一年年收入60%～100%的罚款；属于国家工作人员的，并依法给予处分；构成违反治安管理行为的，由公安机关依法给予治安管理处罚；构成犯罪的，依法追究刑事责任。

事故发生单位的责任依照事故的不同等级，给予不同程度的罚款。如：发生一般事故的，处10万元以上20万元以下的罚款；发生较大事故的，处20万元以上50万元以下的罚款；发生重大事故的，处50万以上200万元以下的罚款；发生特别重大事故的，处200万元以上500万元以下的罚款。

另外，《生产安全事故信息报告和处置办法》第二十五条规定，生产经营单位对较大涉险事故迟报、漏报、谎报或者瞒报的，给予警告，并处3万元以下的罚款。

3. 有关地方人民政府、安全生产监管部门和负有安全生产监督管理职责的有关部门的责任

在生产安全事故发生后，有关地方人民政府、安全生产监督管理部门和负有安全生产监督管理职责的有关部门不立即组织事故抢救的，迟报、漏报、谎报或者瞒报事故的，阻碍、干涉事故调查工作的，或在事故调查中作伪证或者指使他人作伪证的，对直接负责的主管人员和其他直接责任人员依法给予处分；构成犯罪的，依法追究刑事责任。

4. 对事故发生单位、有关中介机构和人员的处罚

事故发生单位对事故发生负有责任的，由有关部门依法暂扣或者吊销有关证照；对事故发生单位负有事故责任的有关人员，依法暂停或者撤销其与安全生产有关的执业资格、岗位证书；事故发生单位主要负责人受到刑事处罚或者撤职处分的，自刑罚执行完毕者受处分之日起，5 年内不得担任任何生产经营单位的主要负责人。为发生事故的单位提供虚假证明的中介机构，由有关部门依法暂扣或者吊销其有关证照及其相关人员的执业资格；构成犯罪的，依法追究刑事责任。

第五节　事故报表与统计分析

案例导入

【案例 7-5】 2011 年全国发生各类事故 347 728 起，死亡 75 572 人，同比分别下降减少 15 655 起、3980 人，4.3%和 5%。工矿商贸领域事故死亡人数首次降到 1 万人以下，十万就业人员事故死亡率由 2.13 降到 1.88，降幅 11.7%，道路交通万车死亡率由 3.2 降到 2.8，降幅 12.5%。

【案例 7-6】 2008 年 4 月 9 日，某钢铁公司棒材厂使用煤气为燃料的 1 号加热炉停产检修，在更换煤气阀组后面的补偿器时发生了煤气着火爆炸事故，导致 1 人死亡、1 人受伤。事故造成的经济损失包括：设备损失 500 万元，处理事故和现场抢救费用 30 万元，停产损失 300 万元，丙住院治疗费 80 万元，支付乙家属抚恤金 25 万元，丙歇工工资 3 万元，事故罚款 15 万元，补充新员工培训费 1 万元。

一、事故登记表和统计报表

为了及时、准确、全面地了解企业职工伤亡情况，提高安全生产管理水平，我国实行企业职工伤亡事故统计报表制度，要求企业定期对职工伤亡事故进行统计，并按报表进行统计上报。

1. 企业伤亡事故登记表

企业伤亡事故登记表用于记录伤亡事故中死亡或受伤人员的信息及有关事故发生过程、原因及处理意见等信息。事故登记表没有严格统一的规范格式。各企业可根据本企业实际情况和管理的需要制定相应事故登记表。表 7-3 给出的是某公司制定的事故登记表。

表 7-3 某公司伤亡事故登记表

<table>
<tr><td colspan="3">×××公司伤亡事故登记表</td></tr>
<tr><td colspan="3">事发单位：</td></tr>
<tr><td colspan="3">发生时间： 年 月 日 时 分</td></tr>
<tr><td colspan="3">事发地点：</td></tr>
<tr><td colspan="3">员工姓名： 工号： 入公司日期： 年 月 日
级别： 性别： 年龄： 岁</td></tr>
<tr><td colspan="3">事故类别： 受伤部位： 受伤性质：
起因物： 伤害程度： 伤害方式：
致害物： 事故严重程度分类：
不安全行为： 不安全状态：</td></tr>
<tr><td colspan="3">主管： 电话：</td></tr>
<tr><td colspan="2">事故经过：</td><td>事故现场图片：</td></tr>
<tr><td colspan="2">直接原因：</td><td>整改对策：</td></tr>
<tr><td>责任单位
处理意见</td><td colspan="2"></td></tr>
<tr><td>安全管理单位
处理意见</td><td colspan="2"></td></tr>
</table>

2. 企业职工伤亡事故月(年)统计表

企业职工伤亡事故月(年)统计表用于统计企业的事故信息以便当地安全生产监督管理部门核查。主要包括两种表：

① 统计本企业事故件数与伤亡人数的报表，见表 7-4。

表 7-4 企业职工伤亡事故月(年)统计表

××××企业职工伤亡事故 ××年××月统计表

<table>
<tr><td>企业名称</td><td colspan="3"></td><td>注册地址</td><td colspan="3"></td></tr>
<tr><td>生产经营范围</td><td colspan="3"></td><td>企业法人</td><td colspan="3"></td></tr>
<tr><td>事故类型</td><td>死亡事故(起)</td><td>重伤事故(起)</td><td>轻伤事故(起)</td><td>死亡(人)</td><td>重伤(人)</td><td>轻伤(人)</td><td>经济损失(万元)</td></tr>
<tr><td>物体打击</td><td></td><td></td><td></td><td></td><td></td><td></td><td></td></tr>
<tr><td>车辆伤害</td><td></td><td></td><td></td><td></td><td></td><td></td><td></td></tr>
<tr><td>机械伤害</td><td></td><td></td><td></td><td></td><td></td><td></td><td></td></tr>
<tr><td>起重伤害</td><td></td><td></td><td></td><td></td><td></td><td></td><td></td></tr>
<tr><td>触　电</td><td></td><td></td><td></td><td></td><td></td><td></td><td></td></tr>
<tr><td>灼　烫</td><td></td><td></td><td></td><td></td><td></td><td></td><td></td></tr>
<tr><td>火　灾</td><td></td><td></td><td></td><td></td><td></td><td></td><td></td></tr>
<tr><td>高处坠落</td><td></td><td></td><td></td><td></td><td></td><td></td><td></td></tr>
<tr><td>坍　塌</td><td></td><td></td><td></td><td></td><td></td><td></td><td></td></tr>
<tr><td>其　他</td><td></td><td></td><td></td><td></td><td></td><td></td><td></td></tr>
<tr><td>合计</td><td></td><td></td><td></td><td></td><td></td><td></td><td></td></tr>
</table>

填表单位： 填表人： 年 月 日

② 按不同事故类别和事故原因统计伤亡情况的报表。

我国对企业伤亡事故统计实行“零报告制度”，即使企业当月没有发生伤亡事故也应填写事故月度报表，报当地安全生产监督管理部门。

二、事故结案后的材料建档

在事故处理结案后，企业应当按照要求将事故的有关材料归档保存。应归档的事故资料包括以下内容。

① 职工伤亡事故登记表。

② 事故调查报告书及批复。

③ 现场调查记录、图样、照片。

④ 技术鉴定和试验报告。

⑤ 物证、人证材料。

⑥ 直接和间接经济损失材料。

⑦ 事故责任者的自述材料。

⑧ 医疗部门对伤亡人员的诊断书。

⑨ 发生事故时的工艺条件、操作情况和设计资料。

⑩ 处分决定和受处分人员的检查材料。

⑪ 有关事故的通报、简报及文件。

⑫ 注明参加调查组的人员姓名、职务、单位。

三、事故统计分析

（一）事故统计的基本任务

(1) 对每起事故进行统计调查，弄清事故发生的情况和原因。

(2) 对一定时间内、一定范围内事故发生的情况进行测定。

(3) 根据大量统计资料，借助数理统计手段，对一定时间内、一定范围内事故发生的情况、趋势以及事故参数的分布进行分析、归纳和推断。

事故统计的任务与事故调查是一致的。统计建立在事故调查的基础上，没有成功的事故调查，就没有正确的统计。调查要反映有关事故发生的全部详细信息，统计则抽取那些能反映事故情况和原因的最主要的参数。

事故调查从已发生的事故中得到预防相同或类似事故的发生经验，是直接的，是局部性的。而事故统计对于预防作用既有直接性，又有间接性，是总体性的。

（二）事故统计分析的目的

事故统计分析的目的，是通过合理地收集与事故有关的资料、数据，并应用科学的统计方法，对大量重复显现的数字特征进行整理、加工、分析和推断，找出事故发生的规律和事故发生的原因，为制定法规、加强工作决策，采取预防措施，防止事故重复发生，起到重要指导作用。

（三）事故统计的步骤

事故统计工作一般分为3个步骤。

1. 资料搜集

资料搜集又称统计调查，是根据统计分析的目的，对大量零星的原始材料进行技术分组。它是整个事故统计工作的前提和基础。资料搜集是根据事故统计的目的和任务，制定调查方案，确定调查对象和单位，拟定调查项目和表格，并按照事故统计工作的性质，选定方法。我国伤亡事故统计是一项经常性的统计工作，采用报告法，下级按照国家制定的报表制度，逐级将伤亡事故报表上报。

2. 资料整理

资料整理又称统计汇总，是将搜集的事故资料进行审核、汇总，并根据事故统计的目的和要求计算有关数值。汇总的关键是统计分组，就是按一定的统计标志，将分组研究的对象划分为性质相同的组。如按事故类别、事故原因等分组，然后按组进行统计计算。

3. 综合分析

综合分析是将汇总整理的资料及有关数值，填入统计表或绘制统计图，使大量的零星资料系统化、条理化、科学化，是统计工作的结果。

事故统计结果可以用统计指标、统计表、统计图等形式表达。

（四）事故统计指标

1. 伤亡事故统计的绝对指标和相对指标

伤亡事故的统计指标常用的有绝对指标（也称为总量指标）和相对指标。

绝对指标是指反映伤亡事故全面情况的绝对数值，如事故次数、死亡人数、重伤人数、轻伤人数、直接经济损失、损失工作日以及为计算相对指标所需的平均职工人数、主要产品产量（一般以万吨计）等绝对数字指标。绝对指标可以直接反映一个企业、部门、地区安全状况的好坏，但是由于不同地区、部门和单位的情况不同，采用绝对指标无法对事故的情况进行比较，也难以对安全工作的好坏进行鉴别，因此往往还要采用相对指标。

相对指标是伤亡事故的两个相联系的绝对指标之比，或表示伤亡情况的有关数值与基准总量的比例，表示事故的比例关系，如千人死亡率、千人重伤率，百万吨死亡率等。

根据《企业职工伤亡事故分类标准》，常用的伤亡事故相对统计指标如下。

（1）千人死亡率：表示某时期内平均每千名职工中，因工伤事故造成的死亡人数。

$$千人死亡率=死亡人数/平均职工人数\times 10^3 \tag{7-1}$$

（2）千人重伤率：表示某时期内平均每千名职工因工伤事故造成的重伤人数。

$$千人重伤率=重伤人数/平均职工人数\times 10^3 \tag{7-2}$$

（3）百万工时伤害率：表示某时期内每百万工时事故造成伤害的人数。伤害人数指轻伤、重伤、死亡人次数之和。适用于行业、企业内部事故统计分析使用。

$$百万工时伤害率=伤亡人次数/实际总工时\times 10^6 \tag{7-3}$$

实际总工时的计算方法为：

$$实际总工时=统计时期内平均职工人数\times该时期内实际工作天数\times8 \quad (7\text{-}4)$$

（4）伤害严重率：表示某时期内，每百万工时事故造成的损失工作日数。

$$伤害严重率=总损失工作日/实际总工时\times10^6 \quad (7\text{-}5)$$

损失工作日数根据《企业职工伤亡事故分类标准》(GB 6441—1986)的附录B进行计算。总损失工作日是指标统计时期内每一受伤害者的损失工作日的总和。

（5）伤害平均严重率：表示每人次受伤害的平均损失工作日。计算公式是：

$$伤害平均率=B/A=总损失工作日/伤害人次数 \quad (7\text{-}6)$$

伤害频率、伤害严重率、伤害平均严重率可以反映一定时期内企事业单位、部门、地区安全工作的状况和安全措施的效果，所以有利于伤亡事故的统计分析，可作为安全管理工作的分析评价指标。

（6）按产品、产量计算的死亡率：适用于以 t、m^3 产量为计算单位的行业、企业使用。计算公式是：

$$百万吨死亡率=死亡人数/实际产量吨数\times10^4 \quad (7\text{-}7)$$

$$百万立方米死亡率=死亡人数/实际产量吨数\times10^4 \quad (7\text{-}8)$$

按产品、产量计算的死亡率，适应于某些部门、行业的特点，且可以与国际同行业相比较。既可用于统计报告，也可以用于综合分析。

2. 我国安全生产伤亡事故统计指标体系

（1）生产安全事故综合类伤亡事故统计指标体系

国家安全生产监督管理总局结合我国经济发展和行业特点，借鉴国外先进的生产安全事故指标体系和分析方法，对统计指标体系进行了改革，提出了适应我国的生产安全事故综合类伤亡事故统计指标体系。该体系包括下列指标：事故起数；死亡事故起数；死亡人数；受伤人数；直接经济损失；重大事故起数；重大事故死亡人数；特大事故起数；特大事故死亡人数。

（2）工矿企业类伤亡事故统计指标体系

工矿企业类伤亡事故统计指标体系包含6类指标，具体有：煤矿企业伤亡事故统计指标；金属和非金属矿企业（原非煤矿山企业）伤亡事故统计指标；工商企业（原非矿山企业）伤亡事故统计指标；建筑业伤亡事故统计指标；危险化学品伤亡事故统计指标；烟花爆竹伤亡事故统计指标。

在上述6类指标中，均包含了综合性的统计指标。另外，煤矿企业伤亡事故统计指标还包含百万吨死亡率。

（3）行业类伤亡事故统计指标体系

行业类伤亡事故统计指标体系包括：道路交通事故统计指标；火灾事故统计指标；水上交通统计指标；铁路交通事故统计指标；民航飞行事故统计指标；农机事故统计指标；渔业船舶事故统计指标。

（4）地区安全评价类统计指标体系

地区安全评价类统计指标体系包括：事故起数；死亡人数；直接经济损失；重大事故起数；重大事故死亡人数；特大事故起数；特大事故死亡人数；特别重大事故起数；特别重大事故死亡人数、亿元国内生产总值（GDP）死亡率；10万人死亡率。

（五）伤亡事故统计分析方法

事故统计分析方法是以研究伤亡事故统计为基础的分析方法，伤亡事故统计有描述统计法和推理统计法两种方法。

描述统计法用于概括和描述原始资料总体的特征。它可以提供一种组织归纳和运用资料的方法。最常用的描述统计有频数分布、图形或图表、算数平均值及相关分析等。

推理统计法是从一个较大的资料总体中抽取的样本来推断结论的方法。它的目的是使人们能够用数量来表示可能的论述。对伤亡事故原因的专门研究以及事故判定技术等主要应用推理统计法。经常用到的几种事故统计方法如下。

（1）综合分析法。将大量的事故资料进行总结分类，将汇总整理的资料及有关数值，形成书面分析材料或填入统计表或绘制统计图，使大量的零星资料系统化、条理化、科学化。从各种变化的影响中找出事故发生的规律性。

（2）分组分析法。按伤亡事故的有关特征进行分类汇总。研究事故发生的有关情况。如按事故发生企业的经济类型、事故发生单位所在行业、事故发生原因、事故类别、事故发生所在地区，事故发生时间、伤害部位等进行分组汇总统计伤亡事故数据。

（3）算数平均法。例如，2001 年 1～12 月全国工矿企业死亡人数分别是 488 人、752 人、1123 人、1259 人、1321 人、1021 人、1404 人、1176 人、1024 人、952 人、989 人、1046 人，则：平均月死亡＝12 555/12＝1046(人)。

（4）相对指标比较法。各省之间、各企业之间由于企业规模、职工人数等不同，很难比较，但采用相对指标，如千人死亡率、百万吨死亡率等指标则可以互相比较，并在一定程度上说明安全生产的情况。

（5）统计图表法。事故常用的统计图有：①趋势图，即折线图，直观地展示伤亡事故的发生趋势，如图 7-3 所示；②饼图，即比例图可以形象地反映不同分类项目所占的百分比，如图 7-4 所示；③柱状图，能够直观地反映不同分类项目所造成的伤亡事故指标大小比较，如图 7-5 所示。

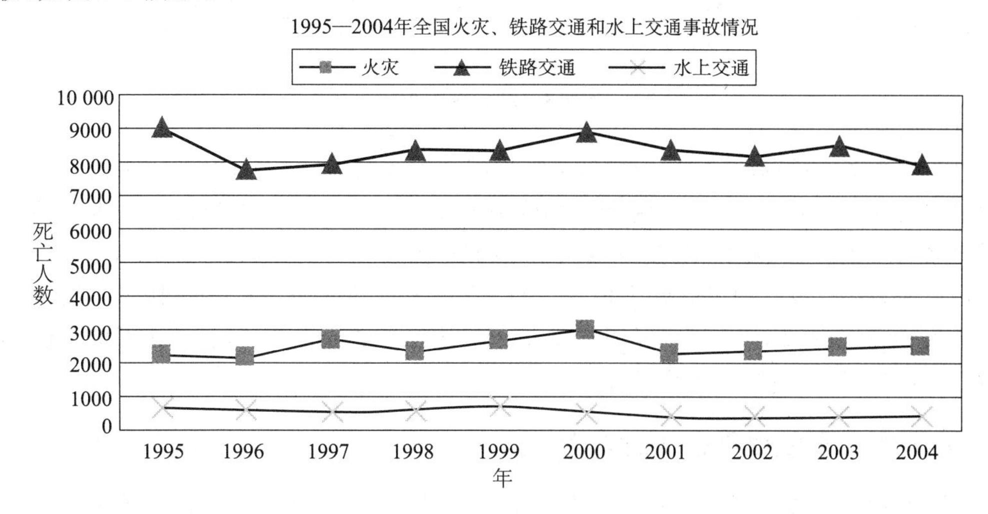

图 7-3　趋势图举例

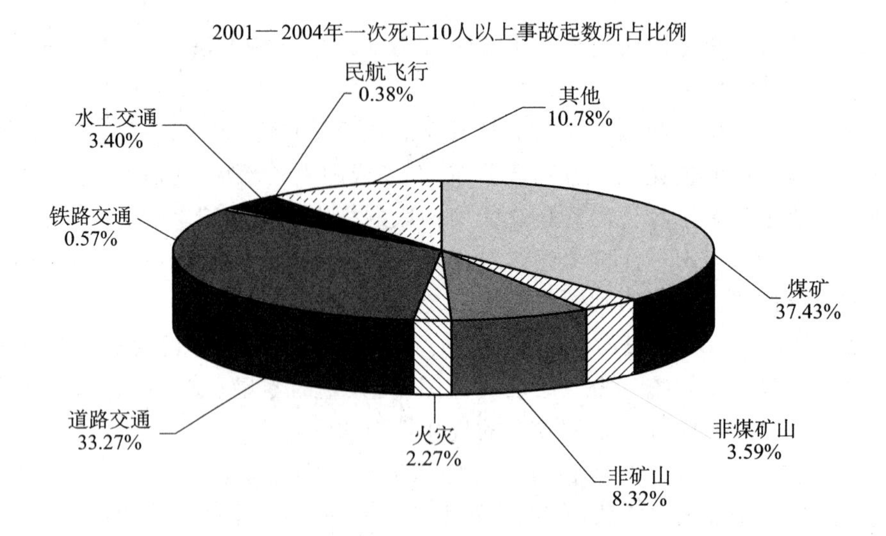

图 7-4 饼图举例

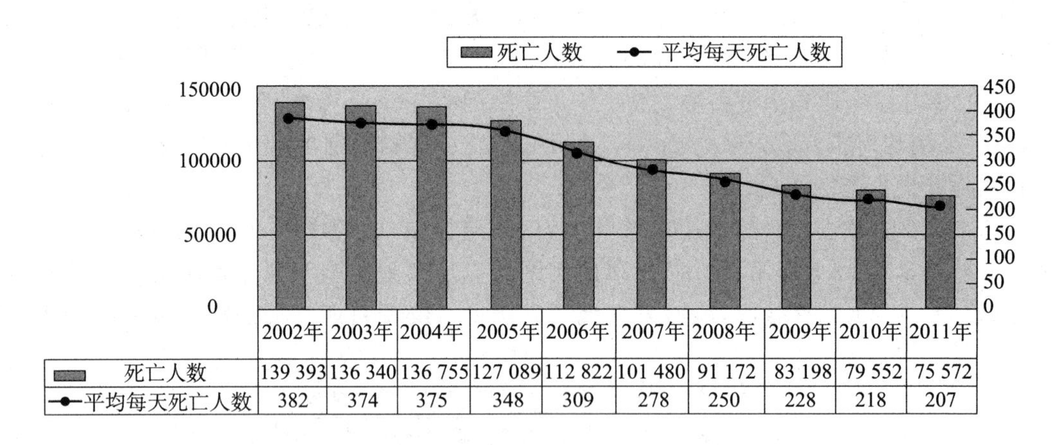

	2002年	2003年	2004年	2005年	2006年	2007年	2008年	2009年	2010年	2011年
死亡人数	139 393	136 340	136 755	127 089	112 822	101 480	91 172	83 198	79 552	75 572
平均每天死亡人数	382	374	375	348	309	278	250	228	218	207

图 7-5 柱状图举例

(6) 排列图。排列图也称主次图，是直方图与折线图的结合，直方图用来表示属于某项目的各分类的频次，而折线点则表示各分类的累积相对频次。排列图可以直观地显示出属于各分类的频数的大小及其占累积总数的百分比。

(7) 控制图。控制图又叫管理图，把质量管理控制图中的不良率控制图方法引入伤亡事故发生情况的测定中，可以及时察觉伤亡事故发生的异常情况，有助于及时消除不安定因素，起到预防事故重复发生的作用。

(六) 伤亡事故经济损失计算方法

伤亡事故经济损失是指企业职工在劳动生产过程中发生伤亡事故所引起的一切经济

损失，包括直接经济损失和间接经济损失。伤亡事故经济损失计算方法和标准按照《企业职工伤亡事故经济损失统计标准》进行计算。

1. 直接经济损失

直接经济损失指因事故造成人身伤亡及善后处理支出的费用和毁坏财产的价值。直接经济损失的统计范围包括以下几点。

(1) 人身伤亡后所支出的费用：①医疗费用(含护理费用)；②丧葬及抚恤费用；③补助及救济费用；④歇工工资。

(2) 善后处理费用：①处理事故的事务性费用；②现场抢救费用；③清理现场费用；④事故罚款和赔偿费用。

(3) 财产损失价值：①固定资产损失价值；②流动资产损失价值。

2. 间接经济损失

间接经济损失指因事故导致产值减少、资源破坏和受事故影响而造成其他损失的价值。其统计范围包括：①停产、减产损失价值；②工作损失价值；③资源损失价值；④处理环境污染的费用；⑤补充新职工的培训费用；⑥其他损失费用。

3. 计算方法

(1) 经济损失计算。参见公式 7-9。

$$E=E_d+E_i \tag{7-9}$$

式中：E——经济损失，万元；

E_d——直接经济损失，万元；

E_i——间接经济损失，万元。

(2) 工作损失价值计算。参见公式 7-10。

$$V_w=D_LM/(SD) \tag{7-10}$$

式中：V_w——工作损失价值，万元；

D_L——事故的总损失工作日数；

M——企业上年税利(税金加利润)，万元；

S——企业上年平均职工人数；

D——企业上年法定工作日数，日。

死亡一名职工按 6000 个工作日计算，受伤职工视伤害况按 GB 6441—86《企业职工伤亡事故分类标准》的附表确定，日。

(3) 固定资产损失价值按下列情况计算：①报废的固定资产，以固定资产净值减去残值计算；②损坏的固定资产，以修复费用计算。

(4) 流动资产损失价值按下列情况计算：①原材料、燃料、辅助材料等均按账面值减去残值计算；②成品、半成品、在制品等均以企业实际成本减去残值计算。

(5) 事故已处理结案而未能结算的医疗费、歇工工资等，采用测算方法计算(见《企业职工伤亡事故经济损失统计标准》的附录 A)。

(6) 对分期支付的抚恤、补助等费用，按审定支出的费用，从开始支付日期累计到停发日期，(见《企业职工伤亡事故经济损失统计标准》的附录 A)。

(7) 停产、减产损失，按事故发生之日起到恢复正常生产水平时止，计算其损失的价值。

4. 经济损失的评价指标

(1) 千人经济损失率。参见公式7-11。

$$R_s(‰)=E/S\times 1000 \quad (7\text{-}11)$$

式中：R_s——千人经济损失率；

E——全年事故经济损失，万元；

S——企业平均职工人数，人。

(2) 百万元产值经济损失率。参见公式7-12。

$$R_V(‰)=E/V\times 100 \quad (7\text{-}12)$$

式中：R_V——百万元产值经济损失率；

E——全年事故经济损失，万元；

V——企业全年总产值，万元。

（七）事故伤害损失工作日

事故伤害损失工作日的计算，在《事故伤害损失工作日标准》(GB/T15499—1995)中给出了比较详细的说明。标准规定了定量记录人体伤害程度的方法及伤害对应的损失工作日数值。该标准适用于企业职工伤亡事故造成的身体伤害。标准共分以下几个方面计算损失工作日：①肢体损伤；②眼部损伤；③鼻部损伤；④耳部损伤；⑤口腔颌面部损伤；⑥头皮、颅脑损伤；⑦颈部损伤；⑧胸部损伤；⑨腹部损伤；⑩骨盆部损伤；⑪脊柱损伤；⑫其他损伤。

在每一类中又有许多小的类别，在计算事故伤害损失工作日时，可以从大类到小类分别查表得到。

实训活动

实训项目 7-1

请根据下列背景材料，分析该起事故的原因以及事故调查组的组成，并填写事故登记表。

C建筑工程公司原有从业人员650人，为减员增效，2009年3月份将从业人员裁减到350人，质量部、安全部合并为质安部，原安全部的8名专职安全管理人员转入下属二级单位，原安全部的职责转入质安部，具体工作由2人承担。

2010年5月，C公司获得某住宅楼工程的承建合同，中标后转包给长期挂靠的包工头甲某，从中收取管理费。2010年5月，甲找C公司负责人借用吊车吊运一台800kg·m的塔式起重机组件，并借用了"A"类汽车驾驶执照的员工乙和丙。2010年11月7日中午，乙把额定起重8t的汽车式起重机开到工地，丙用汽车将塔式起重机塔身组件运至工地，乙驾驶汽车式起重机开始作业，C公司机电队和运输队7名员工开始组装塔身。当日18时，因吊车油料用完且天黑无照明，丙要求下班，甲不同意。甲找来汽油后，继续组装。20时，发现塔吊的塔身首尾倒置，无法与塔基对接。随后，甲找来3名临时工，用钢绳绑定、人拉钢绳的方法扭转塔身，转动中塔身倾斜倒向地面，作业人员躲避不及，造成3人死亡、4人重伤。

实训目的:帮助理解和掌握事故原因的分析方法和步骤。

实训步骤:

第一步,认真阅读背景材料,分析事故类型,并查找存在的问题;

第二步,写出该起事故的原因和事故调查组的组成,填写事故等级表;

第三步,小组之间交流,专题报告。

实训建议:采用小组讨论的形式。

实训项目 7-2

请根据下列背景材料,简要编写电工甲触电死亡事故调查报告。

某煤炭开采企业地面辅助生产系统有维修车间、锅炉房、配电室、油库、办公大楼和车库等。在维修车间,除机械加工设备外,还有1台额定起重量1.5t、提升高度2m的起重机,气焊用氧气、乙炔气瓶各5个。燃煤锅炉房有出口水压(表压)0.12MPa、额定出水温度130℃、额定功率28MW的锅炉2台。油库有1个储量为7吨汽油储罐及配套加油设备。办公大楼内安装载人电梯2部。该企业有员工通勤大客车1辆。

2007年7月5日10时,电工甲在维修车间进行电气维修。10时30分,车工乙开完会,准备使用机床时发现没电,于是来到电气开关柜前,发现开关柜门开着,没有停电作业警示,就接通电源,造成电工甲触电死亡。

实训目的:帮助理解和掌握编制事故调查报告的方法和技能。

实训步骤:

第一步,认真阅读背景材料,分析事故原因和事故责任;

第二步,编制事故调查报告;

第三步,小组之间交流,说明所编制的报告。

实训建议:采用小组讨论的形式。

实训项目 7-3

利用下列背景材料提供的事故统计数据,采用合适的方法,制作事故统计图。

某集团公司统计了所属企业自2002年以来所发生的187起事故。具体统计结果是:

(1) 按事故致因因素统计,物的原因造成的事故伤亡人数为39人,占伤亡总人数的20.1%;人为原因造成的事故伤亡人数为146人,占伤亡总人数的75.3%;管理原因等造成的事故伤亡9人,占伤亡总人数的4.6%。

(2) 按伤害方式统计,伤亡情况统计结果见表7-5。

表7-5 伤害、伤亡统计表

序号	伤害方式	伤亡人数	备注
1	物体打击	30人	死亡1人,轻伤29人
2	车辆伤害	14人	死亡3人,轻伤11人
3	机械伤害	46人	死亡3人,重伤4人,轻伤39人
4	起重伤害	9人	死亡2人,轻伤7人
5	触电	1人	轻伤1人
6	灼烫	44人	死亡3人,重伤3人,轻伤38人

续表

序号	伤害方式	伤亡人数	备注
7	高处坠落	39人	死亡4人，重伤3人，轻伤32人
8	坍塌	10人	死亡5人，重伤4人，轻伤1人
9	火药爆炸	1人	死亡1人
	合计	194人	—

实训目的：帮助理解和掌握事故统计图表的制作方法和技能。

实训步骤：

第一步，认真阅读背景材料，查找相关参考资料；

第二步，按要求制作事故统计图；

第三步，小组之间交流。

实训建议：采用小组讨论的形式。

实训项目 7-4

利用下列背景材料，计算E企业2012年度的千人重伤率和百万工时死亡率。

E企业为汽油、柴油、煤油生产经营企业。2012年实际用工2000人，其中有120人为劳务派遣人员，实行8h工作制，对外经营的油库为独立设置的库区，设有防火墙。库区出入口和墙外设置了相应的安全标志。E企业2012年度发生事故1起，死亡1人，重伤2人。

实训目的：帮助理解和掌握事故统计指标的计算方法和技能。

实训步骤：

第一步，认真阅读背景材料，搞清楚事故统计指标的计算公式；

第二步，计算E企业2012年度的千人重伤率和百万工时死亡率；

第三步，小组之间交流，汇报计算结果。

实训建议：采用小组讨论的形式。

思考与练习

1. 生产安全事故等级是如何划分的？划分依据是什么？
2. 事故报告程序是什么？报告时限是如何要求的？
3. 报告事故的信息内容有哪几项？事故快报的内容有哪几项？
4. 事故调查组如何组成？事故调查组应当履行的职责是什么？
5. 事故调查的程序是什么？
6. 事故调查中如何进行取证？
7. 如何进行事故原因的分析？如何认定事故的性质和事故责任？
8. 如何编制事故调查报告？简要说事故调查报告的法律属性。
9. 实际工作中，可采用哪些方法进行事故统计分析？
10. 阐述事故经济损失统计的计算方法以及评价方法？
11. 如何进行事故责任的追究？事故处理批复的法律属性是什么？
12. 某危险化学品生产企业，有北区、中区和南区等三个生产厂区，北区有库房等，在南区通过氧化反应生产脂溶性剧毒危险化学品 A，中区为办公区。为扩大生产，计划在北区新建工程项目。2007 年 7 月 2 日，北区库房发生爆炸事故，造成作业人员 9 人死亡、5 人受伤。事故损失包括：医药费 12 万元，丧葬费 5 万元，抚恤赔偿金 180 万元，罚款 45 万元，补充新员工培训费 3 万元，现场抢险费 200 万元，停工损失 800 万元。请计算该起事故的直接经济损失、间接经济损失。

CHAPTER 8

职业健康安全管理体系

职业能力目标	知 识 要 求
会制定职业健康安全管理体系建立实施方案。	1. 掌握职业健康安全管理体系运行模式。 2. 掌握职业健康安全管理体系的要求。 3. 熟悉职业健康安全管理体系方法和步骤、初始评审及体系策划的内容。 4. 了解职业健康安全管理体系文件的内容和结构、审核的类型、认证的程序。

第一节　职业健康安全管理体系基本知识

一、职业健康安全管理体系的产生和发展

职业健康安全管理体系(Occupation Health Safety Management System,以下简称为 OHSMS)是基于日益严重的全球性的职业健康安全问题,是随着地区化、集团化、全球化经济的发展,市场竞争日趋激烈,组织的生产集约化管理程度越来越高,对组织的管理和经营模式提出了更高的要求而产生的,是 20 世纪 80 年代后期在国际上兴起的现代安全生产管理模式,它与质量管理体系和环境管理体系等一并被称为"后工业化时代的管理方法"。

(一) 产生的主要原因

职业健康安全管理体系产生的主要原因是企业自身发展的要求,以及世界经济全球化和国际贸易的发展的需要。随着企业规模扩大和生产集约化程度的不断提高,对企业的质量管理和经营模式提出了更高的要求。企业必须采用现代化的管理模式,使包括安全生产管理在内的所有生产经营活动科学化、规范化和法制化。

1. 企业自身发展的需要

首先,随着世界经济的增长和国际贸易的发展,生产规模越来越大,生产过程

中的职业健康安全问题也越来越凸显。据国际劳工组织(ILO)统计,全世界每年发生各类生产伤亡事故约为2.5亿起,平均每天68.5万起,每分钟475.6起,每年大约有120多万人(其中大约25%为职业病引起的死亡)在工作中死亡或死于因工作原因引发的疾病,平均每天有3000余人死于工作,有30万多农业工人严重伤残,有10万多人死于因石棉引发的职业病,这比每年死于交通事故、暴力、局部战争和艾滋病的人都要多,由此所造成的经济损失相当于全球生产总值的4%。ILO估计,到2020年全世界劳动疾病将翻一番。由此可见,全球职业健康安全状况明显呈恶化趋势。在这些工伤事故和职业危害中,发展中国家所占比例甚高,如中国、印度等,事故死亡率比发达国家高出1倍以上,其他一些少数国家或地区甚至比发达国家高出4倍以上。面对如此严重的全球化职业健康安全问题,ILO呼吁,经济竞争加剧和全球化发展不能以牺牲劳动者的职业健康安全利益为代价,应维护劳动者的人权,应对生命质量提出更高的要求。

工伤事故和职业病不但威胁千百万劳动者的生命与健康,给千千万万个家庭带来无法挽回的灾难和难以治愈的精神创伤,也给企业带来重大经济损失,使其信誉和形象受到损害,有碍于企业的发展。

其次,随着经济的发展、科学技术的进步,出现了很多工业复杂系统,即指技术密集,包括技术设备、人以及组织三类元素的社会——技术系统,如化工与石油化工、电力、铁路、矿山、核电等工业系统。对于复杂的工业系统,仅依靠安全技术系统的可靠性和人的可靠性还不足以完全杜绝事故,管理因素也直接影响安全技术系统的可靠性和人的可靠性,已成为导致复杂系统事故发生的最深层原因。而通过多年来不断总结实践经验发现,绝大多数事故原本是可以通过实行合理有效的管理而得以避免的,而纯粹由于技术条件达不到而无法避免的事故只占很小一部分。人们日益认识到,对于解决复杂系统中存在的职业健康安全问题,需要以系统安全的思想为基础,采用系统、科学、规范的职业健康安全管理予以解决,只有加强职业健康安全管理,辅之以技术手段,才能最大限度地减少生产事故和劳动疾病的发生。职业健康安全管理体系标准就是以系统安全为核心,采用系统化、结构化的管理模式,为组织提供的一种科学、有效的职业健康安全管理方法和手段。

最后,21世纪以来世界上许多国家职业健康安全的法律法规更趋于严格,其他有关政策和措施更多地出台;相关方越来越关注职业健康安全问题;许多组织用“评审”或“评价”来改进职业健康安全绩效,但并非都行之有效。为此,需在整合于组织中的结构化的管理体系予以实施。为适应上述情况,就需有一个系统化、结构化的管理体系。

2. 世界经济全球化和国际贸易的发展促进了职业健康安全管理体系的产生

职业健康安全问题与生产过程紧密相关,在贸易活动中,组织的职业健康安全行为也必然受到普遍的关注。这是因为,一方面职业健康安全问题威胁人类共同的生命利益,是人类社会面临的可持续发展问题;另一方面组织产品或服务中的职业健康安全问题也涉及生产成本问题,关贸总协定WTO的最基本原则是“公平竞争”,其中包含了环境保护和职业健康安全方面的问题,WTO在乌拉圭谈判协议中提出:“各国不应由于法规和标准的差异而造成非关税壁垒和不公平贸易,应尽量采用国际标准。”美欧等西方工业发达国家提出:“由于国际贸易的飞速发展和发展中国家对世界经济活动越来越多的参与,各国职业健康安全的差异使发达国家在成本、价格和贸易竞争等方面处于不利的地位。”他们认为，由于发展中国家在劳动条件改善方面投入较少使其生产成本降低而造成了“不公平”，是不能接受的。

基于上述认识，这些国家已经开始采取一些协调一致的行动对发展中国家施加压力并采取限制措施。例如，北美和欧洲都已在自由贸易区协议中规定：只有采取统一的职业健康安全标准的国家与地区才能参加贸易区的国际贸易活动，以期共同对抗以降低劳动保护投入作为贸易竞争手段的国家和地区，以及那些职业健康安全条件较差而不采取措施改进的国家与地区；推行 SA8000 社会责任标准，旨在将劳工标准等社会责任同国际贸易联系起来；OHSAS 18000 职业健康安全评价体系系列标准的提出，可以说也是这一背景下的产物等。

这些标准为发展中国家的产品进入欧美等西方发达国家设置了一道非关税壁垒，这就是被人们经常提到的“劳工贸易壁垒。”所以，职业健康安全管理的标准化、国际化是势在必行。

我国已加入了 WTO，在国际贸易中已享有与其他成员国相同的待遇。职业健康安全问题可能对我国社会和经济发展产生潜在和巨大的影响，应充分引起我国政府和经济界的高度重视。近几年来，国际上安全生产管理水平和安全健康科学技术水平发展迅速，提高很快。中国的安全生产现状与工业发达国家比较明显落后，这些差距主要表现在法规体系下不够健全，职业健康安全管理体系不完善和安全卫生基础研究与应用技术落后等方面。这种落后局面给我国在国际贸易中造成了一道“绿色壁垒”，影响到国际经济贸易活动。

OHSMS 发展的动力，来源于两个方面：一是外部动力。由于现代企业管理的进步，特别是全面质量控制及环保控制及其标准化的进展，在形成及执行国际质量管理体系系列标准（ISO 9000）及国际环境管理体系系列标准（ISO 14000）时的思想及做法，自然地可引入到职业健康安全工作中；二是职业健康安全工作自身的需要。首先，由于职业健康安全工作重要性逐步增强而需要一种系统的管理思想及技术；其次，职业健康安全工作越来越从较为孤立的领域，发展成与企业整体文化、企业管理、企业利益相关的广阔领域，需要从战略的高度加以处理，而 OHSMS 为此提供了一种解决方法。

（二）OHSMS 标准在国际社会的产生和发展

1. 质量和环境管理体系标准的成功经验推动了国际社会 OHSMS 标准的产生

质量管理体系标准（ISO 9000 族标准）和环境管理体系标准（ISO 14000 系列标准）的颁布实施得到全世界许多国家和地区的积极响应，其引入的管理体系理念和方法，对推动组织管理活动的规范化及持续改进具有重大的意义，对解决众多广泛关注的管理问题提供了很好的借鉴，负责这两个标准制定的 ISO/TC 176 和 ISO/TC 207 技术委员会在制定标准的过程中，均有意涉足职业健康安全管理体系标准化工作，但由于职业健康安全范围广且复杂，远远超出两个技术委员会的工作范围，因而在 ISO 9000 族标准和 ISO 14000 系列标准中均没有包含职业健康安全的内容。在 ISO 9000 和 ISO 14000 系列标准颁布和成功实施后，世界范围内更为关注的是职业健康安全管理体系标准化进程。

2. ISO的行动

考虑到质量管理、环境管理与职业健康安全管理的相关性和相容性，20世纪90年代中后期，国际标准化组织(ISO)一直在努力使OHSMS标准发展成为与质量管理体系标准和环境管理体系标准类似的规模。1995年上半年，成立了由中、美、英、法、德、日、澳、加、瑞士、瑞典以及ILO和WHO(世界卫生组织)代表组成的特别工作组，并于1995年6月15日召开了第一次特别工作组会议，但会上各方观点不一，没有就OHSMS标准的国际化达成一致。1996年9月5日至6日组ISO又组织召开了职业健康安全管理体系标准国际研讨会，来自44个国家及IEC、ILO、WHO等六个国际组织的共331名代表参加了研讨会，会中讨论了是否需要制定职业健康安全管理体系国际标准，但由于各方分歧较大，仍未就此达成一致意见。1997年1月，ISO在技术管理局(TMB)会议上决定暂不颁布职业健康安全管理体系国际标准。但是ISO始终关注着职业健康安全管理体系标准的需求。

2000年4月18日，在国际标准化组织全体会议上表决，结果59%的国家同意制定ISO的OHSMS 18000系列标准，但因未超过2/3，会议决定不以ISO 18000的形式颁布这方面的标准。

3. 国际社会的行动

20世纪90年代以来，尽管ISO在当时的历史条件下做出了暂不开展职业健康安全管理体系标准制定工作的决定，一些发达国家和国际组织还是借鉴质量管理体系标准和环境管理体系标准的成功经验，积极在本国或所在地区开始推行职业健康安全管理体系标准。1996年英国颁布BS8800《职业安全卫生管理体系指南》标准；美国工业卫生协会(AIHA)制定关于《职业安全卫生管理体系》的指导性文件；挪威船级社(DNV)制定《职业安全卫生管理体系认证标准》；1997年澳大利亚/新西兰提出《职业健康安全管理体系原则、体系和支持技术通用指南》草案(AS/NZS 4804—1997)；日本工业安全健康协会(JISHA)提出《职业健康安全管理体系导则》等。

据不完全统计，世界上已有四十余个国家或地区有相应的职业健康安全管理体系标准，有八十余个国家在实施职业健康安全管理体系。这其中最具代表性并被广泛采用的是1999年由英国标准协会(BSI)、澳大利亚标准局(AS)/新西兰标准局(NZS)、挪威船级社(DNV)等13个欧洲国家和地区的标准化组织提出的职业健康安全评价体系(OHSAS)系列标准，即OHSAS 18001:1999《职业健康安全评价体系规范》和OHSAS 18002:2000《职业健康安全评价体系 OHSAS 18001实施指南》。

国际劳工组织(ILO)于2001年6月在国际劳工组织ILO吉隆坡会议上批准颁布了《Guidelines on Occupational Safety and Health Management Systems》，简称ILO/OSH—2001，中文名称是《职业安全健康管理体系导则》。

OHSAS 18000系列标准的制定者，经过2005年对其系统的评审，2006年至2007年国际上19个组织参与修订，于2007年7月正式发布OHSAS 18001:2007《职业健康安全评价体系规范》；2008年国际上43个组织又参与修订并随后发布了OHSAS 18002:2007《职业健康安全评价体系实施指南》。

（三）我国 OHSMS 标准的产生和发展

1. 国家标准产生的背景

我国政府对职业健康安全问题及其标准化非常重视。1995 年 4 月，我国政府派代表参加了 ISO 的特别工作组，并分别派员参加了 1995 年 6 月 15 日和 1996 年 1 月 19 日 ISO 组织召开的两次特别工作组会议。1996 年 3 月 8 日，我国政府成立了由有关部门组成的"职业健康安全管理体系标准化协调小组"，并分别于 1996 年 6 月 3 日、6 月 13 日、8 月 29 日召开了三次规模不同的国内研讨会。1996 年 9 月我国又派代表团参加了 ISO 组织的职业健康安全管理体系标准化国际研讨会。1998 年 2 月原劳动部主管领导做出批示，同意有关方面的建议，在国内发展职业健康安全管理体系标准，并对企业进行试点实施。1998 年 8 月，原中国劳动保护科学技术学会（现中国职业安全健康协会）提出了职业健康安全管理体系试行标准。

我国很多行业也纷纷在其领域内开展 OHSMS 的标准化及实施工作。1997 年中国石油天然气总公司制订了《石油天然气工业健康、安全与环境管理体系》、《石油地震队健康、安全与环境管理规范》、《石油钻井健康、安全与环境管理体系指南》等标准，在其领域内实施健康、安全和环境管理体系（HSE）。交通部要求国内各航运公司根据国际海事组织的《国际船舶安全运营和防止污染管理规则》（简称《国际安全管理规则》或 ISM 规则），对客船、500t 级以上的油船、化学品船、气体运输船、散货船和载货高速艇实施安全管理体系（ISM）并取得认证。

以上的工作和活动为 OHSMS 国家标准的正式出台奠定了坚实的基础。

2. 国家标准的产生

1999 年 10 月原国家经贸委颁布了《职业安全卫生管理体系试行标准》，并分别发布了"关于职业安全卫生管理体系试行标准有关问题的通知"（国经贸厅安全[1999]447 号）和"关于开展职业安全卫生管理体系认证工作的通知"（国经贸安全[2000]983 号）两个文件，在国内开始试点实施 OHSMS，为在我国推行职业健康安全管理体系，创造了新的动力。

2000 年 7 月 31 日，国家安全生产行政主管部门又下文，成立了职业健康安全管理体系指导委、认可委（CNASC）及审核员注册委三个机构，其认可委办事机构设在中国劳动保护科学技术学会，这三个机构的成立，为体系的建设及认证工作，提供了组织保障。

国家安全生产监督管理局成立后，相继组织制定了多个有关职业健康安全管理体系工作的技术规范性文件，并由国家经贸委以公告形式于 2001 年 12 月 20 日发布了我国《职业健康安全管理体系指导意见和职业健康安全管理体系审核规范》（国家经贸委公告二〇〇一年 30 号）；随后，指导委又组织制定了《职业健康安全管理体系审核规范——实施指南》。这项工作的完成，对进一步推动我国职业健康安全管理体系向科学化、规范化方向发展具有深远的现实意义和历史意义。国际劳工组织对此给予了高度评价。

国家质量监督检验检疫总局于 2001 年 7 月决定由国家认证认可监督管理委员会（CNCA）和国家标准化管理委员会组织专家，参照 OHSAS 18001 和 OHSAS 18002 标准,研究制定我国的国家标准,使得我国职业健康安全管理体系标准的实施工作全面、正规地展开。

(1) GB/T 28001—2001《职业健康安全管理体系规范》

2001年11月12日国家质量监督检验检疫总局正式发布了GB/T 28001—2001《职业健康安全管理体系规范》,此标准覆盖了OHSAS 18001:1999《职业健康安全评价体系规范》的所有要求,并考虑了国际上有关职业健康安全管理体系的相关文件的技术内容。

此标准对职业健康安全管理体系提出了规范性要求,涵盖了组织内部和外部评价职业健康安全管理体系是否符合要求、是否有效运行的共通性要素,旨在使一个组织能够控制职业健康安全风险并改进其绩效。

(2) GB/T 28002—2002《职业健康安全管理体系指南》

2002年12月24日国家质量监督检验检疫总局正式发布了GB/T 28002—2002《职业健康安全管理体系指南》,此标准覆盖了OHSAS 18002:2000《职业健康安全评价体系规范实施指南》的所有要求,并考虑了国际上有关职业健康安全管理体系的现有文件的技术内容。

此标准是职业健康安全管理体系的指南性标准,其目的是为了对GB/T 28001—2001标准的具体要求提供相应的实施指南。

3. OHSAS国家标准的修订

随着2007年OHSAS标准的换版,国家认证认可监督管理委员会(CNCA)和国家标准化管理委员会专门成立了由科研机构、认证认可行业主管部门、行业协会、认可委、认证机构组织、企业和专家等组成的国家标准起草小组,于2009年和2011年分别开始依据OHSAS 18001:2007《职业健康安全评价体系规范》和OHSAS 18002:2008《职业健康安全评价体系实施指南》标准修订相应的国家标准,2011年12月正式颁布了GB/T 28001—2011《职业健康安全管理体系要求》和GB/T 28002—2011《职业健康安全管理体系指南》两个标准。

二、OHSMS的认识定位及其实施的作用和意义

(一) OHSMS的概念和定义

1. 职业健康安全

职业健康安全,又称为职业安全卫生(Occupational Safety & Health)(国内也称"劳动安全卫生"、"劳动保护")是安全科学研究的主要领域之一。美国、日本等国均采用这种说法并且设有相应的管理机构和法规体系,如美国职业安全卫生管理局及职业安全卫生法。前苏联、德国和我国等则将之称为劳动保护(Labor Protection),并将之定义为:为了保护劳动者在劳动、生产过程中的安全、健康,在改善劳动条件、预防工伤事故及职业病,实现劳逸结合和女职工、未成年工的特殊保护等方面所采取的各种组织措施和技术措施的总称。

我国目前普遍采用安全生产这种说法,并且设有相应的管理机构和法规体系,如国家

安全生产监督管理总局及安全生产法。我国的安全生产全面涵盖了职业健康安全要求，并经常结合起来使用。

我国普遍采用的职业健康安全定义为：以保障职工在职业活动过程中的安全与健康为目的的工作领域及在法律、技术、设备、组织制度和教育等方面所采取的相应措施。职业健康安全针对的对象是人的防护，而不是环境的保护。

GB/T 28001—2011 的 3.12 条款将职业健康安全定义为：影响或可能影响工作场所内的员工或其他工作人员（包括临时工和承包方员工）、访问者或任何其他人员的健康安全的条件和因素，并明确组织应遵守关于工作场所附近或暴露于工作场所活动的人员的健康安全方面的法律法规要求。

2. 职业健康安全管理体系

所谓职业健康安全管理体系（OHSMS）是指为建立职业安全健康方针和目标并实现这些目标所制定的一系列相互联系或相互作用的要素。它是由一系列标准来构筑的一套标准文件系统，表达了一种对组织的职业健康安全进行控制的思想，并给出了按照这种思想进行管理的一套具有内在逻辑结构的方法和模式。

OHSMS 标准，在其历史发展的过程中，曾被非正式称为 ISO 15000 或 ISO 18000 系列标准。这些称谓，表达了它和 ISO 9000 及 ISO 14000 系列标准从指导思想到实施方法上的联系，应该指出 OHSMS 标准虽然继承而且发展了上述两个系列标准的思想和方法，但在解决的具体问题上，以及技术层面上，却和前两者有所区别。

GB/T 28001—2011 的 3.13 条款将职业健康安全管理体系定义为：组织管理体系的一部分，用于制定和实施组织的职业健康安全方针并管理其职业健康安全风险。管理体系是用于制定方针和目标并实现这些目标的一组相互关联的要素。管理体系包括组织结构、策划活动（例如：包括风险评价、目标建立等）、职责、惯例、程序、过程和资源。

（二）OHSMS 的目的和适用范围

1. OHSMS 的目的

目前，由于有关法律法规日趋严格，促进良好职业健康安全实践的经济政策和其他措施也日益强化，相关方越来越关注职业健康安全问题，因此，各类组织越来越重视依照其职业健康安全方针和目标控制职业健康安全风险，以实现并证实其良好职业健康安全绩效。

虽然许多组织为评价其职业健康安全绩效而推行职业健康安全“评审”或“审核”，但仅靠“评审”或“审核”本身可能仍不足以为组织提供保证，使组织确信其职业健康安全绩效不但现在而且将来都能一直持续满足法律法规和方针的要求。若要使得“评审”或“审核”行之有效，组织就必需将其纳入整合于组织中的结构化管理体系内实施。

《职业健康安全管理体系要求》（GB/T 28001—2011）标准的主要目的是：

（1）明确构建管理体系的要素和要求。本标准旨在为组织规定有效的职业健康安全管理体系所应具备的要素。这些要素可与其他管理要求相结合，并帮助组织实现其职业健康安全目标和经济目标。本标准规定了对职业健康安全管理体系的要求。

（2）促进组织满足法律法规要求和履行法律义务，而非要超越或代替法律法规和政府管制。本标准规定的职业健康安全管理体系要求旨在使组织在制定和实施其方针和目标时能够考虑到法律法规要求和职业健康安全风险信息。与其他标准一样，本标准无意被用于产生非关税贸易壁垒，或者增加或改变组织的法律义务。

（3）追求良好职业健康安全绩效。本标准的总目的在于支持和促进与社会经济需求相协调的良好职业健康安全实践。需注意的是，许多要求可同时或重复涉及。本标准旨在使组织能够控制其职业健康安全风险，并改进其职业健康安全绩效。它既不规定具体的职业健康安全绩效准则，也不提供详细的管理体系设计规范。

（4）提供认证标准。本标准可用于组织职业健康安全管理体系的认证、注册和（或）自我声明。本标准不同于非认证性指南标准如 GB/T 28002—2011，作为非认证性指南标准 GB/T 28002—2011 旨在为组织建立、实施或改进职业健康安全管理体系提供基本帮助。职业健康安全管理涉及多方面内容，其中有些还具有战略与竞争意义。通过证实本标准已得到成功实施，组织可使相关方确信本组织已建立了适宜的职业健康安全管理体系。

2. OHSMS 的适用范围

（1）适用对象。GB/T 28001—2011 适用于任何有下列愿望或需求的组织或用人单位。

① 希望依据标准的要求，建立职业健康安全管理体系，通过体系的有效运行以消除或尽可能降低可能暴露于与组织活动相关的职业健康安全危险源中的员工和其他相关方所面临的风险，从而保护员工和其他相关方的健康和安全。

② 希望依据标准的要求，实施、保持和持续改进职业健康安全管理体系。

③ 通过职业健康安全管理体系的有效运行，确保组织自身符合其所阐明的职业健康安全方针。

④ 以标准为准则，做出自我评价和自我声明，来证实符合本标准。

⑤ 以标准为准则，寻求与组织有利益关系的一方（如顾客等）对其符合性的确认，来证实符合本标准。

⑥ 以标准为准则，寻求组织外部一方对其自我声明的确认，来证实符合本标准。

⑦ 以标准为准则，寻求外部组织对其职业健康安全管理体系的认证，来证实符合本标准。

（2）无绩效准则，不适用绩效评定。标准规定的职业健康安全管理体系要求的主要作用是帮助组织控制职业健康安全风险并改进其绩效。但是并没有规定具体的职业健康安全绩效准则，因为不同的组织，其产品、活动、过程及其危险源和风险不同，对职业健康安全风险进行控制和管理的水平也不同，能达到的职业健康安全绩效也不一样，因此每个组织需达到的职业健康安全绩效准则是不尽相同的。组织应根据其自身的产品、活动、过程及其危险源和风险的特点来确定应达到的职业健康安全绩效准则。

（3）未提出设计体系的具体规定。标准提出的要求不拟用来统一不同组织的职业健康安全管理体系，因此，标准未对如何设计职业健康安全管理体系提出具体规定，每个依据标准建立职业健康安全管理体系的组织，可以根据其自身需要来设计适宜的职业健康安全管理体系。

(4) 标准中的所有要求适用于任何组织，不能随意删减。标准规定的职业健康安全管理体系的所有要求均适用于任何组织的职业健康安全管理体系，组织不能随意删减标准的要求，但对每个条款要求的应用程度可以根据组织的职业健康安全方针、活动性质、运行的风险与复杂性等因素而有所不同。

(5) 工作场所内所有人员的职业健康安全。标准规定的职业健康安全管理体系要求，针对的是职业健康安全，职业健康安全针对的是影响工作场所内人员(包括员工、临时工作人员、合同方人员、访问者和其他人员)的健康和安全的条件和因素，这些条件和因素会对人员的健康和安全造成影响。例如：工作环境温度过热、过冷；使用的材料或物质有毒有害；使用的设备设施可能对人员造成伤害等。GB/T 28001 标准就是对针对职业健康安全提出的要求，并不包括诸如员工健身或健康计划、产品安全、财产损失或环境影响等其他方面的健康和安全，如产品安全针对的是产品本身的安全性，是产品特性的一部分。例如：某些药品中某些成分超量会有毒副作用等，对产品安全的要求通常会规定在产品或服务的标准或规范中。

(6) 不得超越或代替法律法规和政府管制。标准规定的职业健康安全管理体系要求不改变、不免除、不减轻、不代替组织应承担的法律责任，即使组织的职业健康安全管理体系符合了 GB/T 28001 标准的要求，也不免除组织应承担的法律责任。因此，组织在满足标准要求的同时，仍应满足适用于其活动、产品或服务的职业健康安全法律法规的要求。

（三）OHSMS 的原则和特点

根据《职业健康安全管理体系要求》(GB/T 28001—2011)的内容和规定，进行总结分析，可得出 OHSMS 具有如下的原则和特点。

1. 和其他管理体系的相容性

标准本身并不包含其他管理体系的特定要求，如质量、环境、安全保卫或财务等管理体系的要求，但是，GB/T 28001—2011 标准与 GB/T 19001—2008、GB/T 24001—2004 标准是兼容的，标准鼓励组织将本标准的要求与其他管理体系要素进行协调或整合，组织可通过修改现有管理体系来建立符合本标准要求的职业健康安全管理体系，也可以依据这三个标准建立整合的管理体系，这将有助于提高组织的整体的管理效率；减少管理文件的数量；优化组织的过程和操作流程；降低管理成本。但需指出的是，各类管理体系要素的应用可能因预期目的和所涉及相关方的不同而各异。

2. 普遍适用性

职业健康安全管理体系标准适用于各个行业、不同类型和规模的组织或用人单位，并适应不同的地理、文化和社会条件，但由于各种类型组织的规模、产品、活动和过程的类型、性质和特点不尽相同，因此组织依据标准建立的职业健康安全管理体系的复杂程度和详略程度、文件的结构和范围以及用于职业健康安全管理体系的资源，也可能有所不同。

3. 强调持续改进，未提出具体的职业健康安全绩效要求，缺乏绩效准则

本标准给出的是OHSMS要求，并未超出职业健康安全方针的承诺（有关遵守适用法律法规要求和组织应遵守的其他要求、防止人身伤害和健康损害以及持续改进的承诺）而提出绝对的职业健康安全绩效要求，因为不同的组织由于其性质、特点的不同所面临的职业健康安全风险也不一样，所能达到的职业健康安全绩效也不尽相同，即使两个有着相似的运行过程的组织，如两个机械加工厂，各自的职业健康安全绩效也完全可能不同，但他们都可能符合本标准的要求，标准重视的是组织是否能持续的改进其绩效。

4. 遵守法规要求贯穿于职业健康安全管理体系始终

遵守法规要求是组织建立职业健康安全管理体系的基本要求，标准强调组织在制定和实施其职业健康安全方针和目标时要充分考虑遵守法律法规的要求，应体现对遵守法律法规要求的承诺。

5. 强调最高管理者的承诺和全员参与

本标准引言里指出，体系的成功依赖于组织各层次和职能的承诺，特别是最高管理者的承诺。职业健康安全管理体系标准的基本思路是引导组织自上而下地建立职业健康安全管理的自我约束机制，从最高管理者到每个员工都以主动、自觉地遵守体系的要求，改善和提高职业健康安全绩效，树立组织良好的形象、提高竞争力。

6. 推行OHSMS，坚持自愿原则、鼓励原则和服务原则

采用本标准，推行OHSMS，应坚持“用人单位自愿、政府鼓励、中介组织服务”的原则，不具有强制性。职业健康安全管理体系的详尽和复杂水平以及形成文件的程度和所投入的资源等，取决于多方面因素。例如：体系的范围；组织的规模及其活动、产品和服务的性质；组织的文化等。中小型企业尤为如此。本标准中的所有要求旨在被纳入到任何职业健康安全管理体系中。其应用程度取决于组织的职业健康安全方针、活动性质、运行的风险与复杂性等因素，由组织或用人单位结合自身实际情况自行决定。

7. 采用过程方法

GB/T 28001或OSHAS 18001(OHSMS)、HSE都是由ISO 9000系列标准发展而来，它们继承了质量管理体系采用的过程方法和过程控制。过程方法是指每一工作环节就是有输入和输出的产品实现过程，每一过程也有着自身的PDCA循环。因此，OHSMS作为一种综合性管理标准是由一个大的PDCA循环带着若干个小的PDCA循环不断滚动发展螺旋上升的动态过程系统（参见第三章的相关内容）。

（四）实施OHSMS作用和意义

概括来说，实施职业健康安全管理体系具有如下几个方面的作用和意义。

1. 实施OHSMS为用人单位改进职业健康安全绩效提供一个科学、有效的管理方法或模式

职业健康安全管理体系是建立在现代系统化管理的科学理论之上的一种科学而有效的管理模式和方法，它针对的是导致事故发生的最深层原因——管理因素。它以系统安全为基本理论指导，从企业的整体出发，把管理重点放在预防的整体效应上，实行全员、全过程、全方位的安全管理，使企业达到最佳安全状态。所谓系统安全，是在系统寿命期间内，应用系统安全过程和管理方法辨识系统中的危险源，并采取控制措施使其危险性最小，从而使系统在规定的性能、时间和成本核算范围内达到最佳的安全程度。

组织可以将建立并有效实施职业健康安全管理体系作为一种有效的管理手段，实行全员、全过程、全方位的职业健康安全管理，以控制组织的职业健康安全风险并预防事故的发生，从而起到持续改进和提高组织的职业健康安全绩效的作用。

2. 实施 OHSMS 有助于推动职业健康安全法律法规和标准的贯彻执行

OHSMS 标准要求组织必须对遵守法律、法规做出承诺，并定期进行评审以判断其遵守情况。此外，OHSMS 标准还要求组织有相应的制度来跟踪国家法律、法规、规章、标准的变化，以保证组织能持续有效地遵守各项法律法规要求。因此，实施 OHSMS 能够促使组织主动地遵守各项最新的职业健康安全法律法规和标准。

3. 实施 OHSMS 会使组织的职业健康安全管理由被动强制行为转变为主动自愿行为，提高职业健康安全管理水平

OHSMS 标准将职业健康安全与组织的各项管理融为一体，运用市场机制将职业健康安全管理单纯靠政府强制性管理的行为变为组织自愿参与的市场行为，使组织的职业健康安全工作由被动消极的“你要我做什么”的服从，变为“我要做什么”的积极主动参与。由组织自愿建立 OHSMS，并申请第三方认证，将自身的职业健康安全自觉地置于自我监督、自我约束、自我纠正、自我完善的管理体系之下，并持续改进。又对相关方施加职业健康安全的影响，形成多米诺骨牌的连动效应。依靠市场推动 OHSMS 标准的实施，达到了依靠政府强制推动所达不到的效果，促进了组织职业健康安全管理水平的提高。

4. 实施 OHSMS 有助于消除贸易壁垒

OHSMS 标准的普遍实施在一定程度上消除了贸易壁垒，将是未来国际市场竞争的必备条件之一。与 ISO 9000、ISO 14000 一样，OHSMS 标准的实施对国际贸易产生深刻的影响，不采用的国家或组织将由于失去“平等竞争”的机会而受到损害，逐渐被排斥在国际市场之外。随着国际经济全球化进程的加快，我国 OHSMS 认证工作趋于与国际接轨，无论从参与市场竞争的角度，还是针对贸易壁垒的客观存在，实施 OHSMS 的认证都将是组织发展的一个趋势和方向。

5. 实施 OHSMS 会对用人单位产生直接和间接的经济效益

通过实施职业健康安全管理体系可以明显提高用人单位的安全生产管理水平和管理效益，通过改善作业条件，增强劳动者的身心健康，能够明显提高职工的劳动效率。应用职业健康安全管理体系的评估、监测、审核和持续改进活动，发现危险因素、事故隐患和职业危害并采取有效预防措施，采用人机工效学等现代科学技术方法来改革工艺、革新工具和改进劳动组织，不但可以使劳动条件得到改善，减轻工人的负荷与疲劳，提高安全卫生性能，还可以大幅度减少成本投入和提高效率，这些都对用人单位的经济效益和生产发展具有长期的积极效应，对全社会也会形成激励与发展机制。

6. 实施 OHSMS,将在社会上树立用人单位良好的品质和形象

一个现代化企业除了拥有经济实力和技术能力外,还应具有强烈的社会关注力和责任感,优秀的环境保护业绩和保证职工安全与健康的良好记录,这三个方面的品质正是优秀的现代化企业与普通企业的主要区别。现代企业在市场中的竞争不仅是资本和技术的竞争,也是品质和形象的竞争。因此,建立职业健康安全、质量、环境三大管理体系并将它们有机地融合在一起,正逐渐成为现代化企业的普遍需求。可以预计,在不远的将来也成为现代化优秀企业的显著标志。

第二节　GB/T 28001—2011 标准的理解

本节对 GB/T 28001—2011 标准的讲解,将标准正文条款内容置于方框中。

一、范围、规范性引用文件、术语和定义

【标准内容】

1. 范围

本标准规定了对职业健康安全管理体系的要求,旨在使组织能够控制其职业健康安全风险,并改进其职业健康安全绩效。它既不规定具体的职业健康安全绩效准则,也不提供详细的管理体系设计规范。

本标准适用于任何有下列愿望的组织:

a) 建立职业健康安全管理体系,以消除或尽可能降低可能暴露于与组织活动相关的职业健康安全危险源中的员工和其他相关方所面临的风险;

b) 实施、保持和持续改进职业健康安全管理体系;

c) 确保组织自身符合其所阐明的职业健康安全方针;

d) 通过下列方式来证实符合本标准:

1) 做出自我评价和自我声明;

2) 寻求与组织有利益关系的一方(如顾客等)对其符合性的确认;

3) 寻求组织外部一方对其自我声明的确认;

4) 寻求外部组织对其职业健康安全管理体系的认证。

本标准中的所有要求旨在被纳入到任何职业健康安全管理体系中。其应用程度取决于组织的职业健康安全方针、活动性质、运行的风险与复杂性等因素。

本标准旨在针对职业健康安全,而非诸如员工健身或健康计划、产品安全、财产损失或环境影响等其他方面的健康和安全。

2. 规范性应用文件

下列文件对于本标准的应用是必不可少的。凡是注日期的引用文件,仅注日期的版本适用于本文件。凡是不注日期的引用文件。其最新版本(包括所有的修改单)适用于本文件。

GB/T 19000—2008 质量管理体系基础和术语(ISO 9000:2005 IDT)
GB/T 24001—2004 环境管理体系要求及使用指南(ISO 14001:2004,IDT)
GB/T 28002—2011 职业健康安全管理体系 实施指南(OHSAS 18002:2008 IDT)

(1) GB/T 28001—2011 标准的引用标准是 GB/T 19000—2008《质量管理体系基础和术语(ISO 9000:2005 IDT)》、GB/T 24001—2004《环境管理体系要求及使用指南(ISO 14001:2004 IDT)》以及 GB/T 28002—2011《职业健康安全管理体系实施指南》,这些标准中被引用的条款内容构成 GB/T 28001—2011 标准内容的一部分。

(2) 对于 GB/T 28001—2011 标准中引用的注明日期引用文件,如果这些文件进行了修改,其所有的修订版本均不再适用于 GB/T 28001—2011 标准。

(3) 对于 GB/T 28001—2011 标准中引用的没有注明日期的引用文件,其最新版本(如修订后的最新版本)适用于 GB/T 28001—2011 标准。

GB/T 28001—2011 标准给出的术语和定义,表述的是职业健康安全管理体系领域的特定概念,可能与我国劳动安全管理部门沿用的一些概念有所差异,在通用领域也可能还会有其他的含义。为简化起见,这里略去对该标准术语和定义的介绍。

二、职业健康安全管理体系总要求和 OHS 方针

4.1 总要求

组织应根据本标准的要求建立、实施、保持和持续改进职业健康安全管理体系,确定如何满足这些要求,并形成文件。

组织应界定其职业健康安全管理体系的范围,并形成文件。

【证明符合 GB/T 28001 标准所需的主要审核证据】

(1) 是否建立文件化的职业安全健康管理体系。范围界定是否符合标准要求;

(2) OHSAS 是否以危险源为核心建立的职业健康安全管理体系满足本标准要求;

(3) 以上两条可通过文件审核、现场审核后验证。

4.2 职业健康安全方针

最高管理者应确定和批准本组织的职业健康安全方针,并确保职业健康安全方针在界定的职业健康安全管理体系范围内:

a) 适合于组织职业健康安全风险的性质和规模;

b) 包括防止人身伤害与健康损害和持续改进职业健康安全管理与职业健康安全绩效的承诺;

c) 包括至少遵守与其职业健康安全危险源有关的适用法律法规要求及组织应遵守的其他要求的承诺;

d) 为制定和评审职业健康安全目标提供框架;

e) 形成文件,付诸实施,并予以保持;

f) 传达到所有在组织控制下工作的人员,旨在使其认识到各自的职业健康安全义务;

g) 可为相关方所获取;

h) 定期评审,以确保其与组织保持相关和适宜。

【证明符合 GB/T 28001 标准所需的主要审核证据】

(1) 形成文件的职业健康安全方针(其内容包括持续改进和遵守职业健康安全法规和其他要求的承诺,与组织的职业健康安全风险的性质和规模相适应的证据);

(2) 职业健康安全方针的批准与控制证据;

(3) 对职业健康安全方针进行定期评审的证据;

(4) 向员工传达职业健康安全方针的证据;

(5) 相关方可获取职业健康安全方针的证据。

三、职业健康安全管理体系策划方面的要求

"策划"是职业健康安全管理体系 PDCA 运行模式中的"策划(P)"阶段。"策划"方面的要求包括:4.3.1 危险源辨识、风险评价和控制措施的确定;4.3.2 法律法规和其他要求;4.3.3 目标和方案。

4.3.1 危险源辨识、风险评价和控制措施的确定 组织应建立、实施并保持程序,以持续进行危险源辨识、风险评价和必要控制措施的确定。 危险源辨识和风险评价的程序应考虑: ——常规和非常规活动; ——所有进入工作场所的人员(包括承包方人员和访问者)的活动; ——人的行为、能力和其他人为因素; ——已识别的源于工作场所外,能够对工作场所内组织控制下的人员的健康安全产生不利影响的危险源; ——在工作场所附近,由组织控制下的工作相关活动所产生的危险源; 注 1:按环境因素对此类危险源进行评价可能更为合适。 ——由本组织或外界所提供的工作场所的基础设施、设备和材料; ——组织及其活动的变更、材料的变更,或计划的变更; ——职业健康安全管理体系的更改包括临时性变更等,及其对运行、过程和活动的影响; ——所有与风险评价和实施必要控制措施相关的适用法律义务(也可参见 3.12 的注); ——对工作区域、过程、装置、机器和(或)设备、操作程序和工作组织的设计,包括其对人的能力的适应性。 组织用于危险源辨识和风险评价的方法应: ——在范围、性质和时机方面进行界定,以确保其是主动的而非被动的; ——提供风险的确认、风险优先次序的区分和风险文件的形成以及适当时控制措施的运用。

对于变更管理，组织应在变更前，识别在组织内、职业健康安全管理体系中或组织活动中与该变更相关的职业健康安全危险源和职业健康安全风险。

组织应确保在确定控制措施时考虑这些评价的结果。

在确定控制措施或考虑变更现有控制措施时，应按如下顺序考虑降低风险：

——消除；

——替代；

——工程控制措施；

——标志、警告和（或）管理控制措施；

——个体防护装备。

组织应将危险源辨识、风险评价和控制措施的确定的结果形成文件并及时更新。

在建立、实施和保持职业健康安全管理体系时，组织应确保对职业健康安全风险和确定的控制措施得到考虑。

注 2：关于危险源辨识、风险评价和控制措施的确定的进一步指南参见 GB/T 28002。

【证明符合 GB/T 28001 标准所需的主要审核证据】

（1）危险源辨识、风险评价和风险控制确定程序。

（2）辨识出的危险源，评价出的不可接受风险及其更新的证据（包括危险源辨识风险评价的充分性方面的证据）。

（3）确定的风险评价方法及其适宜性的证据。

（4）规定的风险的确认、风险优先次序的方法，以及确定每个危险源的风险水平和风险优先次序的证据。

（5）体现风险控制措施确定的证据。

（6）策划的风险控制措施及其充分性和适宜性的证据。

（7）将危险源辨识、风险评价和控制措施的确定的结果形成文件并及时更新的信息。

（8）建立、实施和保持职业健康安全管理体系时，职业健康安全风险和确定的控制措施能够得到贯彻的信息。

4.3.2 法律法规和其他要求

组织应建立、实施并保持程序，以识别和获取适用于本组织的法律法规和其他职业健康安全要求。

在建立、实施和保持职业健康安全管理体系时，组织应确保对适用法律法规要求和组织应遵守的其他要求得到考虑。

组织应使这方面的信息处于最新状态。

组织应向在其控制下工作的人员和其他有关的相关方传达相关法律法规和其他要求的信息。

【证明符合 GB/T 28001 标准所需的主要审核证据】

（1）识别和获取适用的法规和其他要求的程序。

（2）识别和获得的适用法规和其他要求的证据。

（3）将法规和其他要求传达给员工和相关方的证据。

（4）更新组织适用的法律法规和其他要求方面的信息的证据。

4.3.3 目标和方案

组织应在其内部相关职能和层次建立、实施和保持形成文件的职业健康安全目标。

可行时，目标应可测量。目标应符合职业健康安全方针，包括对防止人身伤害与健康损害，符合适用法律法规要求与组织应遵守的其他要求，以及持续改进的承诺。

在建立和评审目标时，组织应考虑法律法规要求和应遵守的其他要求及其职业健康安全风险。组织还应考虑其可选技术方案，财务、运行和经营要求，以及有关的相关方的观点。

组织应建立、实施和保持实现其目标的方案。方案至少应包括：

a）为实现目标而对组织相关职能和层次的职责和权限的指定；

b）实现目标的方法和时间表。

应定期和按计划的时间间隔对方案进行评审，必要时进行调整，以确保目标得以实现。

【证明符合 GB/T 28001 标准所需的主要审核证据】

（1）在相关职能和层次上建立的形成文件的职业健康安全目标（包括其内容体现持续改进承诺的证据）。

（2）对目标进行评审的证据（包括必要时对目标进行更新的证据）。

（3）结合其他要素的审核，目标实现情况的证据。

（4）针对目标制定的职业健康安全管理方案，管理方案中包括为实现目标而规定的职责权限、方法和时间表的证据。

（5）管理方案的实施/管理方案的评审和/或更新的证据。

四、职业健康安全管理体系实施和运行方面的要求

“实施和运行”是职业健康安全管理体系 PDCA 运行模式中的“实施（D）”阶段，是对危险源及其风险进行控制的重要环节，标准此部分内容为组织实现职业健康安全方针和目标提供了运行机制、技能、资源以及具体的控制措施，“实施和运行”方面的要求包括：4.4.1 资源、作用、职责、责任和权限；4.4.2 能力、培训和意识；4.4.3 沟通、参与和协商；4.4.4 文件；4.4.5 文件控制；4.4.6 运行控制；4.4.7 应急准备和响应。

4.4.1 资源、作用、职责、责任和权限

最高管理者应对职业健康安全和职业健康安全管理体系承担最终责任。

最高管理者应通过以下方式证实其承诺：

——确保为建立、实施、保持和改进职业健康安全管理体系提供必要的资源。

注 1：资源包括人力资源和专项技能、组织基础设施、技术和财力资源。

——明确作用、分配职责和责任、授予权力以提供有效的职业健康安全管理；作用、职责、责任和权限应形成文件和予以沟通。

组织应任命最高管理者中的成员，承担特定的职业健康安全职责，无论他（他们）是否还负有其他方面的职责，应明确界定如下作用和权限：

——确保按本标准建立、实施和保持职业健康安全管理体系；

——确保向最高管理者提交职业健康安全管理体系绩效报告，以供评审，并为改进职业健康安全管理体系提供依据。

注 2：最高管理者中的被任命者（比如大型组织中的董事会或执委员会成员），在仍然保留责任的同时，可将他们的一些任务委派给下属的管理者代表。

最高管理者中的被任命者其身份应对所有在本组织控制下工作的人员公开。

所有承担管理职责的人员，均应证实其对职业健康安全绩效持续改进的承诺。

组织应确保工作场所的人员在其能控制的领域承担职业健康安全方面的责任，包括遵守组织适用的职业健康安全要求。

【证明符合 GB/T 28001 标准所需的主要审核证据】

（1）规定各级人员的作用、职责、责任和权限的文件；

（2）沟通各级人员的作用、职责、责任和权限的证据；

（3）任命最高管理者成员及其下属的管理者代表承担特定职业健康安全职责的证据及这些人员履行其职责的证据，向在组织控制下工作的人员公开被任命人员的身份的证据；

（4）组织提供的职业健康安全资源的状况及其充分性和适用性方面的证据；

（5）各级承担管理职责的人员表明其持续改进职业健康安全绩效承诺的证据；

（6）组织采取措施确保人员承担其职业健康安全责任的证据。

4.4.2 能力、培训和意识

组织应确保任何在其控制下完成对职业健康安全有影响的任务的人员都具有相应的能力，该能力应依据适当的教育、培训或经历来确定。组织应保存相关的记录。

组织应确定与职业健康安全风险及职业健康安全管理体系相关的培训需求。组织应提供培训或采取其他措施来满足这些需求，评价培训或所采取措施的有效性，并保存相关记录。

组织应当建立、实施并保持程序，使在本组织控制下工作的人员意识到：

——他们的工作活动和行为的实际或潜在的职业健康安全后果，以及改进个人表现的职业健康安全益处；

——他们在实现符合职业健康安全方针、程序和职业健康安全管理体系要求，包括应急准备和响应要求（参见 4.4.7）方面的作用、职责和重要性；

——偏离规定程序的潜在后果。

培训程序应当考虑不同层次的：

——职责、能力、语言技能和文化程度；

——风险。

【证明符合 GB/T 28001 标准所需的主要审核证据】

（1）能力、培训和意识相关的管理程序。

（2）基于适当的教育、培训或经历而证实人员具备相应能力的证据。

（3）确定培训需求，提供培训或采取其他措施并评价其有效性的证据。

（4）人员具备职业健康安全意识的证据。

4.4.3 沟通、参与和协商

4.4.3.1 沟通

针对其职业健康安全危险源和职业健康安全管理体系，组织应建立、实施和保持程序用于：

——在组织内不同层次和职能进行内部沟通；

——与进入工作场所的承包方和其他访问者进行沟通；

——接收、记录和回应来自外部相关方的相关沟通。

4.4.3.2 参与和协商

组织应建立、实施并保持程序，用于：

a）工作人员：

——适当参与危险源辨识、风险评价和控制措施的确定；

——适当参与事件调查；

——参与职业健康安全方针和目标的制定和评审；

——对影响他们职业健康安全的任何变更进行协商；

——对职业健康安全事务发表意见。

应告知工作人员关于他们的参与安排，包括谁是他们的职业健康安全事务代表。

b）与承包方就影响他们的职业健康安全的变更进行协商。

适当时，组织应确保与相关的外部相关方就有关的职业健康安全事务进行协商。

【证明符合 GB/T 28001 标准所需的主要审核证据】

（1）组织建立、实施并保持内、外部信息沟通过程的程序。

（2）组织实施内、外部信息沟通及其效果的证据（包括：与组织内部各级人员、进入工作场所的承包方、访问者及外部其他相关方进行信息沟通的证据）。

（3）组织建立、实施并保持内、外部参与和协商过程的程序。

（4）组织实施和控制与工作人员、承包方和外部相关方的参与和协商活动及效果的证据。

4.4.4 文件

职业健康安全管理体系文件应包括：

a）职业健康安全方针和目标；

b）对职业健康安全管理体系覆盖范围的描述；

c）对职业健康安全管理体系的主要要素及其相互作用的描述，以及相关文件的查询路径；

d）本标准所要求的文件，包括记录；

e）组织为确保对涉及其职业健康安全风险管理过程进行有效策划、运行和控制所需的文件，包括记录。

注：重要的是，文件要与组织的复杂程度、相关的危险源和风险相匹配，按有效性和效率的要求使文件数量尽可能少。

【证明符合 GB/T 28001 标准所需的主要审核证据】

（1）组织制定的形成文件的职业健康安全方针和目标。

（2）描述组织职业健康安全管理体系覆盖范围的文件。

（3）描述组织职业健康安全管理体系主要要素及其相互作用的文件。

（4）职业健康安全管理体系文件中描述的查询相关文件的方法及其有效性的证据。

（5）GB/T 28001 标准所明确要求的文件和记录。

（6）组织为确保涉及职业健康安全管理过程能够有效策划、运行和控制而制定和引用的文件和记录。

> 4.4.5 文件控制
>
> 应对本标准和职业健康安全管理体系所要求的文件进行控制。记录是一种特殊类型的文件，应依据 4.5.4 的要求进行控制。
>
> 组织应建立、实施并保持程序，以规定：
>
> a）在文件发布前进行审批，确保其充分性和适宜性；
>
> b）必要时对文件进行评审和更新，并重新审批；
>
> c）确保对文件的更改和现行修订状态做出标识；
>
> d）确保在使用处能得到适用文件的有关版本；
>
> e）确保文件字迹清楚，易于识别；
>
> f）确保对策划和运行职业健康安全管理体系所需的外来文件做出标识，并对其发放予以控制；
>
> g）防止对过期文件的非预期使用。若须保留，则应做出适当的标识。

【证明符合 GB/T 28001 标准所需的主要审核证据】

（1）职业健康安全管理体系文件发布前和修改/更新后经过审批的证据。

（2）必要时，对职业健康安全管理体系文件进行评审和/或修改更新的证据。

（3）对文件的更改及其修订状态进行标识的证据。

（4）在使用处得到并使用有关版本的适用文件的证据。

（5）文件的字迹清晰并易于识别的证据。

（6）对适用的外来文件进行标识并控制其分发的证据。

（7）对过期文件进行管理的证据（包括对过期保留文件进行标识的证据）。

> 4.4.6 运行控制
>
> 组织应确定那些与已辨识的、需实施必要控制措施的危险源相关的运行和活动，以管理职业健康安全风险。这应包括变更管理（参见 4.3.1）。
>
> 对于这些运行和活动，组织应实施并保持：
>
> a）适合组织及其活动的运行控制措施；组织应把这些运行控制措施纳入其总体的职业健康安全管理体系之中；
>
> b）与采购的货物、设备和服务相关的控制措施；
>
> c）与进入工作场所的承包方和访问者相关的控制措施；
>
> d）形成文件的程序，以避免因其缺乏而可能偏离职业健康安全方针和目标；
>
> e）规定的运行准则，以避免因其缺乏而可能偏离职业健康安全方针和目标。

【证明符合 GB/T 28001 标准所需的主要审核证据】

（1）组织识别并策划与所认定的需要要采取控制措施的风险有关的运行和活动的证据。

（2）组织确定的需制定形成文件的程序的运行和活动，以及对这些运行活动进行控制的形成文件的程序和/或作业文件。

（3）与采购的货物、设备和服务相关的控制措施程序及实施的证据。

（4）与进入工作场所的承包方和访问者相关的控制措施程序及实施的证据。

（5）运行控制程序中规定运行准则的证据。

（6）组织对运行和活动实施有效控制的证据。

4.4.7 应急准备和响应

组织应建立、实施并保持程序。用于：

a）识别潜在的紧急情况；

b）对此紧急情况做出响应。

组织应对实际的紧急情况做出响应，防止和减少相关的职业健康安全不良后果。

组织在策划应急响应时，应考虑有关相关方的需求，如应急服务机构、相邻组织或居民。

可行时，组织也应定期测试其响应紧急情况的程序，并让有关的相关方适当参与其中。

组织应定期评审其应急准备和响应程序，必要时对其进行修订，特别是在定期测试和紧急情况发后(参见 4.5.3)。

【证明符合 GB/T 28001 标准所需的主要审核证据】

（1）组织识别的潜在事件和紧急情况。

（2）组织针对识别的潜在事件和紧急情况制订的应急准备和响应计划和程序。

（3）组织配备的应急准备和响应设施设备及其适用性的证据。

（4）对应急准备和响应计划和程序进行评审和(或)修订的证据。

（5）发生事件或紧急情况时执行应急准备和响应计划和程序的有关证据，发生事件或紧急情况后对应急准备和响应程序进行评审和(或)修订的证据。

（6）可行性，对应急准备和响应程序进行测试和相关方参与的证据。

五、职业健康安全管理体系检查方面的要求

4.5.1 绩效测量和监视

组织应建立、实施并保持程序，对职业健康安全绩效进行例行监视和测量。程序应规定：

a）适合组织需要的定性和定量测量；

b）对组织职业健康安全目标满足程度的监视；

c）对控制措施有效性(既针对健康也针对安全)的监视；

d）主动性绩效测量，即监视是否符合职业健康安全方案、控制措施和运行准则；

e）被动性绩效测量，即监视健康损害、事件（包括事故、未遂事件等）和其他不良职业健康安全绩效的历史证据；

f）对监视和测量的数据和结果的记录，以便于其后续的纠正措施和预防措施的分析。

如果测量或监视绩效需要设备，适当时，组织应建立并保持程序，对此类设备进行校准和维护。应保存校准和维护活动及其结果的记录。

【证明符合 GB/T 28001 标准所需的主要审核证据】

（1）职业健康安全绩效测量和监视控制程序。

（2）监视职业健康安全目标实现情况的证据。

（3）运行控制措施有效性监视的证据。

（4）实施的主动性和被动性绩效监测活动的证据。

（5）测量和监视数据和结果及其作为改进措施依据的证据。

（6）测量和监视设备的控制程序。

（7）测量和监视设备的校准、维护及其结果的记录。

4.5.2 合规性评价

4.5.2.1 为了履行遵守法律法规要求的承诺[参见 4.2c)]，组织应建立、实施并保持程序，以定期评价对适用法律法规的遵守情况（参见 4.3.2）。

组织应保存定期评价结果的记录。

注：对不同法律法规要求的定期评价的频次可以有所不同。

4.5.2.2 组织应评价对应遵守的其他要求的遵守情况（参见 4.3.2）。这可以和 4.5.2.1 中所要求的评价一起进行，也可另外制定程序，分别进行评价。

组织应保存定期评价结果的记录。

注：对于不同的、组织应遵守的其他要求，定期评价的频次可以有所不同。

【证明符合 GB/T 28001 标准所需的主要审核证据】

（1）制定的合规性评价有关的程序。

（2）实施合规性评价的证据。

（3）合规性评价有关的记录。

4.5.3 事件调查、不符合、纠正措施和预防措施

4.5.3.1 事件调查

组织应建立、实施并保持程序，记录、调查和分析事件，以便：

a）确定内在的、可能导致或有助于事件发生的职业健康安全缺陷和其他因素；

b）识别采取纠正措施的需求；

c）识别采取预防措施的机会；

d）识别持续改进的可能性；

e）沟通调查结果。

调查应及时开展。

对任何已识别的纠正措施的需求或预防措施的机会，应依据4.5.3.2相关要求进行处理。

事件调查的结果应形成文件并予以保持。

4.5.3.2 不符合、纠正措施和预防措施

组织应建立、实施并保持程序，以处理实际和潜在的不符合，并采取纠正措施和预防措施。程序应明确下述要求：

a) 识别和纠正不符合，采取措施以减轻其职业健康安全后果；

b) 调查不符合，确定其原因，并采取措施以避免其再度发生；

c) 评价预防不符合的措施需求，并采取适当措施，以避免不符合的发生；

d) 记录和沟通所采取的纠正措施和预防措施的结果；

e) 评审所采取的纠正措施和预防措施的有效性。

如果在纠正措施或预防措施中识别出新的或变化的危险源，或者对新的或变化的控制措施的需求，则程序应要求对拟定的措施在其实施前先进行风险评价。

为消除实际和潜在不符合的原因而采取的任何纠正或预防措施，应与问题的严重性相适应，并与面临的职业健康安全风险相匹配。

对因纠正措施和预防措施而引起的任何必要变化，组织应确保其体现在职业健康安全管理体系文件中。

【证明符合GB/T 28001标准所需的主要审核证据】

(1) 事件记录、调查和分析控制程序。

(2) 不符合、纠正及纠正措施、预防措施控制程序。

(3) 对事件和不符合进行记录、处理、调查和分析的证据，以及采取措施减小其影响的证据。

(4) 确定、实施纠正和预防措施并确认其有效性的证据。

(5) 所采取的纠正措施或预防措施与问题的严重性和面临的职业健康安全风险相适应的证据。

(6) 在纠正和预防措施实施前，对其进行风险评价证据。

(7) 由纠正和预防措施引起的程序文件更改的实施证据。

4.5.4 记录控制

组织应建立并保持必要的记录，用于证实符合职业健康安全管理体系要求和本标准要求，以及所实现的结果。

组织应建立、实施并保持程序，用于记录的标识、贮存、保护、检索、保留和处置。

记录应保持字迹清楚，标识明确，并可追溯。

【证明符合GB/T 28001标准所需的主要审核证据】

(1) 记录管理程序。

(2) 保存的职业健康安全记录。

(3) 证实组织保存的记录完整、清楚、真实、标识明确并易于查阅的证据。

(4) 根据记录可以实现追溯性要求的证据。

（5）规定并记录保存期限的证据。

（6）记录管理符合要求的证据。

4.5.5 审核

组织应确保按照计划的时间间隔对职业健康安全管理体系进行内部审核。目的是：

——确定职业健康安全管理体系是否：

- 符合组织对职业健康安全管理的策划安排，包括本标准的要求；
- 得到了正确的实施和保持；
- 有效满足组织的方针和目标。

——向管理者报告审核结果的信息。

组织应基于组织活动的风险评价结果和以前的审核结果，策划、制定、实施和保持审核方案。应建立、实施和保持审核程序，以明确：

——关于策划和实施审核、报告审核结果和保存相关记录的职责、能力和要求；

——审核准则、范围、频次和方法的确定。

审核员的选择和审核的实施均应确保审核过程的客观性和公正性。

【证明符合 GB/T 28001 标准所需的主要审核证据】

（1）内部审核的审核方案和程序。

（2）定期实施内部审核及其的证据（包括审核人员独立性方面的证据）。

（3）向管理者报告审核结果的证据。

六、职业健康安全管理体系管理评审

4.6 管理评审

最高管理者应按计划的时间间隔，对组织的职业健康安全管理体系进行评审，以确保其持续适宜性、充分性和有效性。评审应包括评价改进的可能性和对职业健康安全管理体系进行修改的需求，包括对职业健康安全方针和职业健康安全目标的修改需求。应保存管理评审记录。

管理评审的输入应包括：

——内部审核和合规性评价的结果；

——参与和协商的结果（参见 4.4.3）；

——来自外部相关方的相关沟通信息，包括投诉；

——组织的职业健康安全绩效；

——目标的实现程度；

——事件调查、纠正措施和预防措施的状况；

——以前管理评审的后续措施；

——客观环境的变化，包括与职业健康安全有关的法律法规和其他要求的发展；

——改进建议。

管理评审的输出应符合组织持续改进的承诺，并应包括与如下方面可能的更改有关的任何决策和措施：

——职业健康安全绩效；
——职业健康安全方针和目标；
——资源；
——其他职业健康安全管理体系要素。
管理评审的相关输出应可用于沟通和协商(参见 4.4.3)。

【证明符合 GB/T 28001 标准所需的主要审核证据】

(1) 收集的提供管理评审的信息资料。

(2) 表述管理评审活动及其结果的文件。

(3) 管理评审提出的改进需求及其有关改进措施的实施及有效性的证据。

第三节 职业健康安全管理体系建立与文件编写

一、职业健康安全管理体系的建立步骤

建立 OHSMS 一般要经过 OHSMS 标准培训、制订计划、OHS 现状评估(初始评审)、OHSMS 设计、OHSMS 文件编写、体系运行、内审及管理评审、纠正不符合等基本步骤,如需要还包括外部审核。

由于体系建立和实施将涉及组织的方方面面,最高管理者应任命 OHS 管理者代表,代表自己负责体系管理工作,并至少赋予他(或他们)如下职权:按标准要求建立、实施和维护 OHSMS;向最高管理层汇报体系的运行情况,供管理层评审,并为体系的改进提供依据;协调体系建立和运行过程中各部门间的关系。

最高管理者应授权 OHS 管理者代表组建一个精干的工作班子,以完成初始评审及建立 OHSMS 的工作。工作班子成员应具备安全科学技术、管理科学和生产技术等方面的知识,对组织有较深入的了解,并且来自组织的不同部门。工作班子成员在全面开展工作之前,应接受 OHSMS 及相关知识培训。

最高管理者应为体系建立提供相应资源,如工作班子成员的时间、硬件及软件投入所需的资金、办公条件、配合部门、信息资源等。

(一) 学习与培训

由外部专家或技术咨询单位对组织管理层和专门工作班子成员以及职工进行 OHSMS 标准培训,是开始建立 OHSMS 时十分重要的工作。只有最高管理者深入理解该标准,才能真正把建立 OHSMS 的工作放在重要位置,组织最高管理层才会做出应有的承诺。组织建立职业健康安全管理体系需要领导者的决策,特别是最高管理者的决策。

只有在最高管理者认识到建立职业健康安全管理体系必要性的基础上,组织才有可能在其决策下开展这方面的工作。领导决策之后,应立即成立体系推进工作组。体系推进工作组的主要任务是负责建立职业健康安全管理体系。该工作组的成员应来自组织内部各个部门,工作组的规模可大可小,可专职或兼职,可以是一个独立的机构,也可挂靠在某个部门。只有专门工作班子成员全面理解标准,建立 OHSMS 的工作才能够得以正确

规划和运作。

培训工作要分层次、分阶段进行，培训必须是全员培训，中层以上干部要重点培训，要运用各种形式广泛、深入开展宣传，做到人人皆知，人人参与，造成一个贯标声势。作为组织领导和管理层，必须掌握 OHSMS 标准的基本内容、原理、原则，理解标准的内涵。

体系的建立与实施需要通过不同形式的学习和培训，使所有员工能够接受职业健康安全管理体系的管理思想，理解实施职业健康安全管理体系对企业和个人的重要意义。培训的对象主要分 3 个层次：管理层培训；内审员培训；全体员工培训。

管理层培训是体系建立的保证，培训的主要内容是针对职业健康安全管理体系的基本要求、主要内容和特点，以及建立与实施职业健康安全管理体系的重要意义与作用。培训的目的是统一思想，在推进体系工作中给予有力的支持和配合。

内审员培训是建立和实施职业健康安全管理体系的关键。应该根据专业的需要，通过培训确保他们具备开展初始评审、编写体系文件和进行审核等工作的能力。

对全体员工进行培训的目的是使他们了解职业健康安全管理体系，并在今后工作中能够积极主动地参与职业健康安全管理体系的各项实践。

（二）制订计划

建立 OHSMS 是一项十分复杂和涉及面很广的工作，没有详细的工作计划是无法按期完成的。通常情况下，建立 OHSMS 需要一年以上的时间。据此，可以采用倒排时间表的办法制订计划。例如，假定组织确定 2013 年 12 月接受外审，外审前的所有工作必须在 2013 年 12 月前完成，依次可以排出 2012 年 10 月至 2013 年 11 月的总计划表，见表8-1。总计划批准后，就可制订每项具体工作的分计划，分计划要做到：任务到人、时间到天。

表 8-1　建立职业健康安全管理体系工作总计划表

进行时间 / 工作项目		2012 年			2013 年											
		10 月	11 月	12 月	1 月	2 月	3 月	4 月	5 月	6 月	7 月	8 月	9 月	10 月	11 月	12 月
领导和骨干培训		→														
制订计划		→														
现状调查	机构调整		→													
	人员调查		→													
	文件调查		→													
	活动调查		→	→												
现场评估				→												
体系设计	确定方针			→												
	调整机构			→	→											
	职能分配			→	→											
	定文件结构				→											
	拟文件项目				→	→										
体系文件编写						→	→	→	→							
体系文件培训									→	→						
运行										→	→	→	→	→	→	→

续表

进行时间 工作项目	2012年			2013年											
	10月	11月	12月	1月	2月	3月	4月	5月	6月	7月	8月	9月	10月	11月	12月
内审											→	→			
体系评估												→	→		
管理评审													→		
纠正													→	→	
外审															→

除了排出建立OHSMS工作总计划表和每项具体工作的分计划表，制订计划的另一项重要内容是提出资源需求，报组织最高管理层批准。

（三）初始评审

充分理解和掌握OHSMS标准后，要对组织的职业健康安全现状进行调查和评估，称为初始评审。初始评审是组织全面了解职业健康安全管理状态的一种手段，是建好OHSMS的基础，其成果将直接决定体系建立的成败。

OHS初始评审就是通过对组织的OHS问题、危险有害因素及其影响和有关管理活动进行综合分析，从而为企业制定OHS方针、确定行动计划和决定OHSMS的优先事项提供依据。

初始评审的目的是为职业健康安全管理体系建立和实施提供基础，为职业健康安全管理体系的持续改进建立绩效基准。初始评审主要包括以下内容。

1. 适用法规识别、获取与合规性评价

相关的职业健康安全法律、法规和其他要求，对其适用性及需遵守的内容进行确认，并对遵守情况进行调查和评价。

关于适用法规识别、获取与合规性评价，可参见本章第三节的内容。

2. 危险源辨识、风险评价与控制措施

（1）对现有的或计划的作业活动进行危险源辨识和风险评价。

（2）确定现有措施或计划采取的措施是否能够消除危害或控制风险。

关于危险源辨识、风险评价与控制措施，可参见本章第二节的内容。

3. 现行管理的有效性和符合性评估

对所有现行职业健康安全管理的规定、过程和程序等进行检查，并评价其对管理体系要求的有效性和适用性。

4. 过去健康安全绩效总结分析

分析以往安全事故情况以及员工健康监护数据等相关资料，包括人员伤亡、职业病、财产损失的统计、防护记录和趋势分析。

5. 现行机构、资源和责任的分析

对现行组织机构、资源配备和职责分工等情况进行评价。

初始评审的结果应形成文件，作为建立、设计职业健康安全管理体系的基础。

按照我国现行法律制度，在中国境内的任何组织特别是生产经营单位，不论其生产经营管理水平如何，规模大小如何，依法必然客观存在着安全生产及职业健康管理系统，即其肯定存在着一个现有的安全健康管理体系(OHSMS)。因此，在按照 GB/T 28001 标准选择 OHSMS 体系要素前，应对组织现存 OHSMS 状况进行详尽的调研，重点围绕现有的管理文件、各类资源与人员条件、OHS 管理与控制现状以及管理系统运行水平等方面，评价其运行的可行性、有效性，从而找出固有管理体系要素在构成、运行、协调、监督中的缺陷。通过对现有体系要素与 GB/T 28001 标准要求的对照分析，为重新选择要素提供依据(见表 8-2)。

表 8-2 现有体系要素与 GB/T 28001 标准要求对照分析表

序号	OHSMS 要素		对照评价					
	GB/T 28001 标准要求	组织现行 OHSMS	已实施	未实施	有关	无关	选取	舍去
1								
2								
3								
…								

(四) OHSMS 设计

建立 OHSMS，必须在初始评审的基础上做好体系设计，OHSMS 设计主要包括 5 个环节。

1. 确定 OHS 方针

OHS 方针规定了组织的发展方向和行动纲领，它确定了整个组织内 OHS 职责和绩效的目标，表明了组织的正式承诺，尤其是最高管理者对职业健康安全管理有效性和绩效的承诺。

在制定 OHS 方针时，应考虑到：

① 组织的 OHS 状况、危险有害因素。

② 法律及其他要求。

③ 组织过去和现在的 OHS 绩效。

④ 其他相关方的要求。

⑤ 持续改进的机遇和需求。

⑥ 员工、承包方和其他外部人员的参与。

文件化的方针应由最高管理层制定和签发，并做到：

① 适合于组织 OHS 风险性质和规模。

② 包括对持续改进的承诺和遵守有关法律法规及其他要求的承诺。

③ 形成文件，付诸实施，予以保持。

④ 传达到全体员工，使每个人认识到自己在 OHS 方面的责任。

⑤ 可为相关方获取。

⑥ 定期进行评审，确保其适宜性。

2. 职能分析和确定组织机构

方针为组织的OSH确定了方向，但组织需要为管理活动建立一套管理机构，并为改善绩效详细规定各自的职责和彼此的关系。孤立地强调技术和管理所能获得的绩效水平是有限的，良好的安全文化影响个人和团体的行为，促进OSH方针的实施和持续改进。组织管理机构的确定是分配职能和确定管理程序的基础，在分配职能和编写程序文件之前，必须先进行职能分析和确定机构，确定机构时，要坚持精简效能的原则，尽量避免和减少部门职能交叉。

进行职能分配时，要求把标准中的各个要素全面展开并转换成职能，分配到组织的各部门，确保通过职能分配，使标准的各项要素都能得到覆盖，避免遗漏。进行职能分配时，要坚持一项职能由一个部门主管的原则，当一项要素必须由两个或两个以上部门时，要明确主要责任部门或撤并相关部门。职能分配可以通过职能分配表进行，职能分配表参见表8-3。表8-4是某公司OHSMS职能分配情况范例。

表8-3 OHSMS职能分配表

部门 要求(GB/T 28001)	总经理	副总经理(管代)	经理办	人事部	安环部	技术部	……
4.2 职业健康安全方针							
4.3 策划							
4.3.1 危险源辨识、风险评价和控制措施的确定							
4.3.2 法律、法规和其他要求							
4.3.3 目标和方案							
4.4 实施与运行							
4.4.1 资源、作用、职责、责任和权限							
4.4.2 能力、培训和意识							
4.4.3 沟通、参与和协商							
4.4.3.1 沟通							
4.4.3.2 参与和协商							
4.4.4 文件							
4.4.5 文件控制							
4.4.6 运行控制							
4.4.7 应急准备和响应							
4.5 检查							
4.5.1 绩效测量和监测							
4.5.2 合规性评价							
4.5.3 事件调查、不符合、纠正措施和预防措施							
4.5.3.1 事件调查							
4.5.3.2 不符合、纠正措施和预防措施							
4.5.4 记录控制							
4.5.5 内部审核							
4.6 管理评审							

表 8-4　某公司 OHSMS 职能分配表范例

标准条款 \ 职责		公司领导			公司各职能部门和单位																
		总经理	副总经理	安全总监管理者代表	综合办公室	勘探开发处	规划计划处	人事处	企管法规处	物资采购管理部	审计监察处（党群工作处）	财务处	质量安全环保处	生产运行处	研究中心	工程技术处	油田采油厂	生产作业部	油气销售部	公共关系部	各承包商
4.2 职业健康安全方针		★	☆	*	◎	○	○	○	○	○	○	○	●	○	○	○	○	○	○	○	○
4.3 策划	4.3.1 危险源辨识、风险评价和控制措施的确定	☆	*	★	○	○	○	○	○	○	○	○	●	○	◎	◎	◎	◎	◎	◎	◎
	4.3.2 法律法规和其他要求	★	☆	*	○	○	○	○	●	○	○	○	○	○	○	○	○	○	○	○	○
	4.3.3 目标和方案	★	☆	*	○	○	○	◎	○	○	○	○	●	○	○	○	○	○	○	○	○
4.4 实施和运行	4.4.1 资源、作用、职责、责任和权限	★	*	*	○	○	●	●	○	○	○	○	○	○	○	○	○	○	○	○	○
	4.4.2 能力、培训与意识	☆	*	★	○	○	○	●	○	○	○	○	◎	○	○	○	○	○	○	○	○
	4.4.3 参与、协商和沟通	☆	*	★	●	○	○	○	○	○	◎	○	◎	○	○	○	○	○	○	○	○
	4.4.4 文件	☆	*	★	◎	○	○	○	○	○	○	○	●	○	○	○	○	○	○	○	○
	4.4.5 文件控制	☆	*	★	◎	○	○	○	○	○	○	○	●	○	○	○	○	○	○	○	○
	4.4.6 运行控制	☆	*	★	○	●	○	○	○	○	○	○	●	●	●	●	●	●	●	●	●
	4.4.7 应急准备与响应	☆	*	★	○	○	○	○	○	○	○	○	●	◎	◎	◎	◎	◎	◎	◎	◎
4.5 检查	4.5.1 绩效测量和监视	☆	*	★	○	○	○	◎	○	○	○	○	●	○	○	○	○	○	○	○	○
	4.5.2 合规性评价	☆	*	★	○	○	○	○	●	○	○	○	○	○	○	○	○	○	○	○	○
	4.5.3 事件调查、不符合、纠正措施和预防措施	☆	*	★	○	○	○	○	○	○	○	○	●	○	◎	◎	◎	◎	◎	◎	◎
	4.5.4 记录控制	☆	☆	★	○	○	○	○	○	○	○	○	●	○	○	○	○	○	○	○	○
	4.5.5 内部审核	☆	☆	★	○	○	○	○	○	○	○	○	●	○	○	○	○	○	○	○	○
4.6 管理评审		★	☆	☆	◎	◎	◎	◎	◎	◎	◎	◎	●	○	○	○	○	○	○		○

说明：　★主管领导；* 分管领导；☆相关领导；●主管单位；◎协管单位；○相关单位。

3. 制订目标、指标和OHS管理方案

组织要对OHS重大风险进行控制，就要评价每个OHS重大风险的控制现状及可控能力，主要考虑其发生事故的可能性、危害的程度及持续改进的技术经济可行性，从而确定需优先控制的OHS风险，制订相应的目标、指标和管理方案。

组织在制定目标时应考虑：组织OHS方针；法律、法规及其他要求；OHS重大风险；技术可行性；财务、运行和经营要求以及相关方的观点等。

OHS目标应明确组织安全状况在人员、设备、作业环境、管理等方面的各项安全指标。指标应科学、合理，应包括如不发生人身重伤及以上人身事故这样的事故控制指标，但不仅限于此。目标应经组织主要负责人审批，以文件形式下达。

目标和管理方案的制订一般按以下步骤进行：

(1) 分析危险源辨识和风险评价结果，确定优先顺序。分析主要危险因素和评价重大风险，列出哪些是急需解决的，哪些是可以在管理体系的发展过程中逐步处理的。

(2) 制订目标。OHS目标、指标是制订和实现评价OHS管理体系是否适用和有效的体现。组织在制订目标时还应遵循以下要求。

① 尽可能量化，并设定科学的测量参数。

② 设定具体的时间限制。

③ 避免空洞或含糊不清。

④ 避免过于保守甚至不及现有水平。

⑤ 避免目标过高失去可行性。

⑥ 避免避重就轻违背方针承诺。

⑦ 目标应在组织的各职能层次展开和分解。

(3) 制订OHS管理方案。OHS管理方案是实现目标的行动方案，其制订和执行是体系成功的关键。OSH管理方案是组织对OHS的承诺的具体化。

制定方案时至少应满足以下要求：

① 规定实现目标的时间表和方法；

② 规定相关职能和层次的部门/负责人的职责。

OHS管理方案应是文件化的，按大多数组织的工作惯例，一般用一份清晰的一览表描述。表格中应包括：目标、指标、方法措施(包括步骤)；方案执行部门或负责人；财务预算；时间限制等。表8-5是某企业制定的管理方案样式。

表8-5 某企业OHS管理方案样式范例

<table>
<tr><td colspan="3">编号：</td><td colspan="3">所属单位：</td></tr>
<tr><td>管理方案名称</td><td colspan="5"></td></tr>
<tr><td>目标</td><td colspan="5"></td></tr>
<tr><td>不可承受风险</td><td colspan="5"></td></tr>
<tr><td>现状</td><td colspan="5"></td></tr>
<tr><td>措施内容</td><td colspan="5"></td></tr>
<tr><td>资金预算</td><td></td><td>计划完成时间</td><td></td><td>实施日期</td><td></td></tr>
</table>

续表

主管部门		相关部门			
检查部门		检查人			
方案需否修订		修订原因			
方案修订内容					
修订日期		审批		审批日期	
验收意见	验收人： 验收时间：				
管理者代表签字：					

4. 体系文件设计

确定体系文件层次结构，关键是确定程序文件的范围，并提出体系文件清单。

二、职业健康安全管理体系文件编写概述

编制文件是一个组织实行职业健康安全管理体系标准，建立并保持其职业健康安全管理体系有效运行的重要基础工作，也是一个组织达到预定的职业健康安全方针，评价、改进职业健康安全管理体系，实现持续改进和降低职业健康安全危害必不可少的依据。

职业健康安全管理体系标准所要求规定的职业健康安全管理体系，是一文件化的体系，也就是在职业健康安全管理的各个方面，包括职业健康安全方针制定、策划、实施与运行、检查、管理评审等诸方面，组织应做相应的规定，并且这些规定要形成文件。文件形式可以采用书面的形式，也可以采用电子的形式（如文件管理信息系统、控制软件等）。一个组织建立职业健康安全管理体系的过程主要表现为职业健康安全管理文件的制定、执行、评价和不断完善的过程。因此，职业健康安全管理体系文件编制就成为建立职业健康安全管理体系不可或缺的重要环节。如果职业健康安全管理体系文件不正确、不准确、不完善，则有可能造成组织的职业健康安全管理体系的失效，或使职业健康安全管理体系工作成本增加，影响职业健康安全管理体系的实施和运行效果。

（一）OHSMS 文件的结构

GB/T 28001—2011 的 4.4.4 条款要求，职业健康安全管理体系文件应包括：

① 职业健康安全方针和目标；

② 对职业健康安全管理体系覆盖范围的描述；

③ 对职业健康安全管理体系的主要要素及其相互作用的描述，以及相关文件的查询途径；

④ 本标准所要求的文件，包括记录；

⑤ 组织为确保对涉及其职业健康安全风险管理过程进行有效策划、运行和控制所需的文件，包括记录。

重要的是，文件要与组织的复杂程度、相关的危险源和风险相匹配，按有效性和效率

的要求使文件数量尽可能少。

从上述的要求来看，没有提出职业健康安全管理体系文件的具体形式，如制定成专门手册的形式等，只是要求了描述主要要素及其相互作用并说明相关文件的关联关系和如何查询。因此，对于 OHSMS 文件的形式，可以有多种形式，灵活处理，不必拘泥于如专门手册这样的特定形式。

另外，职业健康安全管理体系作为一个相对独立的体系，有必要形成专门文件对组织全体管理者及员工进行全面要求。且在一个体系建立之初，一个独立、完整、条理清晰的体系也是非常必要的。下面参照质量管理体系的有关标准，介绍一种典型的职业健康安全管理体系文件结构。

参照 GB/T 19023—2003《质量管理体系文件指南》，并依据 GB/T 28001—2011 的 4.4.4 条款的要求，OHSMS 文件可分为三个层次：管理手册（A 层次）、程序文件（B 层次）、作业文件（C 层次），如图 8-1 所示。

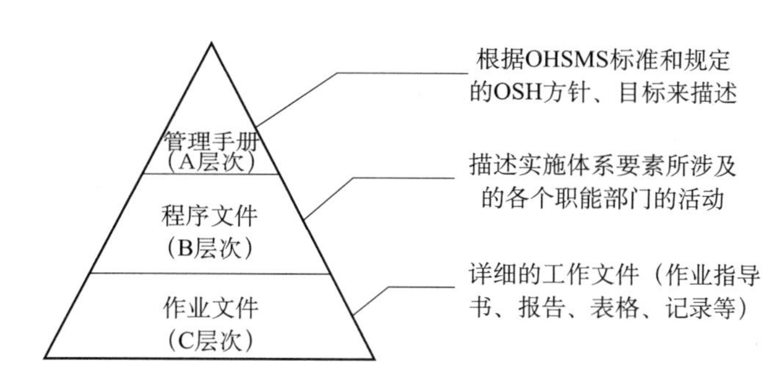

图 8-1　OHSMS 文件结构

1. 管理手册

根据 OHSMS 标准及本组织 OHS 方针、目标而全面地描述本组织 OHSMS 的文件，主要供组织内的中、高层管理人员和提供客户以及第三方审核机构审核时使用，集中表述本组织的 OHS 保证能力。

OHS 管理手册的内容通常包括如下内容：

① OHS 方针、目标（指标）和管理方案。

② 对职业健康安全管理体系覆盖范围的描述。

③ 职业健康安全管理体系的主要要素及其相互作用、运行、审核或评审工作、职能部门的岗位职责、权限和相互关系的描述。

④ 关于程序文件等相关文件的说明和查询途径。

⑤ 关于手册的评审、修改和控制规定。

管理手册在深度和广度上可以不同，取决于组织的性质、规模、技术要求及人员素质，以适应组织的需要为前提。

2. 程序文件

根据本组织 OHS 管理手册的要求，为达到既定的 OHS 方针、目标所需要的程序和对策，来描述实施 OHSMS 要素涉及的各个职能部门活动的文件，供各职能部门使用。程序文件处于职业健康安全管理体系文件结构中的第二层。因此，职业健康安全程序文件起到一种承上启下的作用，对上可以说是管理手册的展开和具体化，使得管理手册中原则性和纲领性的要求得到展开和落实；对下其应引出相应的支持性文件，包括作业指导书和记录表格等。

3. 作业文件

围绕手册和程序文件的要求，描述具体的工作岗位和工作现场如何完成某项工作任务的具体做法，是一个详细的工作文件，主要供个人或小组使用。这类文件有些是在体系运行时根据需要不断产生的，可分为两类：

① 工作指令：如工作指导书、作业指导书、检验指导书等。通常包括三个内容：指令干什么、如何干和出了问题怎么办。

② 记录：记录是 OHSMS 文件最基础的部分，包括设计、检验、试验、调研、审核、复审的 OHS 记录和图表，事故、事件记录以及用户 OHS 信息反馈记录等。这些都是证明各生产阶段 OHS 是否达到要求和检查 OHSMS 运行有效性的证据，因而它具有可追溯性的特点。

需要指出的是，各层次的 OHSMS 文件应与第一层次的 OHS 管理手册内容相一致。组织可以根据自身的规模大小和实际情况来划分体系文件的层次等级，不一定按建议的三个层次等级。其中任何层次的文件都可相对独立（利用相互引用的条目）或合并。

与环境管理体系类似，职业健康安全管理体系强调对法律法规的符合性，因而职业健康安全管理体系文件还应包括职业健康安全管理方案、法律法规及其他要求、危险源辨识与风险评价报告书、职业健康安全初始评审报告、职业健康安全记录等。因此，一个完整的职业健康安全管理体系文件包含的内容较丰富，包括：

① A 层次——职业健康安全管理体系管理手册。

② B 层次——职业健康安全管理体系程序文件。

③ C 层次——职业健康安全管理体系作业文件（作业指导书、报告、表格、记录等）。

④ 附件（适用 OHS 法律法规、危险源辨识与风险评价报告、初始评审报告及其他资料）。

（二）OHSMS 文件编写的原则

编写 OHSMS 文件之前，必须充分收集各类相关资料。OHSMS 文件编写工作应在以下这些资料的基础上展开：

① 职业健康安全管理体系标准。

② 适用 OHS 法律、法规及其他要求。

③ 组织现行的 OHS 规章制度、操作规程、操作惯例等。

④ 职业健康安全初始评审报告。

⑤ 危险源辨识与风险评价报告等相关资料。

编写体系文件的原则是“写你要做的，做你所写的，记你所做的”。即：标准要求的要写到，文件写到的要做到，做到的要有效（文件写完后一定要下发进行讨论和修改，达到所写即所做)。编写职业健康安全管理体系文件应考虑以下几个原则。

1. 要符合职业健康安全管理体系标准条款的要求

职业健康安全管理体系标准是提供给组织编写职业健康安全管理体系文件的依据。组织应按标准条款的要求编写职业健康安全管理体系文件。应做到标准条款要求的,在组织职业健康安全管理体系文件中要写到。这就是审核中所要求的符合性,要做到组织的职业健康安全管理体系文件符合标准条款的要求。

2. 要结合组织活动、产品或服务的特点

职业健康安全管理体系标准是给组织建立职业健康安全管理体系提供的一个规范及使用指南,适用于任何类型与规模的组织,适用于各种地理、文化和社会条件。而作为实施职业健康安全管理体系的组织则是千差万别,因此在进行职业健康安全管理体系编制文件时,应密切结合组织活动、产品或服务的特点,充分反映出组织的安全生产现状及管理现状。因为职业健康安全管理体系标准只对组织实施职业健康安全管理体系提出了基本要求,也就是提出了应该做什么,但如何做并没提出具体要求。它是个管理体系标准,只对安全生产管理工作提出了要求,而没提出技术要求和技术标准。这就需要组织根据自身的安全问题及安全生产管理当中的问题来策划、实施建立职业健康安全管理体系,并且在职业健康安全管理体系文件中应充分体现这个特点,切忌体系文件的形式化。

3. 要努力做到管理体系文件的一体化

依据职业健康安全管理体系标准所建立的职业健康安全管理体系应是组织全面管理体系的一个组成部分,利用职业健康安全管理体系文件来规范企业的安全生产行为,改善企业的安全生产绩效。职业健康安全管理体系标准与 ISO 9000 系列质量管理体系标准及 ISO 14000 系列环境管理体系标准遵循共同的管理体系的原则,组织可选取一个与 ISO 9000 相符的现行质量管理体系或与 ISO 14000 相符的现行环境管理体系,作为其职业健康安全管理体系的基础,不必撇开组织现行的管理体系要素而单独确定。在一些情况下,可对组织现行管理体系要素加以修改,使之适合职业健康安全管理体系标准条款的要求。

组织管理体系文件的有机结合,逐步形成管理体系文件一体化的管理是当前建立组织职业健康安全管理体系文件中亟待解决的课题。应该看到,任何一个企业,不论是历史悠久还是新建立的企业,不论是国有企业还是民办企业,不论是独资企业还是合资企业,在其经营过程中即已建立一套适合于本组织活动、产品或服务特点,并行之有效的管理体系、管理制度和管理方法,对推动企业的经济发展都能发挥积极的作用。因此,组织在编制职业健康安全管理体系文件时,应密切与组织原有的管理体系、质量管理体系或环境管理体系中的管理制度、管理程序相协调,避免相互间矛盾和不协调的地方。但也应看到,管理体系各要素的应用会因为不同目的和不同相关方而有所差异,质量管理体系针对的是顾客需求,环境管理体系则服务于众多相关方和社会对环境保护不断发展的需求,而职业健康安全管理体系则是为维护组织员工安全及健康的需求。因此,不同的管理体系其管理要素的构成则有所差异,但在其中有些管理要素的基本要求是相同的,在编制程序文件时应给予充分的协调。

（三）文件编写的基本要求

1. 系统性

（1）组织应对其职业健康安全管理体系中采用的全部要素、要求和规定，系统有条理地制订各项程序；

（2）所有文件应按统一规定的方法编辑成册；

（3）各层次文件应做到接口明确、结构合理、协调有序；

（4）各层次文件应涉及职业健康安全管理体系一个逻辑上独立的部分；

2. 规范性

（1）体系文件应在总体上遵循 OHSMS 标准，以及适用的 OHS 法律法规及其他要求；

（2）文件一旦批准实施，就必须认真执行；

（3）文件修改只能按规定的程序执行。

3. 协调性

（1）体系文件的所有规定应与组织的其他管理规定相协调；

（2）体系文件之间应相互协调；

（3）体系文件应与有关技术标准、规范相互协调；

（4）处理好各种接口，避免不协调或职责不清。

4. 见证性

（1）体系文件作为客观证据（适用性证据和有效性证据）向管理者、相关方、第三方审核机构证实本组织职业健康安全管理体系的运行情况；

（2）对于审核来讲，职业健康安全管理体系文件可作为下列方面的客观证据：

① 危险有害因素已被辨识、评价并得到控制；

② 有关活动的程序已被确定并得到批准和实施；

③ 有关活动处于全面的监督检查之中；

④ 职业健康安全绩效持续改进等。

5. 唯一性

（1）对一个组织，其职业健康安全管理体系文件是唯一的；

（2）通过清楚、准确、全面、简单扼要的表达方式，实现唯一的理解；

（3）决不允许针对同一事项的相互矛盾的不同文件同时使用；

（4）不同组织的文件可具有不同的风格。

6. 适用性

（1）体系文件应根据标准的要求、组织规模、生产活动的具体性质采取不同的形式；

（2）体系文件的详略程度应与人员的素质、技能和培训等因素相适应；

（3）所有文件规定都应在实际工作中能得到有效的贯彻。

（四）体系文件编写的步骤

（1）编写职业健康安全初始评审报告。

（2）编写 OHSMS 标准要求建立的下列工作程序：

① 危险源辨识和风险评价程序；

② 法律、法规及其他要求识别、获取程序；

③ 教育培训程序；

④ 沟通、参与和协商管理程序；

⑤ 文件控制管理程序；

⑥ 运行控制管理程序；

⑦ 应急准备和响应管理程序；

⑧ 绩效测量和监测控制程序；

⑨ 合规性评价管理程序；

⑩ 事件调查分析管理程序；

⑪ 不符合、纠正措施和预防措施管理程序；

⑫ 职业健康安全记录控制管理程序；

⑬ 内部审核程序。

（3）如果组织规模较大，可以编写 OHSMS 标准中几个未明确要求的程序，如：管理评审程序、目标和管理方案程序。

（4）执行危险源辨识和风险评价程序，进行风险分级，评价出重大风险，形成危险源清单。

（5）根据主要危险有害因素和重大风险来编制或修订职业健康安全方针。

（6）根据职业健康安全方针、主要危险有害因素和重大风险及技术经济可行性，确定目标（指标）和管理方案。

（7）根据上述第（4）、（5）、（6）步的结果策划运行控制程序和作业指导书。策划时应注意：

① 为使主要危险有害因素和重大风险受到控制，减少工伤事故和职业病，应针对每一个主要危险有害因素和重大风险建立相应的管理方案和运行控制程序。

② 对同一个主要危险有害因素和重大风险，可以既有管理方案又有运行控制程序，当然也可以只采用其中一个。

③ 同一个目标可以分解成多个指标，相应地，同一个目标也就可以由多个管理方案或多个运行控制程序来实现。

（8）通过上述各程序提出各部门的职责，并补充完善之，将其提炼到管理手册相应的条款中。

（9）将上述各程序中的主要内容，按纲目简化，总结提炼到手册中对应的要素内容里。

（10）最后再写手册中没有程序文件支持的要素，此部分应写详细一些。

（五）体系文件编写技巧

职业健康安全管理体系文件的编写建议按以下五条主线分头编写，一条线一个组或一个人，每一条线中的手册、程序和记录格式乃至作业指导书都包含在内，这样写可以避免前后重复和矛盾。

1. 第一条线

4.3.1 危险源辨识、风险评价和控制措施的确定；

4.3.2 法律法规和其他要求；

4.5.2 合规性评价；

4.3.3 目标和方案。

2. 第二条线

4.4.2 能力、培训和意识；

4.4.3 沟通、参与和协商；

4.4.5 文件控制；

4.5.4 记录控制。

3. 第三条线

4.4.6 运行控制；

4.4.7 应急准备和响应。

4. 第四条线

4.5.1 绩效测量和监视；

4.5.3 事件调查、不符合、纠正措施和预防措施；

4.5.5 内部审核；

4.6 管理评审。

5. 第五条线

标准中的其他要求及有关附录资料也可采取如下的编写方式。

(1) 自上而下依序展开方式

按方针、管理手册、程序文件、作业文件、OHSMS记录的顺序编写。这有利于上一层次文件与下一层次文件的衔接，但对文件编写人员的素质要求较高，文件编写所需时间较长，且需要大量的反复修改工作。

(2) 自下而上的编写方式

按基础性文件、程序文件、管理手册的顺序编写。这适用于管理基础较好的组织，但如无总体设计方案指导易出现混乱。

(3) 从程序文件开始，向两边扩展的编写方式。先编写程序文件，再开始手册和基础性文件的编写，实际上是从分析活动，确定活动程序开始，将OHSMS标准的要求与组织实际紧密结合，可缩短文件编写时间。

(六) 体系文件的受控标识与版面要求

1. 体系文件的受控标识

① 体系文件分为受控文件和非受控文件，应分别加盖“受控文件”和“非受控文件”印

章,"受控文件"应通过有关程序对其进行控制。

② 职业健康安全管理手册、程序文件和作业文件用于对外宣传和交流时,可加盖"非受控文件"印章,不作跟踪管理,组织内部使用时,必须加盖"受控文件"印章,列入受控范围。

③ 需增领文件时,应到文件管理部门按手续领取,严禁自行复印。

④ 持有者应妥善保管,不得随意涂改、损坏、丢失。

2. 文件发行版本、修改码、文件和记录编码

① 发行版本——首版为A,以后换版为B、C、D…。

② 修改码——未作修改时为0,以后修改依次为1、2、3…。

③ 文件和记录编码——是体系文件的标识标记,一个文件和记录只能有唯一的一个编码。推荐程序文件和作业文件的编码规则如图8-2所示。

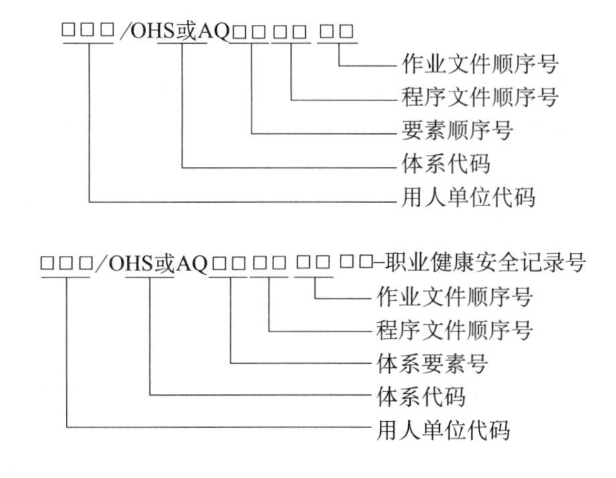

图8-2　程序文件和作业文件的编码规则范例

3. 体系文件版面要求

组织职业健康安全管理手册、程序文件的编制建议采用标准形式,基本要求应符合GB/T 1.1《标准编写的基本规定》,但文件编码、页码等其他要求应满足程序文件特有的规定。作业文件不采用标准形式编制。体系文件和记录(专用票据除外)版面推荐均采用A4纸,如图表较大可折叠装订。

第四节　职业健康安全管理体系审核与认证

一、职业健康安全管理体系审核的类型

职业健康安全管理体系审核是指依据职业健康安全管理体系标准及其他审核准则,对企业职业健康安全管理体系的符合性和有效性进行评价的活动,以更找出受审核方职业健康安全管理体系存在的不足,使受审核方完善其职业健康安全管理体系,从而实现职业健康安全绩效的不断前进,达到对工伤事故及职业病效控制的目的,保护员工及相关方

的安全和健康。

根据审核方(实施审核的机构)与受审核方(提出审核要求的用人单位或个人)的关系,可将职业健康安全管理体系审核分为内部审核和外部审核两种基本类型,内部审核又称为第一方审核,外部审核又分为第二方审核及第三方审核。

(一) 第一方审核

第一方审核指由企业的成员或其他人员以企业的名义进行的审核。这种审核为企业提供了一种自我检查、自我纠正和自我完善的运行机制,可为有效地管理评审和采取纠正预防措施提供有用的信息。

第一方审核的审核准则主要依据自身的职业健康安全管理体系文件,必要时包括第二方或第三方要求。

(二) 第二方审核

第二方审核是在某种合同要求的情况下,由与用人单位(受审核方)有某种利益关系的相关方或由其他人员以相关方的名义实施的审核。这种审核旨在为企业的相关方提供信任的证据。

第二方审核可以采用一般的职业健康安全管理体系审核准则,也可以由合同方进行特殊规定。

(三) 第三方审核

第三方审核是由与其无经济利益关系的第三方机构依据特定的审核准则,按规定的程序和方法对受审核方进行的审核。

在第三方审核中,由第三方认证机构依据认可制度的要求实施的,以认证为目的的审核又称为认证审核。认证审核旨在为受审核方提供符合性的客观证明和书面保证。

二、职业健康安全管理体系认证

职业健康安全管理体系认证是认证机构依据规定的标准及程序,对受审核方的职业健康安全管理体系实施审核,确认其符合标准要求而授予其证书的活动。认证的对象是用人单位的职业健康安全管理体系。认证的方法是职业健康安全管理体系审核。认证的过程需遵循规定的程序。认证的结果是用人单位取得认证机构的职业健康安全管理体系认证证书和认证标志。

职业健康安全管理体系认证的实施程序包括:认证申请及受理、审核策划及审核准备、审核的实施、纠正措施的跟踪与验证以及审批发证及认证后的监督和复评。

(一) 职业健康安全管理体系认证的申请及受理

(1) 职业健康安全管理体系认证的申请

符合体系认证基本条件的用人单位如果需要通过认证,则应以书面形式向认证机构提出申请,并向认证机构递交以下材料:

① 申请认证的范围。

② 申请方同意遵守认证要求，提供审核所必要的信息。

③ 申请方一般简况。

④ 申请方安全情况简介，包括近两年的事故发生情况。

⑤ 申请方职业健康安全管理体系的运行情况。

⑥ 申请方对拟认证体系所适用标准或其他引用文件的说明。

⑦ 申请方职业健康安全管理体系文件。

(2) 职业健康安全管理体系认证的受理

认证机构在接到申请认证单位的有效文件后，对其申请进行受理。申请受理的一般条件是：

① 申请方具有法人资格，持有有关登记注册证明，具备二级或委托方法人资格也可。

② 申请方应按职业健康安全管理体系标准建立了文件化的职业健康安全管理体系。

③ 申请方的职业健康安全管理体系已按文件的要求有效运行，并至少已做过一次完整的内审及管理评审。

④ 申请方的职业健康安全管理体系有效运行，一般应将全部要素运行一遍，并至少有 3 个月的运行记录。

(3) 职业健康安全管理体系认证的合同评审

在申请方具备以上条件后，认证机构应就申请方提出的条件和要求进行评审，确保。

① 认证机构的各项要求规定明确，形成文件并得到理解。

② 认证机构与申请方之间在理解上的差异得到充分的理解。

③ 针对申请方申请的认证范围、运作场所及某些要求(如申请方使用的语言、申请方认证范围内所涉及的专业等)，对本机构的认可业务是否包含申请方的专业领域进行自我评审，若认证机构有能力实施对申请方的认证，双方则可签订认证合同。

(二) 审核的策划及审核准备

职业健康安全管理体系审核的策划和准备是现场审核前必不可少的重要环节，它主要包括确定审核范围、指定审核组长并组成审核组、制定审核计划以及准备审核工作文件等工作内容。

(1) 确定审核范围

审核范围是指受审核的职业健康安全管理体系所覆盖的活动、产品和服务的范围。确定审核范围实质上就是明确受审核方做出持续改进及遵守相关法律法规和其他要求的承诺，保证其职业健康安全管理体系实施和正常运行的责任范围。准确地界定和描述审核范围，对认证机构、审核员、受审核方、委托方以及相关方都是非常重要的，从申请的提出和受理、合同评审、确定审核组的成员和规模、制定审核计划、实施认证到认证证书的表达均涉及审核范围。

(2) 组成审核组

组建审核组是审核策划与准备中的重要工作，也是确保职业健康安全管理体系审核工作质量的关键。认证机构在对申请方的职业健康安全管理体系进行现场审核前，应根据申请方的具体情况，指派审核组长和成员，确定审核组的规模。

（3）制定审核计划

审核计划是指现场审核人员的日程安排以及审核路线的确定（一般应至少提前1周由审核组长通知被审核方，以便其有充分的时间准备和提出异议）。审核计划应经受审核方确认。如受审核方有特殊情况时，审核组可适当加以调整。

职业健康安全管理体系审核一般分为两个阶段，由于这两个阶段审核工作的侧重点不同，需要分别制定审核计划。

（4）编制审核工作文件

职业健康安全管理体系审核是依据审核准则对用人单位的职业健康安全管理体系进行判定和验证的过程，它强调审核的文件化和系统化，即审核过程要以文件的形式加以记录。因此，审核过程中需要用到大量的审核工作文件，实施审核前应认真进行编制，以此作为现场审核时的指南。

现场审核中需用到的审核工作文件主要包括：审核计划、审核检查表、首末次会议签到表、审核记录、不符合报告、审核报告。

（三）审核的实施

职业健康安全管理体系初次审核通常由第一阶段审核和第二阶段审核两个阶段组成（监督审核和复评不必两个阶段）。

（1）第一阶段审核

① 审核组长组织第一阶段审核组成员对受审核方职业健康安全管理体系文件进行评审。文件评审以GB/T 28001标准及职业健康安全法律、法规为审核准则，并出具《文件审查报告》。如发现受审核方职业健康安全管理体系文件中的不符合，应及时通知受审核方纠正。

② 与申请组织的职业健康安全管理者代表交谈，了解体系运行以及遵守职业健康安全法律法规的情况。

③ 查阅体系运行的有关记录。

④ 现场调查组织的危害源及不可容许的风险。

⑤ 在现场结束前，审核组长应与受审核方沟通，通报第一阶段审核结论，以发现问题汇总表的形式指出存在的问题，提出纠正的要求。

（2）第二阶段审核

① 进行现场审核前，首先召开有受审核方领导及有关人员参加的首次会议。

② 通过现场审核收集审核证据。

③ 召开末次会议，宣布第二阶段审核结果，编写审核报告。

④ 对审核中开具的不符合报告，受审核方应根据要求进行纠正/采取纠正措施，自行验证有效后，提交审核组长验证（验证的方式有书面验证和现场验证两种）。验证合格后，审核组长应将审核报告及相关资料报HXQC审核部，审核部审查后，提交中心技术委员会评定，如评定通过，经中心主任批准后正式颁发认证证书。

（四）纠正措施的跟踪与验证

现场审核的一个重要结果是发现受审核方的职业健康安全管理体系存在的不符合事项。对这些不符合项，受审核方应根据审核方的要求制定纠正措施计划，并在规定时间实施和完成纠正措施。审核方应对其纠正措施的落实和有效性进行跟踪验证。

（五）证后监督与复评

审核通过后，要给受审单位颁发认证证书和认证标志。随后，定期对取得证书的单位进行监督。证后监督包括监督审核和管理，对监督审核和管理过程中发现的问题应及时处置，并在特殊情况下组织临时性监督审核。获证单位认证证书有效期为 3 年，有效期届满时，可通过复评，获得再次认证。

（1）监督审核

监督审核是指认证机构对获得认证的单位在证书有效期限内所进行的定期或不定期的审核。其目的是通过对获证单位的职业健康安全管理体系的验证，确保受审核方的职业健康安全管理体系持续地符合职业健康安全管理体系审核标准、体系文件以及法律、法规和其他要求，确保持续有效地实现既定的职业健康安全管理方针和目标，并有效运行，从而确认能否继续持有和使用认证机构颁发的认证证书和认证标志。

（2）复评

获证单位在认证证书有效期届满时，应重新提出认证申请，认证机构受理后，重新对用人单位进行的审核称为复评。

复评的目的是为了证实用人单位的职业健康安全管理体系持续满足职业健康安全管理体系审核标准的要求，且职业健康安全管理体系得到了很好的实施和保持。

实训活动

实训项目 8-1

对比本章讲的职业健康安全管理体系文件与第三章讲的安全规章制度体系，讨论两者关系。

实训目的：帮助理解和掌握职业健康安全管理体系文件结构和内容。

实训步骤：

第一步，复习有关章节的内容，查阅参考资料；

第二步，对比两者的内容和结构，找出相同点和差异；

第三步，小组之间交流，汇报对比结果。

实训建议：采用小组讨论的形式。

思考与练习

1. 如何理解危险源辨识与风险评价（4.3.1）是建立与运行 OHSMS 的核心基础？
2. 为满足 OHSMS 标准中 4.3.2 的要求，用人单位应开展哪些基础性工作？

3. OHSMS 标准建立的三级监控机制的内容是什么？

4. 什么是主动绩效测量和被动绩效测量？

5. GB/T 28001—OHSAS 18001 标准完整体现了员工参与职业安全健康管理的思想，请至少列举 5 个体系要素，并简述员工参与事项。

6. 职业健康安全管理体系的建立包括：①学习与培训、②体系策划、③初始评审、④文件编写、⑤体系试运行、⑥评审完善这六个步骤，下列顺序排列正确的是（　　）。

A. ①③②④⑤⑥　　B. ①②③④⑤⑥

C. ①②④⑤③⑥　　D. ①③②⑤④⑥

7. 职业健康安全管理体系文件包括哪些内容？

8. 试解释职业健康安全管理体系中的管理方案与安全技术措施计划的关系。

9. 审核划分为哪几种类型？职业健康安全管理体系"4.5.4 审核"属于其中哪种类型？

10. 关于职业健康安全体系"4.4.6 运行控制"的要求，下列描述正确的是（　　）。

A. 对于与所识别的风险有关的运行、活动应采取适当的控制措施

B. 应以文件化的程序与规定作为欠保障运行情况的实施指导

C. 对于劳务使用活动应建立并保持管理程序

D. 对于作业场所、工艺过程、装置、工作组织等的设计活动应建立并保持管理程序

11. 职业安全健康目标是职业安全健康方针的具体化和阶段性体现，以下关于制定目标的描述，不正确的是（　　）。

A. 应以组织要求为框架，确保目标合理、可行

B. 以危害辨识和风险评价的结果为基础，确保其针对性和持续渐进性

C. 考虑自身技术和财务能力以及整体经营上有关 OHS 的要求，确保其可行性与实用性

D. 目标应尽可能量化，并形成文件

CHAPTER9

企业安全生产标准化

职业能力目标	知识要求
会制定安全生产标准化创建实施方案。	1. 掌握安全生产标准化的内涵及作用。 2. 了解企业安全生产标准化基本规范的要求。 3. 掌握安全生产标准化建设原则、安全生产标准化创建方法和程序。 4. 了解安全生产标准化与职业健康安全管理体系的关系。

第一节　安全生产标准化基本知识

一、安全生产标准化的产生和发展

（一）安全生产标准化产生的原因

安全生产标准化的提出和发展与煤矿安全质量标准化的推行和职业健康安全管理体系的实施有着密切的关系。

自2000年原国家经济贸易委员会颁布实施《职业安全卫生管理体系（试行）标准》以来，职业健康安全管理体系在全国范围内被许多企业所接受和采纳，使企业的安全生产工作步入了系统化、程序化、规范化的发展轨道上，对提升企业的安全生产工作水平产生了较大的积极作用。但是，随着工作的不断深入，人们发现了职业健康安全管理体系标准在安全生产工作中暴露出一些自身无法克服的弱点和先天不足。

第一，职业健康安全管理体系标准为了保证能够适用于各类组织，使得自身具有高度的概括性和抽象性，围绕职业健康安全管理提出一系列的要求，而没有设计出满足这些要求的具体方法和措施，因此导致企业在建立并实施体系时不能和实际工作及原有的旧管理体系有机结合，从而对安全生产工作产生了一些消极影响。

第二，职业健康安全管理体系标准没有提供考核评价安全生产工作的绩效准则。

第三，职业健康安全管理体系需要企业的管理人员和从业人员具有较高的安全、管理素质，能够把体系的要求，按照国家有关法律、法规、规程、标准的要求，自行与实际工作进行衔接，才能保证体系的正常运行。然而，一些已经建立了职业健康安全管理体系并运行多年的企业，在实际操作中并没有有效运行，出现了认证和实际运行"两层皮"的现象，究其根本原因：一是为认证而认证；二是人员能力和素质还不能满足职业健康安全管理体系的要求。

职业健康安全管理体系存在的这些问题促使人们思考和寻找其他的方法和规范来弥补它的不足。恰好此时安全生产标准化出现了。

（二）安全生产标准化的发展

20 世纪 80 年代初期，煤炭行业事故持续上升，为此原煤炭部于 1986 年在全国煤矿开展"质量标准化、安全创水平"活动，目的是通过质量标准化促进安全生产，认为安全与质量之间存在着相辅相成、密不可分的内在联系，讲安全必须讲质量。有色、建材、电力、黄金等多个行业也相继开展了质量标准化创建活动，提高了企业安全生产水平。2003 年 10 月，原国家安全监管局和中国煤炭工业协会在黑龙江省七台河市召开了全国煤矿安全质量标准化现场会，提出了新形势下煤矿安全质量标准化的内容，会后出台的《关于在全国煤矿深入开展安全质量标准化活动的指导意见》，提出了安全质量标准化的概念。

(1) 2004 年 1 月，《国务院关于进一步加强安全生产工作的决定》(国发[2004]2 号)提出了在全国所有的工矿、商贸、交通、建筑施工等企业普遍开展安全质量标准化活动的要求。随后，原国家安全监管局印发了《关于开展安全质量标准化活动的指导意见》，煤矿、非煤矿山、危险化学品、烟花爆竹、冶金、机械等行业、领域均开展了安全质量标准化创建工作。除煤炭行业强调了煤矿安全生产状况与质量管理相结合外，其他多数行业逐步弱化了质量的内容，提出了安全生产标准化的概念。

2004 年后，结合每个行业、领域的生产经营活动特点，陆续出台相应的安全生产标准化规范。可见安全生产标准化是按照行业、领域推行，有很好的适应性；同时安全生产标准化实行考核评级制度，提供了一套完整的安全生产工作绩效评价准则。

(2) 2010 年 4 月 15 日，为了全面规范各行业企业安全生产标准化建设工作，使企业安全生产标准化建设工作进一步规范化、系统化、科学化、标准化，做到有据可依，有章可循。在总结相关行业企业开展安全生产标准化工作的基础上，结合我国国情及企业安全生产工作的共性要求和特点，国家安全生产监督管理总局制定了安全生产行业标准《企业安全生产标准化基本规范》(AQ/T 9006—2010，以下简称《基本规范》)，自 2010 年 6 月 1 日起实施。该标准对开展安全生产标准化建设的核心思想、基本内容、形式要求、考评办法等方面进行了规范，成为各行业企业制定安全生产标准化标准、实施安全生产标准化建设的基本要求和核心依据，对达标分级等考评办法进行了统一规定。这一规范的出台，使我国安全生产标准化建设工作进入了一个新的发展时期。

(3) 2010 年，《国务院关于进一步加强企业安全生产工作的通知》(国发[2010]23 号)中明确提出："深入开展以岗位达标、专业达标和企业达标为内容的安全生产标准化建设，凡在规定时间内未实现达标的企业要依法暂扣生产许可证和安全生产许可证，责令停产整顿;对整改逾期未达标的,地方政府要予以关闭。”并要求“安全生产监管监察部门、负有安全生产监管职责的有关部门和行业管理部门要按职责分工,对当地企业包括中央和省属企业实行严格的安全生产监督检查和管理,组织对企业安全生产状况进行安全标准化分级考评评价,评价结果向社会公开,并向银行业、证券业、保险业、担保业等主管部门通报,作为企业信用评级的重要参考依据。安全标准化分级考核评价成为政府强化企业安全生产属地管理的重要举措之一”。

(4)《国务院安委会关于深入开展企业安全生产标准化建设的指导意见》(安委[2011]4号)中要求“在工矿商贸和交通运输行业(领域)深入开展安全生产标准化建设,重点突出煤矿、非煤矿山、交通运输、建筑施工、危险化学品、烟花爆竹、民用爆炸物品、冶金等行业(领域)”。并提出达标时限,其中“冶金、机械等工贸行业(领域)规模以上企业要在2013年底前,规模以下企业要在2015年前实现达标”。

(5)《国务院安委会办公室关于深入开展全国冶金等工贸企业安全生产标准化建设的实施意见》(安委办[2011]18号)中,提出了工贸行业企业安全生产标准化建设的指导思想、工作原则和工作目标,明确了安全生产标准化建设的主要途径,落实了安全生产标准化建设的保障措施。

(6)《国务院关于坚持科学发展安全发展促进安全生产形势持续稳定好转的意见》(国发[2011]40号)中要求:“推进安全生产标准化建设。在工矿商贸和交通运输行业领域普遍开展岗位达标、专业达标和企业达标建设,对在规定期限内未实现达标的企业,要依据有关规定暂扣其生产许可证、安全生产许可证,责令停产整顿;对整改逾期仍未达标的,要依法予以关闭。加强安全标准化分级考核评价,将评价结果向银行、证券、保险、担保等主管部门通报,作为企业信用评级的重要参考依据。”

(7) 2012年,《国务院办公厅关于继续深入扎实开展“安全生产年”活动的通知》(国办发[2012]14号)中要求:“着力推进企业安全生产达标创建。加快制定和完善重点行业领域、重点企业安全生产的标准规范,以工矿商贸和交通运输行业领域为主攻方向,全面推进安全生产标准化达标工程建设。对一级企业要重点抓巩固、二级企业着力抓提升、三级企业督促抓改进,对不达标的企业要限期抓整顿,经整改仍不达标的要责令关闭退出,促进企业安全条件明显改善、管理水平明显提高。”

这一系列重要文件均对安全生产标准化工作提出了要求,标志着以岗位达标、专业达标和企业达标为内容的安全生产标准化建设作为有效防范事故、建立安全生产长效机制的重要手段,推动企业落实安全生产主体责任的重要抓手,成为创新社会管理、创新安全生产监管体制机制、促进企业转型升级和加快转变经济发展方式的重要内容。

二、安全生产标准化的认识定位与作用和意义

(一)安全生产标准化的认识定位

1. 安全生产标准化定义

《基本规范》3.1条款规定,安全生产标准化是指通过建立安全生产责任制,制定安全管理制度和操作规程,排查治理隐患和监控重大危险源,建立预防机制,规范生产行为,使

各生产环节符合有关安全生产法律法规和标准规范的要求，人、机、物、环处于良好的生产状态，并持续改进，不断加强企业安全生产规范化建设。

这一定义涵盖了企业安全生产工作的全局，从建章立制、改善设备设施状况、规范作业人员行为等方面提出了具体要求，是企业实现管理标准化、现场标准化、操作标准化的基本要求和衡量尺度；是企业夯实安全管理基础、提高设备本质安全程度、加强人员安全意识、落实企业安全生产主体责任、建设安全生产长效机制的有效途径；是安全生产理论创新的重要内容；是科学发展、安全发展战略的基础工作；是创新安全监管体制的重要手段。

2. 安全生产标准化内涵与目标

（1）内涵

标准化的定义是：为了在一定范围内获得最佳秩序，对现实问题或潜在问题制定共同使用和重复使用的条款的活动。由此可见，标准化应具有规范化、可重复和共同性即一致性的基本含义。标准化的基本特性主要包括以下几个方面：①抽象性；②技术性；③经济性；④连续性，亦称继承性；⑤约束性；⑥政策性。

安全生产标准化可以理解为安全生产的标准化，也应具有上述基本含义和特性，即生产环节和相关岗位的安全工作，必须符合国家法律、法规、规章、标准等规定，达到和保持一定的标准，处于安全生产的良好状态。

安全生产标准化内涵就是生产经营单位在生产经营和全部管理过程中，分析生产安全风险，建立预防机制，依据国家有关安全生产的法律、法规、规章和标准健全科学的安全生产责任制、安全生产管理制度和操作规程并全过程、全方位、全天候地贯彻实施，使各生产环节和相关岗位的安全工作符合法律法规、标准规程的要求，达到和保持一定的标准，并持续改进、完善和提高，使企业的人、机、环等要素始终处在最好的安全状态下运行，进而保证和促进企业在安全的前提下健康快速发展。

安全生产标准化在形式上可概括为：企业安全管理标准化、安全技术标准化、安全装备标准化、环境安全生产标准化和岗位安全作业标准化五大方面。重点是把握企业安全管理标准化、现场安全管理标准化和岗位安全作业标准化。

① 企业安全管理标准化应充分体现企业安全管理基础工作各项标准。

② 现场安全管理标准化体现企业作业现场各项安全生产条件标准。

③ 岗位安全作业标准应充分体现员工正确操作程序和安全确认程序。

要注意，安全生产标准化的适用对象是企业或生产经营单位，而不是用人单位。

（2）目标

安全生产标准化提出了一套三级目标逐次递进的安全生产工作目标框架体系。为安全生产考核评级奠定基础。该目标框架体系的内容为：

第一级目标，即基本目标——守法合规，保持水平。规范生产行为，使各生产环节符合有关安全生产法律法规和标准规范的要求。

第二级目标，即改进目标——良好状态，持续改进。人、机、物、环处于良好的生产状态，并持续改进，不断加强企业安全生产规范化建设。

第三极目标，即最终目标——安全状态，防止事故。

安全生产标准化建设工作的基本目标或基本宗旨就是规范生产行为，使各生产环节符合有关安全生产法律法规和标准规范的要求，即实现企业守法合规并促使其保持住这样的基本状态。

（二）安全生产标准化原则和特点

安全生产标准化是在按照行业、领域推行，结合每个行业、领域的生产特点均制订有相应的安全生产标准化规范，同时安全生产实行考核评级制度，提供了一套完整的安全生产工作绩效评价准则。因此，安全生产标准化恰好可以被用来弥补职业健康安全管理体系的不足，进而成为广大企业以及政府主管部门在后体系(OHSMS)时代的不二选择。

1. 安全生产标准化建设的原则

开展安全生产标准化建设应遵循下列原则。

(1) 系统化原则

即应用安全系统工程的方法，从人、机、物、法、环等方面，对影响安全的各个因素进行评估，建立标准化体系，并调整和循环改进，使系统发生事故的可能性降到最低，从而达到最佳的安全状态。根据系统化管理的原理，建立一个动态循环的管理过程，包括计划、执行、检查、改进的循环过程。

(2) 本质安全原则

指企业的设备设施、工具、材料等物件，都应达到“本质安全状态”，即各类物质应能依靠自身的安全设计和完善有效的防护装置，在发生机电故障或人为失误时，仍能保证操作者和设备设施的完好无损。

安全生产标准化建设的重点应首先放在硬件条件的完善和改进上，即设备设施安全、生产环境作业条件安全。具体包括：通过企业的各项管理制度、技术档案和资料，对现存的设备设施、工具、物料的安全技术状态进行评价；运用消除、预防、减弱、隔离、封闭、联锁、添设薄弱环节、加强、减少接触时间、合理布局、用自动代替手工等方法，对有缺陷的设备设施、工具、物料进行整改；或采用新技术、新工艺、新设备、新材料，提高生产的自动化水平，创建“本质安全型”企业。

(3) 可靠性原则

就是要求在开展安全生产标准化活动时，做到可知、可信、可靠，动态与静态考评相结合。

(4) 全面管理原则

全过程、全方位、全天候地贯彻实施依据国家有关安全生产的法律、法规、规章和标准制定安全生产责任制、安全生产管理制度和操作规程，同时应将职业健康管理、企业防灾减灾、交通安全以及消防安全等方面的有关内容一并纳入安全生产标准化。

(5) 持续改进原则

实行闭环管理，在具体要素的组成上，从策划、实施、检查、改进四个方面，按照持续改进实行动态循环管理。

(6) 风险管理原则

应按照“重在基础、重在基层、重在落实、重在治本”的思想，基于风险管理的原则，增加风险管理的内容，提出相应的风险控制措施。

（7）与企业现行管理有效链接原则

《基本规范》明确了安全生产标准化的基本内容，并对每个核心要素提出了具体要求，但没有规定实施的方式、方法和手段。企业可结合《基本规范》，根据现行有效的安全管理体系，开展安全生产标准化建设，避免了与企业现行管理方法的冲突，有利于国家标准和企业安全生产管理有机结合。

2. 安全生产标准化建设的特点

与以往传统意义上的企业质量标准化、企业管理标准化、企业工作标准化活动相比，安全生产标准化活动具有以下鲜明的特点。

（1）强制性

依据《国务院关于进一步加强安全生产工作的决定》、《国家安全生产监督管理局关于开展安全质量标准化活动的指导意见》及地方人民政府的有关规定，企业必须开展安全生产标准化活动。

安全生产标准化活动是企业按照国家法律法规及标准，制定符合自身特点的各工种和岗位操作规程和作业场所标准，规范从业人员的行为，保障作业场所的安全条件，并逐步改进和提高标准，通过日常活动使安全生产工作标准化、制度化和长效化。

安全生产标准化活动实质就是贯彻国家安全生产法律法规和相关标准规范，安全生产标准化活动的核心就是对照标准进行隐患排查整改，安全生产标准化活动的目的就是企业不断提高安全生产水平，达到安全标准，实现本质安全。

（2）群众性

安全生产标准化活动要求企业全体员工必须参加。全体员工无论是管理者还是实际操作者，都要结合各自的工种、岗位学习国家法律、法规和技术标准，排查生产工艺过程、环节和操作行为存在的安全隐患，对不符合国家法律、法规和技术标准的工艺 、环节或操作行为进行改造 、改进，实现安全水平的提高。

通过安全生产标准化活动，一方面系统培养和加强全体员工的遵纪守法意识、“安全第一”、“安全无小事”、“我要安全”的思想意识；另一方面，使全体员工系统掌握与岗位相适应的安全知识和排查安全隐患能力，以及应急自救和逃生技能。

（3）系统性

安全生产标准化活动覆盖企业生产经营的各个方面，不仅包括生产活动，也包括管理活动；不仅包括各工艺环节的安全标准化，也包括后勤保障各环节的安全标准化；不仅包括技术标准，而且包括操作规范；不仅涉及每个岗位的安全操作，而且涉及每个员工的责任和行动等。由此可见，安全生产标准化覆盖企业生产经营全过程各个层面、各个岗位和人员，使企业实现“全员、全过程、全方位”安全生产。

（4）动态性

企业开展安全生产标准化活动的具体内容，每个企业、每个行业、每个地区，都可以有所区别、各有特点。即使在同一企业，随着环境改变、科技发展以及企业自身的变化，标准化活动的内容也将逐步丰富、不断完善和提高，在开展安全生产标准化活动中，允许并鼓励企业根据各自的实际情况和生产特点，按照学习、实践、改进、提高的模式，对开展安全生产标准化活动的形式、方式和具体内容进行动态调整、创新发展。

（三）安全生产标准化作用和意义

安全生产标准化体现了“安全第一、预防为主、综合治理”的方针和“以人为本”的科学发展观，强调企业安全生产工作的规范化、科学化、系统化和法制化，强化风险管理和过程控制，注重绩效管理和持续改进，符合安全管理的基本规律，代表了现代安全管理的发展方向，是先进安全管理思想与我国传统安全管理方法、企业具体实际的有机结合。企业安全生产标准化建设工作对保障职工群众生命财产安全有着重要的作用和意义。

1. 安全生产标准化是全面贯彻我国安全生产法律法规、落实企业主体责任的基本手段

各行业安全生产标准化考评标准，无论从管理要素到设备设施要求、现场条件等，均体现了法律法规、标准规程的具体要求，以管理标准化、操作标准化、现场标准化为核心，制定符合自身特点的各岗位、工种的安全生产规章制度和操作规程，形成安全管理有章可循、有据可依、照章办事的良好局面，规范和提高从业人员的安全操作技能。通过建立健全企业主要负责人、管理人员、从业人员的安全生产责任制，将安全生产责任从企业法人落实到每个从业人员、操作岗位，强调了全员参与的重要意义，进行全员、全过程、全方位的梳理工作，全面细致地查找各种事故隐患和问题，以及与考评标准规定不符合的地方，制定切实可行的整改计划，落实各项整改措施，从而将安全生产的主体责任落实到位，促使企业安全生产状况持续好转。

2. 安全生产标准化是体现先进安全管理思想、提升企业安全管理水平的重要方法

安全生产标准化是在传统的质量标准化基础上，根据我国有关法律法规的要求、企业生产工艺特点和中国人文社会特性，借鉴国外现代先进安全管理思想，强化风险管理，注重过程控制，做到持续改进，比传统的质量标准化具有更先进的理念和方法，比国外引进的职业安全健康管理体系有更具体的实际内容，形成了一套系统的、规范的、科学的安全管理体系，是现代安全管理思想和科学方法的中国化，有利于形成和促进企业安全文化建设，促进安全管理水平的不断提升。

3. 安全生产标准化是改善设备设施状况、提高企业本质安全水平的有效途径

开展安全生产标准化活动重在基础、重在基层、重在落实、重在治本。各行业的考核标准在危害分析、风险评估的基础上，对现场设备设施提出了具体的条件，促使企业淘汰落后生产技术、设备，特别是危及安全的落后技术、工艺和装备，从根本上解决了企业安全生产的根本素质问题，提高企业的安全技术水平和生产力的整体发展水平，提高本质安全水平和保障能力，如浙江省在采石场考核标准中，将中深孔爆破等作为基本条件，极大改善了采石场的安全条件，伤亡事故持续大幅度下降。

4. 安全生产标准化是预防控制风险、降低事故发生的有效办法

通过创建安全生产标准化，对危险有害因素进行系统的识别、评估，制订相应的防范措施，使隐患排查工作制度化、规范化和常态化，切实改变运动式的工作方法，对危险源做到可防可控，提高了企业的安全管理水平，提升了设备设施的本质安全程度，尤其是通过作业标准化，杜绝违章指挥和违章作业现象，控制了事故多发的关键因素，全面降低事故风险，将事故消灭在萌芽状态，减少一般事故，进而扭转重特大事故频繁发生的被动局面。

5. 安全生产标准化是建立约束机制、树立企业良好形象的重要措施

安全生产标准化强调过程控制和系统管理，将贯彻国家有关法律法规、标准规程的行为过程及结果定量化或定性化，使安全生产工作处于可控状态，并通过绩效考核、内部评审等方式、方法和手段的结合，形成了有效的安全生产激励约束机制。通过安全生产标准化，企业管理上升到一个新的水平，减少伤亡事故，提高企业竞争力，促进了企业发展，加上相关的配套政策措施及宣传手段，以及全社会关于安全发展的共识和社会各界对安全生产标准化的认同，将为达标企业树立良好的社会形象，赢得声誉，赢得社会尊重。

6. 安全生产标准化是建立长效机制、提高安全监管水平的有力抓手

安全生产标准化要求企业各个工作部门、生产岗位、作业环节的安全管理、规章制度和各种设备设施、作业环境，必须符合法律法规、标准规程等要求，是一项系统、全面、基础和长期的工作，克服了工作的随意性、临时性和阶段性，做到用法规抓安全，用制度保安全，实现企业安全生产工作规范化、科学化。开展安全生产标准化工作，对于实行安全许可的矿山等行业，可以全面满足安全许可制度的要求，保证安全许可制度的有效实施，最终能够达到强化源头管理的目的；对于冶金、有色、机械等无行政许可的行业，完善了监管手段，在一定程度上解决了监管缺乏手段的问题，提高了监管力度和监管水平。

7. 安全生产标准化是政府实施安全生产分类指导、分级监管的重要依据

实施安全生产标准化建设考评，将企业划分为不同等级，能够客观真实地反映出各地区企业安全生产状况和不同安全生产水平的企业数量，为加强安全监管提供有效的基础数据。

三、安全生产标准化与职业健康安全管理体系的关系

（一）安全生产标准化与 OHSMS 的总体特点分析

1. OHSMS 的总体特点

职业健康安全管理体系的一系列要求，条款文字表述严谨，具有高度的概括性和抽象性，逻辑结构完整，适用于各类组织，通用性强，可作为认证准则；但是，正因具有这些特点，其真正实施的有效性难以保证，易流于形式和走过程；为保证体系的正常运行，就需要企业的管理人员和从业人员具有很高的安全及管理素质，能够把体系的要求，按照国家有关法律、法规、规程、标准的要求，自行与实际工作进行有机结合及衔接。然而，现实情况是，很多已经建立了职业健康安全管理体系并运行多年的企业，在实际操作中并没有有效运行，出现了认证和实际运行“两层皮”的现象。

可以说在我国，OHSMS 的“两层皮”现象的出现是必然的，不可避免的，而且无法依靠 OHSMS 本身来消除，究其根本原因是：

(1) OHSMS 标准完全照搬了国外的做法，没有和我国的实际情况相结合，可以说“水土不服”、“脱离实际情况”。我国这么多年以来积累了大量行之有效的安全生产工作经验，已经形成了有自己特色的安全管理体系，而 OHSMS 标准未能融合。

（2）OHSMS 认证的组织实施完全照搬了质量管理体系的一套做法，游离于我国安全生产工作体系之外，大量缺乏经验、专业知识不足的认证人员、咨询人员提供服务，因此认证的实际效果大受影响，甚至给实际安全生产工作造成了一定的消极影响。

（3）OHSMS 自身的特点恰恰就是其弱点所在。其提供的就是一个框架体系而不是一个具体的实施细则，要想在所有的行业领域得到有效实施是做不到的。这就是 OHSMS 标准方法的局限性之一。

（4）OHSMS 的推行离不开我国的生产力状况、社会人文特点、从业人员能力和素质等，但是我国的实际情况还不能与 OHSMS 有效实施和运行的要求相适应。

（5）为认证而认证。OHSMS 认证证书成为一些企业的“遮羞布”。

2. 安全生产标准化的总体特点

安全生产标准化的提出与 OHSMS 有着密切的关系。正是 OHSMS 发展过程中出现了认证和实际运行“两层皮”的普遍现象，才促使人们思考如何避免和消除这种现象。此时，安全生产标准化应运而生了。安全生产标准化继承和发扬了 OHSMS 的优点和先进思想、理念，并和我国的实际情况相结合，总结和融入我国的具体做法和安全生产经验。可以说，安全生产标准化是完全中国化了的、具有中国特色的职业健康安全管理体系。

安全生产标准化结合了传统质量标准化好的做法，根据我国有关法律法规的要求、企业生产工艺特点和中国人文社会特性，借鉴国外现代先进安全管理思想，强化隐患排查治理，注重过程控制，做到持续改进，是一套具有现代安全管理思想和科学方法的，与当前中国经济社会发展水平相适应的安全管理体系。

3. OHSMS 和安全生产标准化的共同特点

安全生产标准化与职业健康安全管理体系都是现代化安全管理方法研究的产物。两者均强调预防为主和 PDCA 动态管理的现代安全管理理念。两者的目标是基本一致的。

（二）安全生产标准化建设与 OHSMS 认证的区别和联系

1. 安全生产标准化建设与 OHSMS 认证的区别

（1）适用对象不同。职业健康安全管理体系的适用对象是组织或用人单位，而安全生产标准化体系主要适用于生产经营单位或企业。

（2）强制性不同。安全生产标准化建设是贯彻国家安全生产法律、法规、标准，是政府的强制行为，具有强制性，而 OHSMS 认证为组织的自愿行为。

（3）关注焦点不同。质量管理体系的关注焦点是顾客满意；环境管理体系的关注焦点是社会满意；OHSMS 的关注焦点是员工满意；安全生产标准化的主要关注焦点是政府满意。

（4）侧重点不同。OHSMS 主要侧重于管理体系框架的构建，管理流程的设计和规范；而安全生产标准化，更加重视可操作性和实效性，特别是生产现场的实际效果和状态。

（5）控制目标范围不同。OHSMS 的控制目标范围是作业现场的人员安全和健康；而安全生产标准化的控制目标范围，除了作业现场的人员安全和健康，还有生产经营过程事故造成的财产安全问题、防灾减灾问题和交通安全问题，以及生产安全事故对作业现场外部的影响等。

2. 安全生产标准化建设与OHSMS认证的联系

安全生产标准化建设与OHSMS建立两者并不矛盾。没有建立体系的企业，在开展安全生产标准化基础上，通过文件化和监控程序，完成体系的建立工作；已建立体系的企业，通过开展安全生产标准化，能完善程序文件，增加其操作性，把体系运行效果提高到更高层次，可避免认证和实际运行"两层皮"的现象。

因此，无论是否建立了职业健康安全管理体系的企业，都应开展安全生产标准化建设，二者没有矛盾。真正做到职业健康安全管理体系有效运行的企业，其安全管理水平应能满足安全生产标准化的要求，也就是说能达到可直接进行安全生产标准化评审申请的安全管理水平。否则，应有针对性地解决"两层皮"问题。在安全管理制度等软件方面可以在职业健康安全管理体系的原有管理体系文件的基础上，进行查漏补缺，做到管理标准化；在现场运行方面，对照相应专业评定标准等，进一步达到操作标准化、现场标准化的要求，使安全生产标准化建设与职业健康安全管理体系有效融合，成为一套企业安全生产管理行之有效的方法和系统。

四、企业安全生产标准化评定标准体系

企业安全生产标准化标准体系一般由《企业安全生产标准化基本规范》(AQ/T 9006—2010，以下简称《基本规范》)、专业评定标准、评分细则等构成。各行业主管部门应依据《基本规范》，并结合本行业生产经营活动特点，制定适用于本行业的专业评定标准及评分细则，用来进行企业安全生产标准化创建评审工作。目前，已经制定专业评定标准的行业主要有煤矿、电力、建筑施工、危险化学品、非煤矿山以及工贸行业(涵盖冶金、有色、建材、机械、轻工、纺织、烟草、商贸等八个行业)。

工贸行业企业各专业评定标准和《评分细则》，仅适用于工贸行业企业及未明确行业主管部门的企业进行安全生产标准化自评、咨询及评审工作；有行业主管部门的企业及进行安全生产许可的有关企业，在安全生产标准化建设过程中要使用各行业主管部门及国家安全生产监督管理总局负有安全许可职能的有关司局制定印发的评定标准(评分办法)，进行达标建设。

凡总局已发布的专业评定标准，企业须严格依据专业评定标准进行建设；对总局尚未发布专业评定标准的行业，可依据总局发布的《评分细则》或地方制定的专业评定标准建设。

对企业多种业务经营范围，涉及其他行业领域的安全生产标准化建设工作，如矿山、危化品、建筑、电力、港口等，不属于冶金等工贸行业安全生产标准化管理范畴。在安全生产标准化建设过程中要使用各行业主管部门及国家安全生产监督管理总局制定的相关评定标准(评分办法、评审标准)，进行达标建设。企业主体工艺按照专业评定标准进行建设的，其余生产环节未发布专业评定标准的，以《基本规范评分细则》为基础，可由企业自行推动、建设和评定。

第二节　安全生产标准化基本规范通用条款释义

《企业安全生产标准化基本规范》(AQ/T 9006—2010)，是目前各行业安全生产标准化评定标准、考评办法制定的基本依据。《基本规范》共分为范围、规范性引用文件、术语和定义、一般要求、核心要求等五章。其核心要求是企业安全生产标准化评定标准制定的主要依据，共包括13项一级要素、42项二级要素、87条具体条款要求。

一、安全生产目标

1. 目标

(1) 应建立安全生产目标的管理制度，明确目标与指标的制定、分解、实施、考核等环节内容。

(2) 应按照安全生产目标管理制度的规定，制定文件化的年度安全生产目标与指标。

2. 监测与考核

(1) 应根据所属基层单位和部门在安全生产中的职能，分解年度安全生产目标，并制定实施计划和考核办法。

(2) 应按照制度规定，对安全生产目标和指标实施计划的执行情况进行监测，并保存有关监测记录资料。

(3) 应定期对安全生产目标的完成效果进行评估和考核，根据评估考核结果，及时调整安全生产目标和指标的实施计划。评估报告和实施计划的调整、修改记录应形成文件并加以保存。

二、组织机构和职责

1. 组织机构和人员

(1) 应建立设置安全管理机构、配备安全管理人员的管理制度。

(2) 应按照相关规定设置安全管理机构或配备安全管理人员。

(3) 应根据有关规定和企业实际，设立安全生产委员会或安全生产领导机构。

(4) 安委会或安全生产领导机构每季度应至少召开一次安全专题会，协调解决安全生产问题。会议纪要中应有工作要求并保存。

2. 职责

(1) 应建立针对安全生产责任制的制定、沟通、培训、评审、修订及考核等环节内容的管理制度。

(2) 应建立健全安全生产责任制，并对落实情况进行考核。

(3) 应对各级管理层进行安全生产责任制与权限的培训。

(4) 应定期对安全生产责任制进行适宜性评审与更新。

(5) 企业主要负责人应按照安全生产法律法规赋予的职责，全面负责安全生产工作，并履行安全生产义务。

三、安全投入

1. 安全生产费用

（1）应建立安全生产费用提取和使用的管理制度。

（2）应足额提取安全生产费用，专款专用，并建立安全生产费用使用台账。

（3）应制定包含以下方面的安全生产费用的使用计划。

① 完善、改造和维护安全防护设备设施。

② 安全生产教育培训和配备劳动防护用品。

③ 安全评价、重大危险源监控、事故隐患评估和整改。

④ 职业危害防治，职业危害因素检测、监测和职业健康体检。

⑤ 设备设施安全性能检测检验。

⑥ 应急救援器材、装备的配备及应急救援演练。

⑦ 安全标志及标识。

⑧ 其他与安全生产直接相关的物品或者活动。

2. 相关保险

（1）应建立员工工伤保险或安全生产责任保险的管理制度。

（2）应缴纳足额的工伤保险费。

（3）保障伤亡员工获取相应的保险与赔付。

四、法律法规与安全管理制度

1. 法律法规、标准规范

（1）应建立识别、获取、评审、更新安全生产法律法规、标准规范与其他要求的管理制度。

（2）各职能部门和基层单位应定期识别和获取本部门适用的安全生产法律法规、标准规范与其他要求，并向归口部门汇总。

（3）企业应按照规定定期识别和获取适用的安全生产法律法规与其他要求，并发布其清单。

（4）应及时将识别和获取的安全生产法律法规、标准规范与其他要求融入企业安全生产管理制度中。

（5）应及时将适用的安全生产法律法规、标准规范与其他要求传达给从业人员，并进行相关培训和考核。

2. 规章制度

（1）应建立文件的管理制度，确保安全生产规章制度和操作规程编制、发布、使用、评审、修订等效力。

（2）按照相关规定建立和发布健全的安全生产规章制度，至少包含下列内容：安全目标管理、安全生产责任制管理、法律法规标准规范管理、安全投入管理、文件和档案管理、风险评估和控制管理、安全教育培训管理、特种作业人员管理、设备设施安全管理、建设项目安全"三同时"管理、生产设备设施验收管理、生产设备设施报废管理、施工和检维修安全管理、危险物品及重大危险源管理、作业安全管理、相关方及外用工(单位)管理、职业健康管理、劳动防护用品(具)和保健品管理、安全检查及隐患治理、应急管理、事故管理、安全绩效评定管理等。

(3) 将安全生产规章制度发放到相关工作岗位,并对员工进行培训和考核。

3. 操作规程

(1) 基于岗位生产特点中的特定风险的辨识,编制齐全、适用的岗位安全操作规程。

(2) 向员工下发岗位安全操作规程,并对员工进行培训和考核。

(3) 编制的安全规程应完善、适用,员工要严格按照操作规程执行。

4. 评估

应每年至少一次对安全生产法律法规、标准规范、规章制度、操作规程的执行情况和适用情况进行检查、评估。

5. 修订

根据评估情况、安全检查反馈的问题、生产安全事故案例、绩效评定结果等,对安全生产管理规章制度和操作规程进行修订,确保其有效和适用。

6. 文件和档案管理

(1) 建立文件和档案的管理制度,明确责任部门/人员、流程、形式、权限和各类安全生产档案及保存要求等。

(2) 确保安全规章制度和操作规程编制、使用、评审、修订的效力。

(3) 对下列主要安全生产资料实行档案管理:主要安全生产文件、事故与事件记录;风险评价信息;培训记录;标准化系统评价报告;事故调查报告;检查与整改记录;职业卫生检查与监护记录;安全生产会议记录;安全活动记录;法定检测记录;关键设备设施档案;应急演习信息;承包商和供应商信息;维护和校验记录;技术图样等。

五、教育培训

1. 教育培训管理

(1) 应建立安全教育培训的管理制度。

(2) 明确安全教育主管部门,定期识别安全教育培训需求,制定各类人员的培训计划。

(3) 应按计划进行安全教育培训,对安全培训效果进行评估和改进。做好培训记录,并建立档案。

2. 主要负责人和安全生产管理人员教育培训

主要负责人和安全生产管理人员,必须具备与本单位所从事的生产经营活动相应的安全生产知识和管理能力,须经考核合格后方可任职,并应按规定进行再培训。

3. 操作岗位人员教育培训

(1) 应对操作岗位人员进行安全教育和生产技能培训和考核,考核不合格人员,不得上岗。

(2) 应对新员工进行“三级”安全教育。

(3) 应在新工艺、新技术、新材料、新设备设施投入使用前，对有关操作岗位人员进行专门的安全教育和培训。

(4) 操作岗位人员转岗、离岗一段时间后，应进行车间（工段）、班组安全教育培训，经考核合格后，方可上岗工作。

(5) 从事特种作业的人员应取得特种作业操作资格证书，方可上岗作业。

4. 其他人员教育培训

(1) 应对外来参观、学习等人员进行有关安全规定、可能接触到的危害及应急知识等内容的安全教育和告知，并由专人带领。

(2) 应对相关方的作业人员进行安全教育培训。作业人员进入作业现场前，应由作业现场所在单位对其进行进入现场前的安全教育培训。

(3) 从事有毒有害作业人员应经职业健康培训、考核合格后方可上岗。

5. 安全文化建设

(1) 企业应通过安全文化建设，促进安全生产工作。

(2) 企业应采取多种形式的安全文化活动，引导全体从业人员的安全态度和安全行为，逐步形成为全体员工所认同、共同遵守、带有本单位特点的安全价值观，实现法律和政府监管要求之上的安全自我约束，保障企业安全生产水平持续提高。

六、生产设备设施

1. 生产设备设施建设

(1) 新改扩工程应建立建设项目“三同时”的管理制度。

(2) 安全设备设施应与建设项目主体工程同时设计、同时施工、同时投入生产和使用。

(3) 安全预评价报告、安全专篇、安全验收评价报告应当报安全生产监督管理部门备案。

(4) 厂址选择应遵循《工业企业总平面设计规范》(GB 50187)的规定。

(5) 厂（车间）应位于居住区常年最小频率风向的上风侧，休息室、浴室、更衣室应设在安全区域。各车间及设施的位置应符合防火、防爆、防震和运输安全要求。

(6) 厂区布置和主要车间的工艺布置，应设有安全通道。

(7) 主要生产场所的火灾危险性分类及建构筑物防火最小安全间距，应遵循《建筑设计防火规范》(GB 50016)的规定。

(8) 厂区内的建构筑物，应按《建筑物防雷设计规范》(GB 50057)的规定设置防雷设施，并定期检查，确保防雷设施完好。

(9) 各种设备与建、构筑物之间，应留有满足生产、检修需要的安全距离。

(10) 所有产尘设备和尘源点，应严格密闭，并设除尘系统；除尘收集的粉尘应采用密闭运输方式，避免二次扬尘。

(11) 供上料系统原、燃料装备及运输的扬尘点，应设有良好的通风除尘设施。

(12) 动力、照明、通信等线路，不应敷设在氧气、煤气、蒸汽管道上。

(13) 所有高温作业场所，均应设置通风降温设施。

(14) 主控室、电气间、可燃介质的液压站等易发生火灾的建、构筑物，应设自动火灾报警装置、消防设施与消防通道。

(15) 平面布置应合理安排车流、人流、物流，保证安全顺行。

(16) 直梯、斜梯、防护栏杆和工作平台应符合《固定式钢梯及平台安全要求》(GB 4053.1-3)的规定。

(17) 通道、走梯的出入口，不应位于吊车运行频繁的地段或靠近铁道；否则，应设置安全防护装置。

(18) 电气室(包括计算机房)、主电缆隧道和电缆夹层，应设有火灾自动报警器、烟雾火警信号装置、监视装置、灭火装置和防止小动物进入的措施；还应设防火墙和遇火能自动封闭的防火门，电缆穿线孔等应用防火材料进行封堵。

(19) 产生大量蒸汽、腐蚀性气体、粉尘等的场所，应采用封闭式电气设备；有爆炸危险的气体或粉尘的作业场所，应采用防爆型电气设备。

(20) 电气设备(特别是手持式电动工具)的金属外壳和电线的金属保护管，应有良好的保护接零(或接地)装置。

(21) 厂房的照明，应符合《工业企业采光设计标准》(GB 50033)和《建筑照明设计标准》(GB 50034)的规定。

(22) 危险场所和其他特定场所，照明器材的选用应遵守下列规定。

① 有爆炸和火灾危险的场所，应按其危险等级选用相应的照明器材。

② 潮湿地区，应采用防水性照明器材。

③ 含有大量烟尘但不属于爆炸和火灾危险的场所，应选用防尘型照明器材。

(23) 自然采光不足的工作室内，夜间有人工作的场所及夜间有人、车辆行走的道路，均应设置照明。

(24) 需要使用行灯照明的场所，行灯电压一般不应超过 36V，在潮湿的地点和进入设备内部工作时，所用照明电压不得超过 12V。

(25) 下列工作场所应设置应急照明：主要通道及主要出入口、通道楼梯、变配电室、中控室等。

(26) 建设项目的所有设备设施应符合有关法律法规、标准规范要求。

2. 设备设施运行管理

(1) 应建立设备、设施的检修、维护、保养的管理制度。

(2) 应建立设备设施运行台账，制定检维修计划。

(3) 应按检维修计划定期对安全设备设施进行检修。

(4) 检修、清理中拆除的安全装置，检修、清理完毕应及时恢复。

(5) 设备检修或技术改造，应制定相应的安全技术措施。多单位、多工种在同一现场施工时，应建立现场指挥机构，协调作业。

(6) 所有设备设施的检修，应遵守下列规定。

① 检修作业区域设明显的标志和灯光信号。

② 检修作业区上空有高压线路时,应架设防护网。

③ 检修期间,相关的铁道设明显的标志和灯光信号,有关道岔锁闭并设置路挡。

(7) 涉及高压场所的维护检修,应配备并使用绝缘棒、绝缘手套、绝缘鞋、绝缘垫、高压验电器、安全接地用具等。

(8) 设备检修、清理工作,应进行安全交底,严格执行工作票制、安全确认制度、挂牌制、监护制、锁具制,做好现场的安全措施和现场的安全交底。

(9) 厂区各类横穿道路的架空管道及通廊,应标明其种类及下部标高;当管道下方有高温物质运输经过的,必须有隔热措施。

(10) 道口、有物体碰撞坠落危险的地区及供电(滑)线,应有醒目的警告标志和防护设施,必要时还应有声光信号。

(11) 通信、信号和仪表:

① 水、水蒸气及煤气、氮气、氧气等的计量,应通过变送器,才能引入值班室。

② 经常检查和定期校验各仪表信号和联锁信号装置,并做好记录。

(12) 计算机房应安装正压通风设施;大、中型计算机房,应设准确可靠的火灾自动报警装置和灭火装置。小型计算机房,应配备灭火装置。

(13) 各机组的机、电、操控设备应有安全联锁、快停、急停等本质安全设计与装置。

(14) 使用表压超过0.1MPa的油、水、煤气、蒸汽、空气和其他气体的设备和管道系统,应安装压力表、安全阀等安全装置,并标明各种阀门处于开或闭的状态;各类能源介质管道阀门的末端应挂牌标明介质名称。

(15) 不同介质的管线,应按照《工业管道的基本识别色、识别符号和安全标识》(GB7231)的规定涂上不同的颜色,并注明介质名称和流向。

(16) 涉及人身与设备安全或工艺要求的相关设备之间或单一设备内部的动作程序,应设置程序联锁,前一程序未完成,后一程序不能启动,无论手动还是自动操作都应遵守程序联锁,但单体试运转时可以切除联锁。

(17) 起重机应标明起重吨位,并应设有下列安全装置。

① 限位器。

② 缓冲器。

③ 防碰撞装置。

④ 超载限制器。

⑤ 连锁保护装置。

⑥ 轨道端部止挡。

⑦ 定位装置。

⑧ 其他:零位保护、安全钩、扫轨板、电气安全装置等。

⑨ 走台栏杆、防护罩、滑线防护板、防雨罩(露天)等防护装置。

⑩ 安全信息提示和报警装置等。

(18) 起重机同一时刻只应一人指挥,指挥信号应符合要求。吊运重罐,起吊时应进行试重,人员应站在安全位置,并尽量远离起吊地点。

(19) 起重吊物不应从人员和重要设备上方越过;吊物上不应有人,也不应用起重设备载人。

(20) 吊运物行走的安全路线,不应跨越有人操作的固定岗位或经常有人停留的场所,且不应随意越过主体设备。

(21) 吊车的滑线应安装通电指示灯或采用其他标识带电的措施。滑线应布置在吊车司机室的另一侧;若布置在同一侧,应采取安全防护措施。

(22) 吊车应装有能从地面辨别额定荷重的标识,不应超负荷作业。

(23) 吊具应在其安全系数允许范围内使用。钢丝绳和链条的安全系数和钢丝绳的报废标准,应符合《起重机械安全规程》(GB 6067)的有关规定。

(24) 带式输送机应有防打滑、防跑偏和防纵向撕裂的措施以及能随时停机的事故开关和事故警铃。

(25) 电气设备的金属外壳、底座、传动装置、金属电线管、配电盘以及配电装置的金属构件、遮拦和电缆线的金属外包皮等,均应采用保护接地或接零。接零系统应有重复接地,对电气设备安全要求较高的场所,应在零线或设备接零处采用网络埋设的重复接地。

(26) 低压电气设备非带电的金属外壳和电动工具的接地电阻,不应大于4Ω。

3. 设备设施验收及拆除、报废

(1) 应建立新设备设施验收和旧设备设施拆除、报废的管理制度。

(2) 应按规定对新设备设施进行验收,确保使用质量合格、设计符合要求的设备设施。

(3) 应按规定对不符合要求的设备设施进行报废或拆除。

七、作业安全

1. 生产现场管理和生产过程控制

(1) 应建立至少包括下列危险作业的安全管理制度,明确责任部门、人员、许可范围、审批程序、许可签发人员等:

① 危险区域动火作业。

② 进入受限空间作业。

③ 能源介质作业。

④ 高处作业。

⑤ 大型吊装作业。

⑥ 交叉作业。

⑦ 其他危险作业。

(2) 生产现场应实行定置管理,物品摆放整齐、有序,区域划分科学合理。

(3) 现场不应有"跑、冒、滴、漏"现象,无大面积积水、积料。

(4) 作业现场应环境整洁;物品、物料、工具、防护器具等应定点存放。

(5) 应对生产现场和生产过程、环境存在的风险和隐患进行辨识、评估分级,并制定相应的控制措施。

(6) 架空电线严禁跨越爆炸和火灾危险场所。

(7) 应根据《建筑设计防火规范》(GB 50016)、《爆炸和火灾危险环境电力装置设计规范》(GB 50058)规定，结合生产实际，确定具体的危险场所，设置危险标志牌或警告标志牌，并严格管理其区域内的作业。

(8) 应禁止与生产无关人员进入生产操作现场。应划出非岗位操作人员行走的安全路线，其宽度一般不小于1.5m。

(9) 表面高温设备应设置相应的外部保温层或防护隔离设施，防止造成人员烫伤事故。

(10) 高噪声的设备应设置警告标识，附近作业人员应佩戴护耳器。

(11) 空气压缩机及储气罐内的高压气体、锅炉中的高温高压水蒸气部位，应设置警告标识，避免当容器、管道缺陷或人员操作失误时有可能引发物理爆炸造成财产损失、人员伤亡等。

2. 作业行为管理

(1) 建立“三违”行为检查制度，明确人员行为监控的责任、方法、记录、考核等事项。

(2) 应对危险性大的作业实行许可制，执行工作票制。

(3) 要害岗位及电气、机械等设备，应实行操作牌制度。

(4) 应当为从业人员配备与工作岗位相适应的符合国家标准或者行业标准的劳动防护用品，并监督、教育从业人员按照使用规则佩戴、使用。

(5) 在全部停电或部分停电的电气设备上作业，应遵守下列规定：

① 拉闸断电，并采取开关箱加锁等措施。

② 验电、放电。

③ 各相短路接地。

④ 悬挂“禁止合闸，有人工作”的标示牌和装设遮拦。

(6) 不应带电作业。特殊情况下不能停电作业时，应按有关带电作业的安全规定执行。

(7) 对现场出现的不安全行为进行严肃的处理，并定期进行分类、汇总和分析，制定针对性控制措施。

(8) 在易燃易爆区不宜动火，设备需要动火检修时，应尽量移到动火区进行。

(9) 人员不应乘、钻和跨越皮带。

(10) 铁道运输车辆进入卸料作业区域和厂房时，应有灯光信号及警示标志，车速不应超过5km/h。

3. 警示标志和安全防护

(1) 应建立警示标志和安全防护的管理制度。

(2) 应在有较大危险因素的作业场所或有关设备上，设置符合《安全标志及其使用导则》(GB 2894)和《图形符号安全色和安全标志》(GB 2893)规定的安全警示标志和安全色。

(3) 应在检维修、施工、吊装等作业现场设置警戒区域，以及厂区内的坑、沟、池、井、陡坡等设置安全盖板或护栏等。

(4) 设备裸露的转动或快速移动部分，应设有结构可靠的安全防护罩、防护栏杆或防护挡板。

(5) 放射源和射线装置，应有明显的标志和防护措施，并定期检测。

(6) 按照《工业管道的基本识别色、识别符号和安全标识》(GB 7231)和《安全色》(GB 2893)的规定，对不同介质的管线涂上不同的颜色，并注明介质名称和流向。

(7) 吊装孔应设置防护盖板或栏杆，并应设警示标志。

(8) 设备检修、清理应执行安全文明施工的要求，现场应设有明显的警示牌、标识或围栏，用料及设备、工器具有序堆放，夜间照明要良好；施工、吊装等作业现场应设置警戒区域和警示标志。

(9) 在有较大危险因素的生产经营场所和有关设施、设备上，设置明显的安全警示标识。

(10) 按有关规定，在厂内道路设置限速、限高、禁行等标志。

(11) 在重大危险源现场设置明显的安全警示标志。

(12) 使用酸、碱的场所，应有防止人员灼伤的措施，并设置安全喷淋或洗涤设施。

(13) 作业现场应设置安全通道标志；跨越道路管线应设置限高标志。

4. 相关方管理

(1) 建立有关承包商、供应商等相关方的管理制度。

(2) 对承包商、供应商等相关方的资格预审、选择、服务前准备、作业过程监督、提供的产品、技术服务、表现评估、续用等进行管理，建立相关方的名录和档案。

(3) 不应将工程项目发包给不具备相应资质的单位。工程项目承包协议应当明确规定双方的安全生产责任和义务。

(4) 根据相关方提供的服务作业性质和行为定期识别服务行为风险，采取行之有效的风险控制措施，并对其安全绩效进行监测。甲方应统一协调管理同一作业区域内的多个相关方的交叉作业。

5. 变更

(1) 建立有关人员、机构、工艺、技术、设施、作业过程及环境变更的管理制度。

(2) 对变更的实施进行审批和验收管理，并对变更过程及变更后所产生的风险和隐患进行辨识、评估和控制。

(3) 变更安全设施，在建设阶段应经设计单位书面同意，在投用后应经安全管理部门书面同意。重大变更的，还应报安全生产监督管理部门备案。

八、隐患排查

1. 隐患排查

(1) 应建立隐患排查治理的管理制度，明确责任部门、人员、方法。

(2) 制定隐患排查工作方案，明确排查的目的、范围、方法和要求等。

(3) 按照方案进行隐患排查工作。

(4) 应对隐患进行分析评估，确定隐患等级，登记建档。

2. 排查范围与方法

（1）隐患排查的范围应包括所有与生产经营相关的场所、环境、人员、设备设施和活动。

（2）应采用综合检查、专业检查、季节性检查、节假日检查、日常检查等方式进行隐患排查。

3. 隐患治理

（1）应根据隐患排查的结果，及时进行整改。不能立即整改的，制定隐患治理方案，对隐患进行治理。方案内容应包括目标和任务、方法和措施、经费和物资、机构和人员、时限和要求。重大事故隐患在治理前应采取临时控制措施，并制定应急预案。隐患治理措施应包括工程技术措施、管理措施、教育措施、防护措施、应急措施等。

（2）应在隐患治理完成后对治理情况进行验证和效果评估。

（3）应按规定对隐患排查和治理情况进行统计分析，并向安全监管部门和有关部门报送书面统计分析表。

4. 预测预警

企业应根据生产经营状况及隐患排查治理情况，采用技术手段、仪器仪表及管理方法等，建立安全预警指数系统，每月进行一次安全生产风险分析。

九、危险源监控

1. 辨识与评估

（1）应建立危险源的管理制度，明确辨识与评估的职责、方法、范围、流程、控制原则、回顾、持续改进等。

（2）应按相关规定对本单位的生产设施或场所进行危险源辨识、评估，确定重大危险源（包括企业确定的重大危险源）。

2. 登记、建档与备案

（1）对确认的危险源及时登记建档。

（2）应按照相关规定，将重大危险源（指符合 GB 18218 规定的重大危险源）向安监部门和相关部门备案。

（3）计量检测用的放射源应当按照有关规定取得放射物品使用许可证。

3. 监控与管理

（1）应对重大危险源（包括企业确定的重大危险源）采取措施进行监控，包括技术措施（设计、建设、运行、维护、检查、检验等）和组织措施（职责明确、人员培训、防护器具配置、作业要求等）。

（2）应在危险源现场设置明显的安全警示标志和危险源点警示牌（内容包含名称、地点、责任人员、事故模式、控制措施等）。

（3）相关人员应按规定对危险源进行检查，并在检查记录本上签字。

十、职业健康

1. 职业健康管理

(1) 应建立职业健康的管理制度。

(2) 应按有关要求,为员工提供符合职业健康要求的工作环境和条件。

(3) 应建立健全职业卫生档案和员工健康监护档案。

(4) 应对职业病患者按规定给予及时的治疗、疗养。对患有职业禁忌症的,应及时调整到合适岗位。

(5) 应定期对职业危害场所进行检测,并将检测结果公布、存入档案。

(6) 对可能发生急性职业危害的有毒、有害工作场所,应当设置报警装置,制定应急预案,配置现场急救用品和必要的泄险区。

(7) 应指定专人负责保管、定期校验和维护各种防护用具,确保其处于正常状态。

(8) 应指定专人负责职业健康的日常监测及维护监测系统处于正常运行状态。

2. 职业危害告知和警示

(1) 与从业人员订立劳动合同(含聘用合同)时,应将工作过程中可能产生的职业危害及其后果、职业危害防护措施和待遇等如实以书面形式告知从业人员,并在劳动合同中写明。

(2) 应采用有效的方式对从业人员及相关方进行宣传,使其了解生产过程中的职业危害、预防和应急处理措施,降低或消除危害后果。

(3) 对存在严重职业危害的作业岗位,应按照 GBZ 158 要求设置警示标识和警示说明。警示说明应载明职业危害的种类、后果、预防和应急救治措施。

3. 职业危害申报

(1) 应按规定及时、如实地向当地主管部门申报生产过程存在的职业危害因素。

(2) 下列事项发生重大变化时,应向原申报主管部门申请变更。

① 新、改、扩建项目。

② 因技术、工艺或材料等发生变化导致原申报的职业危害因素及其相关内容发生重大变化。

③ 企业名称、法定代表人或主要负责人发生变化。

十一、应急救援

1. 应急机构和队伍

(1) 应建立事故应急救援制度。

(2) 按相关规定建立安全生产应急管理机构或指定专人负责安全生产应急管理工作。

(3) 应建立与本单位安全生产特点相适应的专兼职应急救援队伍或指定专兼职应急救援人员。

(4) 定期组织专兼职应急救援队伍和人员进行训练。

2. 应急预案

(1) 企业应按规定制定安全生产事故应急预案，重点作业岗位有应急处置方案或措施。

(2) 应根据有关规定将应急预案报当地主管部门备案，并通报有关应急协作单位。

(3) 应定期评审应急预案、进行修订和完善。

3. 应急设施、装备、物资

(1) 应按应急预案的要求，建立应急设施，配备应急装备，储备应急物资。

(2) 应对应急设施、装备和物资进行经常性的检查、维护、保养，确保其完好可靠。

4. 应急演练

(1) 企业应按规定组织安全生产事故应急演练。

(2) 应对应急演练的效果进行评估，根据评估结果，修订、完善应急预案，改进应急管理工作。

5. 事故救援

(1) 发生事故后，企业应立即启动相关应急预案，积极开展事故救援。

(2) 应急救援结束后应分析总结应急救援经验教训，并提出改进应急救援工作的建议、编制应急救援报告。

十二、事故报告、调查和处理

1. 事故报告

(1) 建立事故的管理制度，明确报告、调查、统计与分析、回顾、书面报告样式和表格等内容。

(2) 发生事故后，主要负责人或其代理人应立即到现场组织抢救，采取有效措施，防止事故扩大。

(3) 按规定及时向上级单位和有关政府部门报告，并保护事故现场及有关证据。

(4) 对事故进行登记建档管理。

2. 事故调查和处理

(1) 应按照相关法律法规、管理制度的要求，组织事故调查组或配合有关政府部门对事故、事件进行调查。

(2) 应按照《企业职工伤亡事故分类标准》(GB 6441)和《企业职工伤亡事故调查分析规则》(GB 6442)定期对事故、事件进行统计、分析。

3. 事故回顾

应对本单位的事故及其他单位的有关事故进行回顾、学习。

十三、绩效评定和持续改进

1. 绩效评定

(1) 企业应每年至少一次对本单位安全生产标准化的实施情况进行评定，验证各项安全生产制度措施的适宜性、充分性和有效性，检查安全生产工作目标、指标的完成情况。

(2) 发生死亡事故后，应重新进行评定。

(3) 应将安全生产标准化工作评定报告向所有部门、所属单位和从业人员通报。

(4) 应将安全生产标准化实施情况的评定结果，纳入部门、所属单位、员工年度安全绩效考评。

2. 持续改进

(1) 应根据安全生产标准化的评定结果和安全预警指数系统，对安全生产目标与指标、规章制度、操作规程等进行修改完善，制定完善安全生产标准化的工作计划和措施，实施 PDCA 循环，不断提高安全绩效。

(2) 安全生产标准化的评定结果要明确下列事项。

① 系统运行效果。

② 系统运行中出现的问题和缺陷，所采取的改进措施。

③ 统计技术、信息技术等在系统中的使用情况和效果。

④ 系统各种资源的使用效果。

⑤ 绩效监测系统的适宜性以及结果的准确性。

⑥ 与相关方的关系。

第三节　安全生产标准化建设方法

一、安全生产标准化建设原则

在全面推进安全生产标准化建设工作中，要坚持"政府推动、企业为主，总体规划、分步实施，立足创新、分类指导，持续改进、巩固提升"的建设原则。

1. 政府推动、企业为主

安全生产标准化是企业安全生产工作满足国家安全法律法规、标准规范要求，落实主体责任的重要途径，是企业安全管理的自身需求。因此要明确建设的责任主体是企业。

在推进安全生产标准化建设过程中，各级地方政府结合自身实际，积极探索，不断充实、完善地方安全生产条例、规定，全力推进安全生产标准化工作。

2. 总体规划、分步实施

各级政府在制定安全生产标准化达标方案时，必须摸清辖区内企业的规模、种类、数量等基本信息，按照分级属地原则，依据企业大小、素质、能力、时限等实际情况，进行总体规划，整体推动所有企业全面开展建设工作。做到在扎实推进的基础上，按照企业安全生产状况及建设进度，通过分期分批达标，才能实现所有企业达标，确保取得实效。要防止出现"创建搞运动，评审走过场"、"好企业先创建、差企业等着看"的现象。

3. 立足创新、分类指导

各地在推进安全生产标准化建设过程中,存在企业量多面广、工作任务重的问题,因此要从本地的实际出发,充分发挥市、县安全监管部门的主动性和积极性,创新评审模式,提高创建质量。

针对部分小微企业从业人员少、设备简单等情况,各地即可简化总局已发布的专业标准,也可创造性地制定地方安全生产标准化小微企业的达标标准。从把握属地小微企业性质、安全生产特点,突出建立企业基本安全规章制度、提高企业员工基本安全技能、岗位达标、重点生产设备安全状况及现场条件等角度,简化达标要素和评审程序,全面指导小微企业开展安全生产标准化建设达标工作。

4. 持续改进、巩固提升

企业安全生产标准化的重要步骤是建设、运行、检查和持续改进,是一项长期工作。外部评审定级仅仅是检验建设效果的手段之一,不是安全生产标准化建设的最终目的。企业建设工作不是简单整理文件的过程,需要根据安全生产规章制度,实施运行,不可能一蹴而就。达标之后,每年需要通过进行自评和改进,不断检验建设效果。一方面,对安全生产标准一级达标企业要重点抓巩固,在运行过程中不断提高发现问题和解决问题的能力;二级企业着力抓提升,企业生产规模、经营收入等条件满足要求的,在运行一段时间后鼓励向一级企业提升;三级企业督促抓改进,对于建设、自评和评审过程中存在的问题、隐患要及时进行整改,不断提高企业安全绩效,做到持续改进。另一方面,各专业评定标准也会根据我国企业安全生产状况,学习借鉴国际上先进的安全管理理念和方法,不断进行修订、完善和提升。

二、安全生产标准化建设流程

企业安全生产标准化建设流程包括策划准备及制定目标、教育培训、现状梳理、管理文件制修订、实施运行及整改、企业自评、评审申请、外部评审等八个阶段。如图 9-1 所示。

1. 策划准备及制定目标

策划准备阶段首先要成立领导小组,由企业主要负责人担任领导小组组长,所有相关的职能部门的主要负责人作为成员,确保安全生产标准化建设组织保障;成立执行小组,由各部门负责人、工作人员共同组成,负责安全生产标准化建设过程中的具体问题。

制定安全生产标准化建设目标,并根据目标来制定推进方案,分解落实达标建设责任,确保各部门在安全生产标准化建设过程中任务分工明确,顺利完成各阶段工作目标。

2. 教育培训

安全生产标准化建设需要全员参与。教育培训首先要解决企业领导层对安全生产标准化建设工作重要性的认识,加强其对安全生产标准化工作的理解,从而使企业领导层重

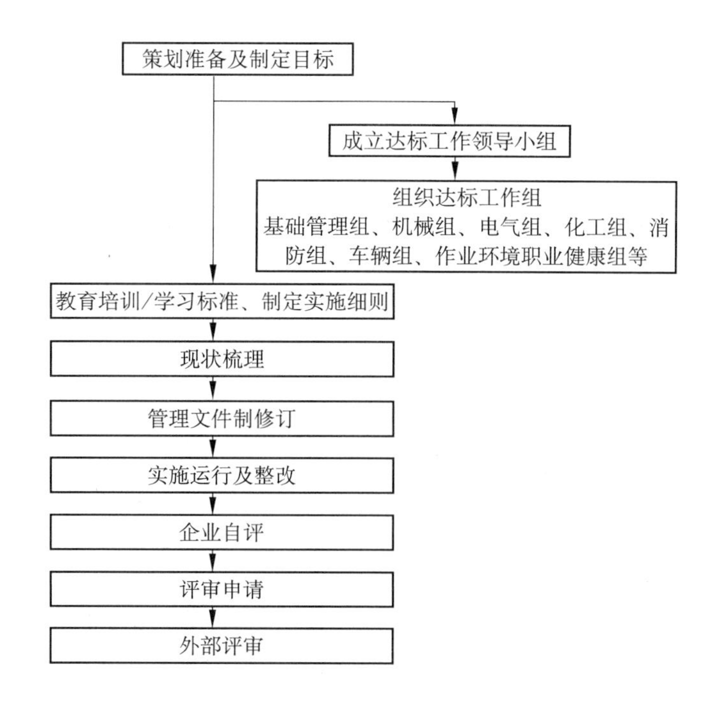

图 9-1　企业安全生产标准化建设流程

视该项工作，加大推动力度，监督检查执行进度；其次要解决执行部门、人员操作的问题，培训评定标准的具体条款要求是什么，本部门、本岗位、相关人员应该做哪些工作，如何将安全生产标准化建设和企业日常安全管理工作相结合。

同时，要加大安全生产标准化工作的宣传力度，充分利用企业内部资源广泛宣传安全生产标准化的相关文件和知识，加强全员参与度，解决安全生产标准化建设的思想认识和关键问题。

3. 现状梳理

对照相应专业评定标准(或评分细则)，对企业各职能部门及下属各单位安全管理情况、现场设备设施状况进行现状摸底，摸清各单位存在的问题和缺陷；对于发现的问题，定责任部门、定措施、定时间、定资金，及时进行整改并验证整改效果。现状摸底的结果作为企业安全生产标准化建设各阶段进度任务的针对性依据。

企业要根据自身经营规模、行业地位、工艺特点及现状摸底结果等因素及时调整达标目标，注重建设过程，真实有效可靠，不可盲目一味追求达标等级。

4. 管理文件制修订

安全生产标准化对安全管理制度、操作规程等要求，核心在其内容的符合性和有效性，而不是对其名称和格式的要求。企业要对照评定标准，对主要安全管理文件进行梳理，结合现状摸底所发现的问题，准确判断管理文件亟待加强和改进的薄弱环节，提出有关文件的制订、修订计划；以各部门为主，自行对相关文件进行制修订，由标准化执行小组对管理文件进行把关。

5. 实施运行及整改

根据制修订后的安全管理文件，企业要在日常工作中进行实际运行。根据运行情况，对照评定标准的条款，按照有关程序，将发现的问题及时进行整改及完善。

6. 企业自评

企业在安全生产标准化系统运行一段时间后，依据评定标准，由标准化执行小组组织相关人员，开展自主评定工作。

企业对自主评定中发现的问题进行整改，整改完毕后，着手准备安全生产标准化评审申请材料。

7. 评审申请

企业要通过《冶金等工贸企业安全生产标准化达标信息管理系统》完成评审申请工作。具体办法，请与相关安全监管部门或评审组织单位联系，在国家安全监管总局政府网站（www.chinasafety.gov.cn）上完成。企业在自评材料中，应当将每项考评内容的得分及扣分原因进行详细描述，要通过申请材料反映企业工艺及安全管理情况；根据自评结果确定拟申请的等级，按相关规定到属地或上级安监部门办理外部评审推荐手续后，正式向相应的评审组织单位（承担评审组织职能的有关部门）递交评审申请。

8. 外部评审

接受外部评审单位的正式评审，在外部评审过程中，积极主动配合，由参与安全生产标准化建设执行部门的有关人员参加外部评审工作。企业应对评审报告中列举的全部问题，形成整改计划，及时进行整改，并配合评审单位上报有关评审材料。外部评审时，可邀请属地安全监管部门派员参加，便于安全监管部门监督评审工作，掌握评审情况，督促企业整改评审过程中发现的问题和隐患。

实训项目

对比 GB/T 28001—2011 与 AQ/T 9006—2010 两个标准，讨论 OHSMS 与安全生产标准化两者的关系。

实训目的：帮助理解和掌握安全生产标准化建设的途径和内容。

实训步骤：

第一步，复习有关章节的内容，查阅参考资料；

第二步，对比两者的内容和结构，找出相同点和差异；

第三步，小组之间交流，汇报对比结果。

实训建议：采用小组讨论的形式。

思考与练习

1. 解释安全生产标准化的内涵。
2. 论述安全生产标准化建设作用和重要意义。

3. 企业安全生产标准化基本规范的特点和运行模式是什么?
4. 简述企业安全生产标准化基本规范的核心要素。
5. 安全生产标准化建设活动的实施程序是什么?
6. 安全生产标准化建设活动有哪些特点以及应遵循的原则?
7. 安全生产标准化达标评级与职业健康安全管理体系认证有哪些区别和联系?
8. 试说明安全生产标准化核心要求与职业健康安全体系要素的对应关系。

CHAPTER 10

企业安全文化建设

职业能力目标	知 识 要 求
会制定企业安全文化建设方案。	1. 了解安全文化的发展历史； 2. 掌握安全文化、企业安全文化的基本内涵； 3. 熟悉企业安全文化发展的三个典型阶段、安全文件建设的作用； 4. 掌握企业安全文化建设的总体要求。

安全文化的命题和概念是20世纪70年代前苏联切尔诺贝核电站泄漏事故发生后，在20世纪80年代由国际核安全领域的专家提出来的。经过十多年的发展，安全文化目前已经被世界各个国家、各种行业的安全界所广泛接受并得到应用。

第一节　安全文化概述

安全文化是人类在社会发展过程中，创造各种价值的活动中，为维护自身免受伤害而创造的各类产品及形成的意识形态领域成果的总和；是人类在生产活动中所创造的安全生产、安全生活的精神、观念、行为与物态的总和，是安全价值观和安全行为的总和；是保护人的身心健康、尊重人的生命，实现人的价值的文化。安全文化的概念有广义和狭义之分，企业的安全管理工作是具体的，所以本书中安全文化采用狭义的概念。

一、安全文化的发展历史

安全文化的系统化发展，起源于核电工业。由于核电工业安全问题的重要性，该行业仍然是当前安全文化研究和应用最活跃的领域，其取得的安全文化成果也逐渐向其他领域渗透。

国际原子能机构(IAEA)的国际核安全咨询组(INSAG)在1986年提出安全文化的概念,并于1991年发表名为《安全文化》的报告(即INSAG—4)。在INSAG—4中,安全文化的概念首次被进行了定义,并且这一定义被世界许多国家的许多行业所接受,得到广泛的认同。

此后几年,国际原子能机构(IAEA)在分析了全世界安全文化快速发展形势的基础上,在1994年(1996年进行了修订)制定出了用于评估安全文化的方法和指南——《ASCOT指南》(Assessment of Safety Culture in Organizations Team Guidelines)。该指南明确提出:在对安全文化进行评价时,应该考虑到所有对安全文化产生影响的组织机构的作用,因此除了核电运营组织自身以外,政府组织、研究和设计组织都应该被包括在考虑范围内。

人类的生存、繁衍和发展,社会的进步和文明,都是以人类的安全生产、安全生存活动为基础的。随着工业革命和科技的发展,人类遭遇着越来越多的风险和挑战,为了保护自己的身心安全与健康,经历了3个时期的努力,减轻了种种灾害和风险的威胁,同时优化、拓展了安全文化,以安全生产及科技进步的观点看人类安全自护。

1. 工业革命时期至20世纪初——器物安全文化

当时事故不断,人民的生命及财产受到极大的威胁,对安全自护的认识和技能,只是从无知到局部有知,按照经验型的传统思路和习俗,不断地寻找改进技术、改进硬件、完善器物的方法,逐步解决和改进了物的本质安全化问题,实现了物的暂时的、相对的安全,从而形成了古朴的器物安全文化或称物质(物态)安全文化。

2. 20世纪初至80年代——工业安全文化

在工业革命时期逐渐形成了器物安全文化,虽然安全器物、安全措施、安全设备发挥了重要作用,使人的生命和财产免受了巨大损失,但器物的改善和科技进步的水平总是受人的认识能力和技术、经济条件所限。这又迫使人们寻求新的改善途径,于是提出了改善物与人的关系,使之实现协调、匹配。专家、学者发表了许多安全管理的理论和有效方法,随后出现了各种安全管理模式和应用手段,为避免、减少或控制伤亡事故、财产损失、提高功效发挥了重要作用,从而形成了工业型安全文化。

3. 20世纪80年代至今——广义安全文化

随着宇航、星弹技术的发展,推进了宇宙探测与开发计划,人们的注意力集中在人造系统的安全性及人造系统与自然系统匹配与融合的可靠性上,而其中的关键又集中在保护人的身心安全与健康、人的智能开发与安全、人因失误的控制方面。保障当代人的身心安全与健康必须从人的劳动保护、生存权、劳动权、尊重人权和安全伦理道德的高度来认识和决策,把保护人民从事一切活动的安全看成是保护人民的切身利益,大于一切的事情。新世纪的人已把人的身心安全、健康、舒适、少灾作为21世纪的奋斗目标。当今正在形成和发展的广义的安全文化即大安全观,指的是人类生产、生活、生存领域的安全文化,它的核心就是“安全第一”、“安全至上”、“安全为天”、“人命关天”、“珍惜生命”,它由人的安全生命观、安全价值观、安全行为规范、安全科技能力、安全伦理道德等主要部分组成。

二、企业安全文化的定义及特征、功能

（一）安全文化的定义

安全文化有广义和狭义之分。广义的安全文化是指在人类生存、繁衍和发展历程中，在其从事生产、生活乃至生存实践的一切领域内，为保障人类身心安全并使其能安全、舒适、高效地从事一切活动，预防、避免、控制和消除意外事故和灾害，为建立起安全、可靠、和谐、协调的环境和匹配运行的安全体系，为使人类变得更加安全、康乐、长寿，使世界变得友爱、和平、繁荣而创造的物质财富和精神财富的总和。安全文化体系的构成如图10-1所示。

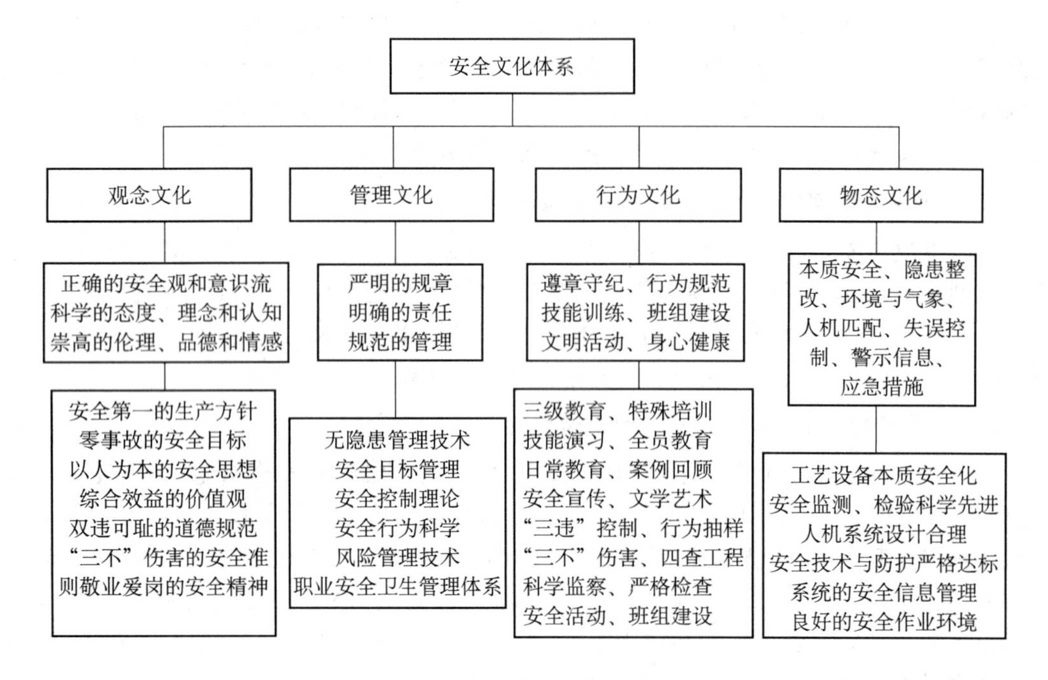

图10-1 安全文化体系的构成

国际核安全咨询组（INSAG）1991年出版的INSAG—4报告《安全文化》定义：安全文化是存在于单位和个人的种种素质和态度的总和。

狭义的安全文化是指企业安全文化。发展和建设安全文化，说到底还是要发展和建设企业安全文化。关于狭义的安全文化，比较全面的是英国安全健康委员会下的定义：一个单位的安全文化是个人和集体的价值观、态度、能力和行为方式的综合产物。安全文化分为三个层次。

（1）直观的表层文化，如企业的安全文明生产环境与秩序。

（2）企业安全管理体制的中层文化，它包括企业内部的组织机构、管理网络、部门分工和安全生产法规与制度建设。

（3）安全意识形态的深层文化。

《企业安全文化建设导则》(AQ/T 9004—2008)给出了企业安全文化的定义:被企业组织的员工群体所共享的安全价值观、态度、道德和行为规范的统一体。

(二) 安全文化的内涵

一个企业的安全文化是企业在长期安全生产和经营活动中逐步培育形成的、具有本企业特点、为全体员工认可遵循并不断创新的观念、行为、环境、物态条件的总和。企业安全文化包括保护员工在从事生产经营活动中的身心安全与健康,既包括无损、无害、不伤、不亡的物质条件和作业环境,也包括员工对安全的意识、信念、价值观、经营思想、道德规范、企业安全激励进取精神等安全的精神因素。

企业安全文化是"以人为本"多层次的复合体,由安全物质文化、安全行为文化、安全制度文化、安全精神文化组成。企业文化是"以人为本",提倡对人的"爱"与"护",以"灵性管理"为中心,以员工安全文化素质为基础所形成的,群体和企业的安全价值观和安全行为规范,表现于员工在受到激励后的安全生产的态度和敬业精神。企业安全文化是尊重人权、保护人的安全健康的实用性文化,也是人类生存、繁衍和发展的高雅文化。要使企业员工建起自护、互爱、互救,心和人安,以企业为家,以企业安全为荣的企业形象和风貌,要在员工的心灵深处树立起安全、健康、高效的个人和群体的共同奋斗意识。安全文化教育,从法制、制度上保障员工受教育的权利,不断创造和保证提高员工安全技能和安全文化素质的机会。

(三) 企业安全文化的基本特征与主要功能

1. 企业安全文化的基本特征

(1) 企业安全文化是指企业生产经营过程中,为保障企业安全生产,保护员工身心安全与健康所涉及的种种文化实践及活动。

(2) 企业安全文化与企业文化目标是基本一致的,即"以人为本",以人的"灵性管理"为基础。

(3) 企业安全文化更强调企业的安全形象、安全奋斗目标、安全激励精神、安全价值观和安全生产及产品安全质量、企业安全风貌及"商誉"效应等,是企业凝聚力的体现。对员工有很强的吸引力和无形的约束作用,能激发员工产生强烈的责任感。

(4) 企业安全文化对员工有很强的潜移默化的作用,能影响人的思维,改善人们的心智模式,改变人的行为。

2. 企业安全文化的功能

(1) 导向功能。企业安全文化所提出的价值观为企业的安全管理决策活动提供了为企业多数职工所认同的价值取向,它们能将价值观内化为个人的价值观,将企业目标。"内化"为自己的行为目标,使个体的目标、价值观、理想与企业的目标、价值观、理想有了高度一致性和同一性。

(2) 凝聚功能。当企业安全文化所提出的价值观被企业职工内化为个体的价值观和目标后就会产生一种积极而强大的群体意识,将每个职工紧密地联系在一起。这样就形成了一种强大的凝聚力和向心力。

(3) 激励功能。企业安全文化所提出的价值观向员工展示了工作的意义,员工在理解工作的意义后,会产生更大的工作动力,这一点已为大量的心理学研究所证实。一方面用企业的宏观理想和目标激励职工奋发向上;另一方面它也为职工个体指明了成功的标准与标志,使其有了具体的奋斗目标。还可用典型、仪式等行为方式不断强化职工追求目标的行为。

(4) 辐射和同化功能。企业安全文化一旦在一定的群体中形成,便会对周围群体产生强大的影响作用,迅速向周边辐射。而且,企业安全文化还会保持一个企业稳定的、独特的风格和活力,同化一批又一批新来者,使他们接受这种文化并继续保持与传播,使企业安全文化的生命力得以持久。

三、企业安全文化发展的三个典型阶段

1998 年,国际原子能机构(IAEA)发表了安全系列报告中的第 11 号《在核能活动中发展安全文化:帮助进步的实际建议》(IAEA Safety Reports Series No. 11)。指出企业发展和强化安全文化要经过三个典型的阶段,这三个阶段是对复杂的安全文化发展过程的简化。实际上,安全文化发展三个阶段之间的界限并不清晰;一个组织在发展安全文化的过程中,也许并不表现出这三个阶段所描述的特征,而是以其他方式发展。

安全文化发展的第一阶段(技术安全阶段)。安全上的进步通常是通过工厂的安全防护技术来实现的,这些防护技术遵循在《用于核电厂的基本安全原则》(INSAG—12,1999)中所提出的一些原则,以及使用基本的系统和过程来控制危险。在这种情况下,改进安全工作的动力一般来自于满足法规要求的需要,而改进得以实现是由于使用了管理规章制度和安全专业人员的结果。职工们倾向于认为安全只是管理者的职责,与己无关,是由其他人强加于他们头上的。

安全文化发展的第二阶段(体系化安全阶段)。组织应该建立了用清晰的语言描述的安全价值观或安全目标,并且建立了实现这一目标的方法和程序。这方面的内容可以参考 INSAG 的第 13 号报告——《核电厂运营安全的管理》(INSAG—13,1999)。在这个阶段,企业的每一位员工都会注意到,系统化、文件化的操作规程和规章制度规定了哪些能做哪些不能做,工作被计划得很好并且优先考虑安全。然而,在许多企业中,这一阶段的安全对于员工个人来说仍然处于被动的状态,其原因是员工没有参与安全事务的商讨和决策,并且被安全专职人员监视和监督。虽然在这一发展阶段上,能够产生要求工作于安全环境之中的意识,但是并不是在员工个人和班组水平上的对安全的自觉承诺和认识。

实现安全文化发展的第三个阶段(自律化安全阶段)。达到这个阶段是一个不断改进的过程。在此过程中,安全的远见和价值观被要求充分共享;组织中绝大部分员工始终如一地、自觉地、积极地参与到强化安全的事务当中;安全是组织内的“血脉”,不安全的作业条件和行为被所有人认为是不可接受的并且被公开反对。这种“自律”的安全文化可以创造出“安全自我学习”的组织。

国际原子能机构(IAEA)还认为,一个组织在向安全文化发展的第三阶段努力时,不能幻想跨越前两个阶段而直接进入第三阶段,认识到这一点十分重要。实现良好的安全

绩效需要有基于服从的文化的规章制度和高质量的工程技术的保障。

四、我国企业安全文化建设现状

我国的安全文化是针对我国进入市场经济体制，国民经济高速发展的工业化社会，生活及生产处于高速度、快节奏、人员高密集、能量高度集中的高危险性人造环境之中，而人们的安全观念和安全管理尚处于滞后的现状；针对我国当前事故频发，安全机制与经济运行机制不相适配的现状；为完善我国工业社会安全管理建设而提出来的新概念，目的在于建立现代安全意识、安全思想、安全价值观及安全行为准则。

（一）企业安全文化的多样性

不同的企业就有不同的企业安全文化，这是不以人的意志为转移的客观规律。企业作为法人，就具有拟人性，这不仅表现在承担民事权利义务与责任这个主要方面，还表现在企业的经营思想、经营理念、组织形式、管理制度、经营目标等方面。企业安全文化的这些内容具有普遍性，但对具体的企业之间来说，企业安全文化具有差异，甚至千差万别。差别在于他们用不同的重视程度来进行安全管理；差别在于各自存在着不同的薄弱环节；差别在于企业处于不同行业、生产不同产品、服务不同对象、经济效益处于不同阶段等。

我国的企业安全文化建设已经从“移植组装”开始向“自主开发”阶段迈进，但发展还很不平衡，东部沿海及大型国有、民营企业好，西部和规模小的民营企业差；说得多，做得少；表面的多，深层的少。企业安全文化建设的重要性仍然没有引起广大企业经营管理者足够的重视，还需要进一步引导。

（二）我国安全文化发展存在的不足

国家安监总局《“十一五”安全文化建设纲要》(2006)指出：我国安全生产形势严峻的重要原因之一是安全文化建设水平较低，全民的安全意识较为淡薄，一些企业的安全文化行为不够规范，社会的安全氛围不够浓厚等。具体到企业安全文化建设的问题上，我国安全文化发展存在的不足主要表现以下几点。

1. 对安全文化的内涵认识模糊

由于当前安全文化的理论大多，停留在对安全文化理念的空洞介绍和抽象的层次模型上，企业对安全文化的认识模糊，将安全文化混同于企业安全管理和法规制度问题，把原来的安全管理内容变换包装推出所谓的企业安全文化，并没有真正解决企业安全生产的长治久安问题。

2. 对安全文化的根本作用机制不清楚

许多企业在开展企业安全文化建设工作时，由于没有明确的理论指导，对安全文化所具有的预防事故本质功能定位不准，因此企业更多地关注一些表层的或物态的文化形式，如编制企业安全文化手册、建立安全文化长廊、开展一些安全知识竞赛活动等，而缺少系统的、持续改进性的考虑。

3. 对安全文化的建设无准绳

当前企业安全文化的发展，无可参照的标准，企业在建设安全文化时，一般以领导者的偏好行为为主，而不是经企业的实质性安全生产问题为主，有时只是抄袭或照搬其他企业的安全文化模式，针对性差，效果不佳。

4. 对安全文化的国情基础缺少研究

安全文化引入我国后，很多专家学者对安全文化的定义、功能、层次等都进行了研究，提出了创新性的观点。但是真正结合中国文化特点提出适应我国国情的企业安全文化建设模式的研究极少，缺乏对企业安全文化建设的实际指导。

5. 对安全文化的系统性缺乏认识

企业往往将安全文化的建设看成是软性的、无法客观把握的和不易绩效考核的，未将企业安全文化建设问题看成是系统工程问题。因此在实施企业安全文化时，一般不制定决策目标，不知道实施效果如何，没有持续改进的措施。

为了改变这种状态，通过系统化、规范化的建设思路和指南，让企业在安全文化建设过程中有方向、有依据、有操作性，使企业安全文化建设起到实效、持续发展，2007 年 5 月国家安全生产监督管理总局颁布了《企业安全文化建设导则》（AQ/T 9004—2008）和《企业安全文化建设评价准则》（AQ/T 9005—2008）。

第二节　企业安全文化建设的基本内容和方法

一、安全文化建设的基本内容

（一）企业安全文化建设的总体要求

企业在安全文化建设过程中，应充分考虑自身内部的和外部的文化特征，引导全体员工的安全态度和安全行为，实现在法律和政府监管要求基础上的安全自我约束，通过全员参与实现企业安全生产水平持续提高。

（二）企业安全文化建设基本要素

1. 安全承诺

企业应建立包括安全价值观、安全愿景、安全使命和安全目标等在内的安全承诺。安全承诺应做到：切合企业特点和实际，反映共同安全志向；明确安全问题在组织内部具有最高优先权；声明所有与企业安全有关的重要活动都追求卓越；含义清晰明了，并被全体员工和相关方所知晓和理解。

领导者应做到：提供安全工作的领导力，坚持保守决策，以有形的方式表达对安全的关注；在安全生产上真正投入时间和资源；制定安全发展的战略规划，以推动安全承诺的实施；接受培训，在与企业相关的安全事务上具有必要的能力；授权组织的各级管理者和员工参与安全生产工作，积极质疑安全问题；安排对安全实践或实施过程的定期审查；与相关方进行沟通和合作。

各级管理者应做到：清晰界定全体员工的岗位安全责任；确保所有与安全相关的活动均采用了安全的工作方法；确保全体员工充分理解并胜任所承担的工作；鼓励和肯定在安全方面的良好态度，注重从差错中学习和获益；在追求卓越的安全绩效、质疑安全问题方面以身作则；接受培训，在推进和辅导员工改进安全绩效上具有必要的能力；保持与相关方的交流合作，促进组织部门之间的沟通与协作。

每个员工应做到：在本职工作上始终采取安全的方法；对任何与安全相关的工作保持质疑的态度；对任何安全异常和事件保持警觉并主动报告；接受培训，在岗位工作中具有改进安全绩效的能力；与管理者和其他员工进行必要的沟通。

企业应将自己的安全承诺传达到相关方。必要时应要求供应商、承包商等相关方提供相应的安全承诺。

2. 行为规范与程序

企业内部的行为规范是企业安全承诺的具体体现和安全文化建设的基础要求。企业应确保拥有能够达到和维持安全绩效的管理系统，建立清晰界定的组织结构和安全职责体系，有效控制全体员工的行为。行为规范的建立和执行应做到：体现企业的安全承诺；明确各级各岗位人员在安全生产工作中的职责与权限；细化有关安全生产的各项规章制度和操作程序；行为规范的执行者参与规范系统的建立，熟知自己在组织中的安全角色和责任；由正式文件予以发布；引导员工理解和接受建立行为规范的必要性，知晓由于不遵守规范所引发的潜在不利后果；通过各级管理者或被授权者观测员工行为，实施有效监控和缺陷纠正；广泛听取员工意见，建立持续改进机制。

程序是行为规范的重要组成部分。企业应建立必要的程序，以实现对与安全相关的所有活动进行有效控制的目的。程序的建立和执行应做到：识别并说明主要的风险，简单易懂，便于操作；程序的使用者（必要时包括承包商）参与程序的制定和改进过程，并应清楚理解不遵守程序可导致的潜在不利后果；由正式文件予以发布；通过强化培训，向员工阐明在程序中给出特殊要求的原因；对程序的有效执行保持警觉，即使在生产经营压力很大时，也不能容忍走捷径和违反程序；鼓励员工对程序的执行保持质疑的安全态度，必要时采取更加保守的行动并寻求帮助。

3. 安全行为激励

企业在审查和评估自身安全绩效时，除使用事故发生率等消极指标外，还应使用旨在对安全绩效给予直接认可的积极指标。员工应该受到鼓励，在任何时间和地点，挑战所遇到的潜在不安全实践，并识别所存在的安全缺陷。对员工所识别的安全缺陷，企业应给予及时处理和反馈。

企业应建立员工安全绩效评估系统，建立将安全绩效与工作业绩相结合的奖励制度。审慎对待员工的差错，应避免过多关注错误本身，而应以吸取经验教训为目的。应仔细权衡惩罚措施，避免因处罚而导致员工隐瞒错误。企业宜在组织内部树立安全榜样或典范，发挥安全行为和安全态度的示范作用。

4．安全信息传播与沟通

企业应建立安全信息传播系统，综合利用各种传播途径和方式，提高传播效果。企业应优化安全信息的传播内容，将组织内部有关安全的经验、实践和概念作为传播内容的组成部分。企业应就安全事项建立良好的沟通程序，确保企业与政府监管机构和相关方、各级管理者与员工、员工相互之间的沟通。沟通应满足：确认有关安全事项的信息已经发送，并被接受方所接收和理解；涉及安全事件的沟通信息应真实、开放；每个员工都应认识到沟通对安全的重要性，从他人处获取信息和向他人传递信息。

5．自主学习与改进

企业应建立有效的安全学习模式，实现动态发展的安全学习过程，保证安全绩效的持续改进。企业应建立正式的岗位适任资格评估和培训系统，确保全体员工充分胜任所承担的工作。应制定人员聘任和选拔程序，保证员工具有岗位适任要求的初始条件；安排必要的培训及定期复训，评估培训效果；培训内容除有关安全知识和技能外，还应包括对严格遵守安全规范的理解，以及个人安全职责的重要意义和因理解偏差或缺乏严谨而产生失误的后果；除借助外部培训机构外，应选拔、训练和聘任内部培训教师，使其成为企业安全文化建设过程的知识和信息传播者。

企业应将与安全相关的任何事件，尤其是人员失误或组织错误事件，当作能够从中汲取经验教训的宝贵机会，从而改进行为规范和程序，获得新的知识和能力。应鼓励员工对安全问题予以关注，进行团队协作，利用既有知识和能力，辨识和分析可供改进的机会，对改进措施提出建议，并在可控条件下授权员工自主改进。经验教训、改进机会和改进过程的信息宜编写到企业内部培训课程或宣传教育活动的内容中，使员工广泛知晓。

6．安全事务参与

全体员工都应认识到自己负有对自身和同事安全作出贡献的重要责任。员工对安全事务的参与是落实这种责任的最佳途径。企业组织应根据自身的特点和需要确定员工参与的形式。员工参与的方式可包括但不局限于以下类型：建立在信任和免责备基础上的微小差错员工报告机制；成立员工安全改进小组，给予必要的授权、辅导和交流；定期召开有员工代表参加的安全会议，讨论安全绩效和改进行动；开展岗位风险预见性分析和不安全行为或不安全状态的自查自评活动。

所有承包商对企业的安全绩效改进均可作出贡献。企业应建立让承包商参与安全事务和改进过程的机制，将与承包商有关的政策纳入安全文化建设的范畴；应加强与承包商的沟通和交流，必要时给予培训，使承包商清楚企业的要求和标准；应让承包商参与工作准备、风险分析和经验反馈等活动；倾听承包商对企业生产经营过程中所存在的安全改进机会的意见。

7．审核与评估

企业应对自身安全文化建设情况进行定期的全面审核，审核内容包括：领导者应定期组织各级管理者评审企业安全文化建设过程的有效性和安全绩效结果；领导者应根据审核结果确定并落实整改不符合、不安全实践和安全缺陷的优先次序，并识别新的改进机会；必要时，应鼓励相关方实施这些优先次序和改进机会，以确保其安全绩效与企业协调一致。在安全文化建设过程中及审核时,应采用有效的安全文化评估方法,关注安全绩效下滑的前兆,给予及时的控制和改进。

(三)推进与保障

1. 规划与计划

企业应充分认识安全文化建设的阶段性、复杂性和持续改进性,由企业最高领导人组织制定推动本企业安全文化建设的长期规划和阶段性计划。规划和计划应在实施过程中不断完善。

2. 保障条件

企业应充分提供安全文化建设的保障条件,包括:明确安全文化建设的领导职能,建立领导机制;确定负责推动安全文化建设的组织机构与人员,落实其职能;保证必需的建设资金投入;配置适用的安全文化信息传播系统。

3. 推动骨干的选拔和培养

企业宜在管理者和普通员工中选拔和培养一批能够有效推动安全文化发展的骨干。这些骨干扮演员工、团队和各级管理者指导老师的角色,承担辅导和鼓励全体员工向良好的安全态度和行为转变的职责。

二、企业安全文化建设的操作步骤

(一)建立机构

领导机构可以定为“安全文化建设委员会”,必须由生产经营单位主要负责人亲自担任委员会主任,同时要确定一名生产经营单位高层领导人担任委员会的常务副主任。

其他高层领导可以任副主任,有关管理部门负责人任委员。其下还必须建立一个安全文化办公室,办公室可以由生产(经营)、宣传、党群、团委、安全管理等部门的人员组成,负责日常工作。

(二)制定规划

(1)对本单位的安全生产观念、状态进行初始评估。

(2)对本单位的安全文化理念进行定格设计。

(3)制定出科学的时间表及推进计划。

(三)培训骨干

培养骨干是推动企业安全文化建设不断更新、发展,非做不可的事情。训练内容可包括理论、事例、经验和本企业应该如何实施的方法等。

(四)宣传教育

宣传、教育、激励、感化是传播安全文化,促进精神文明的重要手段。规章制度那些刚性的东西固然必要，但安全文化这种柔的东西往往能起到制度和纪律起不到的作用。

（五）努力实践

安全文化建设是安全管理中高层次的工作，是实现零事故目标的必由之路，是超越传统安全管理来解决安全生产问题的根本途径。安全文化要在生产经营单位安全工作中真正发挥作用，必须让所倡导的安全文化理念深入到员工头脑里，落实到员工的行动上。在安全文化建设过程中，紧紧围绕"安全—健康—文明—环保"的理念，通过采取管理控制、精神激励、环境感召、心理调适、习惯培养等一系列方法，既推进安全文化建设的深入发展，又丰富安全文化的内涵。

三、企业安全文化建设评价

安全文化评价的目的是为了解企业安全文化现状或企业安全文化建设效果，而采取的系统化测评行为，并得出定性或定量的分析结论。《企业安全文化建设评价准则》（AQ/T 9005—2008）给出了企业安全文化评价的要素、指标、减分指标、计算方法等。

（一）评价指标

（1）基础特征：企业状态特征、企业文化特征、企业形象特征、企业员工特征、企业技术特征、监管环境、经营环境、文化环境。

（2）安全承诺：安全承诺内容、安全承诺表述、安全承诺传播、安全承诺认同。

（3）安全管理：安全权责、管理机构、制度执行、管理效果。

（4）安全环境：安全指引、安全防护、环境感受。

（5）安全培训与学习：重要性体现、充分性体现、有效性体现。

（6）安全信息传播：信息资源、信息系统、效能体现。

（7）安全行为激励：激励机制、激励方式、激励效果。

（8）安全事务参与：安全会议与活动、安全报告、安全建议、沟通交流。

（9）决策层行为：公开承诺、责任履行、自我完善。

（10）管理层行为：责任履行、指导下属、自我完善

（11）员工层行为：安全态度、知识技能、行为习惯、团队合作。

（二）减分指标

死亡事故、重伤事故、违章记录。

（三）评价程序

1. 建立评价组织机构与评价实施机构

企业开展安全文化评价工作时，首先应成立评价组织机构，并由其确定评价工作的实施机构。

企业实施评价时，由评价组织机构负责确定评价工作人员并成立评价工作组。必要时可选聘有关咨询专家或咨询专家组。咨询专家（组）的工作任务和工作要求由评价组织

机构明确。

评价工作人员应具备以下基本条件:熟悉企业安全文化评价相关业务,有较强的综合分析判断能力与沟通能力。具有较丰富的企业安全文化建设与实施专业知识。坚持原则、秉公办事。评价项目负责人应有丰富的企业安全文化建设经验,熟悉评价指标及评价模型。

2. 制定评价工作实施方案

评价实施机构应参照本标准制定《评价工作实施方案》。方案中应包括所用评价方法、评价样本、访谈提纲、测评问卷、实施计划等内容,并应报送评价组织机构批准。

3. 下达《评价通知》

在实施评价前,由评价组织机构向选定的样本单位下达《评价通知书》。《评价通知书》中应当明确:评价的目的、用途、要求,应提供的资料及对所提供资料应负的责任,以及其他需要在《评价通知书》中明确的事项。

4. 调研、收集与核实基础资料

根据本标准设计评价的调研问卷,根据《评价工作方案》收集整理评价基础数据和基础资料。资料收集可以采取访谈、问卷调查、召开座谈会、专家现场观测、查阅有关资料和档案等形式进行。评价人员要对评价基础数据和基础资料进行认真检查、整理,确保评价基础资料的系统性和完整性。评价工作人员应对接触的资料内容履行保密义务。

5. 数据统计分析

对调研结构和基础数据核实无误后,可借助 EXCEL、SPSS、SAS 等统计软件进行数据统计,然后根据本标准建立的数学模型和实际选用的调研分析方法,对统计数据进行分析。

6. 撰写评价报告

统计分析完成后,评价工作组应该按照规范的格式,撰写《企业安全文化建设评价报告》,报告评价结果。

7. 反馈企业征求意见

评价报告提出后,应反馈企业征求意见并作必要修改。

8. 提交评价报告

评价工作组修改完成评价报告后,经评价项目负责人签字,报送评价组织机构审核确认。

9. 进行评价工作总结

评价项目完成后,评价工作组要进行评价工作总结,将工作背景、实施过程、存在的问题和建议等形成书面报告,报送评价组织机构,同时建立好评价工作档案。

实训活动

实训项目

讨论安全文化现象。尽可能地思考和回忆,说出你见过的现象、行为,哪些体现了安全文化。

实训目的：帮助理解和掌握安全文化的内涵。

实训步骤：

第一步，使用头脑风暴法，大家尽可能地回忆和思考；

第二步，说出你见过的行为和现象，分析是否体现了安全文化；

第三步，小组之间交流，总结、报告讨论结果。

实训建议：采用小组讨论的形式。

思考与练习

1. 解释安全文化、企业安全文化的基本内涵。
2. 简述企业安全文化发展的三个典型阶段。
3. 简述企业安全文化的基本特征和功能。
4. 概述企业安全文化建设的基本要素。
5. 企业安全文化建设评价指标有哪些？
6. 如何组织实施企业安全文化建设评价？
7. 简述企业安全文化建设实施步骤。

CHAPTER 11

现代企业安全管理模式

职业能力目标	知识要求
会依据现代企业安全管理模式分析企业安全管理存在的缺陷和不足。	1. 了解国外大型企业安全管理模式。 2. 了解国内大型企业安全管理模式。 3. 熟悉国内外大型企业安全管理模式的相同点和不同点。 4. 掌握现代企业安全管理模型和特征。

第一节　国外大型企业安全管理模式介绍

一、英荷皇家壳牌集团的 HSE 管理

英荷皇家壳牌集团(通常简称“壳牌”)以众多标准衡量均堪称全球领先的国际油气集团。国际壳牌石油公司的安全管理在世界石油行业,甚至整个工业社会有广泛的影响。该公司采用的管理方法的主要内容有以下几个方面。

1. 采用 EP—5500 勘探与生产安全手册

EP—5500 安全手册是为下属公司和所雇请的承包商而制定的。这个手册体现了壳牌公司的 HSE 管理的政策、原则和做法。要求下属作业公司和承包商在施工设计和作业过程中的 HSE 管理标准写成文件时,要把公司总部的 EP—5500 手册建议作为一个指导原则。下属制定的标准或建议,凡不符合手册中的具体建议和做法,都应加以更新和修改,目的是能有效地加强和增进人身安全和环境保护。

2. EP—5500 手册的范围

这套手册主要向勘探与生产作业公司管理部门的安全顾问和专业人员提出了一整套的指导原则和意见。其中包括:①管理部门的体制,包括培训、审查、承包人安全、工程安全及鼓励职工参与 HSE 的指导原则;②介绍具体的工程项目,包括对

所有的新工程项目，都应采用其范围；③提出作业方面的指导原则，其中包括勘探、钻井、维修、运输和物资装备，以及消防的指导原则和要求。

3. 壳牌公司 HSE 管理的主要特点

壳牌公司 HSE 管理的 11 条原则如下。

①HSE 管理的具体保证；②HSE 管理的政策；③HSE 是行业管理的责任；④有效的 HSE 培训；⑤能胜任的 HSE 倾向；⑥通俗易懂的 HSE 高标准；⑦测定 HSE 实施情况的技术；⑧HSE 标准的实践的检验；⑨现实可行的 HSE 目标管理；⑩人员伤害和事故的彻底调查与跟踪；⑪有效的 HSE 鼓励和交流。

4. 壳牌的 HSE 政策的必要性

壳牌认为 HSE 的政策是 HSE 规划中心不可少的组成部分。要求其政策做到简明易懂；同时适用于每个人；分发到每个人并要张贴；下属承包商都应根据自己的具体情况制定自己的 HSE 政策。强调必须有下列的政策：①预防发生各种人身伤害；②HSE 是业务经理的责任；③HSE 目标同其他经营目标一样，具有同样的重要意义；④建立一个安全和健康的工作营地（基地）；⑤保证有效的安全、健康训练；⑥培养 HSE 的兴趣和热情；⑦对HSE 要承担个人责任；⑧对环境要给予应有的重视。

5. 壳牌集团的 HSE 管理组织

壳牌集团考虑到技术、商业风险和法律责任这三个主要因素而采取 HSE 措施，提出必须要舍得花费人力和财力来预防事故的发生，这是明智的做法。为了做到地震作业行之有效的 HSE 管理，必须制定一个明确的计划和建立一个必不可少的管理机构，应把其看作是承担法律责任，也是技术上不可缺少的条件和所承担的商业风险。

6. 壳牌公司的 HSE 责任

壳牌公司认为不安全的作业及其由此引起的伤亡事故或职业病的责任，在于从主管人员到各级负责人和业务管理机构。全体职工都应该知道他们对 HSE 所产生的具体作用和所负的责任。要求以上各项要求必须在任务上和对他们的业绩期望中写得清清楚楚。要适当地考虑到每位经理和负责人对 HSE 的态度和表现。

7. HSE 规划和目标

（1）提出的 HSE 规划和目标必须是合理，可以达到的、适当的。

（2）一个好的 HSE 管理部门其目标必须包含以下内容：①实现和保持事故频率、严重程度和费用应是向下发展的趋势；②尽量减少对环境的影响；③尽量减少对职业健康的危害。

（3）公司加强安全规划时，应对生产事故、财产损失和停工损失要有明确的目标。实现这些目标的方法应尽可能用数字表示，其内容：①HSE 会议的频率和次数；②检查和审查的频率和次数；③编导或审查的工艺规程文件及完成的进度表。

(4) 制定HSE规划的要求:①为落实HSE规划的详细方法,每个部门都应编写一份具体的时间表;②各部门的HSE规划与壳牌公司的HSE总体规划相一致。

8. HSE的业绩标准

HSE规划中最重要的因素是:明确规定的期望所做出的业绩标准和管理部门应有明确的表现,好坚持达到规定的标准。这些标准通常写成指导原则和步骤去强调如何完成任务。其中多数是技术方面的,但也必须包括HSE方面的内容,这些内容必须切实可靠,并随时得到执行者的补充。使它们能够被人们所接受和执行。HSE管理部门如果没建立审查制度或制度执行得很差,则往往使HSE计划失败或无效。壳牌石油集团把野外停工时间列为"事件","事件"的出现频率作为检验HSE实施情况的一个重要尺度,这也是壳牌所有工伤统计数字的基础。

9. 建立"HSE规划"的内部审查制度

壳牌认为要做出各种努力来提高HSE规划的效果,就必须配备检测设备和人员,而且应制定一套审查程度,以便能够及时监督HSE建议的执行情况,应该指定一个行动小组协调和贯彻执行这些建议。管理人员在观察地震作业时应注意审查人的不安全行为和案件。检查施工人员在做什么和如何去做的;检查劳保存用品的穿戴和工具使用情况;检查设备一般的施工现场等。填写"安全检查表"即是一份现场观察的备忘录,在检查时要填写职业健康表,这些都是一种强有力的手段。如果管理部门或管理人员忽视上述一些作法将会带来消极的效果。

10. 事故或事件的管理

壳牌公司要求吸取每个事故的教训都应该让全体职工知道。管理部门应对事故迅速报告、反馈和交流等做出行动。在调查事故、事件时从中吸取教训,把重点放在查明基本原因,并进行宣传教育,让每个人都知道这些事故或事件的教训。调查时要求必须彻底和深入,以便找出更深一层的根据。用事故或三角图形的方法是对事故进行深入分析的手段。

11. HSE的鼓励和交流

HSE管理规划成功必须要取决于有关各方的积极参与和交谈。如果出现以下三种情况,说明可能鼓励与交谈方面存在着问题:一是安全性能指标未显示出稳步的改善;二是工作人员不了解或不关心HSE;三是工作人员不能自由和积极地发表意见,或者不能经常地提出改进工作方法意见和建议。因此要采取如书面通知、报告、业务通信、提高活动、奖励等办法,鼓励大家关心HSE。

二、杜邦企业安全文化及其安全管理模式

在以人为本、尊重科学的现代化工业安全管理中,杜邦公司率先建立了企业安全文化,实现了有效的人性化管理,创造了令人瞩目的安全业绩。杜邦管理者意识到建立起良

好的企业安全文化的重要性，而这种文化的建立最初是通过以下活动实现的。

(1) 管理者的安全承诺和安全管理的“有感领导”。所有安全管理规定总是由上而下从最高管理者开始实施，管理者必须在工作人员中树立遵守安全管理规定的榜样，同时必须在实施安全规定的过程中提供资源保障。

(2) 采用直线管理，明确各业务部门对安全管理规定的执行和管理职责。虽然杜邦有“安全经理”，但他只是公司内部安全管理事务的“顾问”，即引入好的安全管理规定，而执行安全管理规定以及检查管理规定执行程度的职责则要由各业务部门来承担。

(3) 建立全员安全管理模式。与现场操作相关的安全管理程序的制订必须从下而上，并有操作工人参与；对安全管理措施提出改进意见的员工要进行奖励，哪怕这种建议在现实中比较难以采纳。

采取了上述一系列安全管理措施后，杜邦的安全业绩就一直处于不断提升的过程中，这可以从杜邦公司从1912年开始统计的安全数据中反映出来(如图11-1所示)。从杜邦安全管理的历史来看，优良安全业绩的取得也是通过在实际工作中不断吸取教训、持之以恒地加以改进来实现的。难能可贵的是，杜邦在其整个发展过程中，一直到今天，都坚持“安全”是企业四大核心价值之一(其他三大核心价值是：职业道德、对人的尊重和保护环境)。在实践的过程中，杜邦提出了十大安全管理理念。

① 所有安全事故是可以防止的。

② 各级管理层对各自的安全直接负责。

③ 所有安全操作隐患是可以控制的。

④ 安全是被雇佣的一个条件。

⑤ 员工必须接受严格的安全培训。

⑥ 各级主管必须进行安全检查。

⑦ 发现的安全隐患必须及时更正。

⑧ 工作外的安全和工作中的安全同样重要。

⑨ 良好的安全就是一门好的生意。

⑩ 员工的直接参与是关键。

十大安全理念是指导杜邦公司做好安全管理工作的指导方针和基本原则。根据杜邦的经验，企业安全文化建设不同阶段中企业和员工表现出的安全行为特征可概括如下。

第一阶段：自然本能反应。处在该阶段时企业和员工对安全的重视仅仅是一种自然本能保护的反应。

第二阶段：依赖严格的监督。处在该阶段时企业已建立起了必要的安全管理系统和规章制度，各级管理层对安全责任做出承诺，但员工的安全意识和行为往往是被动的。

第三阶段：独立自主管理。此时，企业已具有良好的安全管理及其体系，安全获得各级管理层的承诺，各级管理层和全体员工具备良好的安全管理技巧、能力以及安全意识。

第四阶段：互助团队管理。此时，企业安全文化深得人心，安全已融入企业组织内部的每个角落。安全为生产，生产讲安全。

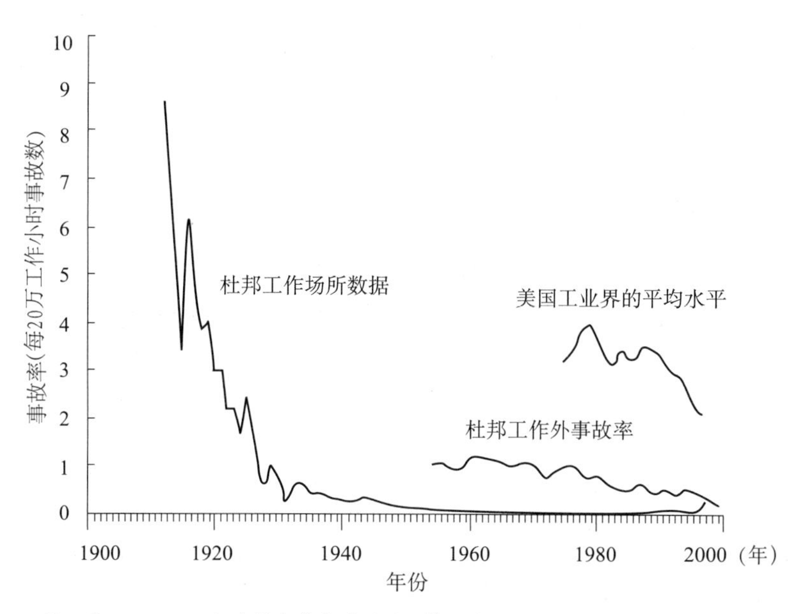

注：①1914—1918年事故率的上升反映了第一次世界大战期间杜邦超常规扩大生产以及大量使用新工人带来的结果；②类似的情况也发生在第二次世界大战期间，但相比“一战”时期要好得多；③从1998年开始将人机功效的数据包含在统计数据中。

图 11-1　连续 20 万工作小时事故发生率(1912—2000 年)

该模型的建立是基于杜邦历史安全伤害统计记录，以及在这过程中公司和员工在当时对安全认识的条件下曾做出的努力和具备的安全意识，是杜邦安全文化建设实践的理论化总结。该模型表明，只有当一个企业安全文化建设处于过程中的第四阶段时，才有可能实现零伤害、零事故的目标。应用该模型，并结合模型阐述的企业和员工在不同阶段所表现出的安全行为特征，可初步判断某企业安全文化建设过程所处的状态以及努力的方向和目标。

杜邦深信“预防重于治疗”，为确保各项系统操作及人员运作均达到安全健康环保的最高标准，对于各项过程设计、安全防护、人员健康以及环境保护设施，从最初的工程设计规划，即纳入过程安全管理(Process Safety Management，简称 PSM)系统的理念。过程安全管理的主要项目可分为人员管理、设备管理及技术管理三大部分，希望透过过程安全管理达到预防与过程有关的重大意外事件的发生。杜邦更建立全方位的安全卫生环保管理制度、定期举行灾害抢救相关员工训练及危机应变，并且确实执行厂内及各厂间的安全审核制度，实行过程安全审核和作业安全观察并把结果转化为安全绩效指数(Safety Performance Index，SPI)。

三、挪威国家石油公司的“零”思维模式

挪威国家石油公司是属于挪威国家所有的公司，现有员工大约 18 000 人，拥有 100 多名 HSE 专家，HSE 部门在该公司是一个咨询机构，具有一定的独立性。在 HSE 管理

方面，挪威国家石油公司采取“零”维模式，即“零事故、零伤害、零损失”并将其置于挪威国家石油公司企业文化的显著位置。“零事故、零伤害、零损失”的意思是：无伤害、无职业病、无废气排放、无火灾或气体泄漏、无财产损失。由以上事故造成的意外伤害和损失是完全不允许的。所有事故和伤害都是可以避免的，所以，公司不会给任何一个部门发生这些事故的“限额”或“预算”的余地。

四、斯伦贝谢（Schlumberger）公司的 QHSE 管理体系

一个好的管理体系不该将质量、健康、安全和环境分割，而是把这几项内容融入每天的商业活动中。斯伦贝谢相信其综合的、可行的 QHSE 管理体系融合到生产线中是一个“最好的商业实践”。一个好的 QHSE 管理体系通过预先找到问题并采取措施预防问题来降低风险。而一个极好的 QHSE 管理体系可以创造价值并带来增长，这是通过认可新的商务机会、实施持续的改进和有创造性的解决办法来达到的。

世界 500 强企业采用的安全管理模式和方法，主要可以归纳为三大类：

第一类是安全管理系统，具有代表性的有：英荷壳牌公司 HSE 健康安全环境管理系统；通用电气 SHE 安全健康环境管理模式；埃克森美孚 OIMS 完整性运作管理系统；埃克森和道氏 SQAS 安全质量评定体系。

第二类是基于行为安全的管理活动，具有代表性的有：杜邦公司 STOP 安全培训观察计划；住友公司 KYT 伤害预知预警活动；拜耳公司 BO 行为观察活动；道氏公司 BBP 基于行为的绩效活动；丰田公司防呆法和零事故六程序；巴斯夫公司 AHA 审计帮助行动；久保田公司五大现原手法。

第三类是政府或非官方机构确定被部分跨国企业采用的安全策略，包括：日本劳动安全协会 5S 运动；英国、澳大利亚、新西兰、挪威等 13 国标准组织制定的 OHSAS 18001 体系；国际劳工组织 OSH—MS 系统；南非 NOSA 安全五星管理评价系统；各国职业安全管理机构制定的规章，如我国的安全生产标准化规范。

第二节　国内大型企业安全管理模式介绍

国内大型企业集团对安全管理都相当重视，尤其是石油、化工、电力、冶金、煤炭等行业更是将其视为企业生存的根本。各大企业在长期的安全管理工作实践中都摸索出了一系列行之有效的管理办法，形成了自己的一套安全管理模式。下面就对这些安全管理模式的内容作简要介绍。

一、宝钢集团的“FPBTC”安全管理模式

宝钢集团的安全管理模式是在吸收了日本新日铁公司和国内外安全管理有关经验的基础上，结合自身的安全管理实践和对安全工作的研究，取得发展后初步定型的。

该模式简写为 FPBTC，其具体含义是：F，First Aim（一流目标）；P，Two Pillars（二根支柱）；B，Three Bases（三个基础）；T，Total Control（“四全”管理）；C，Counter Measure（五项对策）。一流目标即事故数为零；二根支柱即以生产线自主安全管理，安全生产质量

一体化管理为支柱；三个基础即以安全标准化作业、作业长为中心的班组建设、设备点检定修为基础："四全"管理即全员、全面、全过程、全方位的管理；五项对策即综合安全管理、安全检查、危险源评价与检测、安全信息网络、现代化管理方法。

二、葛洲坝电厂的"0一四"安全管理模式

葛洲坝电厂年发电量157亿千瓦时，是我国目前最大的水力发电基地。葛洲坝电厂针对"冬修、夏防、常年管"的生产特点，在实践中不断摸索总结经验教训，最后确立了一套可行的安全生产管理模式，即"0一四"安全生产管理模式。

"0一四"安全管理模式的主要内容："0"，以零事故为目标（0事故）；"一"，以一把手为核心的安全生产责任制作保证（一把手）；"四"，以严防、严管、严查、严教为手段（四严）。

三、辽河集团的"0342"安全管理模式

辽河集团在全公司范围内不断探索安全工作思路和新方法，从而初步形成了一套完整的以适应化肥生产为主，同时兼顾精细化工，有机化工，塑料加工等行业的基本切合本企业实际的安全生产管理方法，称为"0342"安全管理模式。

其主要内容如下："0"，规定了安全工作所要达到的目标，即重大人身伤亡事故为零，重大人为责任事故为零，重大火灾、爆炸事故为零，多人中毒窒息事故为零；"3"，规定了搞好安全生产的基本原则和工作方针，提出了安全工作要实行"三严"管理，即严格执行"安全第一、预防为主"的方针，严格执行安全生产规章制度和规程，严肃处理"三违"行为；"4"，明确了安全管理的基本思路和方法，即安全工作要实施"四个三"安全工程战略；"2"，明确了为确保"四个三"安全工程战略实施而采取的主要措施：即两抓两重的管理对策。具体是抓领导、重关键，抓基础、重落实。

四、鞍钢集团的"0123"安全管理模式

鞍钢集团首创的"0123"安全管理模式，曾被国内很多企业学习、效仿。"0123"安全管理模式的主要内容："0"，以人身死亡事故是零为目标；"1"，以一把手负责制为核心的安全生产责任制为保证；"2"，以标准化作业、安全标准化班组建设（简称"双标"）为基础；"3"，以全员教育、全面管理、全线预防（简称"三全"）为对策，做好安全工作，实现安全生产。该模式吸收了经典安全管理的精华，同时提炼了企业本身安全生产的经验和运用了现代化安全管理理论。

第三节　现代企业安全管理模式

一、国内外大型企业安全管理模式对比

上述国内外大型企业的安全管理模式介绍只是简单给出了他们在安全管理方面的一些基本构架。在这里，本书将对国内外大型企业的安全管理模式做一个简单地比较，以便发现一些具有普遍意义和借鉴价值的东西来。

（一）相同点

(1) OSHMS 安全管理体系已成为国内外大型企业通用的安全健康管理体系，国内外的体系的内容基本上是一致的。

(2) 各国都有比较完善的安全管理网络，公司有完善的安全管理体系，具体项目有详细的安全管理实施计划。

(3) 公司的最高领导层都非常重视安全管理。领导对安全的承诺已成为国内外企业的一个惯例，领导不仅是安全管理的第一领导者，而且是安全责任的第一负责人。

(4) 全员管理。安全管理不是某个人、某个部门就能独自完成的工作，它需要众多部门所有员工的广泛参与才能真正落实，目前全员管理的思想已经深入人心，在大多数企业都得到了实施并取得了不错的成绩。

(5) 建立了完善的安全组织机构、安全责任制度以及各种安全规章制度等。大型企业的安全组织机构建设以及安全制度的制定都相对比较规范完整，所不同的是执行力度的轻重问题。

(6) 坚持风险评估与管理。各种先进的风险评估方法在各行各业都得到了广泛的应用，虽然国内应用的时间不是很长，但应用的成效也颇为显著。

（二）不同点

(1) 国外公司为了自身的长远发展目标，把安全管理放到公司工作的首要位置，项目建设或施工首先要考虑安全问题，而国内公司往往是口号重于实践。

(2) 国内外公司虽都有完善的安全管理体系，但国外具体项目有详细的安全健康实施计划。

(3) 在安全培训教育方面，国外做得相对比较成功，培训学校有完备的教学设施。消防培训中心有模拟一般现场着火消防、井喷着火消防、油库着火消防。应急中心能模拟实际情况，培训学生处理实际问题的能力。

(4) 安全文化建设。国外谈安全文化主要从安全原理的角度，在“人因”问题认识上，现代安全文化对人的安全素质具有更深刻的认识，即从知识、技能和意识等扩展到思想、观念、态度、品德、伦理、情感等更为基本的素质侧面。安全文化建设首先要解决人的基本素质，这必然要对全社会和全民的参与提出要求。现代安全文化建设需要大安全观的思想，国内企业需在此方面继续努力。

(5) 安全激励手段不同。国外安全激励方面多采用的是人性化的方法，对事故的追查并不只针对个人，而国内就恰恰相反，事故发生后首先追查的是相关当事人的责任，同时安全奖励机制也差别较大，国内企业主要通过安全生产的月考核与奖罚挂钩的办法，因此员工的工作积极性不是很高；而国外企业除了使用奖惩激励外，还使用典型激励、定常激励、随机激励、群体激励、竞争激励等多种激励方法，极大地调动了员工的积极性。

二、现代企业安全管理模式概述

各企业的安全管理措施并不属于商业机密，它有法定责任和现实需要让本企业雇员和承包商以及来访者知晓。有一个词是500强企业安全管理共通的，那就是“ACT(行动)”，ACT还包含了三层含义：A是assessment，辨识评估风险；C是control；控制风险；T是tenable，保持安全状态。

如此，打破了各企业的界限，我们猛然发现500强中很多安全方法本质上是一样的，都在做初步危害分析(PHA)、工作安全分析(JSA)或作业风险分析(JHA)，制度中普遍都有作业许可(PTW)程序，实践上都在采取基于行为的安全管理(BBS)，作业前都要召开工具箱会议(TBM)等，只是各企业表达的形式不一样。安全平稳的企业，总体来说，都在做同一件事，用科学的行动发现风险，控制风险，保持安全状态。

通过总结、分析现有的国内外安全管理的理论和方法，并结合我国企业安全生产实际，可以发现现代安全管理具有5个明显的特征。

(1) 现代安全管理的一个重要特征，就是强调以人为中心的安全管理，把安全管理的重点放在激励职工的士气和发挥其能动作用方面。具体地说，就是为了人和人的管理。人是生产力诸要素中最活跃、起决定性作用的因素。所谓为了人，就是把保障职工生命安全当做事故预防工作的首要任务。所谓人的管理，就是充分调动每个职工的主观能动性和创造性，让职工人人主动参与安全管理。人是第一位的，设备或财产虽然重要，但依附于人，因此，安全的主体是人，目的也在人。

(2) 现代安全管理强调要注重企业领导者在安全管理中的决定性作用。要求领导者认真贯彻执行“安全第一，预防为主”的安全生产方针，建立起以“一把手”负责制为核心的安全生产责任制。企业、部门的一把手全面负责安全生产问题，“安全好不好，关键在领导”。只有一把手对安全生产全面负责，才能真正把安全放在第一位，在安全生产方面的决策具有权威性，各方面能认真执行，能够调动各方面的力量，搞好安全生产。

(3) 现代安全管理应体现系统安全的基本思想，以危险源辨识、控制和评价为管理工作的核心。企业要不断改善劳动生产条件，控制危险源，提高企业的安全水平。

(4) 现代安全管理强调系统的安全管理，从企业的整体出发，把管理重点放在危险源控制的整体效应上，实行全员、全过程、全方位的安全管理，使企业达到最佳安全状态。

(5) 现代安全管理以建立健全的安全法律、法规、规章制度做保障，并将企业的安全文化建设纳入其中。

综上所述，可以总结形成现代企业安全管理模式，如图11-2所示。现代企业安全管理模式的主要内容可按照“战略级管理、战术级管理、执行级管理”等三个管理层次进行分解，见表11-1。

表11-1　现代企业安全管理的战略、战术和执行层次控制表

理念	强调以人为中心的安全管理 保障人的生命安全，人人主动参与安全管理，发挥人的能动性、创造性。		
级别	战略级管理	战术级管理	执行级管理
内容	法规标准规章制度 安全文化建设	危险源辨识 危险源评价 危险源控制	全员安全管理 全过程安全管理 全方位安全管理
管理层	顶层：公司(集团)	中间层：二级生产厂	基层：车间、班组

续表

管理周期	1～3 年	1 个月(季度)～1 年	每日～1 周
管理方式	制定战略目标 监控安全生产效果 法规标准规章制度、安全文化建设方案 ……	组织实施新方案 保障上下信息畅通 安全检查表、故障树分析、事件树分析 ……	安全管理排列图 危险预知预警活动 “三不伤害”活动 ……

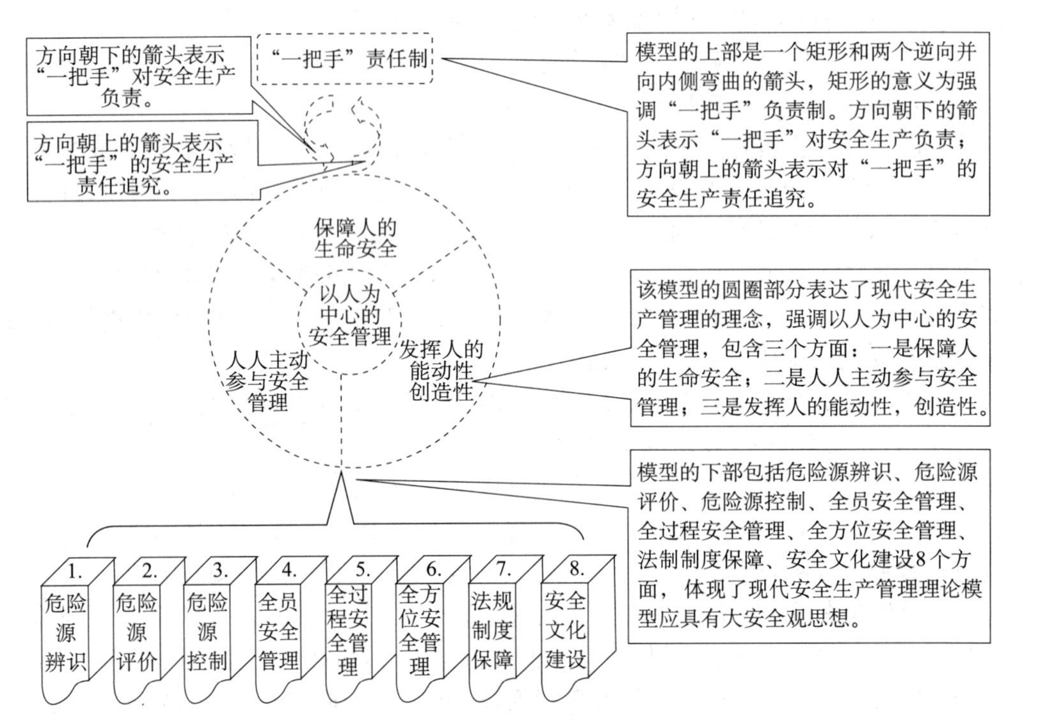

图 11-2 现代企业安全管理模式

实训活动

实训项目

自行选择一起生产安全事故，对照现代企业安全管理模式，分析发生事故的企业在安全管理上存在的缺陷和不足。

实训目的：帮助理解和掌握现代企业安全管理模式及其内容。

实训步骤：

第一步，选择一起生产安全事故，弄清事故企业的基本情况，分析事故原因；

第二步，对照现代企业安全管理模式，分析事故企业在安全管理上的缺陷和不足；

第三步，小组之间交流，报告结果。

实训建议：采用小组讨论的形式。

思考与练习

1. 杜邦公司的十大安全管理原则是什么？
2. 杜邦公司将企业安全文化建设划分为哪几个阶段？
3. 举例说明，现代国内外大型企业安全管理模式的类型。
4. 现代企业安全管理具有哪些特征？
5. 论述现代企业安全管理模式的内容，并分析其管理层次。

参考文献

[1] 中国安全生产协会注册安全工程师工作委员会．全国注册安全工程师执业资格考试辅导教材——安全生产管理知识(2011 年版)[M]. 北京:中国大百科全书出版社,2011.

[2] 苗金明等．职业健康安全管理体系的理论与实践[M]. 北京:化学工业出版社,2005.

[3] 中国安全生产协会注册安全工程师工作委员会．全国注册安全工程师执业资格考试辅导教材——安全生产技术(2008 年版)[M]. 北京:中国大百科全书出版社,2008.

[4] 中国就业培训技术指导中心．安全评价师——基础知识[M]. 北京:中国劳动社会保障出版社,2008.

[5] 闪淳昌,卢齐忠等．现代安全管理实务[M]. 北京:中国工人出版社,2003.

[6] 孙华山．安全生产风险管理[M]. 北京:化学工业出版社,2008.

[7] 天地大方．企业安全管理全过程实施指南[M]. 北京:中国工人出版社,2003.

[8] 天地大方．安全员工作实务[M]. 北京:中国工人出版社．2004.

[9] 刘铁民．企业安全生产管理规章制度精选[M]. 北京:中国劳动社会保障出版社,2003.

[10] 毛海峰．现代安全管理理论与实务[M]. 北京:首都经济贸易大学,2000.

[11] 吴宗之．重大危险源辨识与评价[M]. 北京:冶金工业出版社,2001.

[12] 周华中．实用工伤保险知识问答[M]. 北京:化学工业出版社,2005.

[13] 刘衍胜．生产经营单位从业人员三级安全教育培训教材[M]. 北京:气象出版社,2007.

[14] 张鹏．安全生产检查实务[M]. 北京:气象出版社,2007.

[15] 李美庆．生产经营企业事故应急救援管理指南[M]. 北京:化学工业出版社,2008.

[16] 吴穹．安全管理学[M]. 北京:煤炭工业出版社,2002.

[17] 苗金明．中国安全生产规制理论及效果评估与实证研究[D]. 北京:中国矿业大学,2009.